国家职业资格培训教材
技能型人才培训用书

测量与机械零件测绘

第2版

国家职业资格培训教材编审委员会　组编
胡家富　主编

机械工业出版社

本书是依据《国家职业技能标准》中对机械加工类和修理类各职业对测量和测绘方面的知识要求和技能要求，按照岗位培训需要的原则编写的。此外，也参考了《国家职业资格鉴定细目》中对三级、二级、一级工测量、测绘模块的知识要求和技能要求。主要内容包括：测量技术基础，机械零件测绘基础，轴套类零件、齿轮类零件、箱体类零件、轮盘类零件和叉架类零件的测绘等。本书每章均附有复习思考题，书末附有配套的试题库和参考答案，以便于企业培训、考核鉴定和读者自测。

本书既可作为各级职业技能鉴定培训机构、企业培训部门的教材，又可作为读者考前复习用书，还可作为职业技术院校、技工院校、各种短期班的教材。

图书在版编目（CIP）数据

测量与机械零件测绘/胡家富主编；国家职业资格培训教材编审委员会组编. —2版. —北京：机械工业出版社，2014.6（2025.1重印）
国家职业资格培训教材. 技能型人才培训用书
ISBN 978-7-111-47040-3

Ⅰ.①测… Ⅱ.①胡…②国… Ⅲ. ①技术测量-技术培训-教材 ②机械元件-测绘-技术培训-教材 Ⅳ.①TG801

中国版本图书馆CIP数据核字（2014）第125581号

机械工业出版社（北京市百万庄大街22号 邮政编码100037）
策划编辑：荆宏智 马 晋 责任编辑：马 晋 王晓洁 张丹丹
版式设计：赵颖喆 责任校对：佟瑞鑫
封面设计：鞠 杨 责任印制：常天培
北京机工印刷厂有限公司印刷
2025年1月第2版第10次印刷
169mm×239mm · 20.5印张 · 382千字
标准书号：ISBN 978-7-111-47040-3
定价：45.00元

凡购本书，如有缺页、倒页、脱页，由本社发行部调换
电话服务 网络服务
服务咨询热线：010-88379833 机 工 官 网：www.cmpbook.com
读者购书热线：010-88379649 机 工 官 博：weibo.com/cmp1952
教育服务网：www.cmpedu.com
金 书 网：www.golden-book.com

国家职业资格培训教材（第2版）

编 审 委 员 会

第2版序

在“十五”末期，为贯彻落实“全国职业教育工作会议”和“全国再就业会议”精神，加快培养一大批高素质的技能型人才，机械工业出版社精心策划了与原劳动和社会保障部《国家职业标准》配套的《国家职业资格培训教材》。这套教材涵盖41个职业工种，共172种，有十几个省、自治区、直辖市相关行业200多名工程技术人员、教师、技师和高级技师等从事技能培训和鉴定的专家参加编写。教材出版后，以其兼顾岗位培训和鉴定培训需要，理论、技能、题库合一，便于自检自测，受到全国各级培训、鉴定部门和广大技术工人的欢迎，基本满足了培训、鉴定和读者自学的需要，在“十一五”期间为培养技能人才发挥了重要作用，本套教材也因此成为国家职业资格鉴定考证培训及企业员工培训的品牌教材。

2010年，《国家中长期人才发展规划纲要（2010—2020年）》、《国家中长期教育改革和发展规划纲要（2010—2020年）》、《关于加强职业培训促就业的意见》相继颁布和出台，2012年1月，国务院批转了“七部委”联合制定的《促进就业规划（2011—2015年）》，在这些规划和意见中，都重点阐述了加大职业技能培训力度、加快技能型人才培养的重要意义，以及相应的配套政策和措施。为适应这一新形势，同时也鉴于第1版教材所涉及的许多知识、技术、工艺、标准等已发生了变化的实际情况，我们经过深入调研，并在充分听取了广大读者和业界专家意见的基础上，决定对已经出版的《国家职业资格培训教材》进行修订。本次修订，仍以原有的大部分作者为班底，并保持原有的“以技能为主线，理论、技能、题库合一”的编写模式，重点在以下几个方面进行了改进：

1. 新增紧缺职业工种——为满足社会需求，又开发了一批近几年比较紧缺的以及新增的职业工种教材，使本套教材覆盖的职业工种更加广泛。

2. 紧跟国家职业标准——按照最新颁布的《国家职业技能标准》（或《国家职业标准》）规定的工作内容和技能要求重新整合、补充和完善内容，涵盖职业标准中所要求的知识点和技能点。

3. 提炼重点知识技能——在内容的选择上，以“够用”为原则，提炼出应重点掌握的必需专业知识和技能，删减了不必要的理论知识，使内容更加精练。

4. 补充更新技术内容——紧密结合最新技术发展，删除了陈旧过时的内容，补充了新的技术内容。

5. 同步最新技术标准——对原教材中按旧技术标准编写的内容进行更新，所有内容均与最新的技术标准同步。

6. 精选技能鉴定题库——按鉴定要求精选了职业技能鉴定试题，试题贴近教材、贴近国家试题库的考点，更具典型性、代表性、通用性和实用性。

7. 配备免费电子教案——为方便培训教学，我们为本套教材开发配备了配套的电子教案，免费赠送给选用本套教材的机构和教师。

8. 配备操作实景光盘——根据读者需要，部分教材配备了操作实景光盘。

一言概之，经过精心修订，第2版教材在保留了第1版教材精华的同时，内容更加精练、可靠、实用，针对性更强，更能满足社会需求和读者需要。全套教材既可作为各级职业技能鉴定培训机构、企业培训部门的考前培训教材，又可作为读者考前复习和自测使用的复习用书，也可供职业技能鉴定部门在鉴定命题时参考，还可作为职业技术院校、技工院校、各种短训班的专业课教材。

在本套教材的调研、策划、编写过程中，曾经得到许多企业、鉴定培训机构有关领导、专家的大力支持和帮助，在此表示衷心的感谢！

虽然我们已经尽了最大努力，但教材中仍难免存在不足之处，恳请专家和广大读者批评指正。

国家职业资格培训教材第2版编审委员会

第1版序一

当前和今后一个时期，是我国全面建设小康社会、开创中国特色社会主义事业新局面的重要战略机遇期。建设小康社会需要科技创新，离不开技能人才。“全国人才工作会议”、“全国职教工作会议”都强调要把“提高技术工人素质、培养高技能人才”作为重要任务来抓。当今世界，谁掌握了先进的科学技术并拥有大量技术娴熟、手艺高超的技能人才，谁就能生产出高质量的产品，创出自己的名牌；谁就能在激烈的市场竞争中立于不败之地。我国有近一亿技术工人，他们是社会物质财富的直接创造者。技术工人的劳动，是科技成果转化为生产力的关键环节，是经济发展的重要基础。

科学技术是财富，操作技能也是财富，而且是重要的财富。中华全国总工会始终把提高劳动者素质作为一项重要任务，在职工中开展的“当好主力军，建功‘十一五’，和谐奔小康”竞赛中，全国各级工会特别是各级工会职工技协组织注重加强职工技能开发，实施群众性经济技术创新工程，坚持从行业和企业实际出发，广泛开展岗位练兵、技术比赛、技术革新、技术协作等活动，不断提高职工的技术技能和操作水平，涌现出一大批掌握高超技能的能工巧匠。他们以自己的勤劳和智慧，在推动企业技术进步，促进产品更新换代和升级中发挥了积极的作用。

欣闻机械工业出版社配合新的《国家职业标准》为技术工人编写了这套涵盖41个职业的172种“国家职业资格培训教材”。这套教材由全国各地技能培训和考评专家编写，具有权威性和代表性；将理论与技能有机结合，并紧紧围绕《国家职业标准》的知识点和技能鉴定点编写，实用性、针对性强，既有必备的理论和技能知识，又有考核鉴定的理论和技能题库及答案，编排科学，便于培训和检测。

这套教材的出版非常及时，为培养技能型人才做了一件大好事，我相信这套教材一定会为我们培养更多更好的高技能人才做出贡献！

李永安

（李永安　中国职工技术协会常务副会长）

第1版序二

为贯彻“全国职业教育工作会议”和“全国再就业会议”精神，全面推进技能振兴计划和高技能人才培养工程，加快培养一大批高素质的技能型人才，我们精心策划了这套与劳动和社会保障部最新颁布的《国家职业标准》配套的《国家职业资格培训教材》。

进入21世纪，我国制造业在世界上所占的比重越来越大，随着我国逐渐成为“世界制造业中心”进程的加快，制造业的主力军——技能人才，尤其是高级技能人才的严重缺乏已成为制约我国制造业快速发展的瓶颈，高级蓝领出现断层的消息屡屡见诸报端。据统计，我国技术工人中高级以上技工只占3.5%，与发达国家40%的比例相去甚远。为此，国务院先后召开了“全国职业教育工作会议”和“全国再就业会议”，提出了“三年50万新技师的培养计划”，强调各地、各行业、各企业、各职业院校等要大力开展职业技术培训，以培训促就业，全面提高技术工人的素质。

技术工人密集的机械行业历来高度重视技术工人的职业技能培训工作，尤其是技术工人培训教材的基础建设工作，并在几十年的实践中积累了丰富的教材建设经验。作为机械行业的专业出版社，机械工业出版社在“七五”、“八五”、“九五”期间，先后组织编写出版了“机械工人技术理论培训教材”149种，“机械工人操作技能培训教材”85种，“机械工人职业技能培训教材”66种，“机械工业技师考评培训教材”22种，以及配套的习题集、试题库和各种辅导性教材约800种，基本满足了机械行业技术工人培训的需要。这些教材以其针对性、实用性强，覆盖面广，层次齐备，成龙配套等特点，受到全国各级培训、鉴定和考工部门和技术工人的欢迎。

2000年以来，我国相继颁布了《中华人民共和国职业分类大典》和新的《国家职业标准》，其中对我国职业技术工人的工种、等级、职业的活动范围、工作内容、技能要求和知识水平等根据实际需要进行了重新界定，将国家职业资格分为5个等级：初级（5级）、中级（4级）、高级（3级）、技师（2级）、高级技师（1级）。为与新的《国家职业标准》配套，更好地满足当前各级职业培训和技术工人考工取证的需要，我们精心策划编写了这套“国家职业资格培训教材”。

这套教材是依据劳动和社会保障部最新颁布的《国家职业标准》编写的，

为满足各级培训考工部门和广大读者的需要，这次共编写了41个职业的172种教材。在职业选择上，除机电行业通用职业外，还选择了建筑、汽车、家电等其他相近行业的热门职业。每个职业按《国家职业标准》规定的工作内容和技能要求编写初级、中级、高级、技师（含高级技师）四本教材，各等级合理衔接、步步提升，为高技能人才培养搭建了科学的阶梯型培训架构。为满足实际培训的需要，对多工种共同需求的基础知识我们还分别编写了《机械制图》、《机械基础》、《电工常识》、《电工基础》、《建筑装饰识图》等近20种公共基础教材。

在编写原则上，依据《国家职业标准》又不拘泥于《国家职业标准》是我们这套教材的创新。为满足沿海制造业发达地区对技能人才细分市场的需要，我们对模具、制冷、电梯等社会需求量大又已单独培训和考核的职业，从相应的职业标准中剥离出来单独编写了针对性较强的培训教材。

为满足培训、鉴定、考工和读者自学的需要，在编写时我们考虑了教材的配套性。教材的章首有培训要点、章末配复习思考题，书末有与之配套的试题库和答案，以及便于自检自测的理论和技能模拟试卷，同时还根据需求为20多种教材配制了VCD光盘。

为扩大教材的覆盖面和体现教材的权威性，我们组织了上海、江苏、广东、广西、北京、山东、吉林、河北、四川、内蒙古等地相关行业从事技能培训和考工的200多名专家、工程技术人员、教师、技师和高级技师参加编写。

这套教材在编写过程中力求突出“新”字，做到“知识新、工艺新、技术新、设备新、标准新”；增强实用性，重在教会读者掌握必需的专业知识和技能，是企业培训部门、各级职业技能鉴定培训机构、再就业和农民工培训机构的理想教材，也可作为技工学校、职业高中、各种短训班的专业课教材。

在这套教材的调研、策划、编写过程中，曾经得到广东省职业技能鉴定中心、上海市职业技能鉴定中心、江苏省机械工业联合会、中国第一汽车集团公司以及北京、上海、广东、广西、江苏、山东、河北、内蒙古等地许多企业和技工学校的有关领导、专家、工程技术人员、教师、技师和高级技师的大力支持和帮助，在此谨向为本套教材的策划、编写和出版付出艰辛劳动的全体人员表示衷心的感谢！

教材中难免存在不足之处，诚恳希望从事职业教育的专家和广大读者不吝赐教，批评指正。我们真诚希望与您携手，共同打造职业培训教材的精品。

国家职业资格培训教材编审委员会

前　言

本书是依据人力资源和社会保障部制定的《国家职业技能标准》中对机械加工类和修理类各职业对测量和测绘方面的知识和技能要求，按照岗位培训需要的原则编写的，此外也参考了《国家职业资格鉴定细目》中对三级、二级、一级工测量、测绘模块的知识要求和技能要求。

本书对第1版中引用的国家标准进行了更新，删除了陈旧过时的内容，并按新颁《国家职业技能标准》对内容的编排进行了调整。本书具有先进性、科学性和系统性，使读者对《国家职业技能标准》需要掌握的知识和技能有一个全面的了解。同时，本书具有知识重点突出，技能操作贴近实际的特点。根据《国家职业技能标准》，书中引入了相关的测量、测绘实例，便于读者自学自测。本书采用现行的国家标准，便于机械行业相关企业测量测绘工作的通用化、统一化和规范化。

本书由胡家富主编，葛建成、王林茂、朱雨舟、徐彬参加编写。限于编者水平，书中难免有疏漏之处，恳请读者批评指正。

编　者

目　录

第一章

测量技术基础

培训学习目标　了解测量的基础知识，掌握常用计量器具的使用方法。

第一节　概述

一、测量的基本任务

在机械制造业中，测量是研究零件在空间位置、形状和大小等几何量的一门技术。也就是将待确定的物理量，与一个作为测量单位的标准量进行比较的过程。

测量的基本任务是：

1）确定统一的计量单位、测量基准，以及严格的传递系统，以确保“标准单位”能准确地传递到每个使用单位中。

2）正确选用测量器具，拟订合理的测量方法，以便准确地测出被测量的量值。

3）分析测量误差，正确处理测量数据，提高测量精度。

4）研制新的测量器具和测量方法，不断满足生产发展对技术测量的新要求。

二、计量单位和测量器具

1. 计量单位

中华人民共和国法定计量单位（简称法定单位）是以国际单位制单位为基础，同时选用了一些非国际单位制的单位构成的。

（1）长度法定计量单位　长度的基本单位为m（米）。1983年第十七届国际计量大会对米的定义为：1/299 792 458s的时间间隔内光在真空中行程的长度。

在机械制造图样中，以mm（毫米）为计量单位，1m = 1000mm。

(2) 平面角的法定计量单位　平面角的基本单位为rad（弧度）。rad是一圆内两条半径之间的平面角，这两条半径在圆周上所截取的弧长与半径相等时为1rad。

在机械制造中，常用度（°）作为平面角的计量单位，$1° = (\pi/180)\,rad$，$1° = 60'$，$1' = 60''$。

2. 测量器具

测量器具是测量仪器（量仪）和测量工具（量具）的总称。在几何量测量器具术语中，对量具的定义为：以固定形态复现或提供给定量的一个或多个已知量值的器具。对量仪的定义为：将被测量值转换成直接观察或等效信息的测量器具。

一般情况下，量具没有传动放大系统，结构简单，如量块、线纹尺、多面棱体、平面平晶等；而量仪具有传动放大系统，结构比较复杂，如各种比较仪、投影仪、测长仪等。

3. 测量器具的分类

测量器具的分类方法较多，常见的有以下几种：

1）依据计量法可以将测量器具分为测量基准器具、测量标准器具和工作测量器具。

2）依照几何量测量仪器型号编制方法（JB/T 8372—2010）把量仪按用途和结构性能不同分为：长度量仪、角度量仪、几何误差量仪、表面结构质量量仪、坐标测量机、齿轮量仪、螺纹量仪、主动量仪、专用检验机和分选机、其他量仪共十类。此外，还将测量链及其部件和通用器件及附件各作为一类。

3）其他分类方法。如按通用性不同分为专用测量器具和通用测量器具，等等。

4. 测量器具的特性指标（引用GB/T 17163—2008标准）

(1) 标尺　由一组有序的标记连同相关的标数一起构成显示装置的部分。

(2) 示值范围　极限示值界限内的一组值。

(3) 示值　测量器具所给出的量的值。

(4) 分度值　对应两相邻标尺标记的两个值之差。

(5) 测量范围　测量器具的误差在规定极限内的一组被测量的值。

标尺、示值范围、分度值、示值、测量范围的比较如图1-1所示。

(6) 额定工作条件　测量器具的规定计量特性处于给定的极限范围内的使用条件。

(7) 测量仪器（示值）误差　测量仪器的示值与对应输入量真值之差。

(8) 重复性　在相同的测量条件下，同一被测量的多次测量结果之间的一致程度。

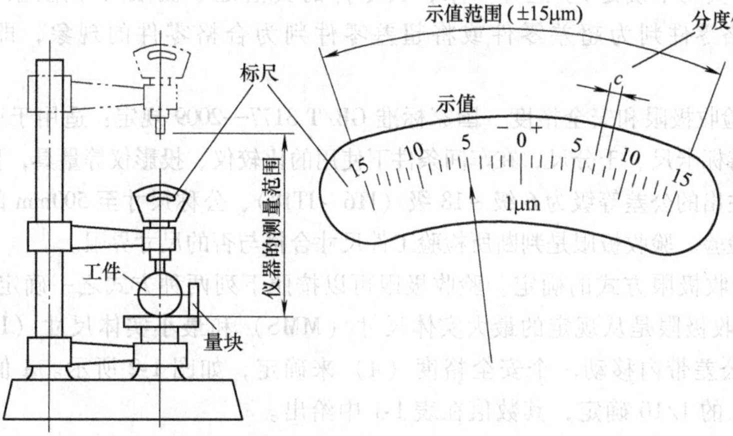

图 1-1　标尺、示值范围、分度值、示值、测量范围的比较

（9）稳定性　测量仪器保持其计量特性随时间恒定的能力。

（10）修正值　为用代数方法与未修正测量结果相加，以补偿其系统误差的值。

（11）修正因子　为补偿系统误差而与未修正测量结果相乘的数字因子。

三、测量器具的选用

合理选用测量器具是保证产品质量、降低生产成本和提高生产效率的重要环节之一。

1. 选用测量器具的一般原则

（1）测量器具的类型应与生产类型相适应　单件、小批量生产应选用通用测量器具；大批量生产应选用专用测量器具。

（2）测量器具的使用性能应与被测件的结构、材质、表面特性相适应　一般钢件表面较硬，多用接触测量器具；刚性差、硬度低的软金属或薄型、微型零件，可用非接触测量器具。

（3）测量器具的度量指标应能满足测量要求　如测量范围应与被测的尺寸相适应，测量误差应与被测尺寸的公差相适应。

2. 根据安全裕度选用测量器具

（1）误废和误收　零件的完善检验应将尺寸测量结果和形状误差测量结果综合起来，判断是否超过最大实体尺寸和最小实体尺寸。而在实际检验零件时，采用的测量器具多数只用于测量尺寸，又常用一次测量结果作出判断，未考虑形状误差和示值变动性对测量结果的影响，也未考虑测量器具误差，测量时的温度和压陷效应产生的误差对测量结果的影响。另外，上述测量误差又具有不确定性

（大小和正负均不确定）。这样一来，当零件的真值处于极限尺寸附近时，就会产生将合格零件判为超差零件或将超差零件判为合格零件的现象，即误废或误收。

（2）验收极限和安全裕度　国家标准 GB/T 3177—2009 规定：适用于通用测量器具，如游标卡尺、千分尺，在车间条件下使用的比较仪、投影仪等量具，量仪，对于图样上注出的公差等级为6级～18级（IT6～IT18）、公称尺寸至500mm的光滑工件尺寸的检验。验收极限是判断所检验工件尺寸合格与否的尺寸界限。

1）验收极限方式的确定。验收极限可以按照下列两种方式之一确定。

① 验收极限是从规定的最大实体尺寸（MMS）和最小实体尺寸（LMS）分别向工件公差带内移动一个安全裕度（A）来确定，如图1-2所示。A值按工件公差（T）的1/10确定，其数值在表1-1中给出。

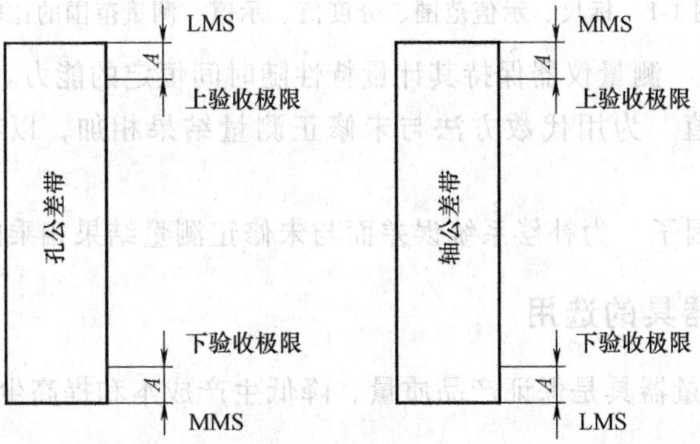

图1-2　验收极限示意图

孔尺寸的验收极限：

上验收极限＝最小实体尺寸(LMS)－安全裕度(A)

下验收极限＝最大实体尺寸(MMS)＋安全裕度(A)

轴尺寸的验收极限：

上验收极限＝最大实体尺寸(MMS)－安全裕度(A)

下验收极限＝最小实体尺寸(LMS)＋安全裕度(A)

② 验收极限等于规定的最大实体尺寸（MMS）和最小实体尺寸（LMS），即A值等于零。

2）验收极限方式的选择。验收极限方式的选择要结合尺寸功能要求及其重要程度、尺寸公差等级、测量不确定度和过程能力等因素综合考虑。

① 对遵循包容要求的尺寸、公差等级高的尺寸，其验收极限按①确定。

② 当过程能力指数$C_p \geqslant 1$时，其验收极限可以按②确定；但对遵循包容要求的尺寸，其最大实体尺寸一边的验收极限仍应按①确定。

③ 对偏态分布的尺寸，其验收极限可以仅对尺寸偏向的一边按①确定。

④ 对非配合和一般公差的尺寸，其验收极限按②确定。

（3）测量器具的选择

1）测量器具选用原则。按照测量器具所导致的测量不确定度（简称测量器具的测量不确定度）的允许值（u_1）选择测量器具。选择时，应使所选用的测量器具的测量不确定度数值等于或小于选定的 u_1 值。

测量器具的测量不确定度允许值（u_1）按测量不确定度（u）与工件公差的比值分挡；对 IT6 ~ IT11 的分为Ⅰ、Ⅱ、Ⅲ三挡；对 IT12 ~ IT18 的分为Ⅰ、Ⅱ两挡。测量不确定度（u）的Ⅰ、Ⅱ、Ⅲ三挡值分别为工件件公差的 1/10、1/6、1/4。测量器具的测量不确定度允许值（u_1）约为测量不确定度（u）的 0.9 倍，其三挡数值列于表 1-1 中。

标准中测量不确定度的评定推荐采用 GB/T 18779.2 规定的方法，未作特别说明时，置信概率为 95%。

2）测量器具的测量不确定度允许值（u_1）的选定。选用表 1-1 中测量器具的测量不确定度允许值（u_1），一般情况下，优先选用Ⅰ挡，其次选用Ⅱ挡、Ⅲ挡。

具体测量仪器的不确定度见表 1-2、表 1-3。

【例 1-1】 已知一套筒零件图样中标注的外圆尺寸为 $\phi250_{-0.46}^{\ 0}$mm，内孔尺寸为 $\phi150_{\ 0}^{+0.16}$mm，试选择测量器具和确定验收极限。

解 （1）选择测量 $\phi250_{-0.46}^{\ 0}$ mm 外圆的测量器具和确定验收极限

1）确定安全裕度 A 和测量器具不确定度允许值 u_1。$\phi250_{-0.46}^{\ 0}$mm 外圆的公差值为 0.46mm，查表 1-1，该公差范围内的安全裕度 $A = 0.046$mm，测量器具的不确定度允许值 $u_1 = 0.9A = 0.0414$mm。

2）选择测量器具。外圆的尺寸为 250mm，查表 1-2，250mm 在 200 ~ 250mm 尺寸范围内。在不确定度小于 u_1 的测量器具中，应选不确定度最接近 u_1 值的测量器具，故应选分度值为 0.02mm 的游标卡尺。

3）确定验收极限。

$$\text{上验收极限} = \text{最大实体尺寸} - A = 250\text{mm} - 0.046\text{mm} = 249.954\text{mm}$$

$$\text{下验收极限} = \text{最大实体尺寸} - \text{公差} + A = 250\text{mm} - 0.46\text{mm} + 0.046\text{mm} = 249.586\text{mm}$$

（2）选择 $\phi150_{\ 0}^{+0.16}$mm 内孔的测量器具和确定验收极限

1）确定 A 和 u_1。$\phi150_{\ 0}^{+0.16}$ mm 孔的公差为 0.16mm，查表 1-1，得 $A = 0.016$mm，$u_1 = 0.9A = 0.0144$mm。

表 1-1　安全裕度（A）与计量器具的测量不确定度允许值（u_1）　　（单位：μm）

公差等级		6					7					8					9					10					11				
公称尺寸/mm		T	A	u_1			T	A	u_1			T	A	u_1			T	A	u_1			T	A	u_1			T	A	u_1		
大于	至			Ⅰ	Ⅱ	Ⅲ			Ⅰ	Ⅱ	Ⅲ			Ⅰ	Ⅱ	Ⅲ			Ⅰ	Ⅱ	Ⅲ			Ⅰ	Ⅱ	Ⅲ			Ⅰ	Ⅱ	Ⅲ
—	3	6	0.6	0.5	0.9	1.4	10	1.0	0.9	1.5	2.3	14	1.4	1.3	2.1	3.2	25	2.5	2.3	3.8	5.6	40	4.0	3.6	6.0	9.0	60	6.0	5.4	9.0	14
3	6	8	0.8	0.7	1.2	1.8	12	1.2	1.1	1.8	2.7	18	1.8	1.6	2.7	4.1	30	3.0	2.7	4.5	6.8	48	4.8	4.3	7.2	11	75	7.5	6.8	11	17
6	10	9	0.9	0.8	1.4	2.0	15	1.5	1.4	2.3	3.4	22	2.2	2.0	3.3	5.0	36	3.6	3.3	5.4	8.1	58	5.8	5.2	8.7	13	90	9.0	8.1	14	20
10	18	11	1.1	1.0	1.7	2.5	18	1.8	1.7	2.7	4.1	27	2.7	2.4	4.1	6.1	43	4.3	3.9	6.5	9.7	70	7.0	6.3	11	16	110	11	10	17	25
18	30	13	1.3	1.2	2.0	2.9	21	2.1	1.9	3.2	4.7	33	3.3	3.0	5.0	7.4	52	5.2	4.7	7.8	12	84	8.4	7.6	13	19	130	13	12	20	29
30	50	16	1.6	1.4	2.4	3.6	25	2.5	2.3	3.8	5.6	39	3.9	3.5	5.9	8.8	62	6.2	5.6	9.3	14	100	10	9.0	15	23	160	16	14	24	36
50	80	19	1.9	1.7	2.9	4.3	30	3.0	2.7	4.5	5.8	46	4.6	4.1	6.9	10	74	7.4	6.7	11	17	120	12	11	18	27	190	19	17	29	43
80	120	22	2.2	2.0	3.3	5.0	35	3.5	3.2	5.3	7.9	54	5.4	4.9	8.1	12	87	8.7	7.8	13	20	140	14	13	21	32	220	22	20	33	50
120	180	25	2.5	2.3	3.8	5.6	40	4.0	3.6	6.0	9.0	63	6.3	5.7	9.5	14	100	10	9.0	15	23	160	16	15	24	36	250	25	23	38	56
180	250	29	2.9	2.6	4.4	6.5	46	4.6	4.1	6.9	10	72	7.2	6.5	11	16	115	12	10	17	26	185	19	17	28	42	290	29	26	44	65
250	315	32	3.2	2.9	4.8	7.2	52	5.2	4.7	7.8	12	81	8.1	7.3	12	18	130	13	12	19	29	210	21	19	32	47	320	32	29	48	72
315	400	36	3.6	3.2	5.4	8.1	57	5.7	5.1	8.4	13	89	8.9	8.0	13	20	140	14	13	21	32	230	23	21	35	52	360	36	32	54	81
400	500	40	4.0	3.6	6.0	9.0	63	6.3	5.7	9.5	14	97	9.7	8.7	15	22	155	16	14	23	35	250	25	23	38	56	400	40	36	60	90

公差等级		12				13				14				15				16				17				18			
公称尺寸/mm		T	A	u_1		T	A	u_1		T	A	u_1		T	A	u_1		T	A	u_1		T	A	u_1		T	A	u_1	
大于	至			Ⅰ	Ⅱ			Ⅰ	Ⅱ			Ⅰ	Ⅱ			Ⅰ	Ⅱ			Ⅰ	Ⅱ			Ⅰ	Ⅱ			Ⅰ	Ⅱ
—	3	100	10	9.0	15	140	14	13	21	250	25	23	38	400	40	36	60	600	60	554	90	1000	100	90	150	1400	140	135	21
3	6	120	12	11	118	180	18	16	27	300	30	27	45	480	48	43	72	750	75	68	110	1200	120	110	180	1800	180	160	270
6	10	150	15	14	23	220	22	20	33	360	36	32	54	580	58	52	87	900	90	81	140	1500	150	140	230	2200	220	200	330
10	18	180	18	16	27	270	27	24	41	430	43	39	65	700	70	63	110	1100	110	100	170	1800	180	160	270	2700	270	240	400
18	30	210	21	19	32	330	33	30	50	520	52	47	78	840	84	76	130	1300	130	120	200	2100	210	190	320	3300	330	300	490
30	50	250	25	23	38	390	39	35	59	620	62	56	93	1000	100	90	150	1600	160	140	240	2500	250	220	380	3900	390	350	580
50	80	300	30	27	45	460	46	41	69	740	74	67	110	1200	120	110	180	1900	190	170	290	3000	300	270	450	4600	460	410	690
80	120	350	35	32	53	540	54	49	81	870	87	78	130	1400	140	130	210	2200	220	200	330	3500	350	320	530	5400	540	480	810
120	180	400	40	36	60	630	63	57	95	1000	100	90	150	1600	160	150	240	2500	250	230	380	4000	400	360	600	6300	630	570	940
180	250	460	46	41	69	720	72	65	110	1150	115	100	170	1800	180	170	280	2900	290	260	440	4600	460	410	690	7200	720	650	1080
250	315	520	52	47	78	810	81	73	120	1300	130	120	190	2100	210	190	320	3200	320	290	480	5200	520	470	780	8100	810	730	1210
315	400	570	57	51	86	890	89	80	130	1400	140	130	210	2300	230	210	350	3600	360	320	540	5700	570	510	850	8900	890	800	1330
400	500	630	63	57	95	970	97	87	150	1500	150	140	230	2500	250	230	380	4000	400	360	600	6300	630	570	950	9700	970	870	1450

表 1-2　千分尺和游标卡尺的不确定度

<table>
<tr><td colspan="2" rowspan="2">尺寸范围/mm</td><td colspan="4">测量器具类型</td></tr>
<tr><td>分度值 0.01mm
外径千分尺</td><td>分度值 0.01mm
两点内径千分尺</td><td>分度值 0.02mm
游标卡尺</td><td>分度值 0.05mm
游标卡尺</td></tr>
<tr><td>大　于</td><td>至</td><td colspan="4">不确定度/mm</td></tr>
<tr><td>0</td><td>50</td><td>0.004</td><td rowspan="3">0.008</td><td rowspan="6">0.020</td><td rowspan="4">0.050</td></tr>
<tr><td>50</td><td>100</td><td>0.005</td></tr>
<tr><td>100</td><td>150</td><td>0.006</td></tr>
<tr><td>150</td><td>200</td><td>0.007</td><td rowspan="3">0.013</td></tr>
<tr><td>200</td><td>250</td><td>0.008</td><td rowspan="10">0.100</td></tr>
<tr><td>250</td><td>300</td><td>0.009</td></tr>
<tr><td>300</td><td>350</td><td>0.010</td><td rowspan="3">0.020</td><td rowspan="6"></td></tr>
<tr><td>350</td><td>400</td><td>0.011</td></tr>
<tr><td>400</td><td>450</td><td>0.012</td></tr>
<tr><td>450</td><td>500</td><td>0.013</td><td>0.025</td></tr>
<tr><td>500</td><td>700</td><td rowspan="2"></td><td rowspan="2">0.030</td></tr>
<tr><td>700</td><td>1000</td></tr>
</table>

注：1. 当采用比较测量时，千分尺的不确定度可小于表中规定的数值（但不低于表中数值的 60%）。

2. 当所采用的测量器具不确定度达不到 GB/T 3177—2009 规定的 u_1 值时，在一定范围内，允许按所采用的测量器具的不确定度数值 u'_1，重新计算出相应的安全裕度 $A'(A'=u'_1/0.9)$，再由最大实体尺寸和最小实体尺寸分别向公差带内移动 A' 值，定出验收极限。

表 1-3　比较仪和指示表的不确定度

<table>
<tr><td colspan="3">测 量 器 具</td><td colspan="9">尺寸范围/mm</td></tr>
<tr><td rowspan="2">名称</td><td rowspan="2">分度值/mm</td><td rowspan="2">放大倍数或量程范围</td><td>≤25</td><td>>25 ~ 40</td><td>>40 ~ 65</td><td>>65 ~ 90</td><td>>90 ~ 115</td><td>>115 ~ 165</td><td>>165 ~ 215</td><td>>215 ~ 265</td><td>>265 ~ 315</td></tr>
<tr><td colspan="9">不确定度/mm</td></tr>
<tr><td rowspan="4">比较仪</td><td>0.0005</td><td>2000 倍</td><td>0.0006</td><td>0.0007</td><td colspan="2">0.0008</td><td>0.0009</td><td>0.0010</td><td>0.0012</td><td>0.0014</td><td>0.0016</td></tr>
<tr><td>0.001</td><td>1000 倍</td><td colspan="2">0.0010</td><td colspan="2">0.0011</td><td>0.0012</td><td>0.0013</td><td>0.0014</td><td>0.0016</td><td>0.0017</td></tr>
<tr><td>0.002</td><td>400 倍</td><td>0.0017</td><td colspan="3">0.0018</td><td colspan="2">0.0019</td><td>0.0020</td><td>0.0021</td><td>0.0022</td></tr>
<tr><td>0.005</td><td>250 倍</td><td colspan="6">0.0030</td><td colspan="3">0.0035</td></tr>
<tr><td rowspan="6">千分表</td><td rowspan="2">0.001</td><td>0 级全程内</td><td colspan="5" rowspan="3">0.005</td><td colspan="4" rowspan="3">0.006</td></tr>
<tr><td>1 级 0.2mm 内</td></tr>
<tr><td>0.002</td><td>1 转内</td></tr>
<tr><td>0.001</td><td rowspan="3">1 级全程内</td><td colspan="9" rowspan="3">0.010</td></tr>
<tr><td>0.002</td></tr>
<tr><td>0.005</td></tr>
<tr><td rowspan="4">百分表</td><td>0.01</td><td>0 级任意 1mm 内</td><td colspan="9">0.010</td></tr>
<tr><td rowspan="2">0.01</td><td>0 级全程内</td><td colspan="9" rowspan="2">0.018</td></tr>
<tr><td>1 级任意 1mm 内</td></tr>
<tr><td>0.01</td><td>1 级全程内</td><td colspan="9">0.030</td></tr>
</table>

注：测量时，使用的标准器具由 4 块 1 级（或 4 等）量块组成。

2）选择测量器具。孔的尺寸为 150mm，查表 1-2，150mm 在 100 ~ 150mm 尺寸范围内。在该尺寸范围，分度值为 0.01mm 两点内径千分尺的不确定度为

0.008mm，小于并最接近于测量器具不确定度的允许值 u_1，符合要求，故选此千分尺。

3）确定验收极限。

上验收极限 = 最大实体尺寸 + 公差 − A = 150mm + 0.16mm − 0.016mm
= 150.144mm

下验收极限 = 最大实体尺寸 + A = 150mm + 0.016mm = 150.016mm

【例1-2】 有一轴颈的图样尺寸为 $\phi35^{+0.018}_{+0.002}$mm，试选择该轴颈的测量器具并确定验收极限。

解 （1）确定 A 和 u_1　$\phi35^{+0.018}_{+0.002}$mm 的公差为 0.016mm，查表1-1，所以 $A = 0.0016$mm，$u_1 = 0.9A = 0.00144$mm。

（2）选择测量器具　轴的尺寸为35mm，查表1-2，35mm在0～50mm尺寸范围内。在该尺寸范围，测量器具的不确定度均大于 u_1，故无符合要求的测量器具。

查表1-3，35mm在25～40mm尺寸范围内。在该尺寸范围，分度值为0.0005mm，放大倍数为2000倍的比较仪的不确定度为0.0007mm。小于测量器具的不确定度允许值 u_1，符合要求，故选此比较仪。

（3）确定验收极限

上验收极限 = 最大实体尺寸 − A = 35.018mm − 0.0016mm = 35.0164mm

下验收极限 = 最小实体尺寸 + A = 35.002mm + 0.0016mm = 35.0036mm

3. 根据测量方法极限误差选用测量器具

在已知零件的公差时，可根据零件的公差 T 和精度系数 K 算出测量方法允许极限误差 $\Delta_{允许}$，再根据测量方法极限误差 $\Delta_{极限}$ 选用测量器具，使 $\Delta_{极限} \leqslant \Delta_{允许}$。$\Delta_{允许}$ 通过式（1-1）计算

$$\Delta_{允许} = KT \tag{1-1}$$

精度系数 K 的取值一般在1/10～1/3范围内。其中，高精度零件取1/3，低精度零件取1/10，一般零件取1/5。也可以参考表1-4选取。

表1-4　测量方法的精度系数

被测参数的公差等级（IT）								
	轴	5	6	7	8～9	10	11	12～16
	孔	6	7	8	9	10	11	12～16
精度系数 K(%)		32.5	30	27.5	25	20	15	10

测量方法的极限误差 $\Delta_{极限}$ 见表1-5。

【例1-3】 已知一轴颈的尺寸为 $\phi25^{0}_{-0.013}$mm，试选用测量器具。

解 轴的公差 $T = 0.013$mm，精度较高，取 $K = 1/3$，则

$$\Delta_{允许} = KT = 1/3 \times 0.013\text{mm} = 0.0043\text{mm}$$

查表 1-5 得：分度值为 0.002mm 的杠杆千分尺在 10～50mm 测量尺寸范围内的 $\Delta_{极限}=0.004\text{mm}$，小于并接近 $\Delta_{允许}$，故选此杠杆千分尺。

【例 1-4】 已知一孔径的尺寸为 $\phi 100\ _{-0.087}^{\ 0}\ \text{mm}$，试选用测量器具。

解 孔的公差 $T=0.087\text{mm}$，属 IT9 级（查标准公差数值表）。查表 1-4，取 $K=25\%$，则

$$\Delta_{允许}=KT=25\% \times 0.087\text{mm}=0.022\text{mm}$$

查表 1-5 得：分度值为 0.01mm 的两点内径千分尺在 80～120mm 测量尺寸范围内的测量极限误差 $\Delta_{极限}=0.02\text{mm}$，小于并接近 $\Delta_{允许}$，故选此两点内径千分尺。

表 1-5　常用长度测量方法的极限误差

计量器具名称及用途		分度值/mm	比较用的量块 等	比较用的量块 级	被测件的尺寸/mm 1～10	10～50	50～80	80～120	120～180	180～260	260～360	360～500
					测量的极限误差/±μm							
游标卡尺	测外尺寸	0.02	直接测量		40	40	45	45	45	50	60	70
游标卡尺	测内尺寸	0.02	直接测量		—	50	60	60	65	70	80	90
游标卡尺	测外尺寸	0.05	直接测量		80	80	90	100	100	100	110	110
游标卡尺	测内尺寸	0.05	直接测量		—	100	130	130	150	150	150	150
游标卡尺	测外尺寸	0.10	直接测量		150	150	160	170	190	200	210	230
游标卡尺	测内尺寸	0.10	直接测量		—	200	230	260	280	300	300	300
深度游标卡尺 高度游标卡尺	测深度 测高度	0.02	直接测量		60	60	60	60	60	60	70	80
深度游标卡尺 高度游标卡尺	测深度 测高度	0.05	直接测量		100	100	150	150	150	150	150	150
深度游标卡尺 高度游标卡尺	测深度 测高度	0.10	直接测量		200	250	300	300	300	300	300	300
0 级千分尺	测外尺寸	0.01	直接测量		4.5	5.5	6	7	—	—	—	—
1 级千分尺	测外尺寸	0.01	直接测量		7	8	9	10	12	15	20	25
两点内径千分尺	测内尺寸	0.01	直接测量		16	18	18	20	22	25	30	35
深度千分尺	测深度	0.01	直接测量		14	16	18	20	—	—	—	—
杠杆千分尺	测外尺寸	0.002	直接测量		3	4	—	—	—	—	—	—
0 级百分表	在任意 1mm 内	0.01	—	3	10	10	10	11	11	12	12	13
1 级百分表	在任意 1mm 内	0.01	—	3	15	15	15	15	15	16	16	16
杠杆百分表	在任意 0.1mm 内	0.01	—	3	8	8	9	9	9	10	10	11
千分表	在任意 0.1mm 内	0.001	—	3	3.0	3.0	3.5	4.0	5.0	6.0	7.0	8.5
测微计及测微表	测外尺寸	0.001	4	1	0.6	0.8	1.0	1.2	1.4	2.0	2.5	3.0
测微计及测微表	测外尺寸	0.001	5	2	0.7	1.0	1.4	1.8	2.0	2.5	3.0	3.5
工具显微镜及投影仪	测直线尺寸	0.01	5	2	2.5	3.5	—	—	—	—	—	—
工具显微镜及投影仪	测直线尺寸	0.01	直接测量		5	5	—	—	—	—	—	—
万能工具显微镜	测直线尺寸	0.001	直接测量		1.5	2.0	2.5	3.0	3.5	—	—	—
测长仪	测外尺寸	0.001	直接测量		1.1	1.5	1.9	2.0	2.3	2.5	3.0	3.5
测长仪	测内尺寸	0.001	直接测量		2.5	3.0	3.3	3.5	3.8	4.2	4.8	—

（续）

计量器具名称及用途		分度值/mm	比较用的量块		被测件的尺寸/mm							
			等	级	1～10	10～50	50～80	80～120	120～180	180～260	260～360	360～500
					测量的极限误差/±μm							
测长仪	测外尺寸	0.001	4	1	0.6	0.8	1.0	1.2	1.4	2.0	2.5	3.0
			5	2	0.7	1.0	1.4	1.8	2.0	2.5	3.0	4.5
	测内尺寸		4	1	1.0	1.2	1.5	1.8	2.2	3.0	4.2	—
			5	2	1.2	1.5	1.8	2.0	2.8	—	—	—

四、测量方法的类型和测量条件

1. 测量方法的类型

根据测量对象的特点、测量器具的特点以及测量目标的不同，可将测量方法分为以下几种类型：

1）根据测量器具示值是否为被测量的完整值或相对标准量的偏差值，可以分为直接测量和间接测量。

① 直接测量：测量器具示值为被测量的完整值或相对标准量的偏差值。直接测量又可分为绝对测量和相对测量。

a. 绝对测量：测量器具示值为被测量的完整值，如用游标卡尺测量长度尺寸。

b. 相对测量：测量器具示值为标准量的偏差值，如用量块和指示表测量长度尺寸。

② 间接测量：测量器具示值与被测量有一定的函数关系，用测量结果和函数关系式计算出被测量的量值，如用正弦规测量角度值。

2）根据测量器具的测量元件与被测零件表面是否接触，可以分为接触测量和非接触测量。

① 接触测量：测量器具的测量元件与被测零件表面直接接触，并有机械作用的测量力存在，如用游标量具、螺旋测微量具、指示表测量零件。

② 非接触测量：测量器具的测量元件与被测零件表面不接触，没有机械作用的测量力存在，如用投影法和光波干涉法测量零件。

3）根据同时测得被测量的数目，可以分为单项测量和综合测量。

① 单项测量：一次测量结果只能表征被测零件的一个量值，如用工具显微镜分别测量螺纹的中径、牙型半角和螺距等。

② 综合测量：测量结果能够表征被测零件多个参数的综合效应，如用完整牙型的螺纹量规检验螺纹。

4）根据测量在工艺过程中的作用，可以分为主动测量和被动测量。

① 主动测量：在零件加工过程中进行的测量。测量结果用来控制零件的加工过程，预防废品。

② 被动测量：零件加工完毕后进行的测量。测量的目的是发现并剔除废品。

5）根据测量器具示值或零件在测量过程中所处的状态，可以分为静态测量和动态测量。

① 静态测量：测量时，测量器具的示值或零件静止不动，如用游标卡尺测量长度尺寸。

② 动态测量：测量时，测量器具的示值或（和）被测零件处于运动状态。如用指示表测量跳动误差、平面度等。

2. 测量条件

测量结果不仅受测量器具和测量方法的影响，还受到测量条件的影响，如测量环境、测量力等。

（1）测量环境　测量环境包括温度、湿度、气压、振动和灰尘等。测量时的标准温度为20℃，而且应使被测零件和测量器具本身的温度保持一致。

（2）测量力　测量力会引起被测零件表面产生压陷变形，影响测量结果。常用通用测量器具的测量力及允许变化范围见表1-6。不同尺寸公差适应的测量力见表1-7。

表1-6　常用通用测量器具的测量力及允许变化范围　（单位：N）

名　称		测　量　力	允许测量力变化范围
千分尺		7~11	—
指示表千分尺		5~8	±1
百分表		1.2	±0.5
千分表		1.2	±0.4
杠杆百分表		0.3~1.2	—
杠杆千分表		≤0.25	—
机械式测微仪		2	±0.8
光学比较仪、测长仪		2	±0.2
扭簧式测微仪		1.5~2	±0.3
接触式干涉仪		1.5	±0.1
电感测微仪	轴向测头	0.5~1	—
	杠杆测头	0.1~0.5	—

表1-7　不同尺寸公差适应的测量力

被测件尺寸公差/μm	≤2	>2~10	>10
测量力/N	<2.5	<4	≈10

五、测量误差及处理方法

在测量过程中，由于测量器具的误差、测量方法的误差、测量力引起的变形误差、测量环境温度变化引起的误差、被测零件本身存在的误差以及人为误差等综合因素的影响，使实际测得的量值 x 与被测量的真值 x_0 之间存在一定的差异。x 与 x_0 之差 δ 叫测量误差，即

$$\delta = x - x_0$$

产生测量误差的原因很多，但通过实验、分析、总结，根据误差的性质，可将测量误差分为系统误差、随机误差和粗大误差三类。

1. 系统误差及处理方法

在对同一被测量的多次测量过程中，保持恒定或以可预知方式变化的测量误差分量称为系统误差。系统误差又可分为定值系统误差和变值系统误差。

(1) 定值系统误差　在相同测量条件下，多次测量同一量值时，绝对值和符号保持不变的误差。

(2) 变值系统误差　在测量条件改变时，多次测量同一量值，按一定规律变化的误差。

(3) 系统误差的处理方法　系统误差是有规律的，其产生原因往往是可知的，可以通过实验分析法加以确定，在测量结果中进行修正，或者通过改善测量方法加以消除。消除系统误差没有统一的方法，要针对具体的测量情况采用相应的措施。常用方法有以下几种：

1) 消除法。在测量前，对测量系统和测量过程中的每一个环节进行充分的分析。对可能产生系统误差的硬件采取必要的措施，消除或尽量减小其产生的系统误差；对测量过程中可能产生系统误差的环节制订必要的方案，以消除或减小系统误差。

2) 修正法。把测量器具的误差预先检定出来，制成修正表。测量时，按修正表对测量结果进行修正。

3) 对称法。当系统误差具有按线性变化的累积性误差时，测量结果可取中间值或与中间值相对称的两端值的平均值。当重复测量某一量值时，由于温度的影响（上升或下降），测量值正比于时间的变化，如图1-3所示。此时的测量结果 θ 可按下式取值

$$\theta = \theta_4 = \frac{\theta_2 + \theta_6}{2} = \frac{\theta_1 + \theta_7}{2}$$

4) 半周期法。当系统误差是按正弦函数规律变化的周期误差时（见图1-4），取相隔半个周期的两个测量值的平均值作为测量结果 θ，即

$$\theta = \frac{\theta_1 + \theta_1'}{2} - \frac{\theta_2 + \theta_2'}{2}$$

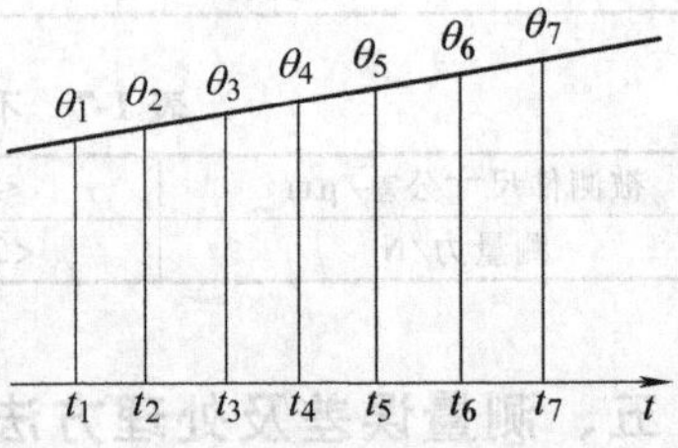

图1-3　对称法消除误差原理

2. 随机误差及处理方法

在对同一被测量的多次测量过程中，以不可知方式变化的测量误差的分量称为随机误差。

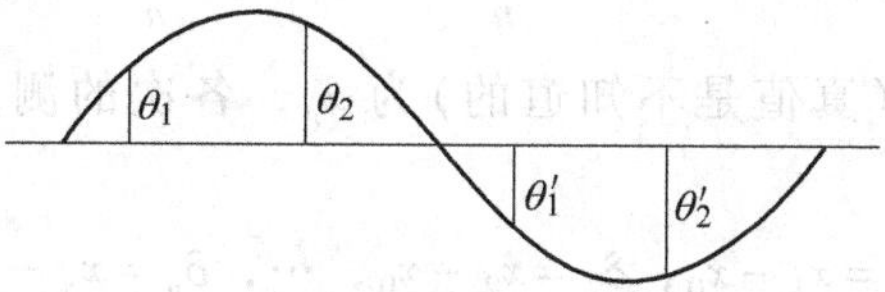

图 1-4 半周期法消除误差原理

随机误差是由许多未知规律或不能控制的因素造成的，对于每一次测量，每一个因素是否出现，以及所产生误差的绝对值和符号，事先都无法预计，因此，也就无法从测量结果中消除或校正。但是测量中的随机误差是符合正态分布规律的，可以用概率论和统计方法来确定，因而也可减少并控制其对测量结果的影响。

（1）随机误差的特性　如果测量误差是随机的，当测量次数很多时，测量误差的分布具有以下特性：

1）绝对值相等的正负随机误差出现的概率相等，并随测量次数的增多而愈加明显。

2）绝对值小的随机误差比绝对值大的随机误差出现的机会多（概率大）。

3）在一定的测量条件下，随机误差的绝对值不会超出一定的界限。

（2）随机误差的理论方程式及分布曲线　根据随机误差的三个特性，可以得出随机误差的理论方程式，即

$$y=\frac{1}{\sigma\sqrt{2\pi}}e^{-\frac{\delta^2}{2\sigma^2}} \tag{1-2}$$

式中　e——自然对数的底；

y——概率密度；

σ——均方误差；

δ——随机误差。

式（1-2）对应的曲线如图 1-5 所示，叫正态分布曲线。曲线所包围的总面积等于各随机误差 δ 出现的概率的总和 1，即

$$\int_{-\infty}^{+\infty} y\mathrm{d}\delta = 1$$

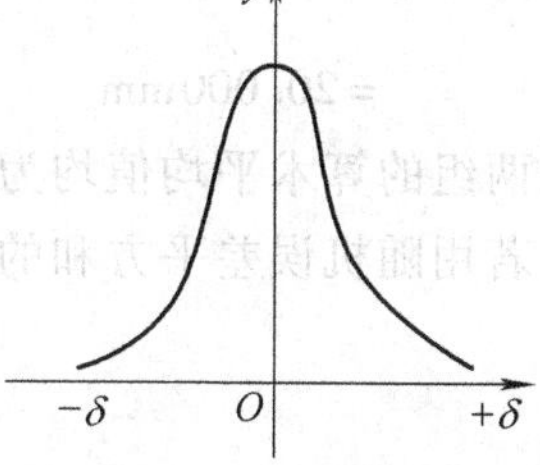

图 1-5 正态分布曲线

（3）随机误差的评定参数

1）算术平均值 $\bar{x}$。设对同一个量进行一系列等精度测量，得到一系列不同的测量值 x_1、

x_2、…、x_n，则这些数的算术平均值为

$$\bar{x} = \frac{x_1 + x_2 + \cdots + x_n}{n} = \frac{\sum_{i=1}^{n} x_i}{n}$$

设被测量的真值（真值是不知道的）为 x_0，各次的测量误差为 δ_1、δ_2、…、δ_n，则

$$\delta_1 = x_1 - x_0,\ \delta_2 = x_2 - x_0,\ \cdots,\ \delta_n = x_n - x_0$$

$$\sum_{i=1}^{n} \delta_i = \sum_{i=1}^{n} x_i - nx_0$$

根据随机误差特性 1），当 $n \to \infty \Rightarrow \sum_{i=1}^{n} \delta_i \to 0$，故有

$$\sum_{i=1}^{n} x_i = nx_0 \Rightarrow x_0 = \frac{\sum_{i=1}^{n} x_i}{n} = \bar{x}$$

上述结果说明：当测量次数无限增大时，全部测量值的算术平均值等于真值。实际上不可能进行无限次测量，因此也不可能得到真值。但若进行有限次测量，其算术平均值已接近真值。所以，以算术平均值作为最后测量结果是可靠且合理的。

2）测量值的均方误差 σ。算术平均值可以表示测量结果，但不能表示测量精度。如有两组测量值：

第 1 组测量值为：20.0005mm、19.9996mm、20.0003mm、19.9994mm 和 20.0002mm。

$$\bar{x}_1 = \frac{20.0005\text{mm} + 19.9996\text{mm} + 20.0003\text{mm} + 19.9994\text{mm} + 20.0002\text{mm}}{5}$$

$$= 20.000\text{mm}$$

第 2 组测量值为：19.999mm、20.0006mm、19.9995mm、20.0015mm 和 19.9994mm。

$$\bar{x}_2 = \frac{19.999\text{mm} + 20.0006\text{mm} + 19.9995\text{mm} + 20.0015\text{mm} + 19.9994\text{mm}}{5}$$

$$= 20.000\text{mm}$$

两组的算术平均值均为 20.000mm。

若用随机误差平方和的算术平均值的平方根 σ 表示误差，即

$$\sigma = \pm\sqrt{\frac{\delta_1^2 + \delta_2^2 + \cdots + \delta_n^2}{n}}$$

假设上述被测量的真值 $x_0 = 20\text{mm}$，则有

$$\sigma_1 = \pm\sqrt{\frac{0.5^2+0.4^2+0.3^2+0.6^2+0.2^2}{5}}\mu m = \pm 0.4\mu m$$

$$\sigma_2 = \pm\sqrt{\frac{1^2+0.6^2+0.5^2+1.5^2+0.4^2}{5}}\mu m = \pm 0.9\mu m$$

通常把 σ 称为均方误差。上述第 1 组的均方误差小，测量的精度高。

“均方误差小，测量的精度高。”还可以用随机误差理论方程式 $y=\frac{1}{\sigma\sqrt{2\pi}}e^{-\frac{\delta^2}{2\sigma^2}}$ 来说明：不管 δ 为何值，e 的指数永为负值。当 δ 增大时，y 值减小；δ 减小时，y 值增大；当 $\delta=0$ 时，$y=\frac{1}{\sigma\sqrt{2\pi}}$，此时 y 的大小取决于 σ，σ 越小，则 y 越大，σ 越大，则 y 越小。σ 大小对应的随机误差正态分布曲线如图 1-6 所示。其中 $\sigma_1<\sigma_2$，σ_1 的曲线较陡，随机误差分布较集中，说明较小误差出现的次数多，测量的可靠性大，精度高；σ_2 的曲线较平坦，随机误差分布较分散，说明较大误差出现的次数多，测量的可靠性差，精度低。所以，在系列测量中，均方误差的大小完全可以说明测量的精度或可靠性。

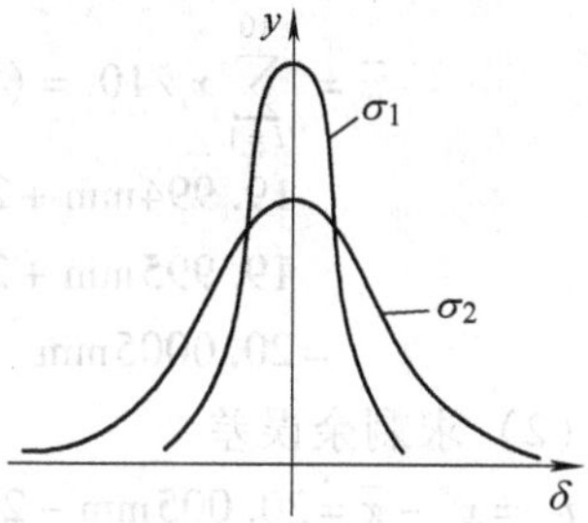

图 1-6 σ 值的意义

实践和理论证明，测量值的误差在 $\pm\sigma$ 范围内的概率为 68.26%；测量值的误差在 $\pm3\sigma$ 范围内的概率为 99.73%，超出 $\pm3\sigma$ 范围的概率仅为 0.3%，实际上不会发生。所以，通常以 $\pm3\sigma$ 作为误差极限，称为测量值的极限误差。

在上述讨论中，$\delta_i=x_i-x_0$，实际上，真值 x_0 是未知量，所以 δ_i 也是无法求出的。在实际应用中，以 $x_i-\bar{x}=v_i$（v_i 称为剩余误差）来表示，即

$$\sigma = \pm\sqrt{\frac{v_1^2+v_2^2+\cdots+v_n^2}{n-1}} = \pm\sqrt{\frac{\sum_{i=1}^{n} v_i^2}{n-1}}$$

3）算术平均值的均方误差 $\sigma_{\bar{x}}$。在测量零件时，最重要的是测量结果的精度，即算术平均值 $\bar{x}$ 的精度。由前述可知，当 $n\to\infty$ 时，$\bar{x}\to x_0$，若 n 为有限次时，$\bar{x}$ 与 x_0 存在一定的误差。n 越小，$\bar{x}$ 与 x_0 的误差越大，不过 $\bar{x}$ 与 x_0 的误差总要比单次测量值 x_i 与 x_0 的误差小。若在相同条件下，对某一量值重复进行 K 组 n 次测量，每组 n 次测量所得的算术平均值 $\bar{x}_i$ 也不完全相同，它们都将围绕着真值 x_0 波动，但波动的范围会比单次测量的范围小。以 K 组 n 次的算术平均值作为测量结果，其精度参数用均方误差 $\sigma_{\bar{x}}$ 表示。根据误差理论，即

$$\sigma_{\bar{x}}=\frac{\sigma}{\sqrt{n}} \tag{1-3}$$

式(1-3)说明多次测量的算术平均值的均方误差 $\sigma_{\bar{x}}$ 比单次测量的均方误差 σ 要小$\sqrt{n}$倍。若用剩余误差表示，即

$$\sigma_{\bar{x}}=\pm\sqrt{\frac{\sum_{i=1}^{n}v_i^2}{n(n-1)}}$$

则算术平均值的极限误差为 $\pm3\sigma_{\bar{x}}$。

【例 1-5】 对某根轴进行10 次测量，所得测量值分别为：20.005mm、19.999mm、20.003mm、19.994mm、20.002mm、19.996mm、20.006mm、19.995mm、20.015mm 和 19.990mm，求测量结果。

解 (1) 求算术平均值 $\bar{x}$

$$\begin{aligned}\bar{x}=\sum_{i=1}^{10}x_i/10&=(20.005\text{mm}+19.999\text{mm}+20.003\text{mm}+\\&19.994\text{mm}+20.002\text{mm}+19.996\text{mm}+20.006\text{mm}+\\&19.995\text{mm}+20.015\text{mm}+19.990\text{mm})/10\\&=20.0005\text{mm}\end{aligned}$$

(2) 求剩余误差

$$v_1=x_1-\bar{x}=20.005\text{mm}-20.0005\text{mm}=0.0045\text{mm}=4.5\mu\text{m}$$
$$v_2=x_2-\bar{x}=19.999\text{mm}-20.0005\text{mm}=-0.0015\text{mm}=-1.5\mu\text{m}$$
$$v_3=x_3-\bar{x}=20.003\text{mm}-20.0005\text{mm}=0.0025\text{mm}=2.5\mu\text{m}$$
$$v_4=x_4-\bar{x}=19.994\text{mm}-20.0005\text{mm}=-0.0065\text{mm}=-6.5\mu\text{m}$$
$$v_5=x_5-\bar{x}=20.002\text{mm}-20.0005\text{mm}=0.0015\text{mm}=1.5\mu\text{m}$$
$$v_6=x_6-\bar{x}=19.996\text{mm}-20.0005\text{mm}=-0.0045\text{mm}=-4.5\mu\text{m}$$
$$v_7=x_7-\bar{x}=20.006\text{mm}-20.0005\text{mm}=0.0055\text{mm}=5.5\mu\text{m}$$
$$v_8=x_8-\bar{x}=19.995\text{mm}-20.0005\text{mm}=-0.0055\text{mm}=-5.5\mu\text{m}$$
$$v_9=x_9-\bar{x}=20.015\text{mm}-20.0005\text{mm}=0.0145\text{mm}=14.5\mu\text{m}$$
$$v_{10}=x_{10}-\bar{x}=19.990\text{mm}-20.0005\text{mm}=-0.0105\text{mm}=-10.5\mu\text{m}$$

$$\begin{aligned}\sum_{i=1}^{10}v_i&=4.5\mu\text{m}-1.5\mu\text{m}+2.5\mu\text{m}-6.5\mu\text{m}+1.5\mu\text{m}-4.5\mu\text{m}\\&+5.5\mu\text{m}-5.5\mu\text{m}+14.5\mu\text{m}-10.5\mu\text{m}=0\end{aligned}$$

$$\begin{aligned}\sum_{i=1}^{10}v_i^2&=(4.5^2+1.5^2+2.5^2+6.5^2+1.5^2+4.5^2\\&+5.5^2+5.5^2+14.5^2+10.5^2)\ \mu\text{m}^2=474.5\mu\text{m}^2\end{aligned}$$

(3) 求单次测量的均方误差 σ

$$\sigma = \sqrt{\frac{\sum_{i=1}^{n} v_i^2}{n-1}} = \sqrt{\frac{\sum_{i=1}^{10} v_i^2}{10-1}} = \sqrt{\frac{474.5\mu m^2}{9}} = 7.26\mu m$$

$$\delta_{\lim} = \pm 3\sigma = \pm 3 \times 7.26\mu m = \pm 21.78\mu m（单次测量的极限误差）$$

（4）求算术平均值的均方误差 $\sigma_{\bar{x}}$

$$\sigma_{\bar{x}} = \frac{\sigma}{\sqrt{n}} = \frac{7.26\mu m}{\sqrt{10}} = 2.30\mu m$$

$$\lambda_{\lim} = \pm 3\sigma_{\bar{x}} = \pm 3 \times 2.30\mu m = \pm 6.9\mu m（算术平均值的极限误差）$$

（5）求测量结果　单次测量结果为 $d_i = x_i \pm 3\sigma$，以第 5 次为例，则

$d_5 = x_5 \pm 3\sigma = 20.002mm \pm 0.02178mm$

多次测量结果为

$d = \bar{x} \pm 3\sigma_{\bar{x}} = 20.0005mm \pm 0.0069mm$

比较上例测量结果，则多次测量的误差小、精度高、可靠性好。所以在精密测量中，常用多次测量的一系列测量值的算术平均值 $\bar{x}$ 作为测量结果。

多次测量的算术平均值的极限误差是单次测量极限误差的$1/\sqrt{n}$，此比值可用图 1-7 表示。

从图 1-7 中可以看出，测量次数 n 越多，平均值的测量误差越小。但当 $n >$ 15 后，该比值不再显著减少，而且测量次数越多，效率越低，越不经济。所以通常取测量次数 $n = 5 \sim 15$ 为宜。

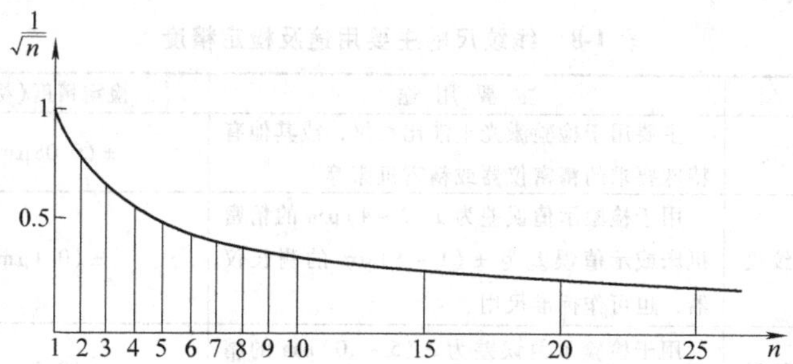

图 1-7　n 和$\frac{1}{\sqrt{n}}$的关系曲线

3. 粗大误差及处理方法

粗大误差是指明显超出规定条件下预期的误差。它是由于测量者主观上的疏忽大意，或客观条件发生剧变等原因造成的。粗大误差的数值比较大，与客观事实明显不符，必须予以剔除。经常用来判别粗大误差的准则有两个：

（1）3σ 标准　当测量值中有一个值的剩余误差 $v > 3\sigma$ 时，则该误差可认为是粗大误差，应予以剔除。然后，σ 应根据剔除此数后的测量值重新计算。但该标准比较保守，只用在特别重要的测量中。

（2）肖维勒标准　如果测量误差的绝对值超过 $Z\sigma$，则该误差即认为是粗大误差，应予以剔除。Z 值用函数 Φ（z）来计算，即

$$\Phi(z)=\frac{2n-1}{4n}$$

式中　n——测量次数。

第二节　常用标准测量器具及其使用

一、长度标准测量器具

长度标准测量器具有多值量具和单值量具两类，常用的多值量具为线纹尺，单值量具为量块。

1. 线纹尺

线纹尺是用金属或玻璃制成的直尺，如图1-8所示。尺面上刻有若干条等分线。根据精度和用途不同，可将线纹尺分为基准线纹尺，一、二、三等标准金属线纹尺，一、二等标准玻璃线纹尺和标准钢卷尺等。各种线纹尺的主要用途及检定精度见表1-8。

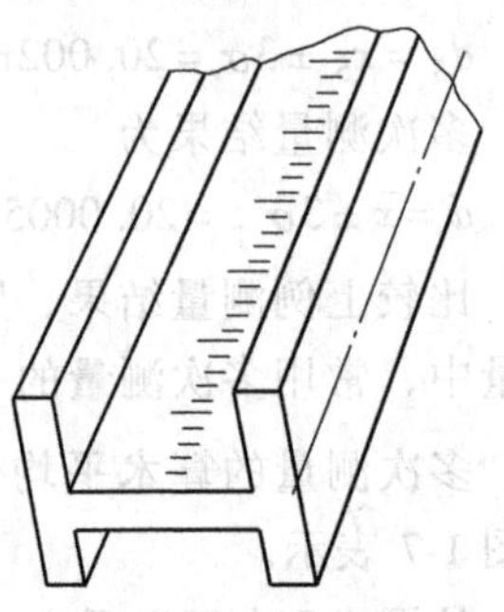

图1-8　线纹尺

表1-8　线纹尺的主要用途及检定精度

名　　称	主要用途	检定精度（极限误差）δ
殷钢基准线纹米尺	主要用于检验激光干涉比长仪，或其他有特殊要求的精密仪器或精密机床等	$\pm(0.08\mu m+0.12L)$
一等标准金属线纹尺	用于检验示值误差为 $\pm(2\sim4)\mu m$ 的精密机床或示值误差为 $\pm(1\sim5)\mu m$ 的测长仪器，也可作标准尺用	$\pm(0.1\mu m+0.4L)$
二等标准金属线纹尺	用于检验示值误差为 $\pm(5\sim10)\mu m$ 的精密机床，检验标准钢卷尺或作标准尺用	$\pm(0.2\mu m+0.8L)$
三等标准金属线纹尺	主要用于检验一、二级钢卷尺，水准标尺，各种钢直尺等	$\pm(5\mu m+10L)$
一等标准玻璃线纹尺	检验二等标准玻璃线纹尺、计量仪器或用于其他高精度的计量	$\pm(0.1\mu m+0.5L)$
二等标准玻璃线纹尺	检验计量仪器或直接用于计量仪器	$\pm(0.2\mu m+1.5L)$

注：L—被检验长度（m）。

2. 量块

量块是由铬锰钢制成的长方体，有两个相互平行的工作面和四个非工作面，两

工作面中心的垂直距离为量块的工作尺寸。工作面加工得非常平整光洁，将两块量块的工作面加压推挤，能使其粘合在一起。利用量块工作面的粘合性，可将不同尺寸的量块组合成所需要的各种尺寸。

（1）量块的精度　量块按制造精度分为：0、1、2、3 级和 *K* 级（见 GB/T 6093—2001）。0 级精度最高，3 级精度最低，*K* 级为校准级，用于校准 0、1、2 级精度的量块。量块按级别使用时，用其标称尺寸作为工作尺寸。

量块按检定精度不同分为 1、2、3、4、5、6 等。其中，1 等精度最高，6 等精度最低。量块按等别使用时，用其实际检测值作为工作尺寸。在等别的量块盒内，附有量块检定表，表中记录每块量块的实际尺寸对基本尺寸的偏差值。使用等别的量块，计算起来较复杂，但测量的精度较高。

（2）量块的套别　量块是成套提供的，每套中分别有 5 块、6 块、8 块、10 块、12 块、38 块、46 块、83 块和 91 块量块，加上不同的尺寸间隔，共有 17 种套别。常用成套量块尺寸及块数见表 1-9。

表 1-9　常用成套量块尺寸及块数表（摘自 GB/T 6093—2001）

套别	总块数	级别	尺寸系列/mm	间隔/mm	块数
1	91	0，1	0.5		1
			1		1
			1.001，1.002，…，1.009	0.001	9
			1.01，1.02，…，1.49	0.01	49
			1.5，1.6，…，1.9	0.1	5
			2.0，2.5，…，9.5	0.5	16
			10，20，…，100	10	10
2	83	0，1 2	0.5		1
			1		1
			1.005		1
			1.01，1.02，…，1.49	0.01	49
			1.5，1.6，…，1.9	0.1	5
			2.0，2.5，…，9.5	0.5	16
			10，20，…，100	10	10
3	46	0，1，2	1		1
			1.001，1.002，…，1.009	0.001	9
			1.01，1.02，…，1.09	0.01	9
			1.1，1.2，…，1.9	0.1	9
			2，3，…，9	1	8
			10，20，…，100	10	10
4	38	0，1，2	1		1
			1.005		1
			1.01，1.02，…，1.09	0.01	9
			1.1，1.2，…，1.9	0.1	9
			2，3，…，9	1	8
			10，20，…，100	10	10

（3）量块的使用　量块是保证尺寸准确的标准量具，主要用于量仪和量具

的检验与校正；量仪或工具的调整、定位，机床或夹具的调整；高精度零件尺寸的比较测量；内、外径的测量和精密划线等。检验量具和仪器时可按表1-10选用量块；检验工件尺寸时可按表1-11选用量块。

表1-10 检验量具和仪器时量块的选用

量块的精度		被检验的量具或仪器
等	级	
4	1	分度值为0.002mm的测微计、杠杆千分尺、杠杆卡规；分度值为0.002mm的千分表；分度值为0.002mm的外径千分尺和0.01mm的0级外径千分尺
5	2	分度值为0.005mm和0.01mm的测微计；分度值为0.005mm和0.01mm的杠杆卡规；分度值为0.01mm的0级百分表；分度值为0.005mm的千分表；分度值为0.01mm的1级千分尺；分度值为0.01mm的1级内径千分尺；工具显微镜
6	3	分度值为0.02mm和0.05mm的游标卡尺；分度值为0.02mm和0.05mm的深度游标卡尺；分度值为0.02mm和0.05mm的高度游标卡尺；分度值为0.01mm的2级千分尺、2级深度千分尺、2级内径千分尺；分度值为0.01mm的1级和2级百分表 分度值为0.10mm的游标卡尺、深度游标卡尺、高度游标卡尺

表1-11 检验工件尺寸时量块的选用

量块的精度		和量块联合使用的仪器或量具的允许示值误差/mm	被检验工件的名义尺寸/mm	被检验工件的精度等级	
等	级			孔	轴
5	2	0.001 0.002 0.003	≤30 >30~180 >180~500	—	IT5
6	3	0.001 0.002 0.003 0.005	≤6 >6~80 >80~260 >260~500	IT6~IT7	IT6~IT7
6	3	0.003 0.005 0.007 0.01	≤50 >50~120 >120~360 >360~500	IT8以及更低的精度	IT8以及更低的精度

使用量块的一般原则是尽量选用最少数量的量块组合成所需尺寸的量块组，以减少量块的组合累积误差和工作量。一般情况下，所选量块的数量不超过四块。另外，应避免多次重复使用某些量块，以免部分量块磨损过多。

使用量块组合尺寸时，应从所组合尺寸的最小位数开始，第一块量块的最小位数值应为所组合尺寸的最小位数值，依次类推。每选一块，使所组合尺寸的位数逐次递减，直至得到所组合的尺寸为止。但量块的数量一般不得超过四块。

例如，现需组合尺寸为38.935mm的量块组，若采用83块一套的量块组合，量块尺寸的选择方法如下：

量块组的尺寸：38.935mm。

第一块量块的尺寸：1.005mm。

剩余尺寸：37.93mm。

第二块量块的尺寸：1.43mm。

剩余尺寸：36.5mm。

第三块量块的尺寸：6.5mm。

剩余尺寸(即第四块量块尺寸)：30mm。

每块量块的尺寸选择见表1-9。

二、角度标准测量器具

1. 角度量块

角度量块是角度量值传递的标准器具，也是精密角度量具。

(1) 角度量块的结构形式

1) 三角形角度量块。三角形角度量块如图1-9a所示。它只有一个工作角，角度值为10°~79°。

2) 四边形角度量块。四边形角度量块如图1-9b所示。它有四个工作角，角度值为80°~100°。

(2) 角度量块的类型及精度　通常使用的角度量块有库什尼克夫型、约翰逊型和NPL型三种。

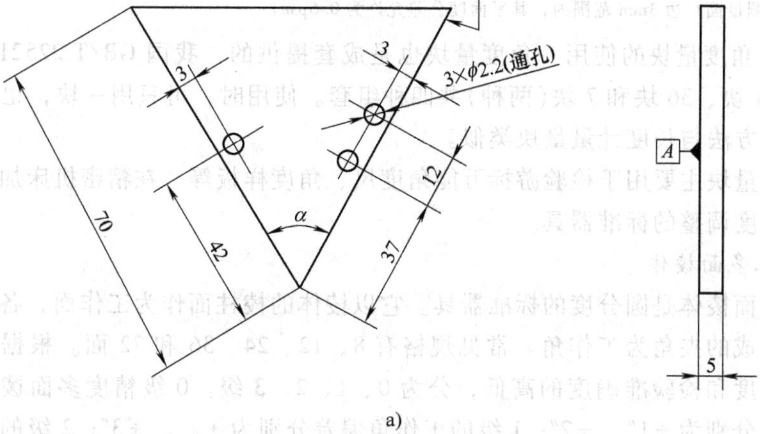

a)

图1-9　角度量块

a) 三角形角度量块

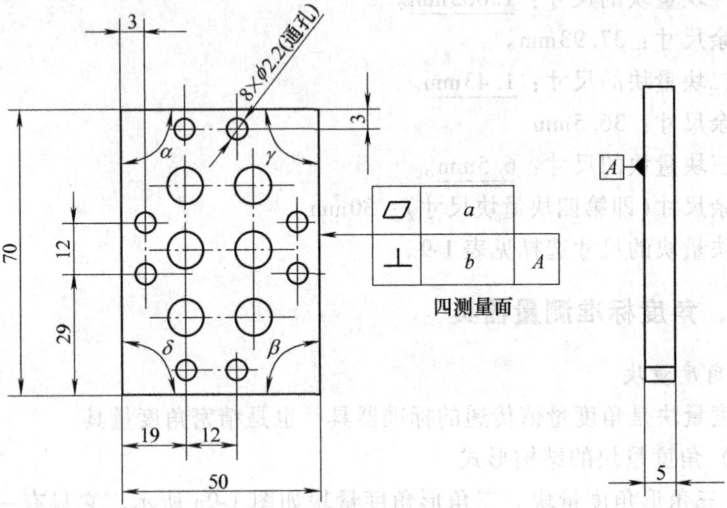

b)

图 1-9　角度量块（续）
b）四边形角度量块

我国生产的均为库什尼克夫型，分为 0、1、2 三个精度等级，其精度要求见表 1-12。

表 1-12　角度量块的精度要求

精度等级	工作角度偏差/(″)	测量面平面度公差 a/μm	测量面对基准 A 的垂直度公差 b/(″)
0	±3	0.1	30
1	±10	0.2	90
2	±30	0.3	

注：距测量面短边 3mm 范围内，其平面度公差允许为 0.6μm。

（3）角度量块的使用　角度量块也是成套提供的，我国 GB/T 22521—2008 规定有 94 块、36 块和 7 块（两种）共四种组套。使用时，可只用一块，也可多块组合，其方法与长度计量量块类似。

角度量块主要用于检验游标万能角度尺、角度样板等，在精密机床加工中也可用作角度调整的标准器具。

2. 正多面棱体

正多面棱体是圆分度的标准器具。它以棱体的棱柱面作为工作面，各工作面法线所组成的夹角为工作角。常见规格有 8、12、24、36 和 72 面。根据工作角的制造精度和检验准确度的高低，分为 0、1、2、3 级。0 级精度多面棱体的工作角偏差分别为 ±1″、±2″；1 级的工作角偏差分别为 ±2″、±3″；2 级的工作角偏差为 ±5″；3 级的工作角偏差为 ±10″。

正多面棱体主要用于检验测角仪、光学分度头、低精度的多齿分度台等计量器具的分度误差。

3. 多齿分度盘

多齿分度盘主要由一对直径、齿数、齿形相同的端面齿轮组成，如图 1-10 所示。由于多齿啮合的平均效应，多齿分度盘可获得准确度较高的圆分度。根据分度精度不同，多齿分度盘一般分为 0.2″级、0.5″级和 1″级三个级别，各级的允许偏差分别为 0.2″、0.5″和 1″。

多齿分度盘既可作为角度量值的标准器具，又可作为圆分度的测量器具。

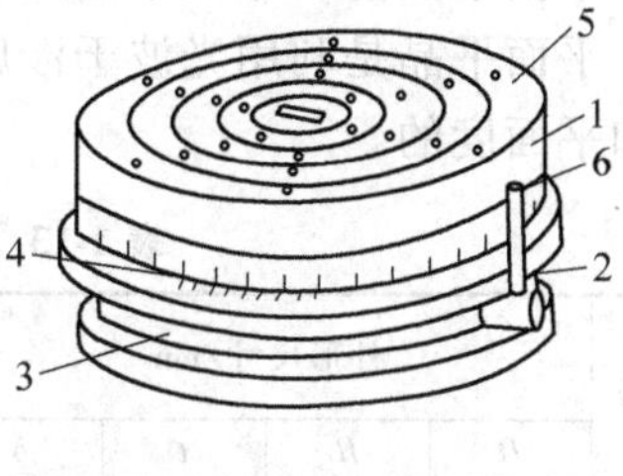

图 1-10　多齿分度盘

1—上齿盘　2—锁紧机构　3—下齿盘　4—固定指标线　5—工作台面　6—刻度圆

4. 直角尺(引用 GB/T 6092—2004 标准)

直角尺是垂直基准器具，常用于直角检验和划线。

直角尺按结构形式和精度等级不同可分为以下几种：

(1) 圆柱直角尺　分为 00 级和 0 级。

(2) 矩形直角尺　分为 00 级、0 级和 1 级。

(3) 三角形直角尺　分为 00 级和 0 级。

(4) 刀口形直角尺　分为 0 级和 1 级。

(5) 平面形直角尺　分为 0 级、1 级和 2 级。

(6) 宽座直角尺　分为 0 级、1 级和 2 级。

直角尺测量面的长度最小为 40mm，最大为 1600mm。

三、几何误差标准测量器具

1. 平面平晶

平面平晶是用无色光学玻璃等研磨成的圆形平板，分单工作面平晶和双工作面平晶，如图 1-11 所示。

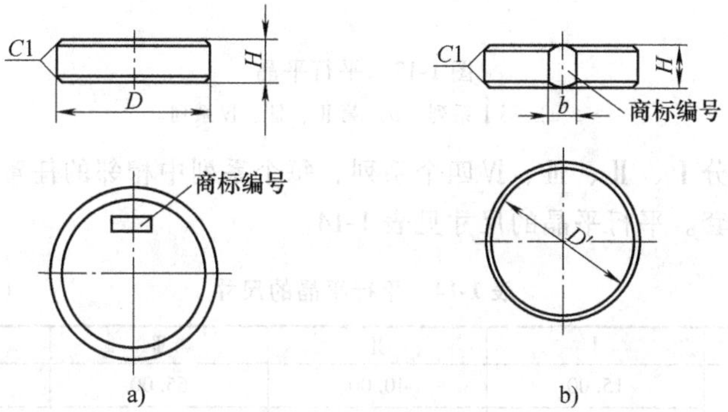

图 1-11　平面平晶

a) 单工作面平晶　b) 双工作面平晶

平面平晶的尺寸及平面度要求见表 1-13。

平面平晶是利用光波干涉原理来检验量块、量规等测量器具测量平面的研合性和平面度的。

表 1-13　平面平晶的尺寸及平面度要求

规格	外形尺寸/mm				有效直径/mm	平面度/μm			
						1 级		2 级	
	D	H	t	b	D'	D'内	2/3D 内	D'内	2/3D 内
45	45	15	1	10	42	0.03	0.03	0.10	0.05
60	60	20	1	10	56	0.03	0.03	0.10	0.05
80	80	20	1.5	10	76	0.05	0.03	0.10	0.05
100	100	25	1.5	—	94	0.05	0.03	0.10	0.05
150	150	30	2	—	142	0.05	0.03	0.10	0.05

2. 平行平晶

平行平晶是用无色光学玻璃等研磨成的圆柱体，如图 1-12 所示。

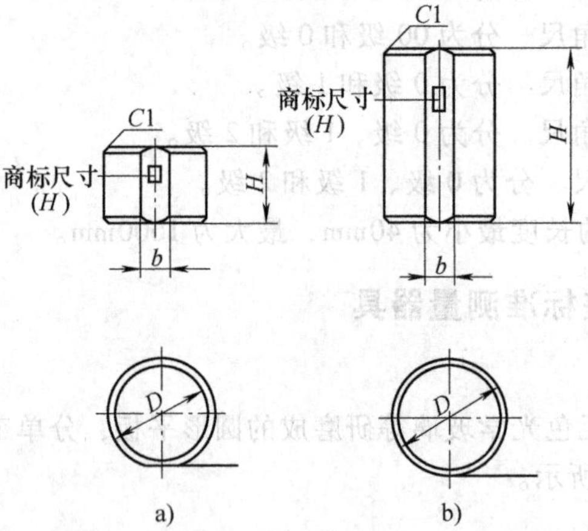

图 1-12　平行平晶

a）第Ⅰ系列　b）第Ⅱ、Ⅲ、Ⅳ系列

平行平晶分Ⅰ、Ⅱ、Ⅲ、Ⅳ四个系列，每个系列中相邻的任意四块可组成一套，共分成六套。平行平晶的尺寸见表 1-14。

表 1-14　平行平晶的尺寸　（单位：mm）

系　列	Ⅰ	Ⅱ	Ⅲ	Ⅳ
H	15.00	40.00	65.00	90.00
	15.12	40.12	65.12	90.12
	15.25	40.25	65.25	90.25

（续）

系　　列	Ⅰ	Ⅱ	Ⅲ	Ⅳ
H	15.37	40.37	65.37	90.37
	15.50	40.50	65.50	90.50
	15.62	40.62	65.62	90.62
	15.75	40.75	65.75	90.75
	15.87	40.87	65.87	90.87
	16.00	41.00	66.00	91.00
D	30	30	30	30
t	1	1	1	1
b	8	8	8	8

平行平晶是利用光波干涉原理来测量千分尺等计量器具测量平面的平面度及平行度的。

3. 平板

平板是用优质铸铁或花岗岩经过刮削或研磨制造而成的。其工作平面具有较高的平面度精度。平板精度分为 000 级、00 级、0 级、1 级、2 级、3 级共六个级别。3 级平板用于划线，其余用于检验。常用铸铁平板工作面尺寸和精度见表 1-15。

表 1-15　常用铸铁平板工作面尺寸和精度

<table>
<tr><th rowspan="3">规格
（长/mm）×（宽/mm）</th><th rowspan="3">对角线
d/mm</th><th colspan="6">精 度 等 级</th></tr>
<tr><th>000</th><th>00</th><th>0</th><th>1</th><th>2</th><th>3</th></tr>
<tr><th colspan="6">平面度公差值/μm</th></tr>
<tr><td>160×100</td><td>189</td><td rowspan="5">1.5</td><td rowspan="2">2.5</td><td rowspan="2">5.0</td><td rowspan="2">10</td><td rowspan="3">—</td><td rowspan="5">—</td></tr>
<tr><td>160×160</td><td>226</td></tr>
<tr><td>250×160</td><td>297</td><td rowspan="3">3.0</td><td rowspan="2">5.5</td><td rowspan="2">11</td></tr>
<tr><td>250×250</td><td>353</td><td>22</td></tr>
<tr><td>400×250</td><td>472</td><td>6.0</td><td>12</td><td>24</td></tr>
<tr><td>400×400</td><td>566</td><td rowspan="4">2.0</td><td rowspan="2">3.5</td><td>6.5</td><td>13</td><td>25</td><td>62</td></tr>
<tr><td>630×400</td><td>746</td><td>7.0</td><td>14</td><td>28</td><td>70</td></tr>
<tr><td>630×630</td><td>891</td><td rowspan="2">4.0</td><td>8.0</td><td>16</td><td>30</td><td>75</td></tr>
<tr><td>800×800</td><td>1131</td><td rowspan="2">9.0</td><td>17</td><td>34</td><td>85</td></tr>
<tr><td>1000×630</td><td>1182</td><td rowspan="2">2.5</td><td>4.5</td><td>18</td><td>35</td><td>87</td></tr>
<tr><td>1000×1000</td><td>1414</td><td>5.0</td><td>10.0</td><td>20</td><td>39</td><td>96</td></tr>
<tr><td>1250×1250</td><td>1768</td><td rowspan="2">3.0</td><td rowspan="2">6.0</td><td>11.0</td><td>22</td><td>44</td><td>111</td></tr>
<tr><td>1600×1000</td><td>1887</td><td>12.0</td><td>23</td><td>46</td><td>115</td></tr>
<tr><td>1600×1600</td><td>2262</td><td>3.5</td><td>6.5</td><td>13.0</td><td>26</td><td>52</td><td>130</td></tr>
<tr><td>2500×1600</td><td>2968</td><td>—</td><td>8.0</td><td>16.0</td><td>32</td><td>64</td><td>158</td></tr>
<tr><td>4000×2500</td><td>4717</td><td>—</td><td>—</td><td>—</td><td>46</td><td>92</td><td>228</td></tr>
</table>

注：表中数值是在温度 20℃ 条件下给定的。

4. 合像水平仪

在生产中，人们常以水平面作为理想平面，并用水平仪来测量平面相对于水平面的位置偏差，测量大平面的直线度和平面度，检验和调整设备安装的正确性。

（1）合像水平仪的结构、原理　合像水平仪是一种测量范围较大的水平仪，其外形和结构原理如图1-13所示。

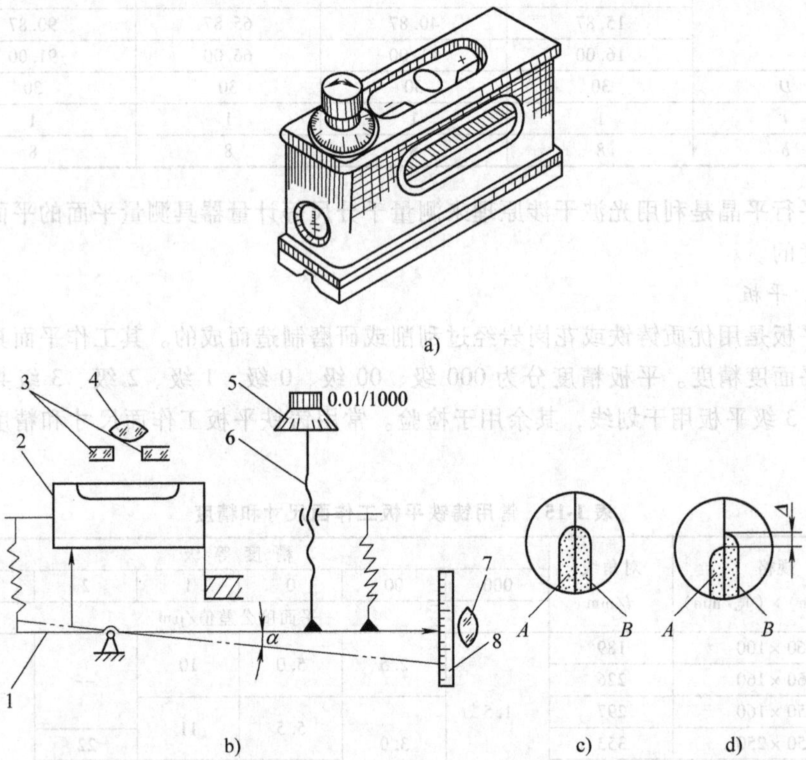

图1-13　合像水平仪

a）外形图　b）结构原理图　c）、d）水准器气泡像图

1—杠杆　2—水准器　3—棱镜　4—目镜　5—旋钮　6—测微螺杆

7—放大镜　8—指针标尺

水准器2的一端支承在座体上，另一端支承在杠杆1的短臂端。杠杆的长臂端和测微螺杆6相连，臂端装有指针。水准器内气泡的两端圆弧，通过棱镜3反射到目镜4，形成左右两个半圆弧像。当水准器2处于水平位置时，两个半圆弧像合成一个完整的圆弧像，如图1-13c所示；当水准器2不在水平位置时，两个半圆弧像不重合，圆弧头端有一差值Δ，如图1-13d所示。

（2）合像水平仪的使用方法　测量时，将合像水平仪放置在被测平面上，旋转旋钮5，通过测微螺杆6、杠杆1，将水准器的气泡像调至重合，如图1-13c所示。然后，通过放大镜7，从指针标尺8上读取指针示值（每小格为0.5mm/

1000mm)，再从旋钮 5 上的微分分度盘上读取微分示值(每小格为 0.01mm/1000mm)，便可得知被测平面对水平面的位置偏差。例如，指针标尺上的示值为 2 格，微分分度盘上的示值为 16 格，则被测平面对水平面的倾斜高度为 $\Delta = 2 \times 0.5\text{mm}/1000\text{mm} + 16 \times 0.01\text{mm}/1000\text{mm} = 1.16\text{mm}/1000\text{mm}$。

5. 刀口形直尺

刀口形直尺上的工作棱边具有较高的直线度精度，为使用提供标准直线。

刀口形直尺分为刀口尺、三棱尺和四棱尺，其精度分为 0 级和 1 级，刀口形直尺的结构形状、规格及测量面的直线度公差见表 1-16。

表 1-16 刀口形直尺的结构形状、规格及测量面的直线度公差

形式	简图	直线度公差/μm		尺寸/mm		
		0 级	1 级	*L*	*B*	*H*
刀口尺	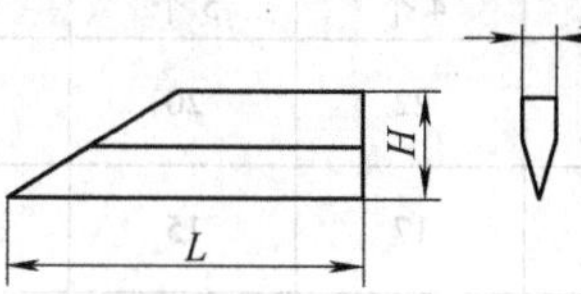	0.5	1.0	75	6	22
		0.5	1.0	125	6	27
		1.0	2.0	200	8	30
		1.5	3.0	300	8	40
		1.5	3.0	(400)	(8)	(45)
		2.0	4.0	(500)	(10)	(50)
三棱尺	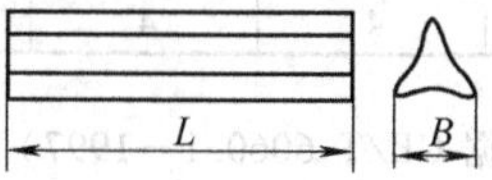	1.0	2.0	200	26	—
		1.5	3.0	300	30	—
		2.0	4.0	500	40	—
四棱尺	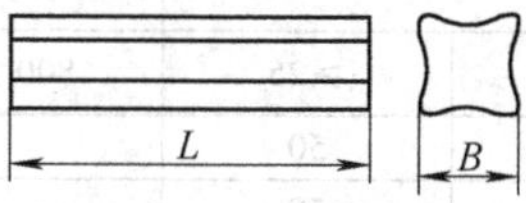	1.0	2.0	200	20	—
		1.5	3.0	300	25	—
		2.0	4.0	500	35	—

注：1. $L = 400\text{mm}$ 和 $L = 500\text{mm}$ 的刀口尺按用户订货生产。

2. 表中直线度公差值是指温度为 20℃时的数值。

刀口形直尺可用于测量零件表面的直线度和平面度。检验时可用光隙法或涂色法，也可用光隙法与被测零件相比较来测量长度尺寸。

四、表面粗糙度标准器具

1. 表面粗糙度标准样块

表面粗糙度标准样块主要用于检验计量器具，如检验干涉显微镜、双管显微镜、针描式轮廓仪的垂直放大倍数、针描式轮廓仪的示值与传输特性、触针针尖等。

表面粗糙度标准样块分单刻线、多刻线、窄沟槽、单向不规则磨削等多种类型。

2. 表面粗糙度比较样块

表面粗糙度比较样块具有规定的表面形貌及表面粗糙度参数值。因为用它与被测零件表面进行比较，从而决定被测表面的表面粗糙度，所以比较样块也叫工艺样块。

表面粗糙度样块既可以直接用规定的材质、规定的铸造或机械加工方法得到，也可按上述要求先制成母模，再用电铸法或其他方法制成。制作铸造样块时，还应按材质要求着色。制好的样块要经过检验，其 *Ra* 和 *Rz* 的平均值和标准偏差不应超过表1-17的规定值。为了便于准确地进行比较，样块表面每边的最小尺寸应符合表1-18的规定。

表1-17　比较样块的允许偏差（根据GB/T 6060.1—1997和GB/T 6060.2—2006）

样块的制造方法		平均值公差（公差值百分率）（%）	标准偏差（有效值百分率）（%）评定长度所包括的取样长度数目 2个	3个	4个	5个	6个
黑色金属	砂型铸造	+10 −20	32	26	22	20	18
	壳型铸造						
	熔模铸造		24	19	17	15	14
有色金属各种铸造							
磨、铣		+12 −17	—	12	10	9	8
车、镗、插、刨			—	5	4	4	4

表1-18　表面粗糙度比较样块的最小尺寸（根据GB/T 6060.1—1997）

粗糙度参数值/μm 每边最小尺寸/mm		*Ra* ≤6.3	*Ra* 12.5	*Ra* ≥25	*Rz* 800或1600
机加工样块		20	30	50	—
铸造样块	仲裁性比对用	20	30	50	50
	一般比对用	17	17	17	26

对于机械加工的表面粗糙度比较样块，要求给定加工方法、表面形状与纹理等，具体要求见表1-19。

表1-19　机械加工表面粗糙度样块（根据GB/T 6060.2—2006）

纹理形式	加工方法	样块表面形式	粗糙度参数 *Ra* 公称值/μm	表面纹理特征图
直纹理	圆周磨削	平面	0.025　0.05　0.1　0.2	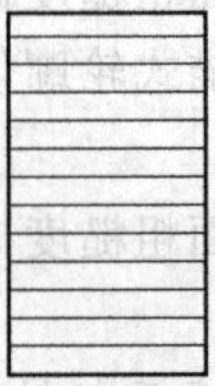
		圆柱凸面	0.4　0.8　1.6　3.2	
	车	圆柱凸面	0.4　0.8　1.6	
	镗	圆柱凹面	3.2　6.3　12.5	
	平铣	平面	0.4　0.8　1.6	
			3.2　6.3　12.5	
	插	平面	0.8　1.6　3.2	
	刨	平面	6.3　12.5　25	

（续）

纹理形式	加工方法	样块表面形式	粗糙度参数 *Ra* 公称值/μm	表面纹理特征图
弓形纹理	端车	平面	0.4　0.8　1.6	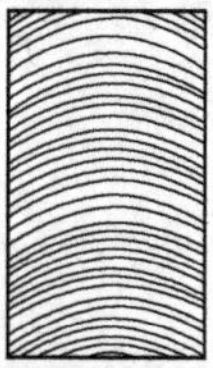
	端铣		3.2　6.3　12.5	
交叉式弓形纹理	端磨	平面	0.025　0.05　0.1　0.2	
	杯形砂轮磨	平面	0.4　0.8　1.6　3.2	
	端铣	平面	0.4　0.8　1.6 3.2　6.3　12.5	

第三节　测量器具及其使用

一、机械式通用测量器具及其使用

1. 游标量具

利用游标和尺身相互配合进行测量和读数的量具称游标量具。其结构简单，使用方便，维护保养容易，在机械加工中应用广泛。常见的游标量具有游标卡尺、深度游标卡尺、高度游标卡尺、齿厚游标卡尺、游标万能角度尺等。

（1）游标量具的结构形式和用途（见表 1-20）

表 1-20　常用的几种游标量具　（单位：mm）

种类	结构图	用途	测量范围	分度值
三用卡尺（Ⅰ型）	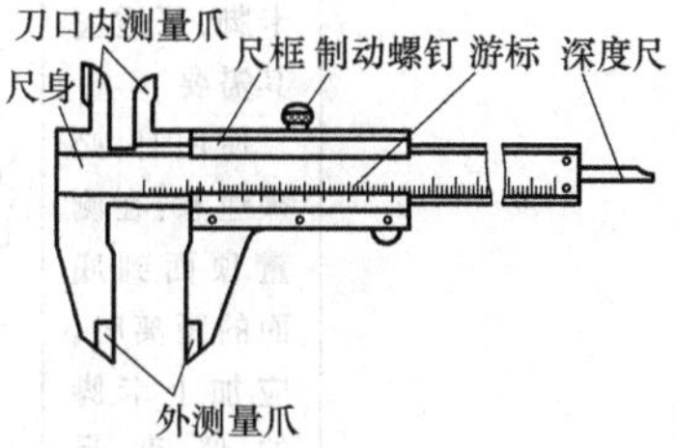	可测内、外尺寸，深度，孔距，环形壁厚沟槽	0～125 0～150	0.02 0.05

（续）

种类	结 构 图	用途	测量范围	分度值
双面 卡尺 （Ⅲ型）	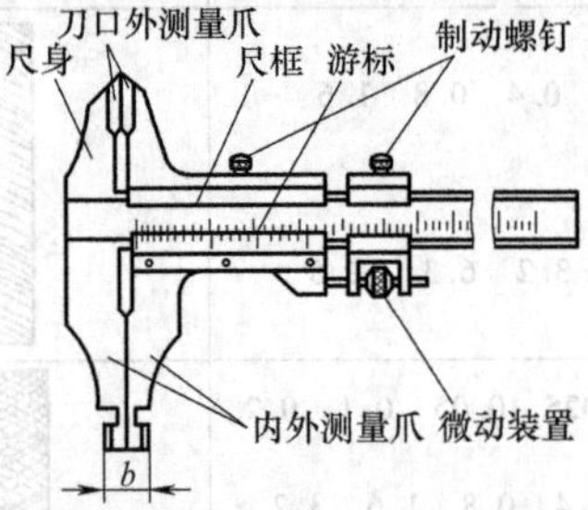	可测内、外尺寸，孔距，环形壁厚，沟槽	0～200 0～300	0.02 0.05
单面 卡尺 （Ⅳ型）	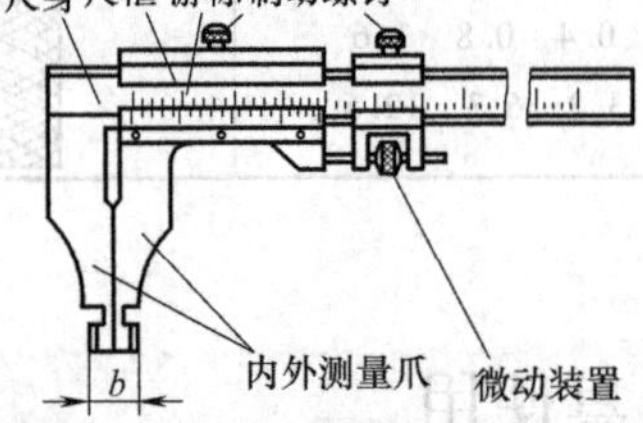	可测内、外尺寸，孔距	0～200 0～300	0.02 0.05
			0～500	0.02 0.05 0.1
			0～1000	0.05 0.1
深度 游标 卡尺	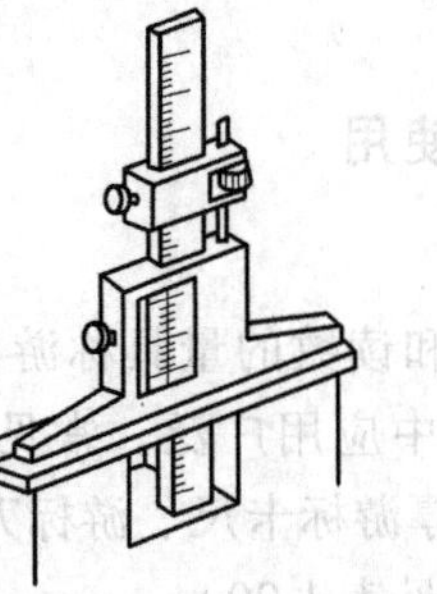	用于测量孔、槽的深度，台阶的高度 使用时，将尺架贴紧工件的平面，再把尺身插到底部，即可从游标上读出测量尺寸	0～200 0～300 0～500	0.02 0.05
高度 游标 卡尺	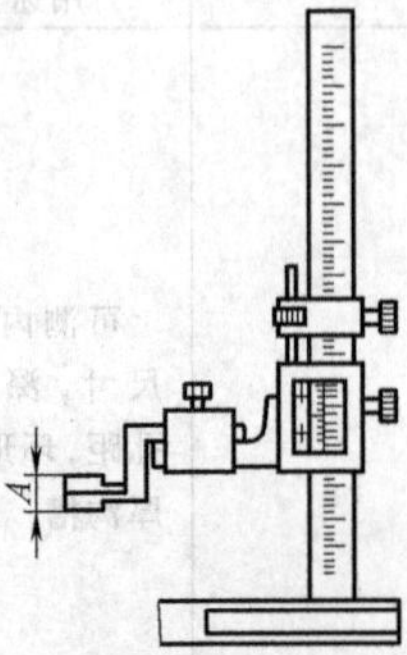	用于测量工件的高度和进行划线，更换不同的卡脚，可适应其需要 使用时，必须注意：在测量顶面到底面的距离时，应加上卡脚的厚度尺寸 *A*	0～200 0～300 0～500 0～1000	0.02 0.05

（续）

种类	结 构 图	用途	测量范围	分度值
齿厚游标卡尺	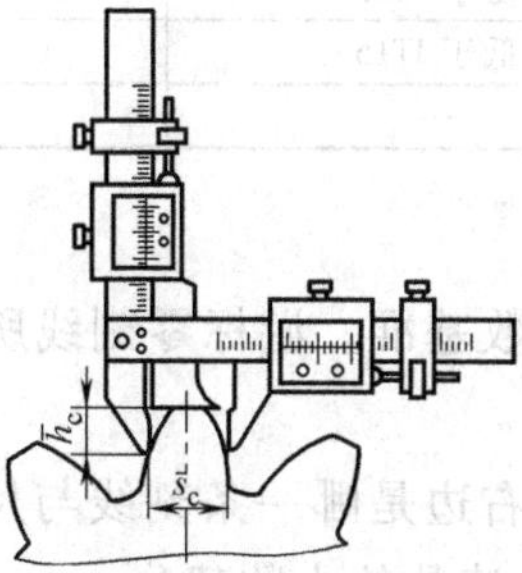	用于测量直齿、斜齿圆柱齿轮的固定弦齿厚。它由两把互相垂直的游标卡尺组成 使用时，先把垂直尺调到 $\bar{h}_c$ 处的高度，然后使端面靠在齿顶上。移动水平卡尺游标，使卡脚轻轻与齿侧表面接触，这时水平尺上的读数，就是固定弦齿厚 $\bar{s}_c$	1～16 1～18 1～26 2～16 2～26 5～36	0.02
Ⅰ型游标万能角度尺	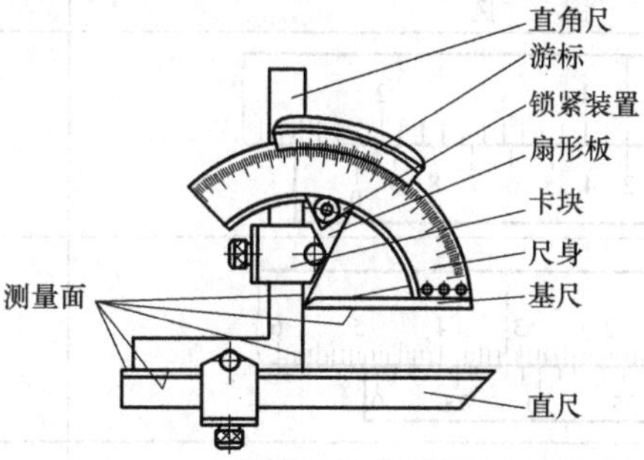	测量角度	0～320°	2′ 5′
Ⅱ型游标万能角度尺	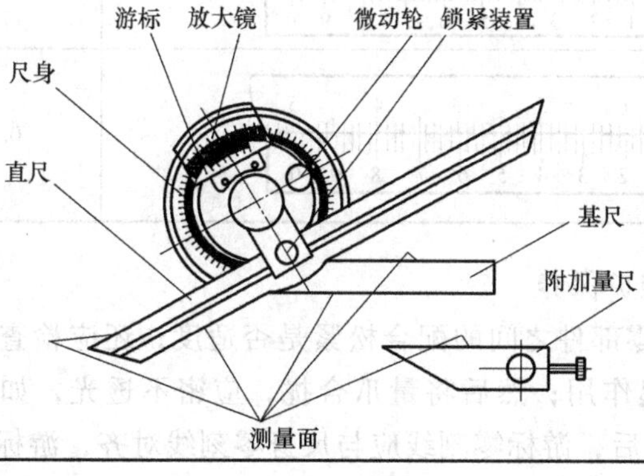	测量角度	0～360°	2′ 5′

（2）游标量具的合理选用范围（见表1-21）

表1-21　游标量具的合理选用范围

分度值/mm	游标卡尺	深度游标卡尺 高度游标卡尺	齿厚游标卡尺
	GB/T 1800.1—2009	GB/T 1800.1—2009	GB/T 10095.1—2008
	被测零件公差(精度)等级		
0.02	低于IT11	低于IT13	低于IT9
0.05	低于IT12	低于IT15	低于IT9
0.10	低于IT14	—	—

（3）游标卡尺的读数方法

1）先读整数部分。游标零刻线是读数基准。游标零刻线所指示的尺身上左边刻线的数值，即为读数的整数部分。

2）再读小数部分。判断游标零刻线右边是哪一条刻线与尺身刻线重合，将刻线的序号乘分度值之后所得的积，即为读数的小数部分。

3）求和。将读数的整数部分和小数部分相加，即为所求的读数。

各种游标卡尺的读数示例见表1-22。

表1-22　各种游标卡尺的读数示例　　（单位：mm）

分度值	图　例	读数值
0.10	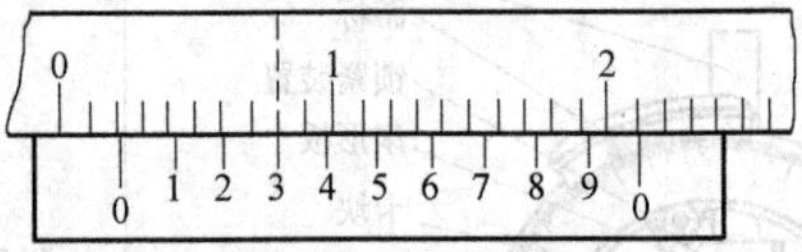	2.30
0.05	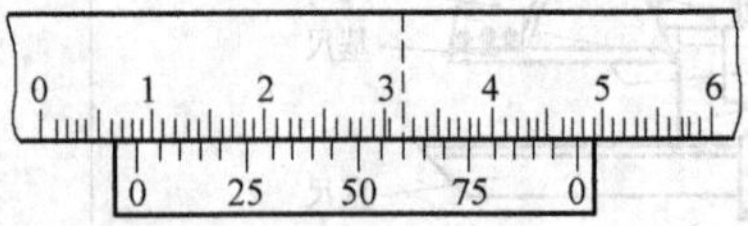	8.60
0.02	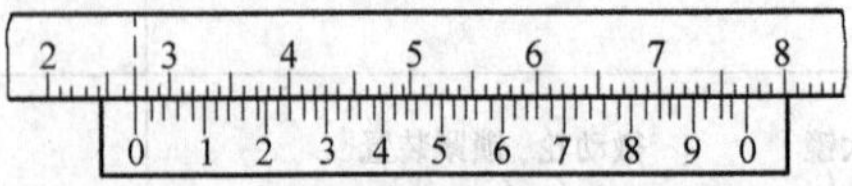	27.00
0.02	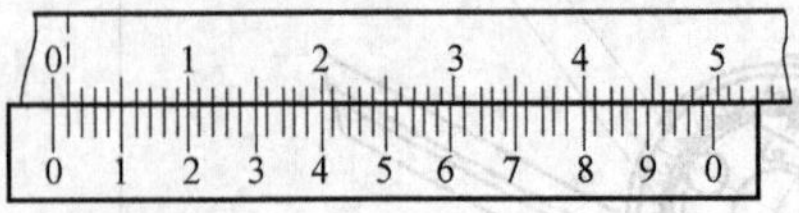	0.02

（4）游标量具的使用及维护保养

1）使用前，应先检查各零部件之间的配合松紧是否适度；还应检查制动螺钉、微动装置等零部件是否起作用；然后将量爪合拢，应密不透光，如漏光过大，需进行修理；测量爪合拢后，游标零刻线应与尺身零刻线对齐，游标末位刻线应与尺身相应刻线对齐。

2）使用时，测量爪应与被测面垂直，并应掌握好测量爪与零件表面的接触压力，使测量爪既与零件表面接触，又能沿零件表面自由滑动。对于有微动装置的卡尺，应使用微动装置。

3）读数时，应使视线与所读刻线面垂直，以免引起读数误差。最好多测几次，取其平均值。

4）不能测量运动中的零件或代作别用。

5）不要将其放置在强磁场场所。

6）使用完毕，应擦净上油，放在专用盒里。

2. 螺旋测微量具

螺旋测微量具的种类和结构多种多样，但都是利用精密螺旋传动，把螺杆的旋转运动转化为直线移动而进行测量的。另外，它还可以与齿轮、杠杆等放大机构相组合，以提高放大比和检测微量的能力。

常用的螺旋测微量具有外径千分尺、两点内径千分尺、深度千分尺、壁厚千分尺、螺纹千分尺、公法线千分尺和杠杆千分尺等。

（1）螺旋测微量具的结构形式和技术参数（见表 1-23）。

表 1-23 螺旋测微量具

<table>
<tr><th>名称</th><th>外 形</th><th>结构特点及技术参数</th></tr>
<tr><td>外径千分尺</td><td>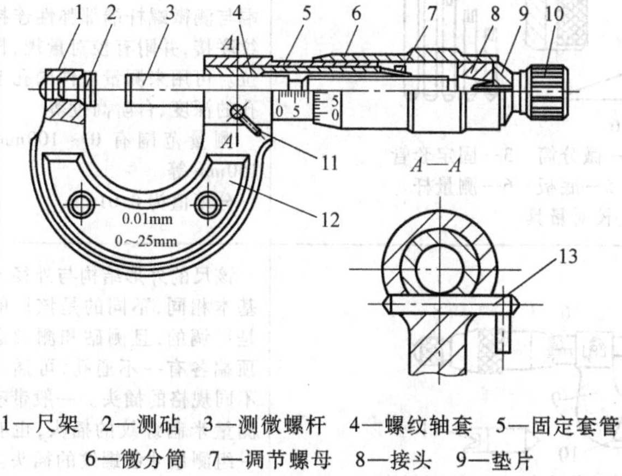

1—尺架 2—测砧 3—测微螺杆 4—螺纹轴套 5—固定套管
6—微分筒 7—调节螺母 8—接头 9—垫片
10—棘轮（测力装置） 11—锁紧装置
12—绝热板 13—锁紧轴</td><td>分度值为 0.01mm、0.001mm、0.002mm 和 0.005mm
测微螺杆螺距为 0.5mm 和 1mm
量程为 25mm 和 100mm
测量范围：从 0 ~ 500mm 每 25mm 为一挡，即 0 ~ 25mm、25 ~ 50mm、…、475 ~ 500mm；从 500 ~ 1000mm 每 100mm 为一挡，即 500 ~ 600mm、600 ~ 700mm、…、900 ~ 1000mm</td></tr>
</table>

（续）

名称	外　形	结构特点及技术参数
两点内径千分尺	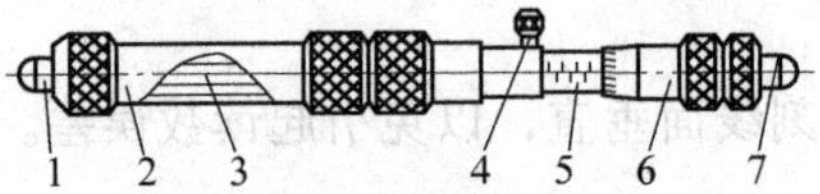 1—测头　2—接长杆　3—心杆 4—锁紧装置　5—固定套管 6—微分筒　7—测微头	该尺由微分筒和各种尺寸的接长杆组成。成套的内径千分尺附有测量面为平行平面的校对卡规，用于校对微分头。其读数方法与外径千分尺相同，但因无测力装置，测量误差相应增大，用于测量50mm以上的孔径 测量范围有50～175mm、50～250mm、50～575mm等 分度值为0.01mm
三爪内径千分尺	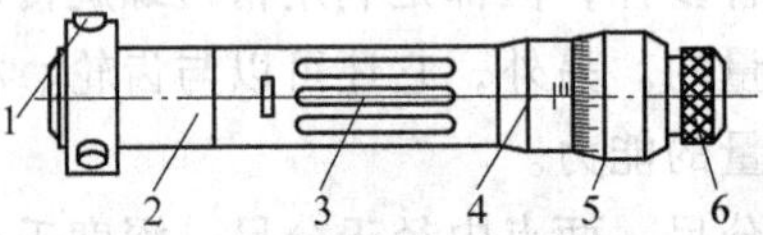 1—测量爪　2—主体 3—套筒　4—固定套管 5—微分筒　6—测力装置	该尺主要由微分筒、三个活动测量爪、主体和测力装置组成。用于测量中、小直径的精密内孔直径 测量范围有6～8mm、8～10mm、10～12mm、11～14mm、14～17mm、17～20mm、20～25mm、25～30mm、30～35mm、35～40mm、40～50mm、50～60mm、60～70mm、70～80mm、80～90mm、90～100mm等 分度值为0.005mm
深度千分尺	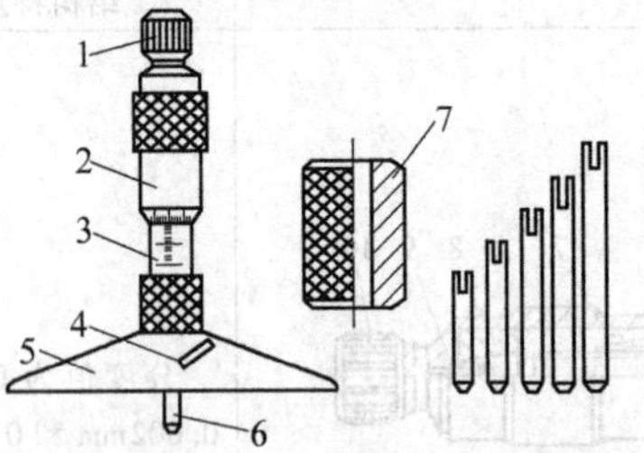 1—测力装置　2—微分筒　3—固定套管 4—锁紧装置　5—底板　6—测量杆 7—校对量具	该尺不同于外径千分尺的部分是以底板代替尺架和测砧，其底板是测量时的基面。测量杆有固定式和可换式两种。测量杆的顶端与测微螺杆端部弹性连接或螺纹联接，并附有校对量规，校对零位。可用来测量工件的孔或阶梯孔的深度、台阶高度等 测量范围有0～100mm、0～150mm等 分度值为0.01mm
螺纹千分尺	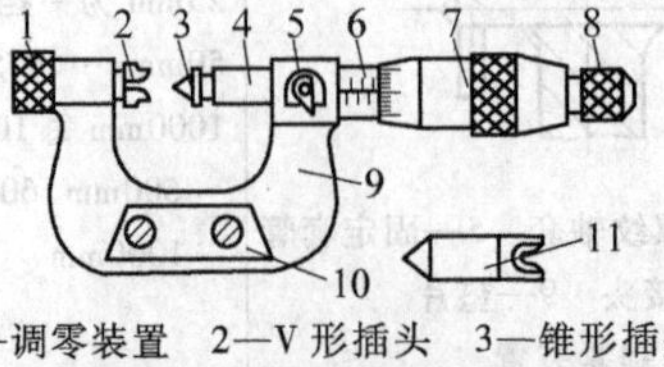 1—调零装置　2—V形插头　3—锥形插头 4—测微螺杆　5—锁紧装置　6—固定套管 7—微分筒　8—测力装置　9—尺架 10—绝热板　11—校对量规	该尺的外形结构与外径千分尺基本相同，不同的是该尺的测砧是可调的，且测砧和测微螺杆的顶端各有一不通孔，可插入各种不同规格的插头。一般带有一组测量米制螺纹的插头，也有附带一组测量寸制螺纹的插头。主要用于测量外螺纹工件的中径 测量范围有0～25mm、25～50mm、50～75mm、75～100mm、100～125mm、125～150mm等 分度值为0.01mm

（续）

名称	外形	结构特点及技术参数
公法线千分尺	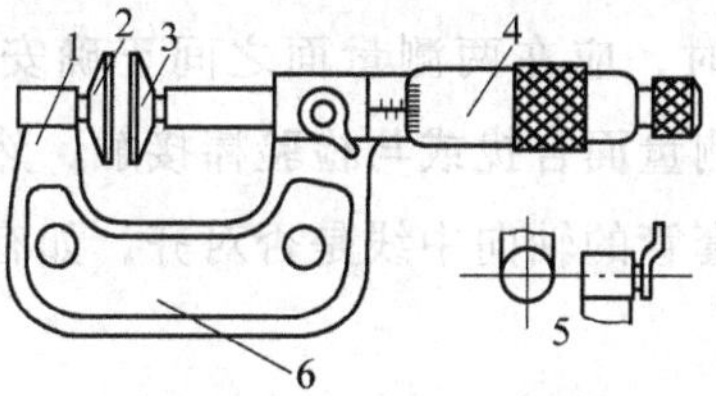 1—尺架 2—测砧 3—活动测砧 4—微分筒 5—半圆盘测砧 6—绝热板	该尺的测砧与测微螺杆测量面（活动测砧）为圆盘形，也有制成圆盘的一部分，除此以外都与外径千分尺相同。主要用于测量圆柱齿轮的公法线长度 测量范围有 0 ~ 25mm、25 ~ 50mm、50 ~ 75mm、75 ~ 100mm、100 ~ 125mm、125 ~ 150mm 等 分度值为 0.01mm
杠杆千分尺	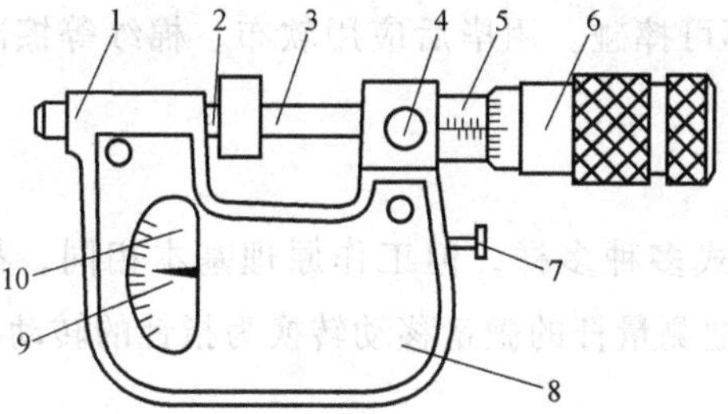 a）结构 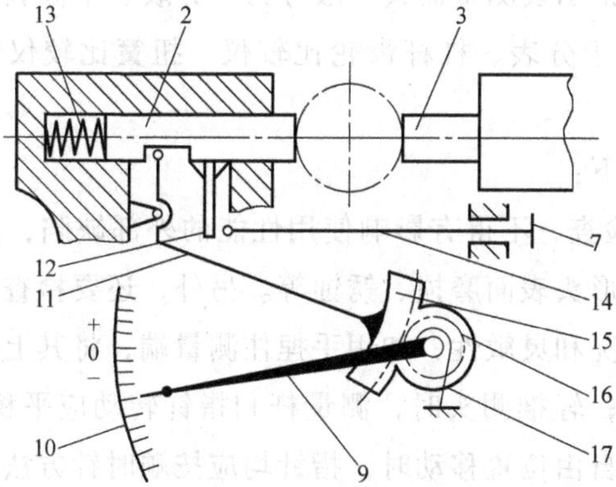 b）工作原理 1—尺架 2—测砧 3—测微螺杆 4—锁紧装置 5—固定套筒 6—微分筒 7—按钮 8—盖板 9—指针 10—表盘 11—杠杆 12—球形端头销子 13—弹簧 14—拨动杆 15—扇形齿轮 16—小齿轮 17—游丝	与外径千分尺相比，其尺架的刚性较好，测砧可作微量调节，增加了一套杠杆测微机构，能读取更微量的测量值 测量范围按 25mm 分挡，0 ~ 25mm、25 ~ 50mm、50 ~ 75mm、75 ~ 100mm 等 杠杆千分尺微分筒的分度值为 0.01mm，表盘分度值为 0.001mm 和 0.002mm。分度值为 0.001mm 的杠杆千分尺适合测量尺寸公差为 IT6 的零件；分度值为 0.002mm 的杠杆千分尺适合测量尺寸公差为 IT7 的零件

(2) 千分尺的使用及维护保养

1) 测量前，必须校对零位。0 ~ 25mm 的千分尺校对零位时应使两测量面合拢；大于 25mm 的千分尺校对零位时，应在两测量面之间正确安放检验棒或量块。校对零位时，转动棘轮，使两测量面合拢或与检验棒接触，然后检查测量面是否密合，微分筒的零刻线与固定套管的轴向中线是否对齐，如有偏差，应进行调整。

2) 测量时，应握住千分尺的绝热板，以减少温度对测量的影响。测微螺杆的轴线应垂直于零件被测表面。然后转动微分筒，待测微螺杆的测量面接近零件被测表面时，再转动棘轮，使测微螺杆测量面接触零件表面，当听到“咔、咔”声后停止转动，便可读取数值。

3) 不能在零件转动中测量，也不能测量粗糙的表面。

4) 千分尺应轻拿轻放，不可摔碰。用毕后应用软布、棉纱等擦净并平放在盒中。

3. 指示表测量器具

指示表测量器具的结构形式多种多样，但工作原理基本相同，都是利用齿轮、杠杆或弹簧等传动机构，把测量杆的微量移动转换为指针的转动，从而使指针在表盘上指示出测量值。

根据结构和用途的不同，指示表测量器具一般分为百分表、千分表、杠杆百分表和千分表、内径百分表和千分表、杠杆齿轮比较仪、扭簧比较仪等，见表 1-24。

指示表的正确使用方法如下：

1) 使用前应先进行外观检查，不得有影响使用性能的外部缺陷，如表面玻璃破损、指针松动、测量杆球形头表面磨损、锈蚀等。另外，还要检查测量杆机构及各传动元件之间的配合情况和灵敏性，如用手捏住测量端，将其上下、左右轻移，指针摆动不应超过半格；轻推测头时，测量杆和指针转动应平稳、灵活、无卡滞和松动现象；测量杆从自由位置移动时，指针均应按顺时针方法转动。

2) 测量时，应将指示表可靠地固定在表架上，测量杆的轴线应与测量线垂直。

3) 测量杆应用 0.3 ~ 0.5mm 的预先压缩量。

4) 不可撞击和振动，不可测量毛坯表面和极为粗糙的表面。

5) 不可随意加油。使用后应清理干净，并放入盒中妥善保管。

表 1-24 指示表测量器具

名称	结构图	应用特点及技术参数
百分表、千分表	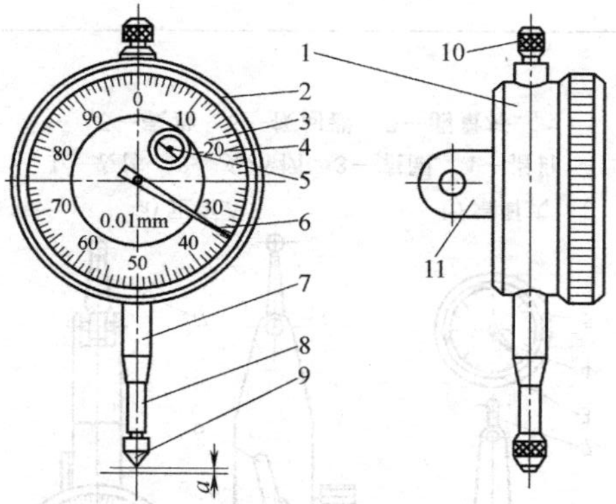 1—表体 2—表圈 3—表盘 4—转数指示盘 5—转数指针 6—指针 7—套筒 8—测量杆 9—测头 10—挡帽 11—耳环	百分表主要用来测量长度尺寸、形位偏差，调整设备或装夹工件的位置，也可用于各种测量装置的指示部分 百分表的分度值为 0.01mm，测量范围为 0～3mm、0～5mm、0～10mm，大量程百分表的量程大于 10mm，小于或等于 100mm 千分表的结构、工作原理、用途及使用方法与百分表基本相同，但因传动机构中的传动级数较多，所以它的放大比更大，分度值更小，测量精度更高 千分表的分度值为 0.001mm 时，测量范围为 0～1mm；分度值为 0.002m 时，测量范围不超过 10mm

（续）

名称	结构图	应用特点及技术参数
杠杆百分表、杠杆千分表	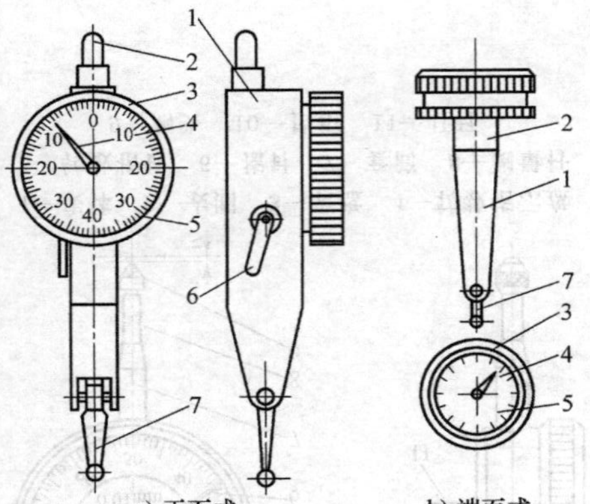 a) 正面式　b) 端面式 1—表体　2—夹持柄　3—表圈　4—指针 5—表盘　6—换向器　7—测量杆	杠杆百分表的用途与百分表基本相同，但它特别适用于测量百分表难以测量或不能测量的表面，如小孔、凹槽、孔距等尺寸，而且可以改变测量杆的角度位置和测量方向，使应用更为方便。 杠杆百分表的分度值为 0.01mm，表盘上标尺范围为±0.4mm、±0.5mm，量程不超过 1mm 杠杆千分表的结构、工作原理、用途和使用方法与杠杆百分表基本相同，只是其放大比更大，测量精确度更高。它的分度值为 0.002mm，量程不超过 0.3mm
内径百分表、内径千分表	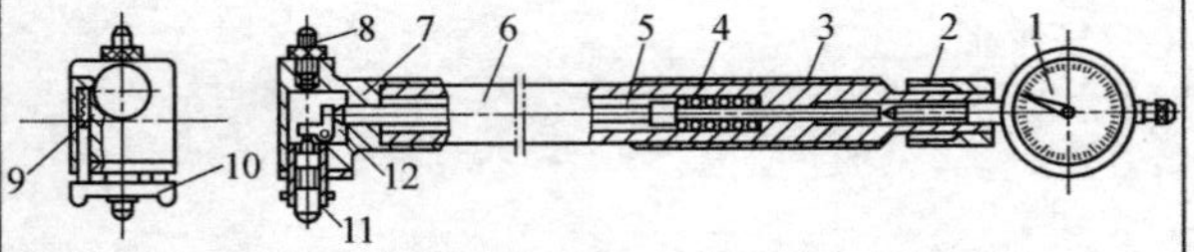 1—指示表　2—锁紧装置　3—手柄　4、9—弹簧 5—传动杆　6—直管　7—主体　8—可换测头 10—定位护桥　11—活动测头　12—等臂杠杆	它们用比较法测量孔径、槽宽；另外，它们也可用于测量孔和槽的几何形状误差 内径百分表： 分度值：0.01mm 测量范围：6～10mm，10～18mm，18～35mm，35～50mm，50～100mm，100～160mm，160～250mm，250～450mm 内径千分表 分度值：0.001m 测量范围：6～10mm，18～35mm，35～50mm，50～100mm，100～160mm，160～250mm，250～450mm

（续）

<table>
<tr><th>名称</th><th>结 构 图</th><th>应用特点及技术参数</th></tr>
<tr><td>杠杆齿轮比较仪</td><td>
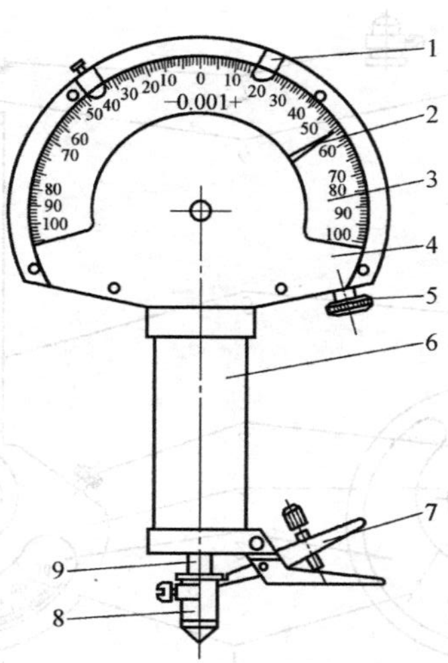

1—公差指示器 2—指针 3—表盘
4—表体 5—调零螺钉 6—轴套
7—拨叉 8—测头 9—测量杆
</td><td>
杠杆齿轮比较仪的传动机构具有多种形式，多数为两级杠杆和一级齿轮传动机构
<table>
<tr><th rowspan="3">型式</th><th rowspan="3">轴套
直径</th><th colspan="5">分度值/mm</th></tr>
<tr><th>0.0005</th><th>0.001</th><th>0.002</th><th>0.005</th><th>0.01</th></tr>
<tr><th colspan="5">示值范围/mm</th></tr>
<tr><td rowspan="2">大型</td><td rowspan="2">$\phi 28h7$</td><td>±0.015</td><td>±0.03</td><td>±0.06</td><td rowspan="4">±0.15</td><td>±0.30</td></tr>
<tr><td>±0.05</td><td>±0.10</td><td>±0.10</td><td>—</td></tr>
<tr><td rowspan="2">小型</td><td rowspan="2">$\phi 8h6$</td><td rowspan="2">±0.025</td><td rowspan="2">±0.05</td><td rowspan="2">±0.20</td><td>±0.30</td></tr>
<tr><td>±0.40</td></tr>
</table>
为提高测量的精确度，测量时应尽可能利用表盘刻线的中间部分
</td></tr>
</table>

（续）

名称	结构图	应用特点及技术参数
扭簧比较仪	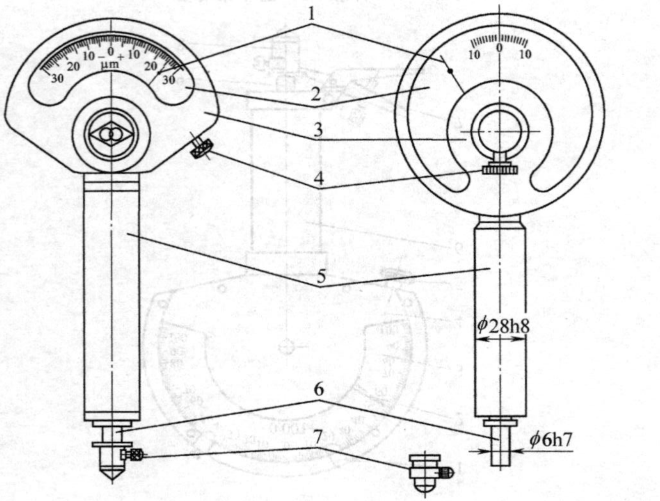 1—指针　2—表盘　3—表壳　4—调零装置　5—套筒　6—测量杆　7—测头	结构和各部分的作用都与杠杆齿轮比较仪类似 由于扭簧传动不存在间隙和摩擦，所以扭簧比较仪具有较高的灵敏度和精度

二、光学测量仪器及其使用

1. 自准直光学测量仪器（见表 1-25）

表 1-25 自准直光学测量仪器

名称	结构图	技术参数
自准直仪	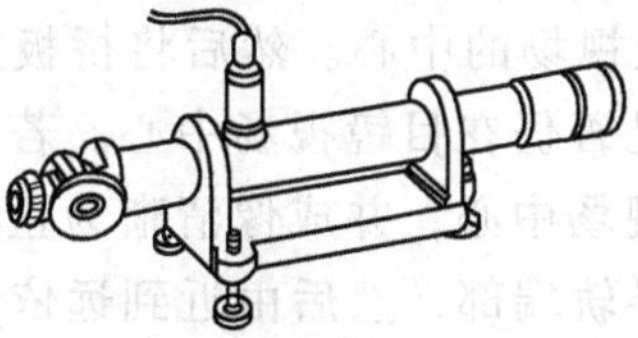 a) 外形 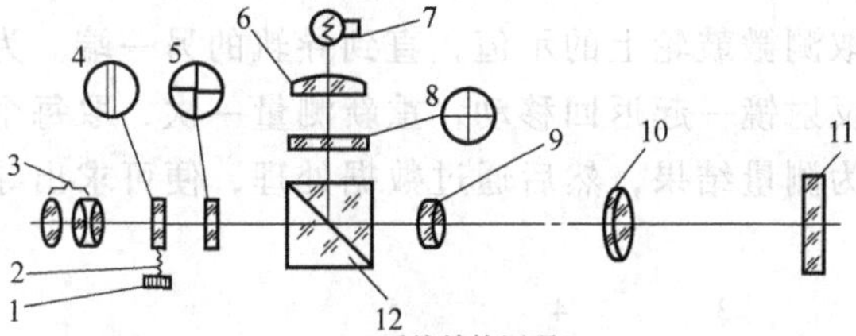 b) 系统结构原理 1—测微鼓轮 2—测微螺杆 3—目镜 4—活动分划板 5—刻度分划板 6—聚光镜 7—光源 8—透光十字线分划板 9、10—物镜 11—反射镜 12—立方棱镜	国产自准直仪的型号有 42J、JZC 等，其主要技术参数大致相同。测微鼓轮的分度值约为 1″，测量范围为 0 ~ 10′，工作距离为 0 ~ 9m
光学平直仪	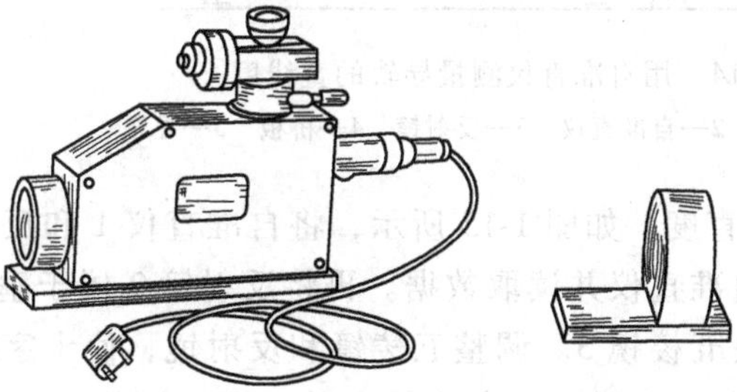 a) 外形 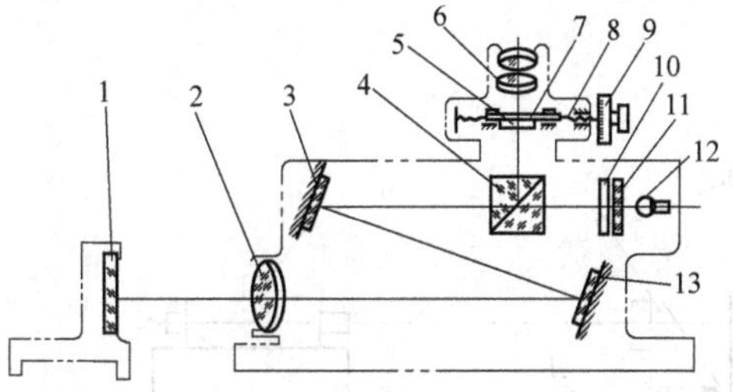 b) 系统结构原理 1—体外反射镜 2—物镜 3、13—体内反射镜 4—立方棱镜 5—固定分划板 6—目镜组 7—活动分划板 8—测微螺杆 9—鼓轮 10—透明十字线分划板 11—绿色滤光片 12—光源	国产 HYQ-03 型光学平直仪如图 HYQ-03 型光学平直仪的主要技术参数： 分度值：0.005/1000rad（≈1″） 物镜焦距：400mm 目镜放大倍数：20 倍 示值范围：±500 格 最大测距：5000mm 示值误差：当测微鼓轮不超过 1 圈时，为 ±（0.5 + 0.1n）格；当测微鼓轮超过 1 圈时，为 ±（1.5 + 0.1n）格。其中，n 为测量时测微鼓轮转过的格数

自准直仪的应用实例

1）测量机床导轨的直线度。如图 1-14 所示，将自准直仪 2 稳固在调整平台 1 上（或导轨的一端）。把桥板 4 放在靠近自准直仪的导轨端部，桥板支承间的跨距 L 应根据导轨长度和所要求的精度来选择，一般取被测长度的 1/15 ~ 1/10，再将反射镜 3 放置在桥板 4 上。调整调整平台 1、自准直仪 2 和反射镜 3，使反射回来的十字线像位于目镜视场的中心。然后将桥板连同反射镜一起移到导轨的另一端，观察十字线像是否仍在目镜视场中心。若不在，应重新调整，直到导轨两端的十字线像均在视场中心，并成像清晰为止。测量时，先把桥板和反射镜放在靠近自准直仪的导轨端部，然后由近到远依次移动一个桥板跨距 L，并首尾衔接，每移到一个位置，就转动测微鼓轮，使目镜中的长刻线处于十字线像的中间并读取测微鼓轮上的示值，直到导轨的另一端。为了减小测量误差，常将桥板连同反射镜一起返回移动，重新测量一次，取每个测量位置上两个读数的平均值作为测量结果，然后通过数据处理，便可求出导轨的直线度误差。

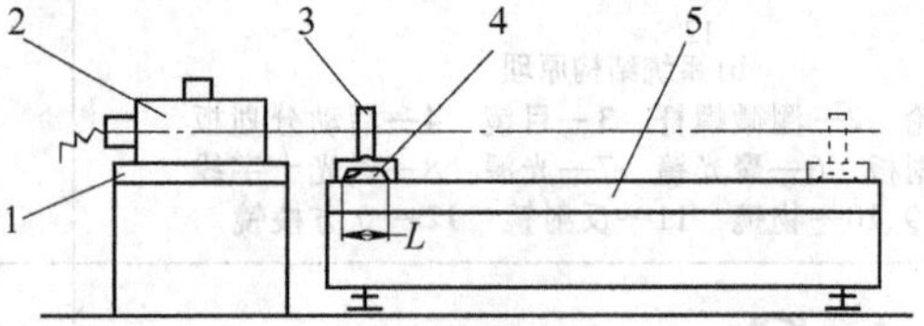

图 1-14　用自准直仪测量导轨的直线度

1—调整平台　2—自准直仪　3—反射镜　4—桥板　5—导轨

2）测量机床导轨的垂直度。如图 1-15 所示，将自准直仪 1 和反射镜 2 先放在水平导轨 A 上，调整自准直仪并读取数据。再将反射镜 2 置于垂直导轨 B 上，并在水平导轨上放一块五棱镜 3。调整五棱镜和反射镜，使十字线像清晰地呈现在目镜视场中，并读取数据。两次读数之差，即为两导轨面的垂直度误差。

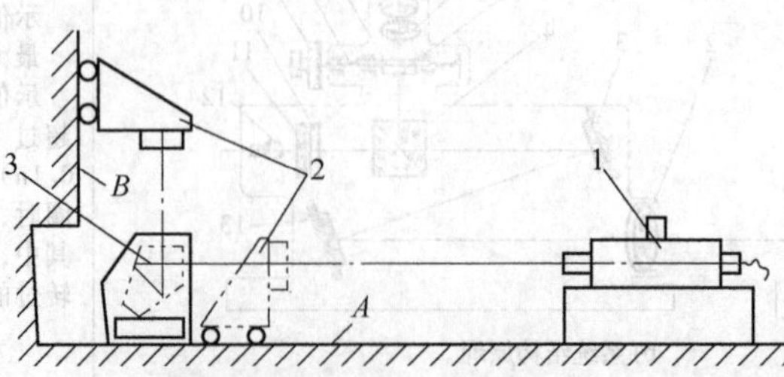

图 1-15　用自准直仪测量导轨的垂直度

1—自准直仪　2—反射镜　3—五棱镜

3）测量两平面的平行度。

① 测量两端面的平行度。如图 1-16a 所示，将反射镜 2 贴在 *A* 面上，调整自准直仪 1，使反射回来的十字线像清晰地呈现在目镜视场的中心。再将反射镜贴在 *B* 面上，照准后的读数即为两端面的平行度误差。另外，还可按图 1-16b 所示，用两个平面度和平行度误差相同的反射镜 2，分别贴在两被测平面上。每个反射镜在目镜视场中呈现一半影像，两影像的距离即为两平面的平面度误差。

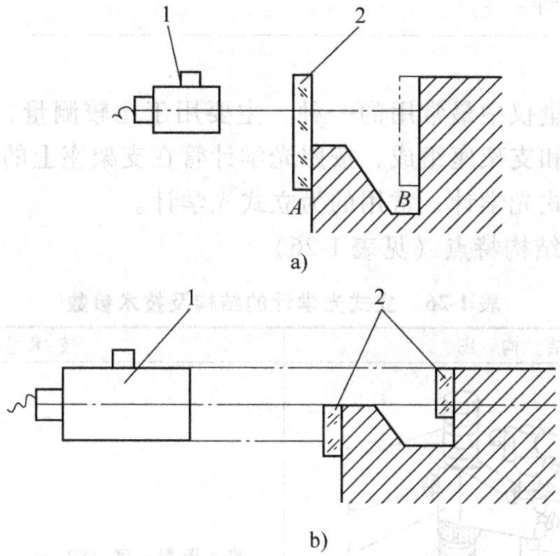

图 1-16 用自准直仪测量两端面的平行度

1—自准直仪 2—反射镜

② 测量两内表面的平行度。如图 1-17 所示，将 1、4 反射镜分别贴在两被

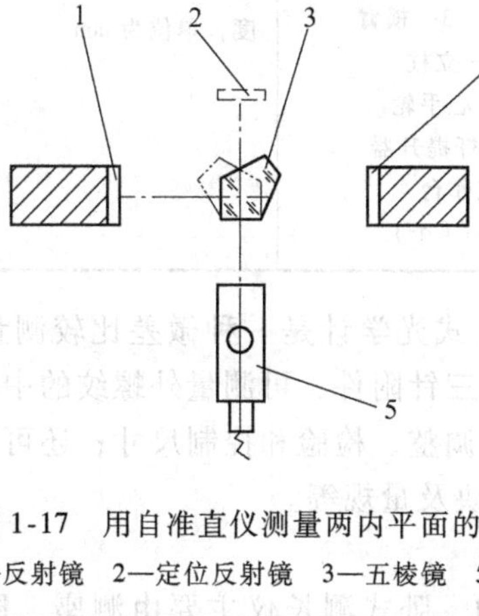

图 1-17 用自准直仪测量两内平面的平面度

1、4—反射镜 2—定位反射镜 3—五棱镜 5—自准直仪

测内平面上（若两平面本身加工质量很高时，可利用自身反射光束，而不用反射镜），调整自准直仪5，通过五棱镜3使光束垂直射入反射镜1上，并读取数据。然后将五棱镜3旋转180°，使光束射入反射镜4上并读取数据，两次读数之差，即为两内平面的平行度误差。还可用直视五棱镜代替五棱镜，用定位反射镜2来确定自准直仪5的位置，提高测量方法的可靠性。

另外，还常用自准直仪测量平面的平面度，与多面棱镜配合使用来检测分度机构的分度误差等。

2. 光学计

光学计是光学量仪中最常用的一种，主要用于比较测量，也称光学比较仪。光学计由光学计管和支架座组成，按照光学计管在支架座上的安装位置不同，分为立式光学计和卧式光学计，常用的为立式光学计。

（1）光学计的结构特点（见表1-26）

表1-26　立式光学计的结构及技术参数

名称	结构图	技术参数
立式光学计	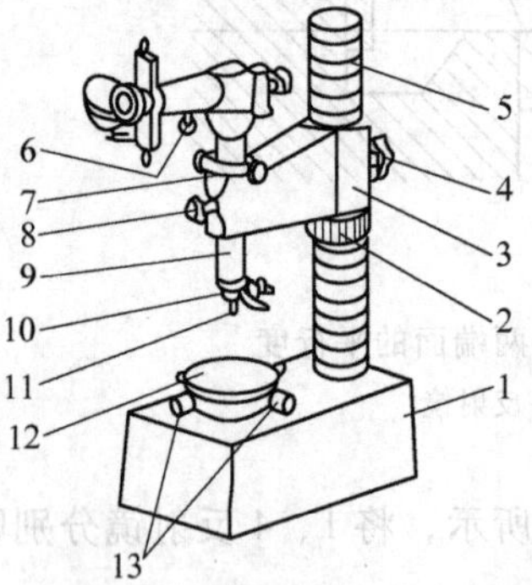 1—底座　2—粗调螺母　3—横臂 4、8—锁紧螺钉　5—立柱 6—微调螺钉　7—偏心手轮 9—光学计管　10—测杆提升器 11—测杆　12—工作台 13—工作台调节螺钉(4个)	最大测量长度:180mm 分度值:0.001mm 示值范围:±0.1mm 测量力:2N 示值稳定性:0.1μm 测量极限误差：$\pm\left(0.5\mu m+\frac{L}{100}\right)$，$L$为被测长度，单位为mm

（2）光学计的用途　立式光学计是一种微差比较测量仪器，可以测量零件的外径和长度尺寸；若使用三针附件，可测量外螺纹的中径；也可以将光学计管装在其他设备上，用于精密调整、检验和控制尺寸；还可以作为长度量值传递仪器，用来检定5等、6等量块及量规等。

3. 卧式测长仪

（1）卧式测长仪的结构　卧式测长仪主要由测座、尾座、万能工作台和底座组成，其外形如图 1-18 所示。

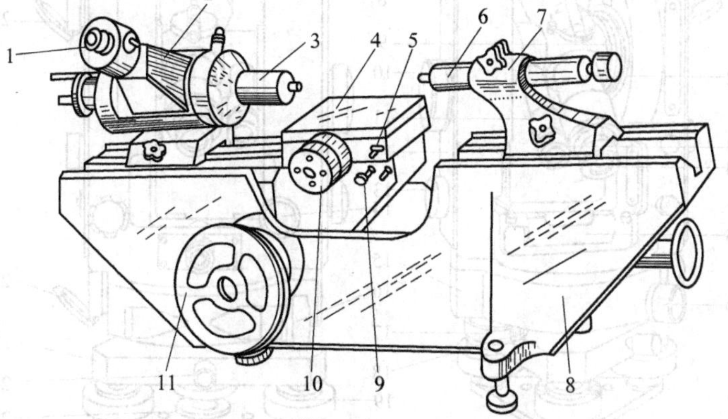

图 1-18　卧式测长仪

1—测微目镜　2—测座　3—测量主轴　4—万能工作台　5—摆动手柄　6—尾管　7—尾座　8—底座　9—扳动手柄　10—微分筒　11—手轮

(2) 卧式测长仪的使用　卧式测长仪主要用于测量平行平面的长度、球和圆柱体的直径等。若配以附件，还可测量孔的直径、螺纹的中径和螺距等。

卧式测长仪可以进行绝对测量和相对测量。进行绝对测量时，先将测座和测量主轴与尾管前的测头接触，并从读数显微镜中读取示值。尾座测头保持不动，退出主轴，将被测件安放在万能工作台上，并与测头、主轴相接触，然后读取示值，两读数之差即为被测尺寸。进行相对测量时，先将量块安放在万能工作台上，并使测头和主轴与之接触，通过调节使目镜视场的示值为零。测头保持不动，退出主轴，换上被测零件进行测量，所示读数则为被测件对量块(基本尺寸)的偏差值。

卧式测长仪的测量装置符合阿贝原则，且不存在阿贝误差，示值准确。

4. 经纬仪

经纬仪是用于测量角度和分度的光学仪器，按测量精度不同可分为普通光学经纬仪和精密光学经纬仪。机械行业中常用精密光学经纬仪来测量精密机床的水平转台和万能转台的分度误差或进行精确分度。

经纬仪的类型较多，但基本结构大致相同，主要由照准部分、水平度盘和基座三部分组成，图 1-19 所示为 DJ2 型经纬仪外形结构。

DJ2 型经纬仪的瞄准望远镜可在水平面作 360°转动，在竖直面作大角度的俯仰，两平面内的转角大小可分别由水平度盘和竖直度盘示出，并由测微尺细分。测角精度为 2″。

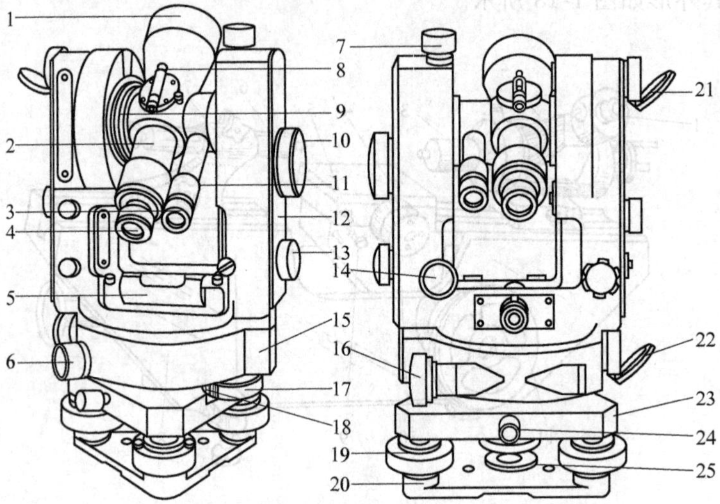

图 1-19　DJ2 型经纬仪

1—望远镜物镜　2—望远镜调焦手轮　3—读数显微镜目镜　4—望远镜目镜　5—水准器　6—照准部制动手轮　7—望远镜制动手轮　8—光学瞄准器　9—竖直度盘　10—测微手轮　11—读数显微镜镜管　12—支架　13—换像手轮　14—望远镜微动手轮　15—水平度盘部分　16—照准部微动手轮　17—换盘手轮护盖　18—换盘手轮　19—脚螺旋　20—三角基座底板　21—竖直度盘照明反光镜　22—水平度盘照明反光镜　23—基座　24—三角基座制动手轮　25—紧固螺母

经纬仪的使用方法

光学经纬仪的使用方法大同小异，这里以 DJ2 型(见图 1-19)经纬仪和平行光管测量机床回转台分度误差为例，介绍经纬仪的基本使用方法，仪器的布置如图 1-20 所示。

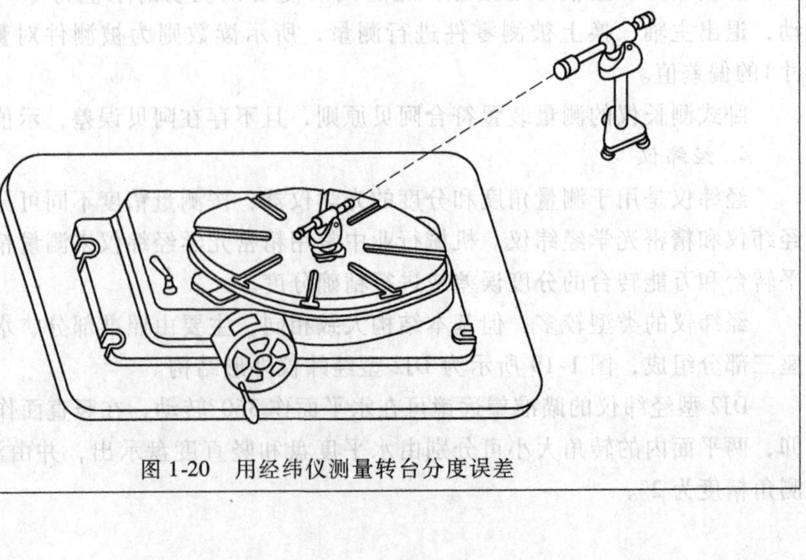

图 1-20　用经纬仪测量转台分度误差

1）先用水平仪调整转台平面，使转台处于水平位置，水平误差不超过0.2mm/1000mm。然后将带螺纹的专用心轴配装在转台的中心孔中，再与经纬仪作同轴固定连接。

2）整平经纬仪。转动经纬仪的照准部，使长方形水准器5与任意两个脚螺旋19的连线平行，以相反方向等量转动脚螺旋，使气泡居中。然后将仪器转90°，旋转第三个脚螺旋，也使气泡居中。用上述方法反复调整，直到仪器转在任意位置，水准器气泡的偏离量都不大于1/2格。

3）调整望远镜管处于水平位置。逆时针方向转动换像手轮13到转不动为止，使目镜3中显示竖直度盘影像。旋转测微手轮10，使经纬仪读数微分尺处在零分零秒位置。调节望远镜微动手轮14，使度盘中的90°刻线与270°刻线对准。用手轮7将望远镜锁紧。

4）将被测转台的刻度盘与游标对准零位，同时使微分刻度值及游标盘精确对零。

5）将平行光管用可调支架放置在离经纬仪约3m处，以经纬仪为基准，调整望远镜调焦手轮2，使目标的影像清晰并无视差。调整平行光管，使其光轴与经纬仪望远镜光轴同轴，并使平行光管的十字线与望远镜分划板的十字线对准。

6）测量。先记录经纬仪水平度盘的读数，然后将被测转台按分度盘刻度转过一个规定的测量角度，再将经纬仪反向转回一个同等角度。用微动手轮14调节，使望远镜的十字线重新对准平行光管的十字线，记录一次读数。在整个圆周上依次测量，当被测转台转回零位时，若经纬仪的对准读数仍为起始零位点的读数，说明测量正确；若误差较大，应重新测量。为保证测量的可靠性，在测完一圈后，再反向依次测量一次。反向测量时，为消除回程误差，应把度盘先转过一个小角度，再倒转回来，使经纬仪的十字线与平行光管的十字线对准，记录好返回测量时的各点读数。

读数是从望远镜旁边的读数显微镜中读取的。当经纬仪找正目标后，使换像手轮13顺时针方向转到底，然后打开并转动水平度盘照明反光镜22，使水平度盘有均匀、明亮的光线照明。调节目镜3，使度盘影像清晰、明确。拨开护盖17，转动换盘手轮18，使读数窗内看到度盘读数，然后关好护盖。按顺时针方向仔细转动测微手轮10，使读数显微镜内度盘上下与刻线精确符合后方可读数。

7）数据处理及误差计算。将各分度误差列表记录。取各分度点正、反测量读数的平均值，并从每个平均值中减去起始点的读数平均值作为该分度点的分度误差值，其中最大正、负值之差即为最大分度误差值。

5. 光学分度头

光学分度头的种类很多，按读数形式不同可分为目镜式、影屏式和数显式等。按分度精度不同可分为低精度（最小分度值为1′或10″）、中精度（最小分度值为5″左右）和高精度（最小分度值不大于2″）等。下面以目镜式2″分度值的光学分度头为例介绍。

光学分度头外形结构如图1-21所示。

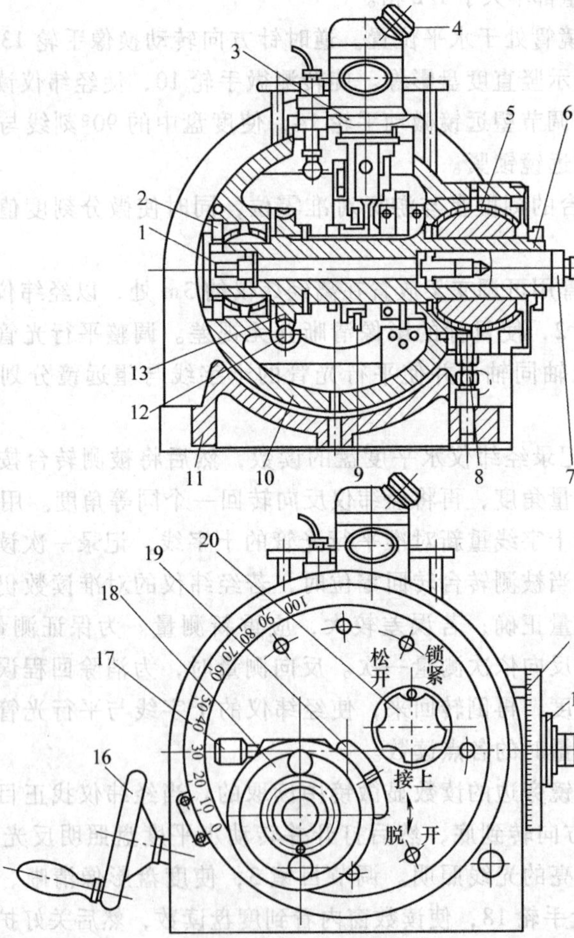

图1-21　光学分度头

1—螺栓　2—轴套　3—读数装置　4—目镜　5—轴承　6—主轴　7—顶尖
8—限位螺钉　9—光学度盘　10—壳体　11—马鞍架　12—蜗杆　13—蜗轮
14—金属度盘　15—滚花螺圈　16—手轮　17—微动手轮　18—传动手轮
19—定位手柄　20—锁紧手轮

6. 工具显微镜

工具显微镜是以光学瞄准和坐标测量为基础的光学机械式仪器，用它可以测量各种长度和角度尺寸，特别适合于测量各种复杂的工具和零件，应用广泛。

按测量范围的大小来划分，有小型工具显微镜、大型工具显微镜、万能工具显微镜和重型万能工具显微镜几种。下面以 19JA 型万能工具显微镜为例介绍。

（1）万能工具显微镜的结构　万能工具显微镜外形结构如图 1-22 所示。

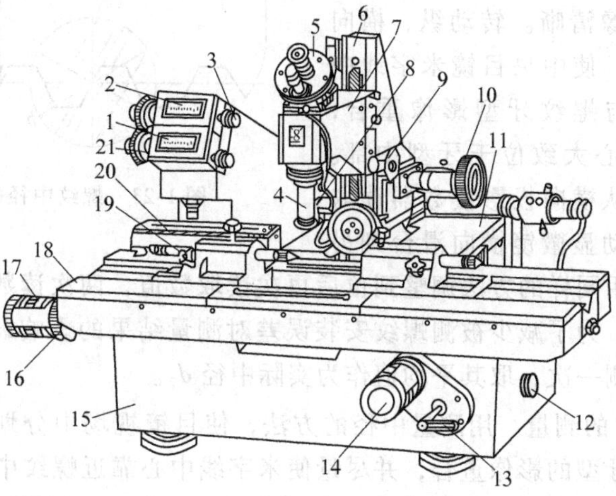

图 1-22　19JA 型万能工具显微镜

1—横向投影读数器　2—纵向投影读数器　3—调零手轮　4—物镜　5—测角目镜　6—立柱　7—臂架　8—反射照明器　9、10、16—手轮　11—横向滑台　12—仪器调平螺钉　13—手柄　14—横向微动装置鼓轮　15—底座　17—纵向微动装置鼓轮　18—纵向滑台　19—紧固螺钉　20—玻璃刻度尺　21—读数器鼓轮

（2）万能工具显微镜的使用　万能工具显微镜可以用影像法或轴切法等测量方法进行长度和角度测量。影像法就是用米字线分划板上的一根分划线瞄准零件的影像边缘，并在投影读数器上读出数值，然后移动滑板，用同一根分划线瞄准零件影像的另一边并读出数值，两次读数之差就是被测件的长度尺寸。轴切法是在圆柱体零件的轴向截面上安装两把平行于轴线的测量刀，并让测量刀的刃口和圆柱体直径两边的母线分别紧密接触，通过测量两把测量刀上刻线间的距离（刻线与刃口平行）间接得出圆柱体的直径尺寸。

下面用测角目镜头，以影像法测量螺纹的单项参数为例，介绍万能工具显微镜的使用方法。

1）螺纹中径 d_2 的测量。对于单线和奇数多线螺纹，其中径等于轴向截面上，牙型轮廓一边上的任一点到对边轮廓上相对点的距离。

测量的方法是：将被测螺纹件装夹在顶尖上。按螺纹中径选择合适的可变光阑孔径（仪器说明书提供选择表）。移动纵、横向滑台（见图1-22），使被测螺纹的影像出现在目镜视场中，如图1-23所示。将立柱顺着螺旋面方向倾斜一个螺旋升角，调节显微镜焦距，使螺纹轮廓影像清晰。转动纵、横向微动装置鼓轮，使中央目镜米字线中心虚线 *A*—*A* 与螺纹牙型影像重合，且使米字线中心大致位于牙型中部。调整到位后，从横向投影读数器读取数值。然后移动显微镜横向滑台到另一边相对点，用同样的方法调整到位后再次读取数值，两次读数之差即为被测螺纹的中径值。为了减少被测螺纹安装误差对测量结果的影响，可在螺纹牙型的左、右侧各测一次，取其平均值作为实际中径 d_2。

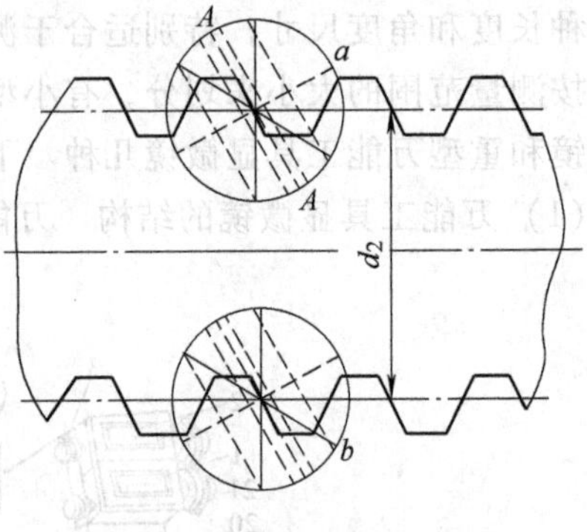

图1-23　螺纹中径的测量

2）螺距 *P* 的测量。用测量中径的方法，使目镜视场中分划板米字线的中心虚线与螺纹牙型的影像重合，并尽量使米字线中心靠近螺纹中径，如图1-24所示，读取纵向投影读数器的数值。移动纵向滑台直到相邻牙型的相应点重合后再次读取数值。两次读数之差即为被测螺纹的螺距值。为了减少螺纹安装误差对测量结果的影响，可在另一侧牙型上再测一次，取两次测量的平均值作为实际螺距。

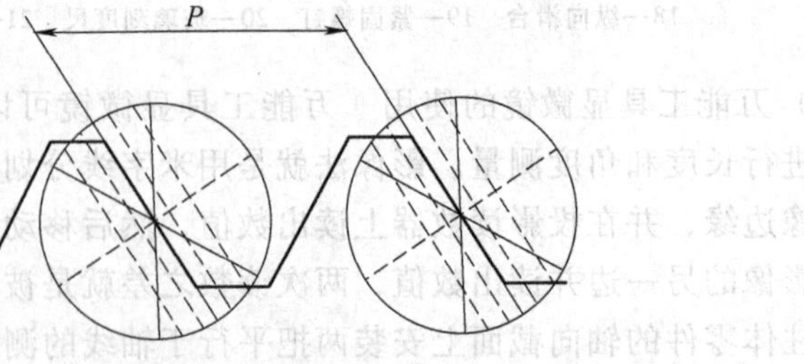

图1-24　螺距的测量

3）牙型半角 $\alpha/2$ 的测量。用上述方法将中央目镜视场中米字线的横虚线与螺纹影像的牙型顶线重合，如图1-25a所示，此时角度目镜中的读数为0°。然后旋转测角目镜头上的旋钮，使中央目镜中米字线的十字中心虚线与螺纹一侧的牙型影像重合，如图1-25b所示，从角度目镜中读取角度值，图中示值为329°14′。该边的牙型半角为

$$\frac{\alpha}{2}=360°-329°14'=30°46'$$

调整仪器，使中央目镜中米字线的十字中心虚线与螺纹另一侧牙型影像重合，如图 1-25c 所示，从角度目镜中读取角度值，图中示值为 30°08′，即为该边的牙型半角值。

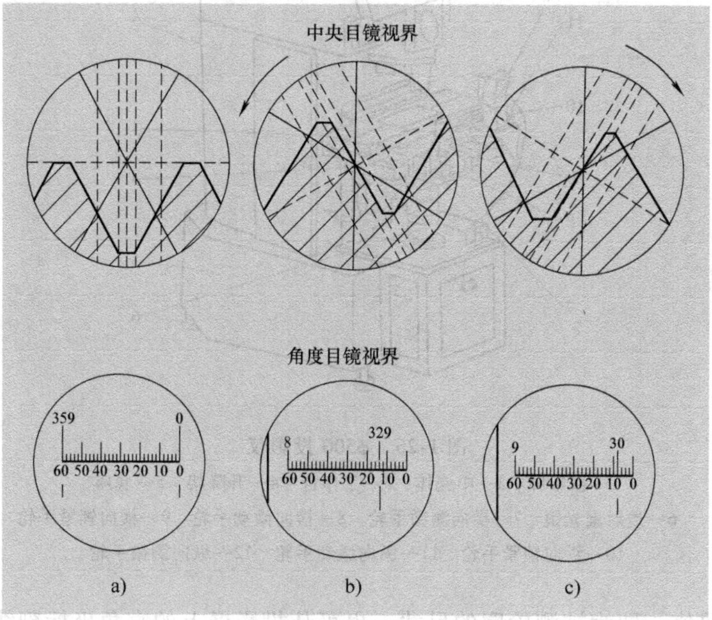

图 1-25　牙型半角的测量

7. 投影仪

投影仪是利用光学元件将被测零件的外形放大并投射在影屏上显示出影像，然后进行测量或检验的光学仪器。用它可以测量复杂形状和细小零件的轮廓形状及有关尺寸，如成形刀具、凸轮、样板、量规等。

投影仪的种类较多，按物镜光轴所处的位置不同可分为立式和卧式；按影屏的大小不同可分为小型、中型和大型等。各种投影仪的主要组成和测量方法基本相同。

（1）投影仪的结构　图 1-26 所示为 $\phi500$ 投影仪外形结构。

（2）投影仪的测量方法　投影仪为非接触性测量仪器，测量时没有测量力，测量方法有绝对测量和相对测量两种。

1）绝对测量。根据被测件的尺寸大小和精度要求，选择适当放大倍数的物镜和聚光镜，安装好被测件后进行调焦，直至看到清晰的影像。然后移动工作台，使零件被测轮廓影像的起止边缘与投影屏上的十字线对准，从工作台读数装

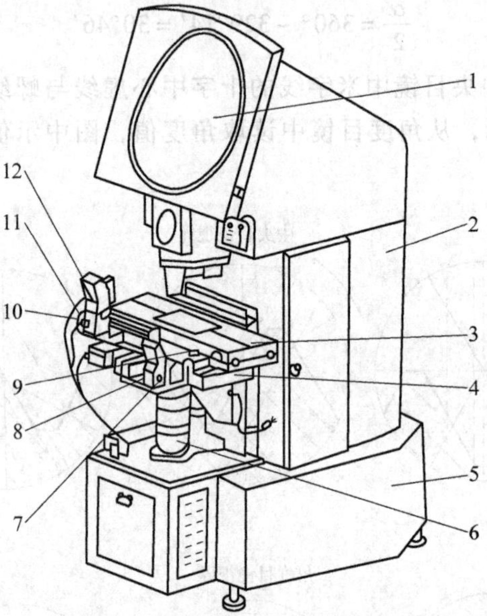

图1-26　$\phi500$投影仪

1—投影屏　2—中壳体　3—工作台　4—升降架　5—底座
6—透射聚光镜　7—横向测微手轮　8—横向微动手轮　9—横向锁紧手轮
10—纵向锁紧手轮　11—纵向微动手轮　12—纵向测微手轮

置上读取数值，即为被测轮廓的尺寸。也可从投影屏上的直角坐标刻线尺或极坐标刻线尺上直接读数，此读数除以所用物镜的放大倍数即为零件的实际尺寸。

2）相对测量。按照被测件的尺寸和公差，选一适当的放大比例绘制出零件的标准图样，将标准图样放在投影屏上与被测件的影像进行比较，以检验零件是否合格。

8. 光切显微镜和干涉显微镜

光切显微镜和干涉显微镜是采用非接触法测量表面粗糙度的光学仪器。

(1) 光切显微镜

1）光切显微镜的结构。9J型光切显微镜由基座、立柱、横臂、工作台和显微镜立体等组成，其外形结构如图1-27所示。

2）光切显微镜的使用。光切显微镜可以测量$Rz>0.8\mu m$的微观不平度十点高度和测量轮廓最大高度Ry值，可以对金属、木材、纸张、塑料等材料的表面进行测量。

(2) 干涉显微镜　干涉显微镜利用光波干涉原理，将具有微观不平的被测表面与标准光学镜面相比较，以光的波长为基准来测量零件表面的粗糙度。常用

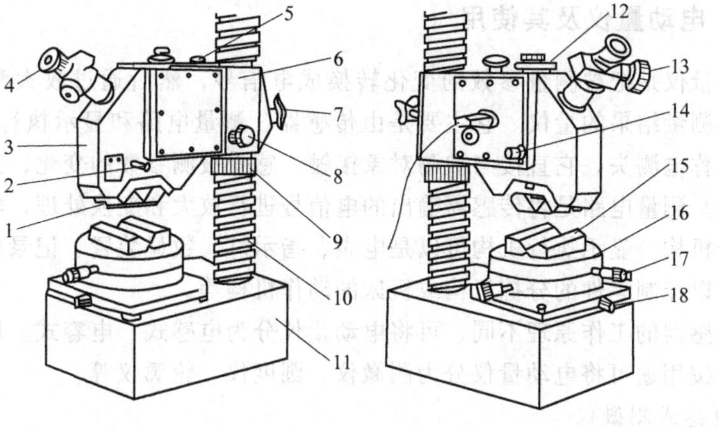

图 1-27 9J 型光切显微镜

1—可换物镜组 2—手柄 3—壳体 4—测微目镜 5—照明灯 6—横臂
7、18—旋手 8—微调手轮 9、14—手轮 10—立柱 11—基座
12—防尘盖 13—测微鼓轮 15—V 形块 16—坐标工作台 17—测微手轮

的干涉显微镜为双光束干涉显微镜。

1）干涉显微镜的结构。干涉显微镜由主体、工作台、目镜头、干涉头、照相机、照明系统和各种调节手轮等组成，其外形结构如图1-28所示。

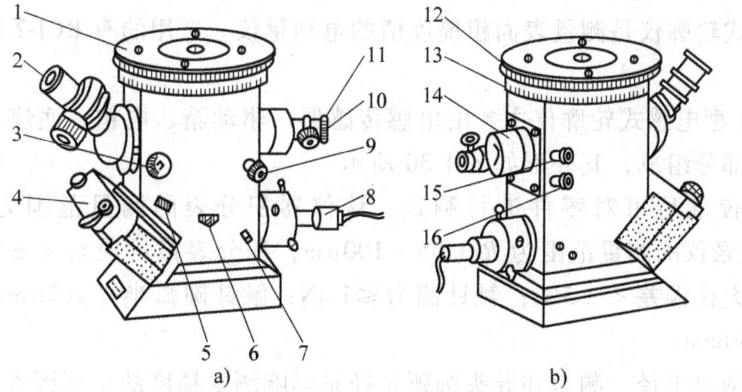

图 1-28 干涉显微镜

1—工作台 2—目镜 3—照相与测量选择手轮 4—照相机 5—照相机锁紧螺钉
6—孔径光阑手轮 7—滤光片移动手轮 8—光源 9—干涉条纹宽度调节手轮
10—调焦手轮 11—光程调节手轮 12—工作台位移滚轮 13—工作台升降滚轮
14—物镜套筒 15—遮光板手轮 16—方向调节手轮

2）干涉显微镜的使用。干涉显微镜可以测量 $Rz=0.05\sim0.8\mu m$ 的微观不平度十点高度和测量轮廓最大高度 Ry 值。

三、电动量仪及其使用

电动量仪是把被测量参数的变化转换成电信号，然后通过放大和运算处理后，获得测量结果的量仪。它主要是由传感器、测量电路和显示执行机构组成。传感器又称电测头，它直接与被测对象接触，感受被测参数的变化，并将其转换成电信号。测量电路是将传感器输出的电信号进行放大和变换处理，驱动显示装置或执行机构。显示执行机构可以是电表、指示灯、数显装置、记录仪、打印机等，也可以控制零件的分拣机构或机床的动作机构等。

按传感器的工作原理不同，可将电动量仪分为电感式、电容式、压电式、磁栅式等。按用途可将电动量仪分为测微仪、圆度仪、轮廓仪等。

1. 电感式测微仪

电感式测微仪是测量尺寸微小变化的精密仪器。用它可以测量零件的厚度、内径、外径、直线度、平行度和跳动等。与其他仪器配合使用，还可以测量圆度、同轴度及齿形误差等。使用两个传感器时，可以实现和差演算测量，并能减小零件的定位、回转，测量装置的移动及温度变化等造成的测量误差。

电感式测微仪的结构简单，测量力小、重复性好、准确度高，得到广泛应用。

DGS-20 型电感式测微仪的外形如图 1-29 所示。

2. 电感式轮廓仪

电感式轮廓仪是测量表面粗糙度值的电动量仪。常用的有 BCJ-2 型电感式轮廓仪。

BCJ-2 型电感式轮廓仪主要由电感传感器、驱动箱、电箱、底座、立柱、记录仪六个部分组成，其外形如图 1-30 所示。

仪器校准后可对零件进行测量。该仪器积分表的测量范围为 $Ra0.04 \sim 10\mu m$；记录仪的测量范围为 $Rz0.05 \sim 100\mu m$；积分表指示误差 $< \pm 10\%$；记录仪垂直放大比误差 $< \pm 5\%$；触针测力 $\leqslant 1mN$；触针圆弧半径 $\leqslant 2\mu m$；导头圆弧半径 $R = 50mm$。

触针圆弧半径、测力和导头圆弧半径是影响测量精度的主要因素。

3. 圆度仪

圆度仪通过被测表面与传感器之间作相对回转运动，由传感器将感受到的轮廓变化量转换成电信号，再经测量电路进行放大、滤波，通过记录仪把被测的实际轮廓描绘在记录纸上，然后借助刻有同心圆的玻璃模板，按一定的评定方法求出圆度误差；或通过电路数据处理后由电表指示出圆度误差。现代的圆度仪不仅可测量内外圆的圆度误差，还能测量圆柱度、同轴度、直线度、平行度和垂直度等。

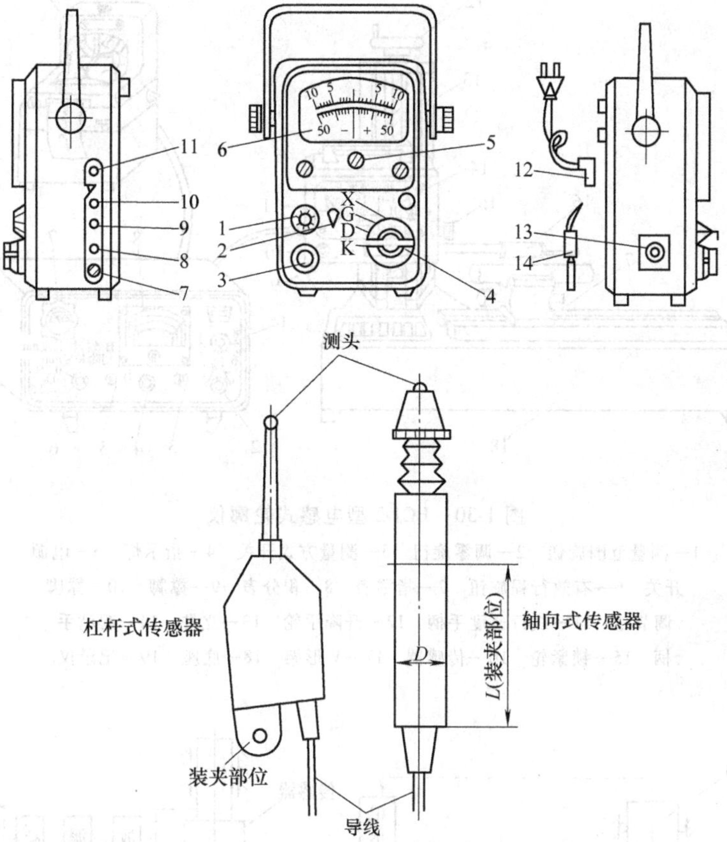

图 1-29 DGS-20 型电感式测微仪

1—调零电位器 2—转换电路开关 3—传感器插座 4—选择开关 5—电表机械调零螺钉 6—表盘 7—侧盖板 8—平衡电位器 9—校验电位器 10—低精度挡倍率电位器 11—高精度挡倍率电位器 12—电源连接导线 13—输出插座 14—输出插头

圆度仪从结构上可以分为传感器旋转式（转轴式）和工作台旋转式（转台式）两类，如图 1-31 所示。转轴式圆度仪以传感器随转轴回转形成标准运动；转台式圆度仪以被测件随旋转工作台的回转形成标准运动。标准运动的回转轴线为圆度测量的基准。

泰勒朗 51 型圆度仪主要用于测量滚珠、滚柱、轴承、活塞和气缸等零件。

1）泰勒朗 51 型圆度仪的结构。该仪器主要由底座、立柱、头架、工作台及放大器电箱、滤波器电箱等组成，如图 1-32 所示。

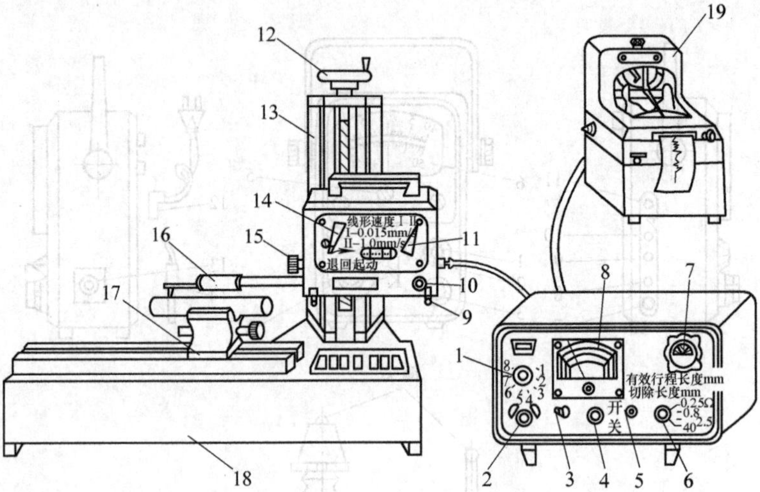

图 1-30　BCJ-2 型电感式轮廓仪

1—测量范围旋钮　2—调零旋钮　3—测量方式开关　4—指示灯　5—电源开关　6—有效行程旋钮　7—指零表　8—积分表　9—撑脚　10—撑脚调节轮　11—线行速度手柄　12—升降手轮　13—立柱　14—起动手柄　15—锁紧轮　16—传感器　17—V 形架　18—底座　19—记录仪

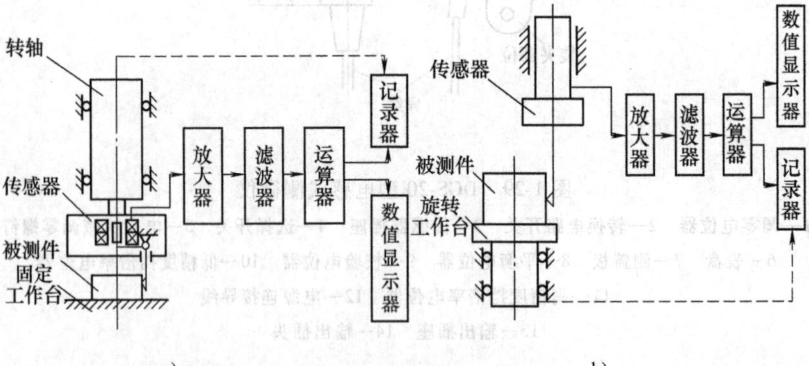

a)　　　　b)

图 1-31　圆度仪的结构示意图

a）转轴式　b）转台式

2）泰勒朗 51 型圆度仪的主要技术参数。

测量范围：最大内外径均为 350mm。

最大高度：406mm。

工作台最大载重量：68kg。

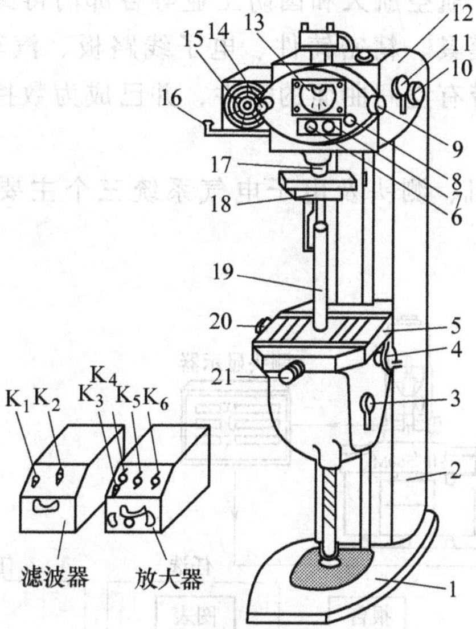

图 1-32　泰勒朗 51 型圆度仪

1—底座　2—立柱　3—工作台锁紧手柄　4—工作台升降手轮　5—工作台

6、7—微型电动机开关　8—电动机速度选择开关　9、14—主轴移动千分螺钉

10—主轴手动轮　11—主轴转速操纵杆　12—头架　13—“对中”指示表

15—记录仪　16—记录纸压杆　17—主轴　18—传感器　19—被测件

20、21—工作台粗调千分螺钉　K_1—滤波电源开关　K_2—滤波选择开关　K_3—放大器电源开关　K_4—记录笔位置微调钮

K_5—放大倍率钮　K_6—用途开关

主轴旋转精度：±0.25μm。

主轴转速：调整工作台时为35r/min；记录时为3r/min。

四、现代测量仪器及其使用

在几何量检测中，集电子技术、新型光源、电子计算机等高新科技为一体的现代化检测仪器已经得到较广泛的应用。目前，应用较多的是激光测量仪器和三坐标测量机。

1. 激光测量仪器

激光测量仪器可以精密、准确地测量长度、角度、直线度、平面度、平行度、垂直度等尺寸和形位误差。

2. 三坐标测量机

三坐标测量机是20世纪60年代后期发展起来的高效率精密测量仪器，它操作方便，测量精度高并稳定，且测量范围较大。三坐标测量机在机械制造、仪器制造、电子工业、航空航天和国防工业等各部门得到广泛的应用，特别适用于测量箱体零件、模具、精密铸件、电子线路板、汽车外壳、发动机零件、凸轮以及飞机形体等带有空间曲面的零件，并已成为数控加工中不可缺少的一部分。

三坐标测机由主机、测头及电子电气系统三个主要部分组成，如图1-33所示。

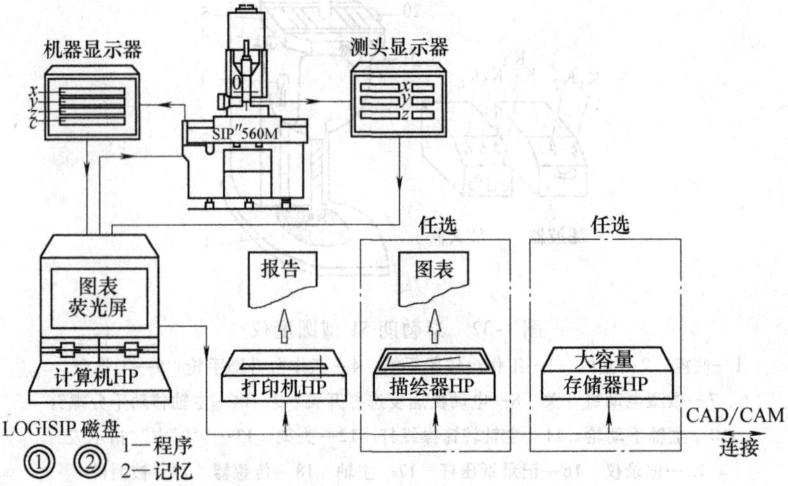

图 1-33　三坐标测量机系统

主机包括机座、立柱、悬臂(桥框或龙门架)、导轨及驱动装置、标尺系统、平衡部件、工作台及附件等部分。其中，标尺系统尤为重要，它决定测量机的精度，常用的有线纹尺、精密丝杠、感应同步器、光栅尺、磁尺、激光等系统。

测头即传感器，是三坐标测量机的主要组成部分。测头的种类很多，常见的有机械接触式测头(硬测头,不多用，见图1-34)、电气接触式测头(软测头,普遍采用，见图1-35)、光学测头、电视扫描头及激光测头等。

电子电气系统包括电子计算机硬件、测量机软件、显示器、打印机、绘图机等。其主要任务是控制测量机自动测量、进行数据处理，并把测量结果进行显示、打印、绘图及编制出加工程序等。

由三坐标测量机的组成部分及功能可知，三坐标测量机通过 x、y、z 三个相互垂直的坐标导轨的相对移动或转动，用测头对固定在工作台上的被测件进行定点采样或扫描，经计算机进行数据处理，得出测量结果，并将测量结果显示、打印出来，或绘出轮廓图样及编制出加工程序。

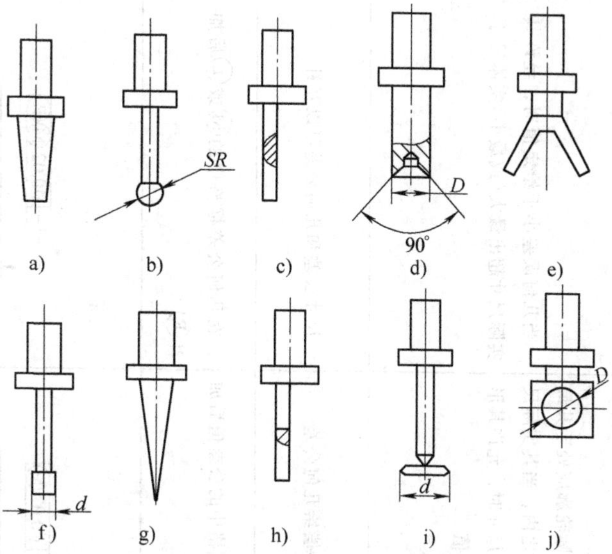

图 1-34 机械接触式测头

a）圆锥测头 b）球测头 c）半圆柱测头 d）凹圆锥测头 e）V 形测头 f）圆柱测头 g）尖测头 h）1/4 圆柱测头 i）盘形测头 j）直角测头

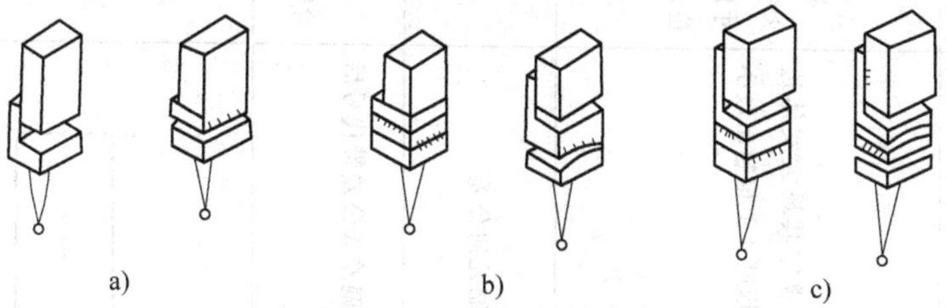

图 1-35 电气接触式测头

a）单向 b）双向 c）三向

第四节 几何误差的测量

一、公差原则

在被测提取要素(旧标准中的被测实际要素)上既规定有几何公差，又规定有尺寸公差时，几何公差与尺寸之间会存在一定的影响。GB/T 4249—2009《产品几何技术规范(GPS) 公差原则》中规定了确定尺寸公差和几何公差相互关系的原则及图样标注方法。只有在正确理解公差原则和图样标注的基础上，才能进行正确测量和判断被测提取要素是否合格。公差原则的有关规定及说明见表 1-27。

表 1-27　公差原则

（单位：mm）

名称	独立原则	相关要求		
		包容要求	最大实体要求	可逆要求
含义	图样上给定的每一个尺寸和形状、位置的要求均是独立的，应分别满足要求	提取要素应遵守其最大实体边界，其局部实际尺寸不得超出最小实际尺寸	被测要素的实际轮廓应处于其最大实体实效边界之内，当其实际尺寸偏离最大实体尺寸时，允许其形位误差超出给定值	当几何误差小于给定值时，允许其实际尺寸超出最大(或最小)实体尺寸
公差关系	尺寸公差与几何公差无关	尺寸公差限制几何公差	尺寸公差可补偿给几何公差	尺寸公差和几何公差可以互补
标注方法		在尺寸极限偏差或公差带代号后加注Ⓔ	在几何公差框格中的公差值后加注Ⓜ	在几何公差框格中的Ⓜ或Ⓛ后加注Ⓡ
示例	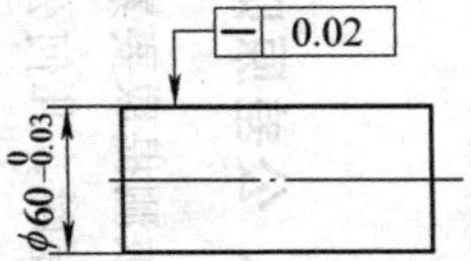	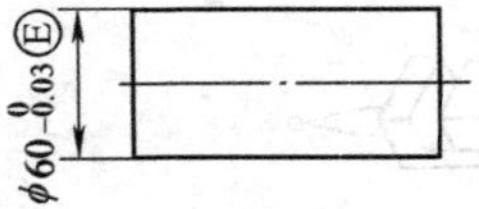	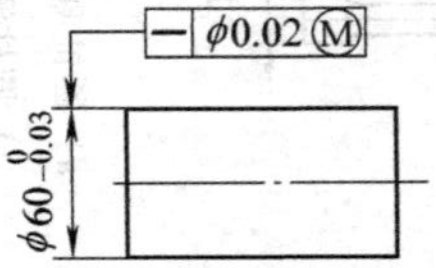	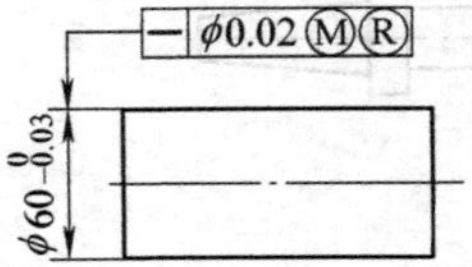

（续）

名称	独立原则	相关要求		
		包容要求	最大实体要求	可逆要求
说明	不论轴的局部实际尺寸如何，素线的直线度误差允许达到最大值0.02mm	当轴径实际尺寸处处为 ϕ60mm时，不允许有任何形状误差；当轴径实际尺寸处处小于 ϕ60mm 时，允许有与偏离量相关的形状误差，如轴线、素线的直线度误差等，误差值最大为实际偏离量；当轴径实际尺寸为 ϕ59.97mm 时，形状误差值最大可达0.03mm	当轴径实际尺寸处处为 ϕ60mm时，轴线的直线度误差允许达到 ϕ0.02mm；当轴径实际尺寸处处小于 ϕ60mm 时，其偏离量可补偿到轴线的直线度误差上；当轴径实际尺寸处处为 ϕ59.97mm 时，轴线直线度误差补偿量可达 ϕ0.03mm，其直线度误差可达 ϕ0.05mm	当轴径实际尺寸处处为 ϕ60mm 时，轴线的直线度误差最大为 ϕ0.02mm；当轴径实际尺寸处处为 ϕ59.97mm时，轴线的直线度误差可达 ϕ0.05mm，当轴线的直线度误差为零时，轴径实际尺寸处处可达 ϕ60.02mm
适用场合		适用于单一要素	适用于中心要素	常与最大（或最小）要求并用
实际尺寸范围	ϕ59.97 ~ ϕ60mm	ϕ59.97 ~ ϕ60mm	ϕ59.97 ~ ϕ60mm	ϕ59.97 ~ ϕ60.02mm
最大形状误差	0.02mm	0.03mm	0.05mm	0.05mm
检测方法	分开检测，用两点法测量尺寸，用形位误差测量法检测形位误差	按照泰勒原则检测，即用全形通端量规检测最大实体边界，用两点形止端量规检测最小实体尺寸	用两点法检测尺寸按极限尺寸验收，合格后用综合量规检测形位误差，量规通过算合格	同最大实体要求

二、几何误差检测原则

几何公差有14个项目，加上被测提取要素在结构、加工工艺及功能方面的差异，会产生各种各样的检测方法。为了便于准确地选用检测方案，GB/T 1958—2004《产品几何量技术规范(GPS)　形状和位置公差　检测规定》中规定了几何误差的五种检测原则，见表1-28。

表1-28　几何误差检测原则

编号	检测原则名称	说　明	示　例
1	与拟合要素比较原则	将被测提取要素与其拟合要素相比较，量值由直接法或间接法获得 拟合要素用模拟方法获得	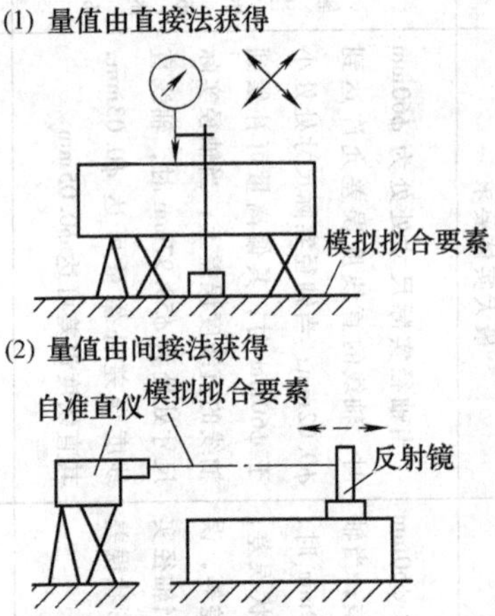
2	测量坐标值原则	测量被测提取要素的坐标值(如直角坐标值、极坐标值、圆柱面坐标值)，并经过数据处理获得几何误差值	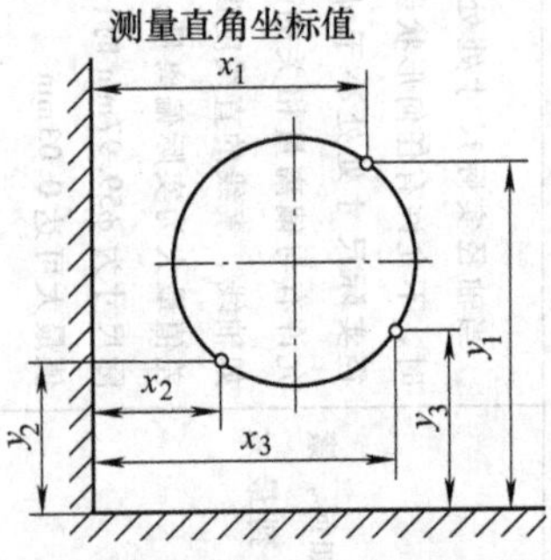
3	测量特征参数原则	测量被测提取要素上具有代表性的参数(即特征参数)来表示几何误差值	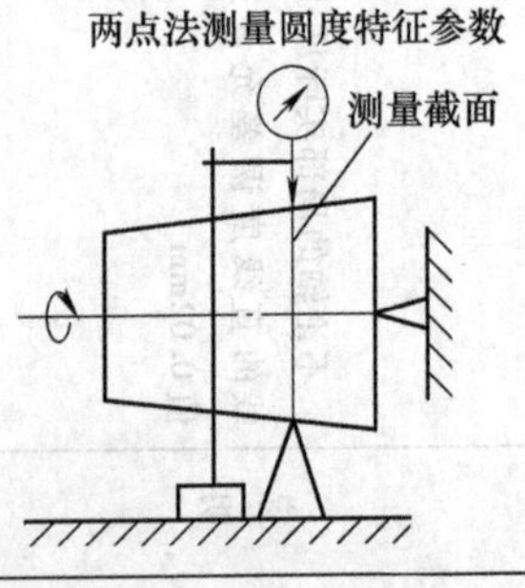

（续）

编号	检测原则名称	说明	示例
4	测量跳动原则	被测提取要素绕基准轴线回转过程中，沿给定方向测量其对某参考点或线的变动量 变动量是指指示器最大与最小示值之差	测量径向圆跳动 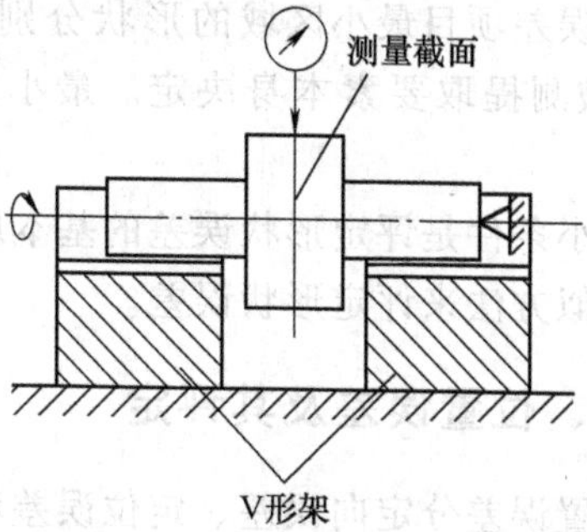
5	控制实效边界原则	检验被测提取要素是否超过实效边界，以判断合格与否	用综合量规检验同轴度误差 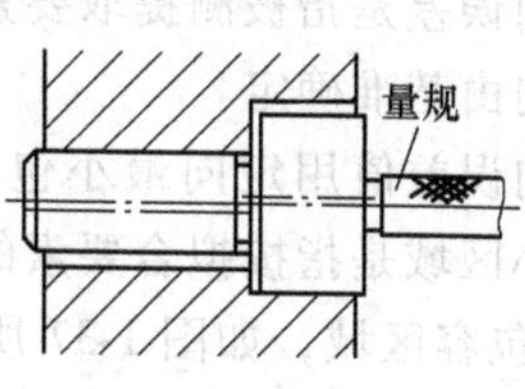

三、形状误差及其评定

形状误差是指被测提取要素对其拟合要素（旧标准中的理想要素）的变动量，拟合要素的位置应符合 GB/T 1182—2008 规定的最小条件。对提取导出要素（中心线、中心面等），其拟合要素位于被测提取要素之中。对于提取组成要素（线、面轮廓度除外），其拟合要素位于实体之外且与被测提取组成要素相接触，如图 1-36 所示的理想直线 A_1—B_1 和理想圆 C_1。

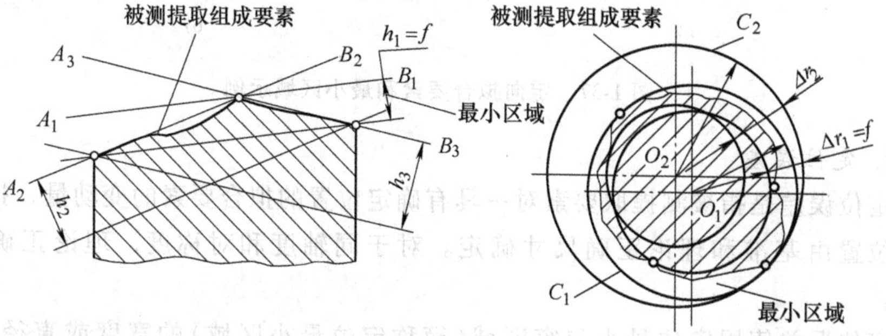

图 1-36　拟合要素和最小区域示例

被测提取要素对其拟合要素的最大变动量为最小，即所谓的最小条件。

形状误差值用最小包容区域（简称最小区域）的宽度或直径表示。最小区域是指包容被测提取要素时，具有最小宽度 f 或直径 ϕf 的包容区域，如图 1-36 所示。各误差项目最小区域的形状分别和各自的公差带形状一致，但宽度（或直径）由被测提取要素本身决定。最小区域的判别方法可见 GB/T 1958—2004 附录 B。

最小条件是评定形状误差的基本原则，在满足零件功能要求的前提下，允许采用近似方法来评定形状误差。

四、位置误差及其评定

位置误差分定向误差、定位误差和跳动误差三类。

1. 定向误差

定向误差是指被测提取要素对一具有确定方向的拟合要素的变动量，拟合要素的方向由基准确定。

定向误差值用定向最小包容区域（简称定向最小区域）的宽度或直径表示。定向最小区域是指按拟合要素的方向包容被测提取要素时，具有最小宽度 f 或直径 ϕf 的包容区域，如图 1-37 所示。各误差项目定向最小区域的形状分别和各自的公差带形状一致，但宽度（或直径）由被测提取要素本身决定。

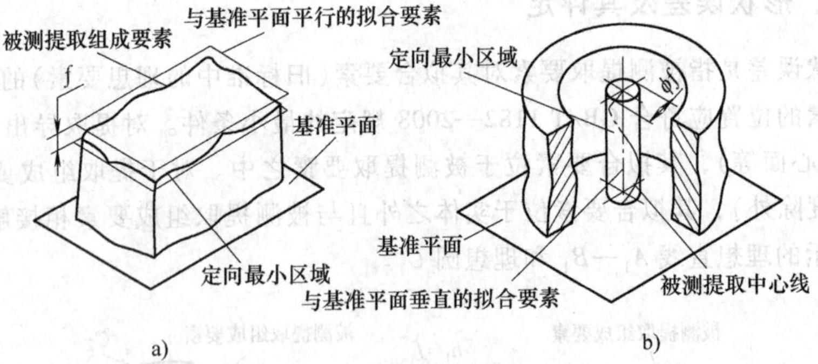

图 1-37 定向拟合要素和最小区域示例

2. 定位误差

定位误差是指被测提取要素对一具有确定位置的拟合要素的变动量，拟合要素的位置由基准和理论正确尺寸确定。对于同轴度和对称度，理论正确尺寸为零。

定位误差值用定位最小包容区域（简称定位最小区域）的宽度或直径表示。定位最小区域是指以拟合要素定位包容被测提取要素时，具有最小宽度 f 或直径

ϕf 的包容区域，如图 1-38 所示。各误差项目定位最小区域的形状分别和各自的公差带形状一致，但宽度（或直径）由被测提取要素本身决定。

测量定向、定位误差时，在满足零件功能要求的前提下，按需要允许采用模拟方法体现被测提取要素，如图 1-39 所示。此时，实测范围内和所要求范围内的误差值，可按正比关系折算。

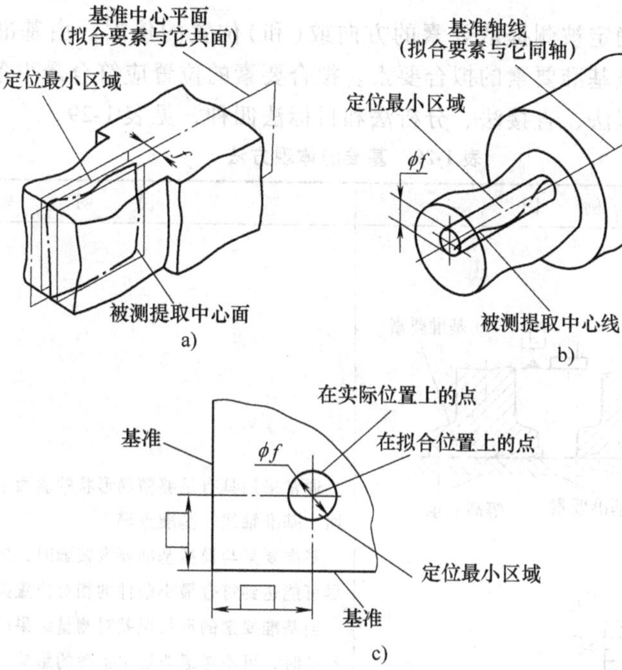

图 1-38 定位拟合要素和最小区域示例

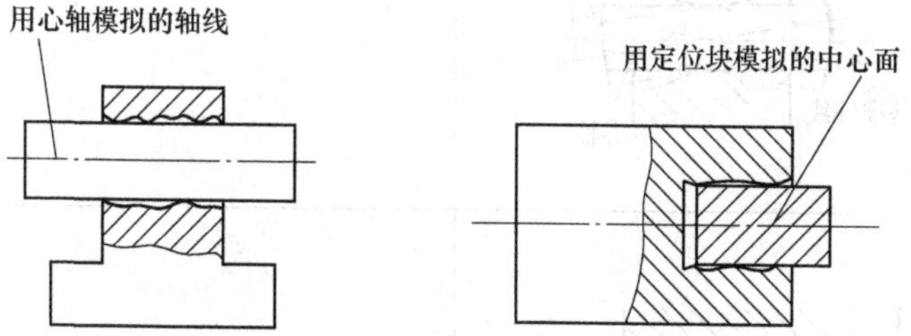

图 1-39 模拟法体现被测提取要素示例

3. 跳动误差

（1）圆跳动误差　被测提取要素绕基准轴线作无轴向移动回转一周时，由位置固定的指示表在给定方向上测得的最大与最小示值之差。

(2) 全跳动误差　被测提取要素绕基准轴线作无轴向移动回转，同时指示表沿给定方向的理想直线连续移动(或被测提取要素每回转一周,指示表沿给定方向的理想直线作间断移动)，由指示表在给定方向上测得的最大与最小示值之差。

五、基准的建立与体现

基准是用以确定被测提取要素的方向或(和)位置的依据。由基准要素建立基准时，基准为该基准要素的拟合要素。拟合要素的位置应符合最小条件。基准的体现方法有模拟法、直接法、分析法和目标法四种，见表1-29。

表1-29　基准的体现方法

名称	例　图	说　明
模拟法	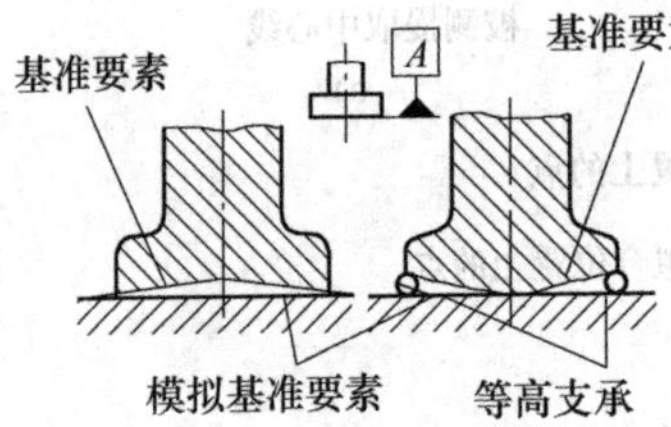 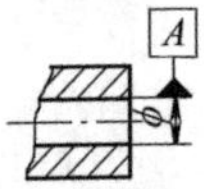 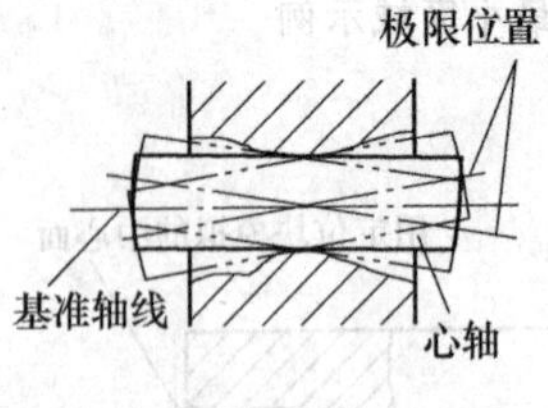	通常采用具有足够精确形状的表面来体现基准平面、基准轴线、基准点等 基准要素与模拟基准要素接触时，应使两者之间尽可能达到符合最小条件的相对位置关系 当基准要素的形状误差对测量结果的影响可忽略不计时，可不考虑非稳定接触的影响
直接法	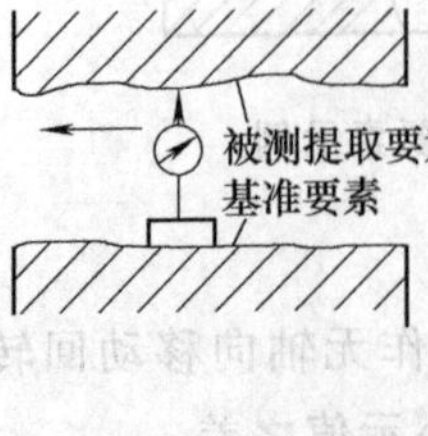	当基准要素具有足够的形状精度时，可直接作为基准

（续）

名称	例图	说明
分析法	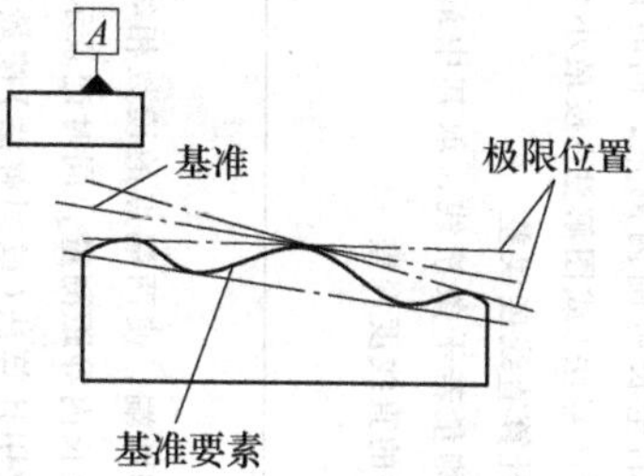	对基准要素进行测量后，根据测得数据用图解或计算法确定基准位置 对提取组成要素，由测得数据确定基准。对提取导出要素，应根据测得数据求出基准要素后再确定基准
目标法		由基准目标建立基准时，基准“点目标”可用球端支承体现；基准“线目标”可用刃口状支承或圆棒素线体现；基准“面目标”按图样上规定的形状，用具有相应形状的平面支承来体现。各支承的位置，应按图样规定进行布置

六、测量不确定度的确定

测量不确定度（旧标准中的“极限测量总误差”和“测量精度”）是确定检测方案的重要依据之一，选择检测方案时应按 GB/T 18779.2 的规定进行测量不确定度评估。测量不确定度允许占给定公差值的 10%～33%。各公差等级允许的测量不确定度建议按表 1-30 确定。

表 1-30　确定测量不确定度

被测要素的公差等级	0　1　2	3　4	5　6	7　8	9　10	11　12
测量不确定度占几何公差的百分比/%	33	25	20	16	12.5	10

七、几何误差的检测方法

国家标准 GB/T 1958—2004 根据几何误差检测原则对各项目拟定了多种检测方案，其中常用的检测方法见表 1-31、表 1-32。详细内容参见 GB/T 1958—2004。

表 1-31　形状误差检测方法（摘自 GB/T 1958—2004）

项目	公差带与应用示例	检测方法	设备	说明
直线度	1. 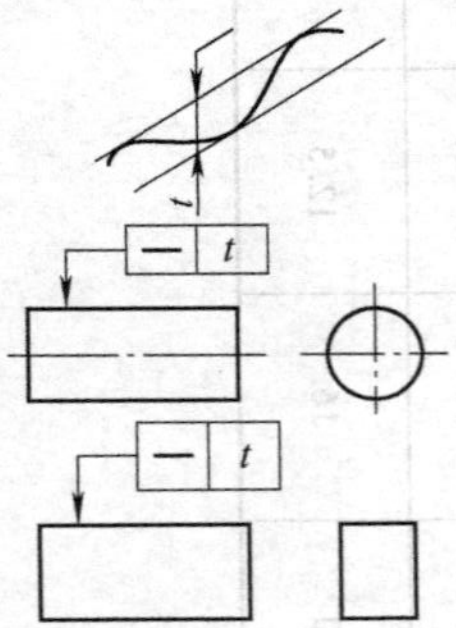	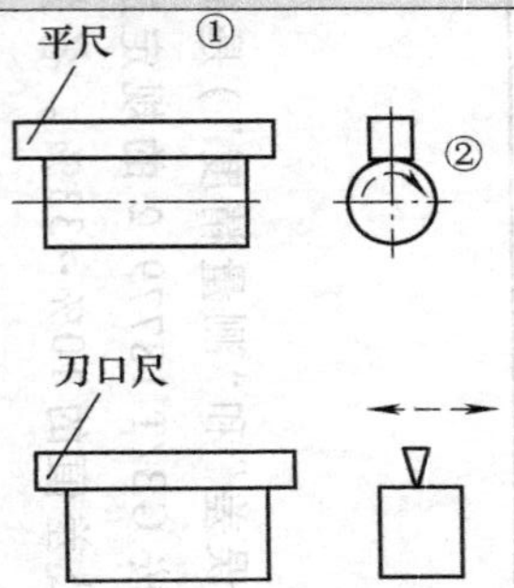	平尺（或刀口尺），塞尺	① 将平尺（或刀口尺）与被测素线直接接触，并使两者之间的最大间隙为最小，此时的最大间隙即为该条被测素线的直线度误差，误差的大小应根据光隙测定。当光隙较小时，可按标准光隙来估读；当光隙较大时，则可用塞尺测量 ② 按上述方法测量若干条素线，取其中最大的误差值作为该被测零件的直线度误差
	2. 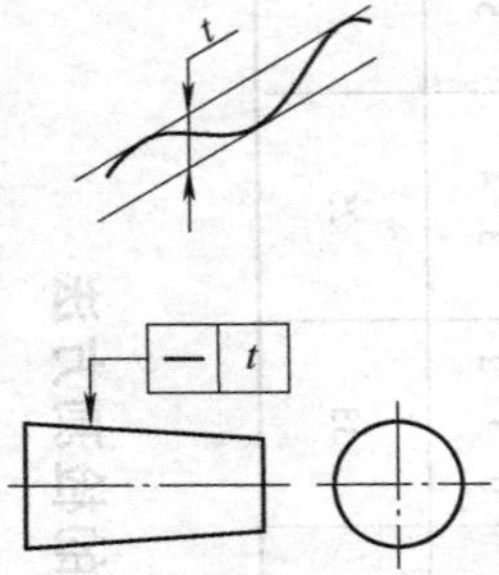	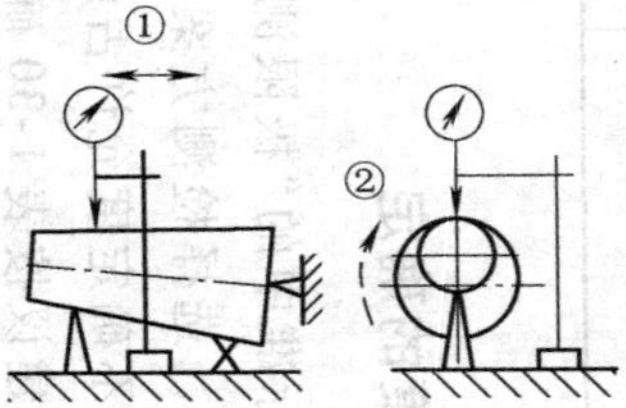	平板，固定和可调支承，带指示表的测量架	将被测素线的两端点调整到与平板等高 ① 在被测素线的全长范围内测量，同时记录示值。根据记录的读数用计算法（或图解法）按最小条件（也可按两端点连线法）计算直线度误差 ② 按上述方法测量若干条素线，取其中最大的误差值作为该被测零件的直线度误差
	3. 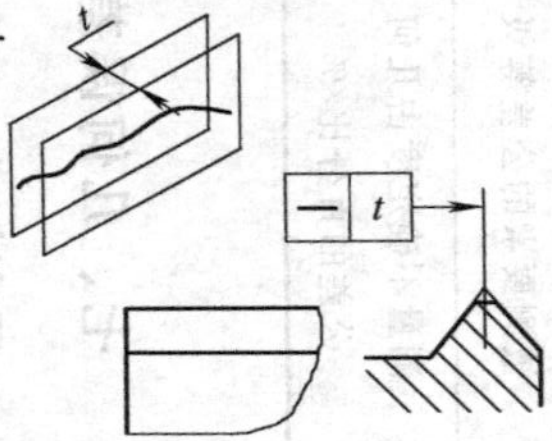	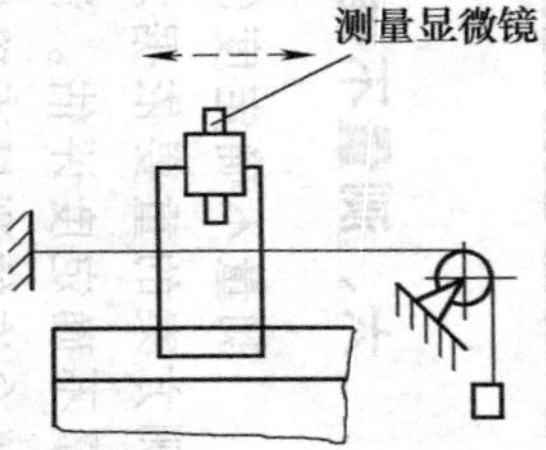	优质钢丝，测量显微镜（或接触式测量仪）	调整测量钢丝的两端，使两端点的读数相等。测量显微镜在被测线的全长内等距测量，同时记录示值 根据记录的读数用计算法（或图解法）按最小条件（也可按两端点连线法）计算直线度误差

（续）

项目	公差带与应用示例	检测方法	设备	说明
直线度	4. 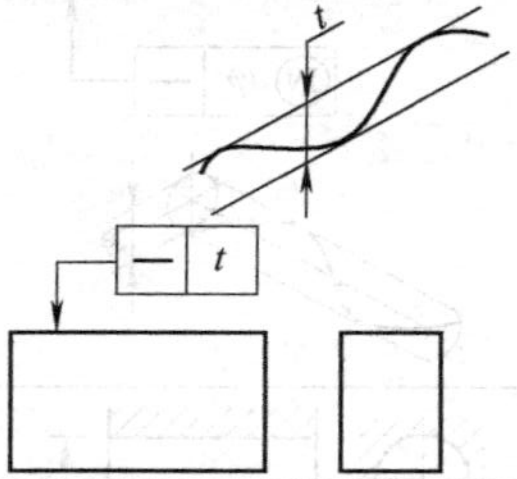	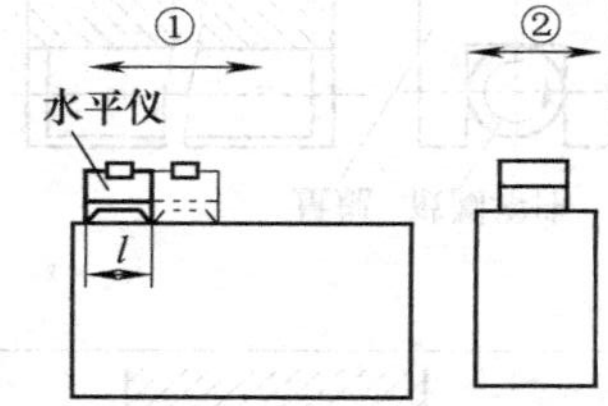	水平仪，桥板	将被测零件调整到水平位置 ①水平仪按节距 l 沿被测素线移动，同时记录水平仪的读数；根据记录的读数用计算法（或图解法）按最小条件（也可按两端点连线法）计算该条素线的直线度误差 ②按上述方法，测量若干条素线，取其中最大的误差值作为该被测零件的直线度误差 此方法适用于测量较大的零件
	5. 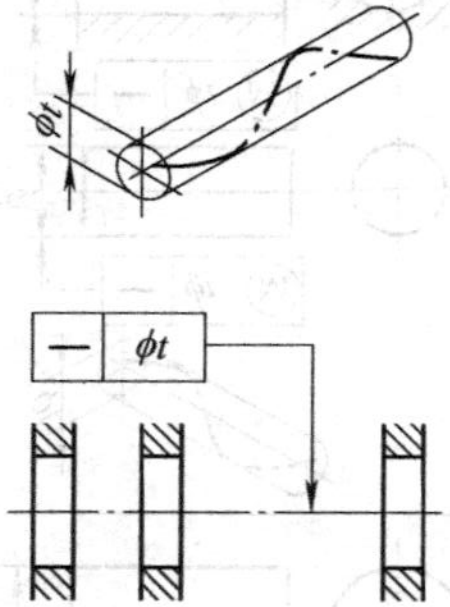	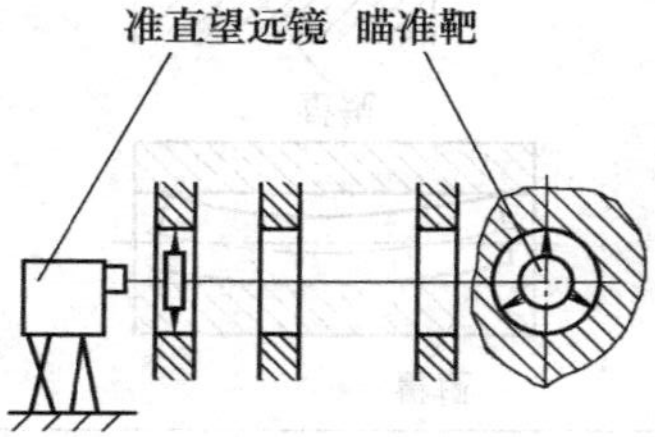	准直望远镜，瞄准靶	将瞄准靶放在前后端两孔中，调整准直望远镜，使其光轴与两端孔的中心连线同轴 将瞄准靶分别放在被测零件的各孔中，同时记录水平和垂直方向的示值，然后用计算法（或图解法）得到被测零件的提取轴线，再按最小条件（也可按两端点连线法）求解直线度误差 此方法适用于测量大型的孔类零件
	6. 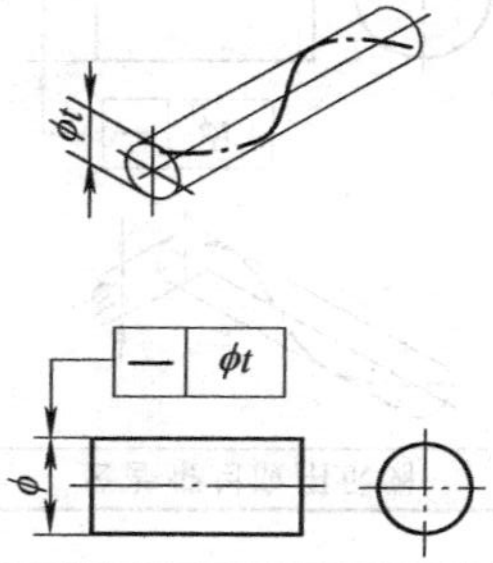	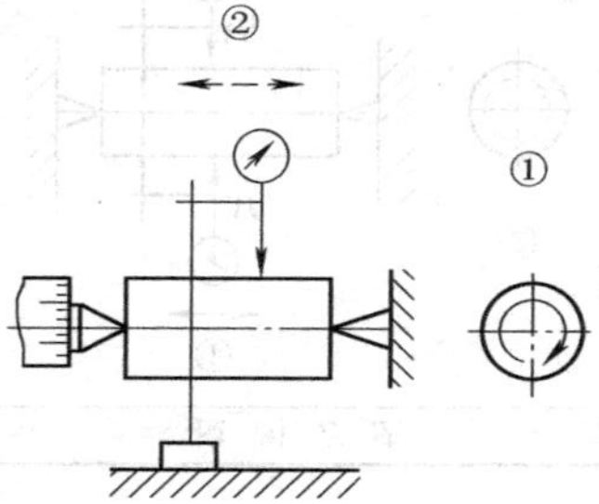	精密分度装置，带指示表的测量架	将被测零件安装在精密分度装置的顶尖上 ① 将被测零件转动一周，测得一个横截面上的半径差，同时绘制极坐标图并求出该轮廓的中心点 ② 按上述方法测量若干个横截面，连接各横截面的中心点得到被测零件的提取轴线，通过数据处理求其直线度误差 此方法亦可在圆度仪上应用

（续）

项目	公差带与应用示例	检测方法	设备	说明
直线度	7. 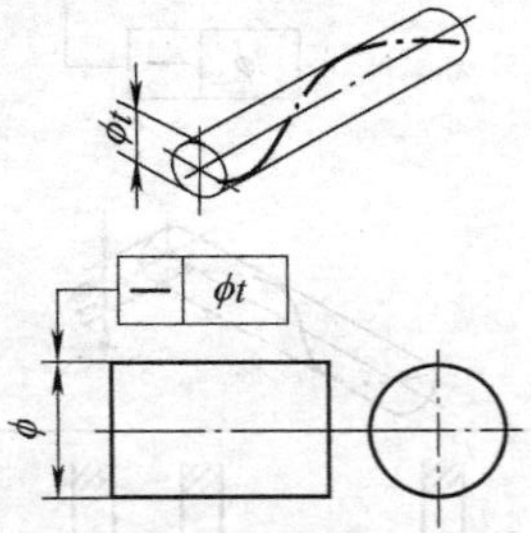	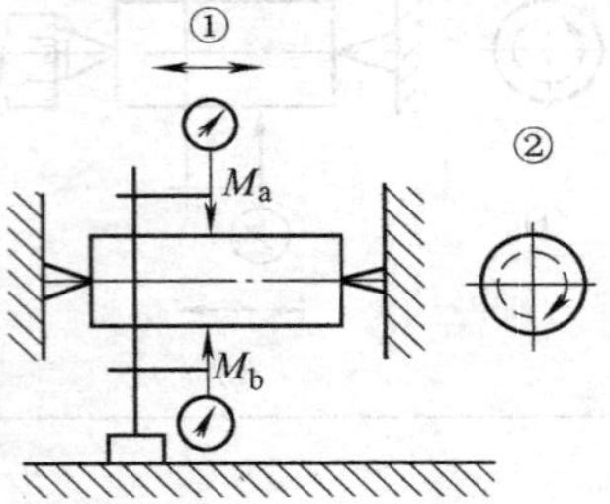	平板，顶尖架，带指示表的测量架	将被测零件安装在平行于平板的两顶尖之间 ① 沿铅垂轴截面的两条素线测量，同时分别记录两指示表在各自测点的读数 M_a、M_b；取各测点读数差之半 $\left(即\dfrac{M_a-M_b}{2}\right)$中的最大差值作为该截面轴线的直线度误差 ② 按上述方法测量若干个截面，取其中最大的误差值作为该被测零件轴线的直线度误差
	8. 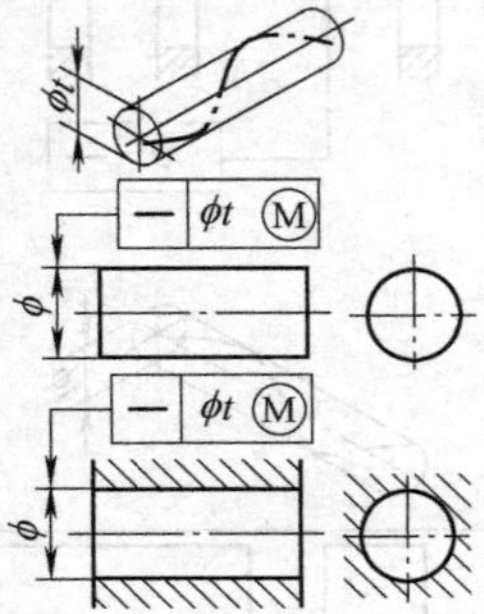	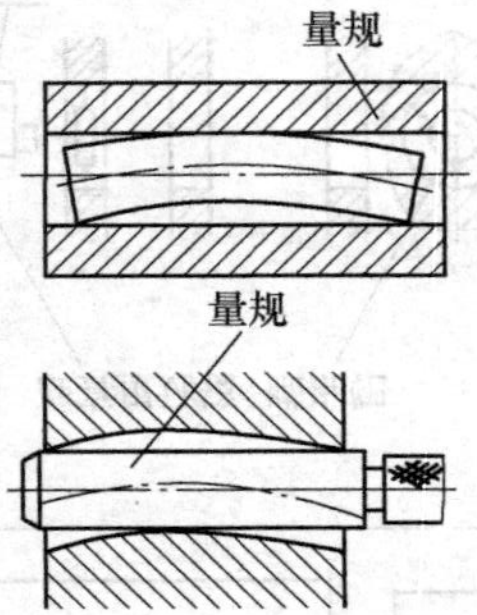	综合量规	综合量规的直径等于被测零件的实效尺寸，综合量规必须通过被测零件
	9. 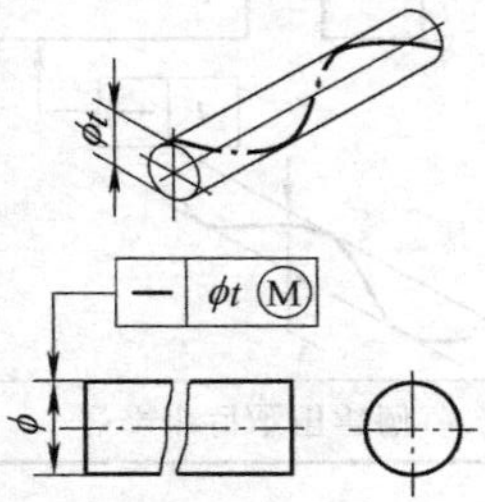	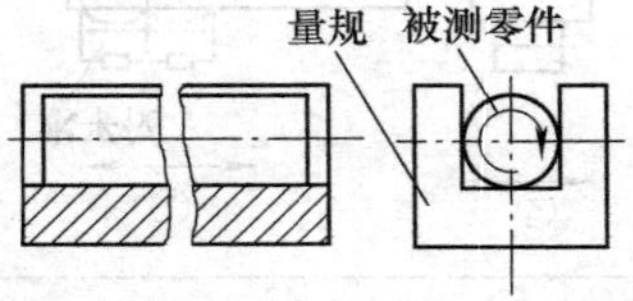	槽形综合量规	被测零件必须能在宽度等于被测零件实效尺寸的槽形综合量规内滚动。但此方法忽略了可能在不同方向同时存在直线度误差所造成的综合影响 此方法适用于检验细长零件

（续）

项目	公差带与应用示例	检测方法	设　备	说　明
平面度	1. 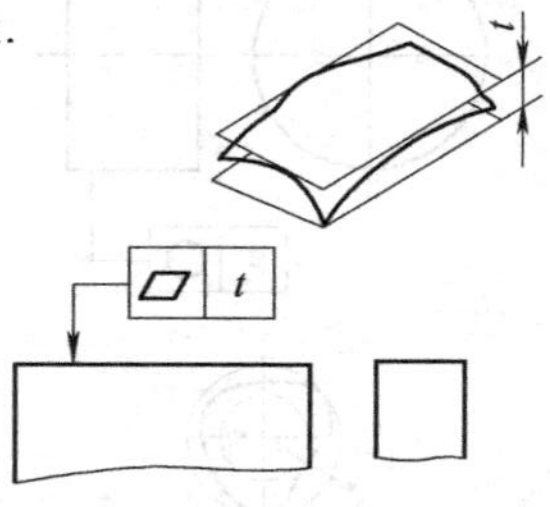	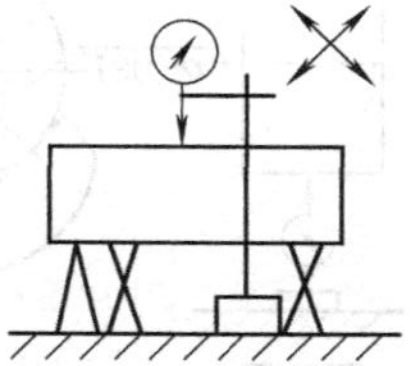	平板，带指示表的测量架，固定和可调支承	将被测零件支承在平板上，调整被测表面最远三点，使其与平板等高 按一定的布点测量被测表面，同时记录示值 一般可用指示表最大与最小示值的差值近似地作为平面度误差。必要时，可根据记录的示值用计算法（或图解法）按最小条件计算平面度误差
	2. 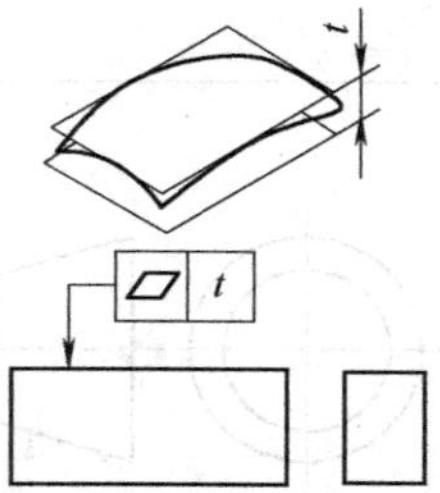	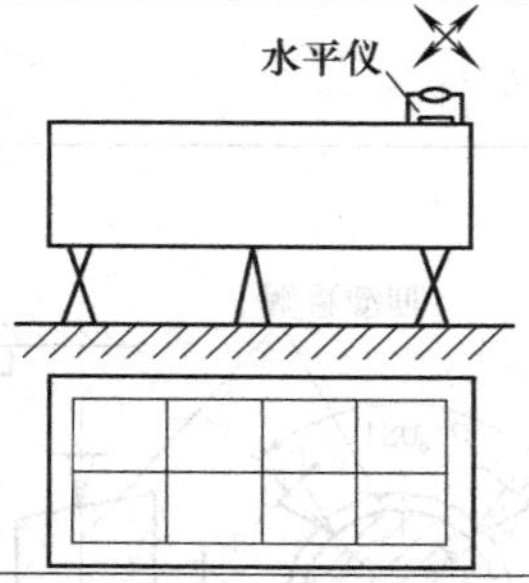	平板，水平仪，桥板，固定和可调支承	将被测表面调水平。用水平仪按一定的布点和方向逐点地测量被测表面，同时记录示值，并换算成线值 根据各线值用计算法（或图解法）按最小条件（也可按对角线法）计算平面度误差
	3. 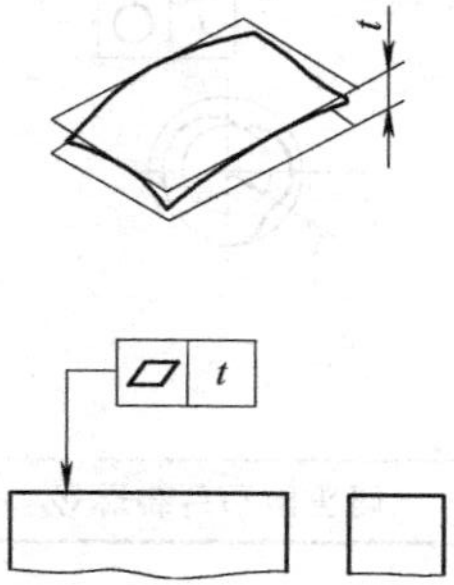	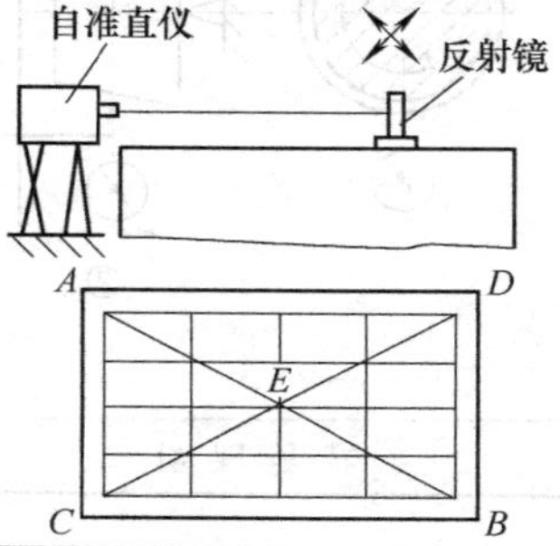	自准直仪，反射镜，桥板	将反射镜放在被测表面上，并把自准直仪调整至与被测表面平行。沿对角线 *AB* 按一定布点测量 重复用上述方法分别测量另一条对角线 *CD* 和被测表面上其他各直线上的各布点 把各点示值换算成线值，记录在图表上，通过中心点 *E*，建立参考平面。由计算法（或图解法）按对角线法计算平面度误差 必要时应按最小条件计算平面度误差

（续）

项目	公差带与应用示例	检测方法	设备	说明
圆度	1. 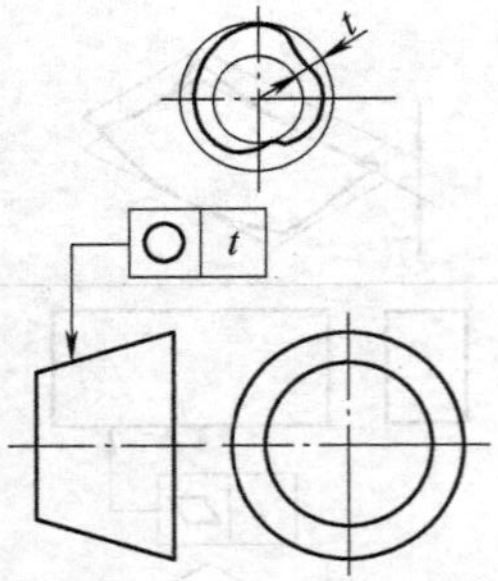	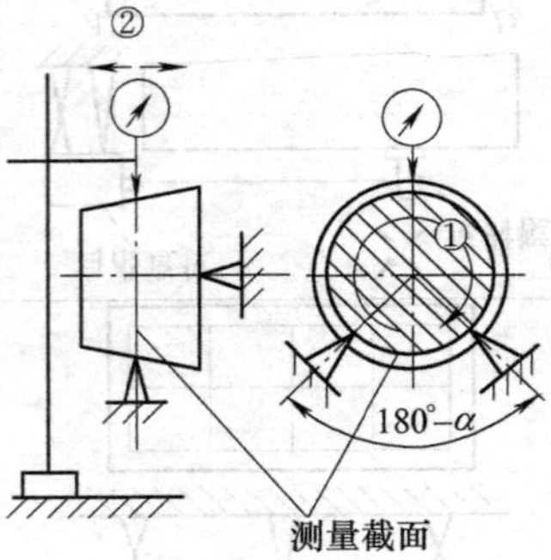	平板，带指示表的测量架，V形架，固定和可调支承	将被测零件放在V形架上，使其轴线垂直于测量截面，同时固定轴向位置 ① 在被测零件回转一周过程中，指示表示值的最大差值与反映系数K之商，作为单个截面的圆度误差 ② 按上述方法测量若干个截面，取其中最大的误差值作为该零件的圆度误差 此方法测量结果的可靠性取决于截面形状误差和V形架夹角的综合效果。常以夹角$\alpha = 90°$和120°或72°和108°两块V形架分别测量 此方法称为三点法，适用于测量内外表面的奇数棱形状误差。使用时可以转动被测零件，也可转动量具
	2. 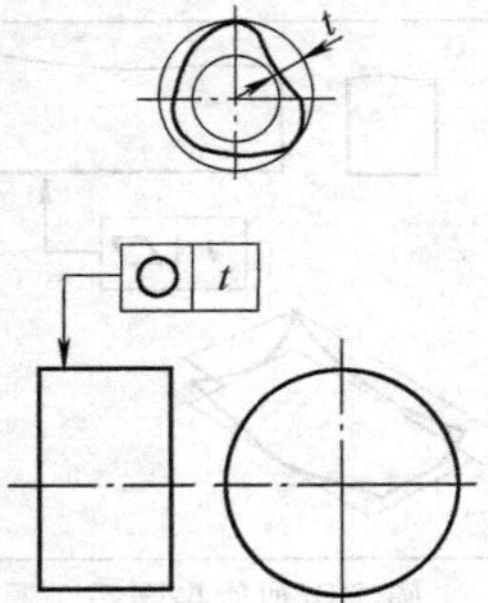	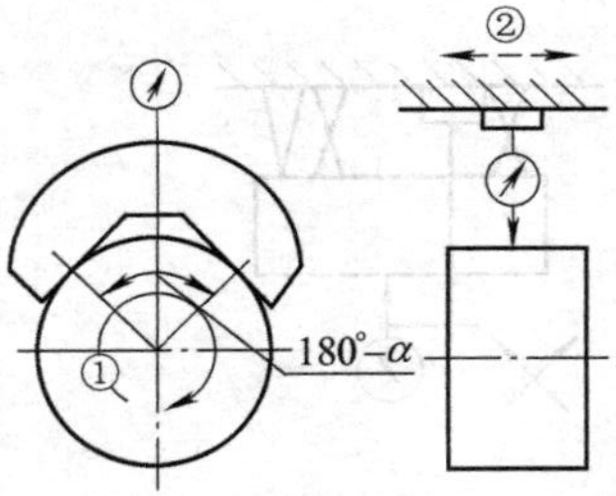	指示表，鞍式V形座	被测件的轴线应垂直于测量截面 其余与圆度误差检测1的说明相同

（续）

项目	公差带与应用示例	检测方法	设备	说明
圆度	3. 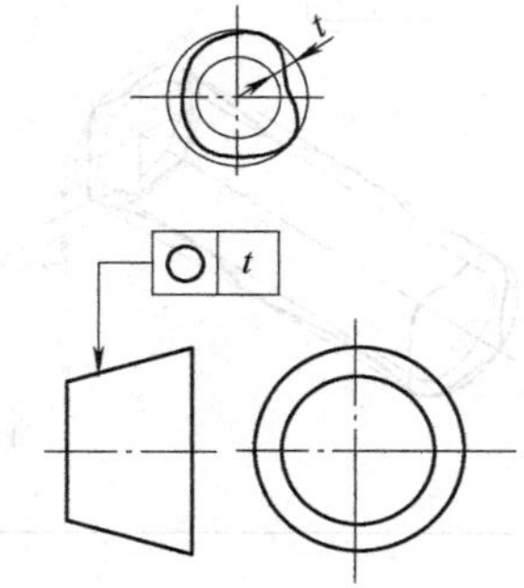	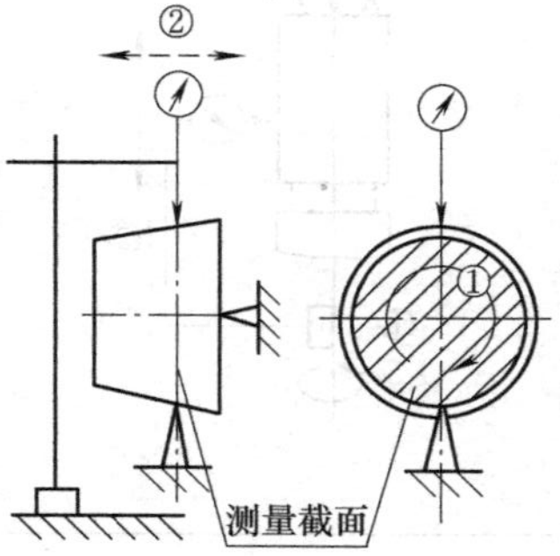	平板，带指示表的测量架，支承或千分尺	被测零件轴线应垂直于测量截面，同时固定轴向位置 ① 在被测零件回转一周过程中，指示表读数的最大差值之半作为单个截面的圆度误差 ② 按上述方法，测量若干个截面，取其中最大的误差值作为该零件的圆度误差 此方法称为两点法，适用于测量内外表面的偶数棱形状误差。测量时可以转动被测零件，也可转动量具
	4. 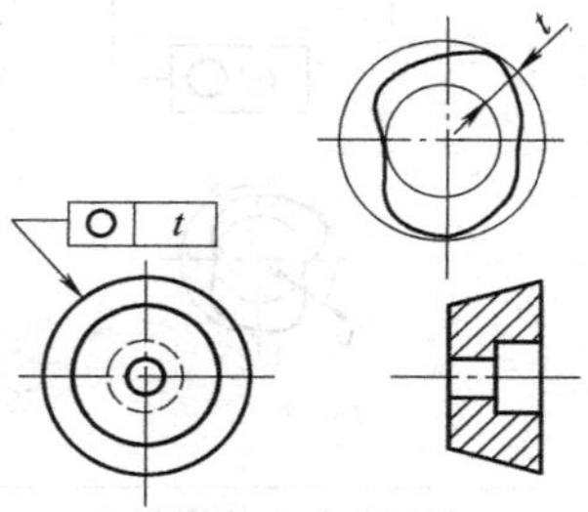	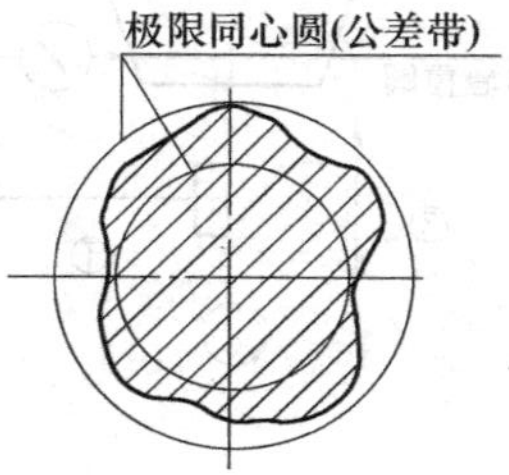	投影仪（或其他类似量仪）	将被测要素轮廓的投影与极限同心圆比较。此方法适用于测量具有刃口形边缘的小型零件

（续）

项目	公差带与应用示例	检测方法	设备	说明
圆度	5. 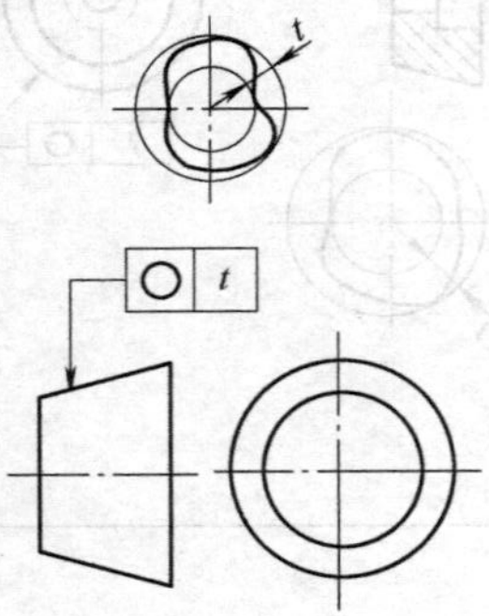	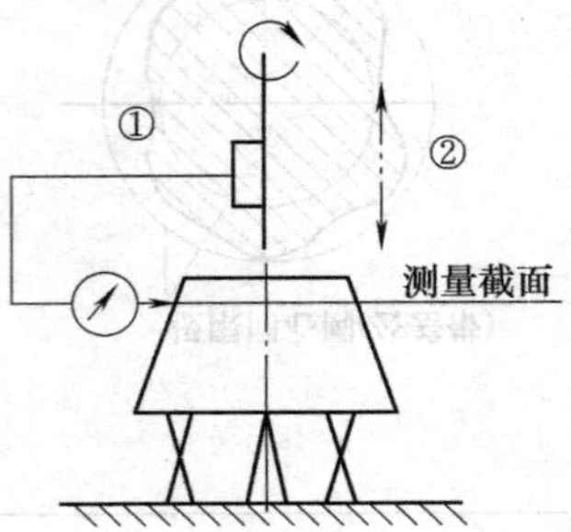	圆度仪（或类似量仪）	将被测零件放置在量仪上，同时调整被测零件的轴线，使它与量仪的回（旋）转轴线同轴 ① 记录被测零件在回转一周过程中测量截面上各点的半径差 由极坐标图（或用电子计算机）按最小条件[也可按最小二乘圆中心或最小外接圆中心（只适用于外表面）或最大内接圆中心（只适用于内表面）]计算该截面的圆度误差 ② 按上述方法测量若干截面，取其中最大的误差值作为该零件的圆度误差
圆柱度	1. 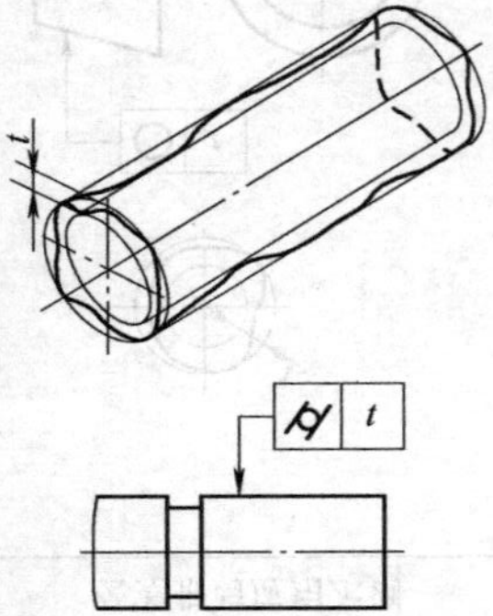	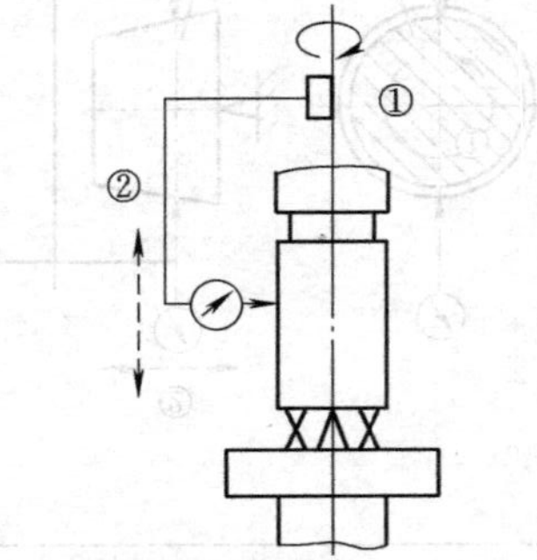	圆度仪（或其他类似仪器）	将被测零件的轴线调整到与量仪的轴线同轴 ① 记录被测零件回转一周过程中测量截面上各点的半径差 ② 在测头没有径向偏移的情况下，可按上述方法测量若干个横截面（测头也可沿螺旋线移动） 由电子计算机按最小条件确定圆柱度误差。也可用极坐标图近似地求出圆柱度误差

（续）

项目	公差带与应用示例	检测方法	设备	说明
圆柱度	2. 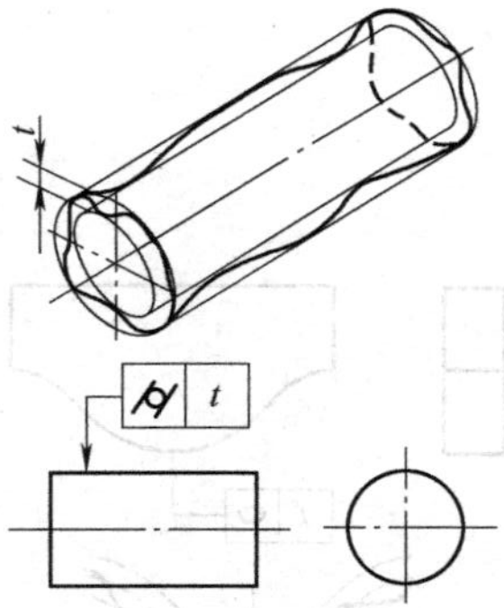	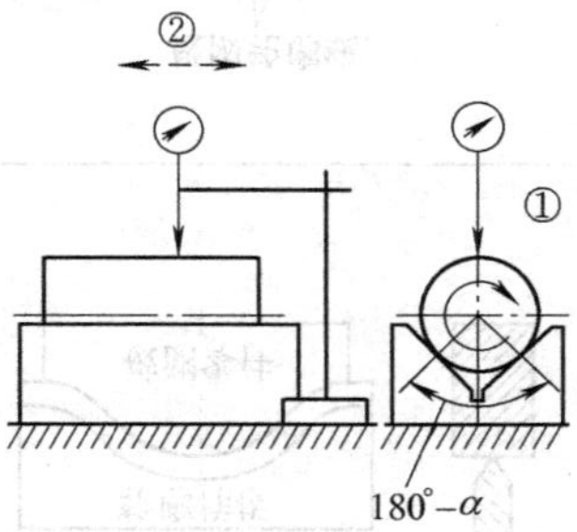	平板，V形架，带指示表的测量架	将被测零件放在平板上的V形架内（V形架的长度应大于被测零件的长度） ① 在被测零件回转一周过程中，测量一个横截面上的最大与最小示值 ② 按上述方法，连续测量若干个横截面，然后取各截面内所测得的所有示值中最大与最小示值的差值之半，作为该零件的圆柱度误差 此方法适用于测量外表面的奇数棱形状误差 为测量准确，通常应使用夹角 $\alpha=90°$ 和 $\alpha=120°$ 的两个V形架分别测量
	3. 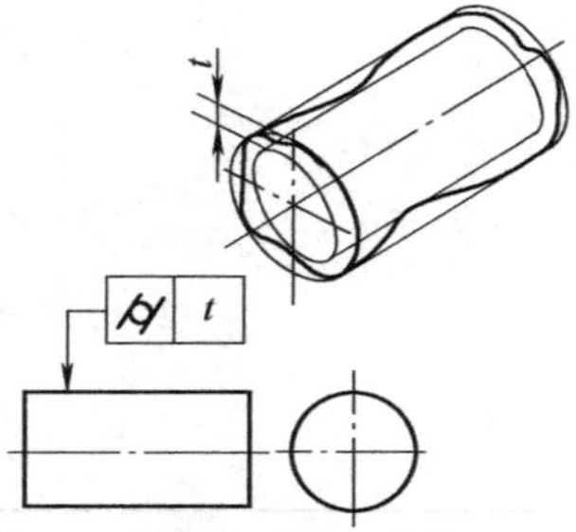	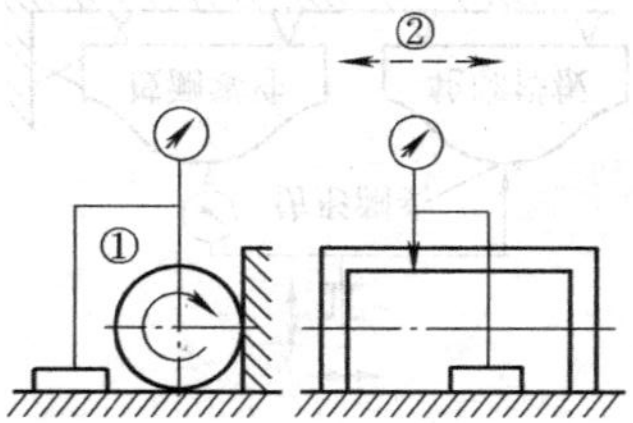	平板，直角座，带指示表的测量架	将被测零件放在平板上，并紧靠直角座 ① 在被测零件回转一周过程中，测量一个横截面上的最大与最小示值 ② 按上述方法测量若干个横截面，然后取各截面内所测得的所有示值中最大与最小示值差之半作为该零件的圆柱度误差 此方法适用于测量外表面的偶数棱形状误差

（续）

项目	公差带与应用示例	检测方法	设备	说明
线轮廓度	1. 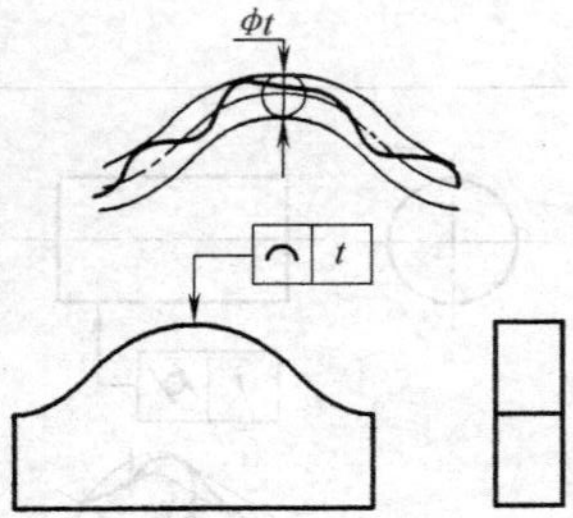	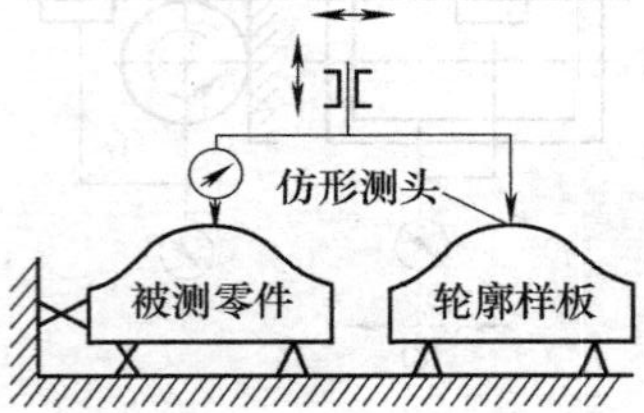	仿形测量装置，指示表，固定和可调支承，轮廓样板	调正被测零件相对于仿形系统和轮廓样板的位置再将指示表调零。仿形测头在轮廓样板上移动，由指示表上读取示值。取其数值的两倍作为该零件的线轮廓度误差。必要时将测得值换算成垂直于理想轮廓方向（法向）上的数值后评定误差 指示表测头应与仿形测头的形状相同
		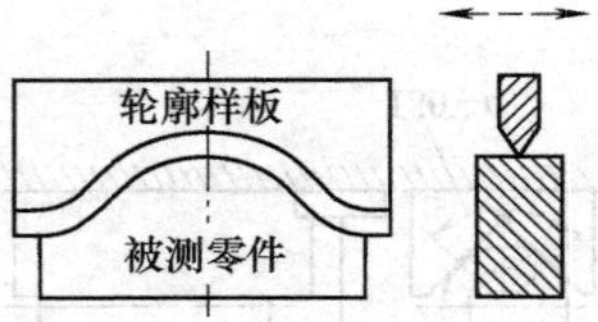	轮廓样板	将轮廓样板按规定的方向放置在被测零件上，根据光隙法估读间隙的大小，取最大间隙作为该零件的线轮廓度误差
		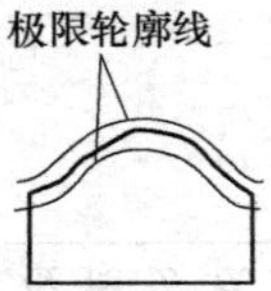	投影仪	将被测轮廓投影在投影屏上与极限轮廓相比较，实际轮廓的投影应在极限轮廓线之间 此方法适用于测量尺寸较小和薄的零件

（续）

项目	公差带与应用示例	检测方法	设备	说明
线轮廓度	2. 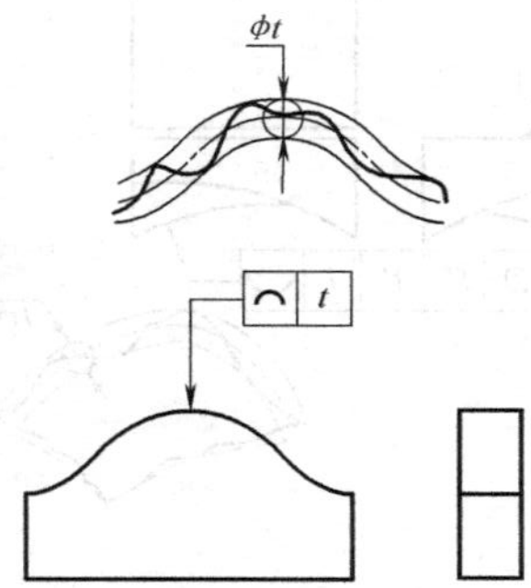	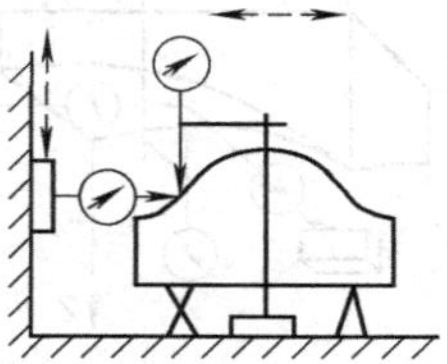	固定和可调支承，坐标测量装置	测量被测轮廓上各点的坐标，同时记录其示值并绘出实际轮廓图形 用等距的线轮廓区域包容实际轮廓，取包容宽度作为该零件的线轮廓度误差。也可用计算法计算误差
	3. 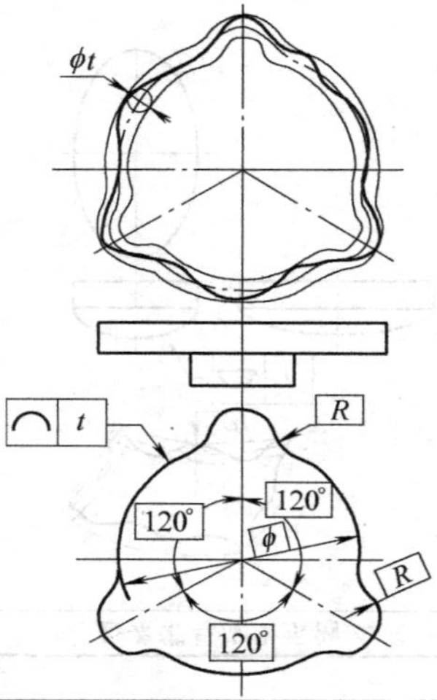	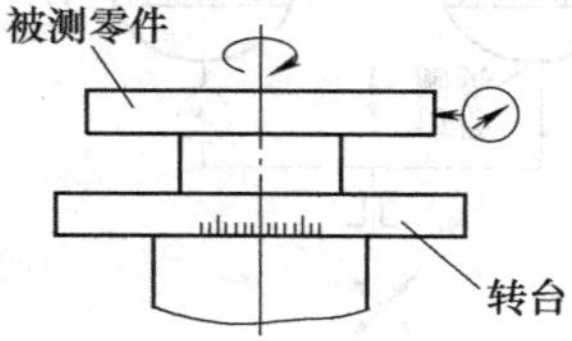	有分度装置的转台，坐标测量指示表	将被测零件放置在转台上，同时调整被测零件的中心，使其与转台的回转轴线同轴 按需要测出若干个点的坐标值，并将其与相应的理论值比较。取各点的坐标值与理论值之差中的最大值的两倍作为该零件的线轮廓度误差

（续）

项目	公差带与应用示例	检测方法	设备	说明
面轮廓度	1. 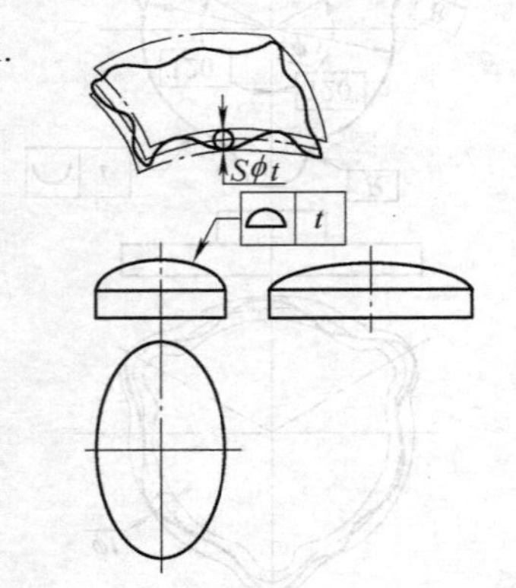	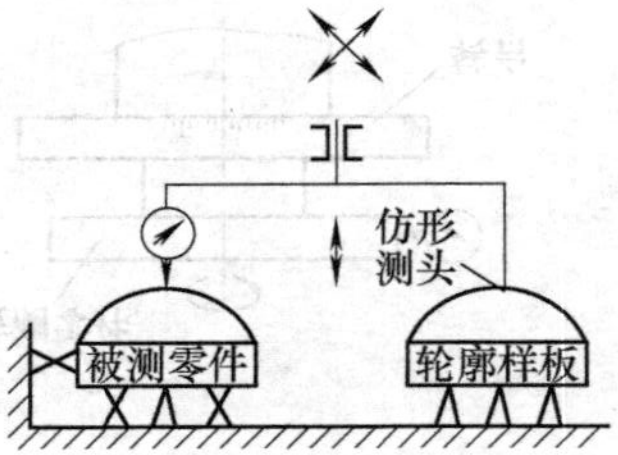	仿形测量装置，固定和可调支承，轮廓样板	调整被测零件相对于仿形系统和轮廓样板的位置，再将指示表调零。仿形测头在轮廓样板上移动，由指示表读取示值，取其中最大示值的两倍作为该零件的面轮廓度误差。必要时将各数值换算成理想轮廓相应点的法线方向上的数值后评定误差
	2. 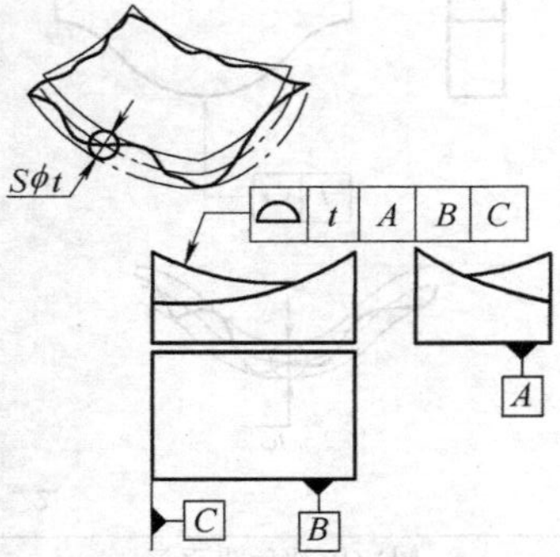	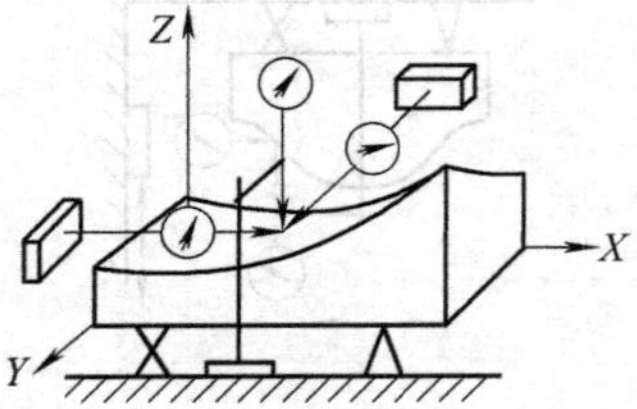	三坐标测量装置，固定和可调支承	将被测零件放置在仪器工作台上，并进行正确定位 测出若干个点的坐标值，并将测得的坐标值与理论轮廓的坐标值进行比较，取其中差值最大的绝对值的两倍作为该零件的面轮廓度误差

（续）

项目	公差带与应用示例	检测方法	设备	说明
面轮廓度	3. 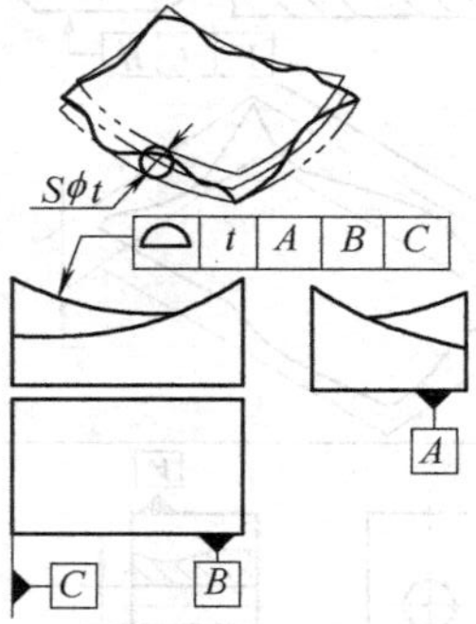	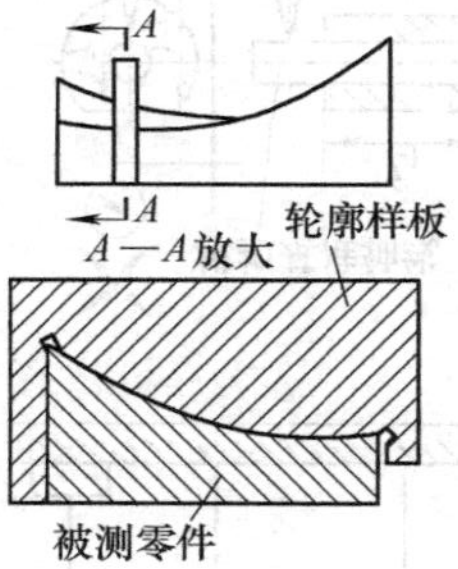	截面轮廓样板	将若干截面轮廓样板放置在各指定的位置上，根据光隙法估读间隙的大小，取最大间隙作为该零件的面轮廓度误差

表 1-32　位置误差的检测方法（摘自 GB/T 1958—2004）

项目		公差带与应用示例	检测方法	设备	说明
平行度	面对面	1. 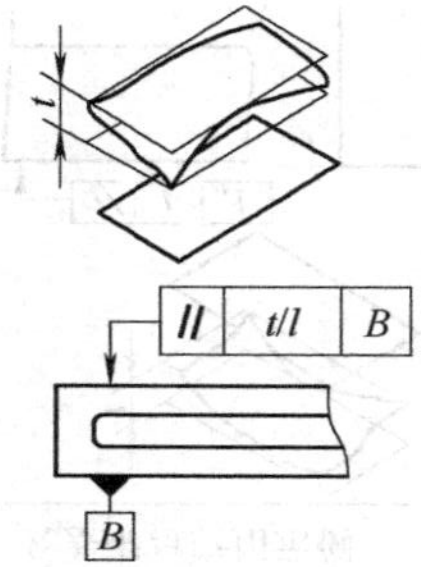	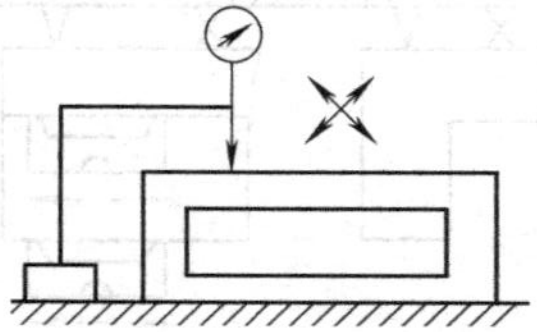	平板，带指示表的测量架	将被测零件放置在平板上 在整个被测表面上按规定测量线进行测量 取各条测量线上任意给定 l 长度内指示表的最大与最小示值之差，作为该零件的平行度误差

（续）

项目		公差带与应用示例	检 测 方 法	设　备	说　明
平行度	面对面	2. 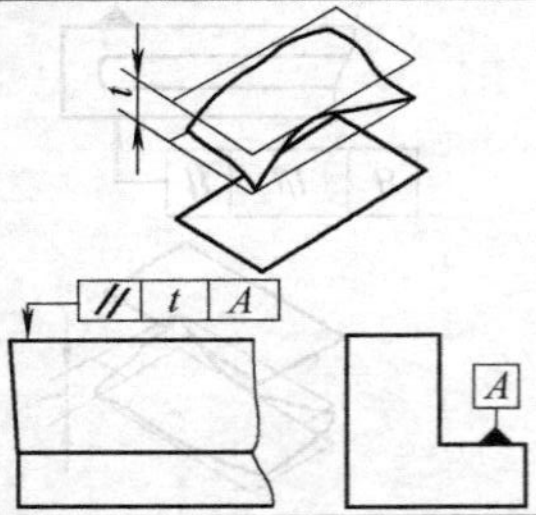	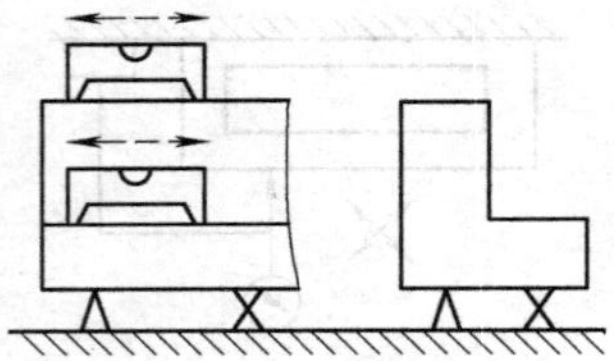	水平仪，固定和可调支承，平板	将被测零件调整至水平 分别在基准表面和被测表面上沿长向分段测量 将读取的水平仪示值记录在图表上，先由图解法（或计算法）确定基准的方位，然后求出被测表面相对基准的最大距离 L_{max} 和最小距离 L_{min} 平行度误差： $f=L_{max}-L_{min}$ 计算或图解时要注意将角度值换算成线值 此方法是近似地按线对线的平行度处理，故适用于测量窄长表面
	线对面	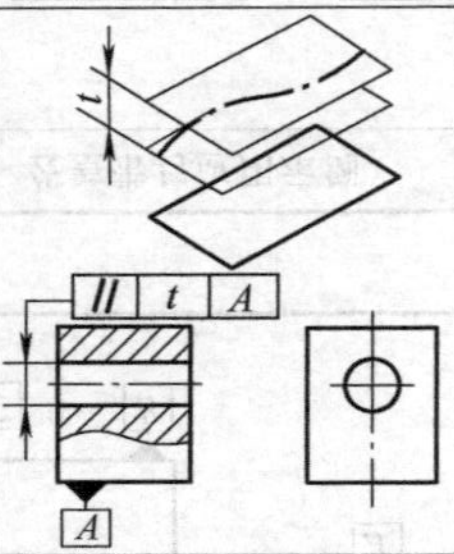	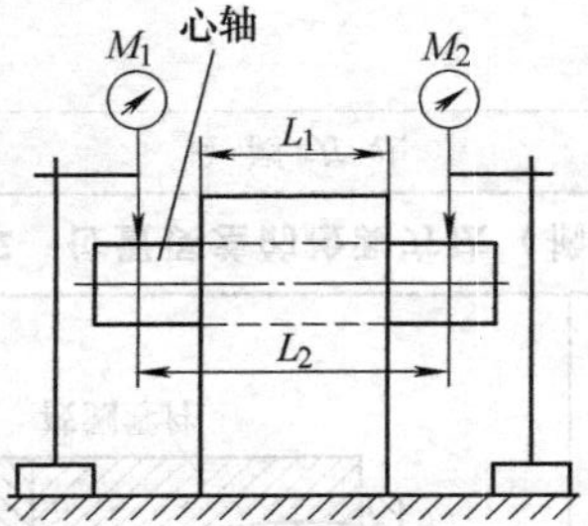	平板，带指示表的测量架，心轴	将被测零件直接放置在平板上，被测轴线由心轴模拟。在测量距离为 L_2 的两个位置上测得的示值分别为 M_1 和 M_2 平行度误差： $f=\frac{L_1}{L_2}\lvert M_1-M_2\rvert$ 式中　L_1——被测轴线的长度 测量时应选用可胀式（或与孔成无间隙配合的）心轴
	面对线	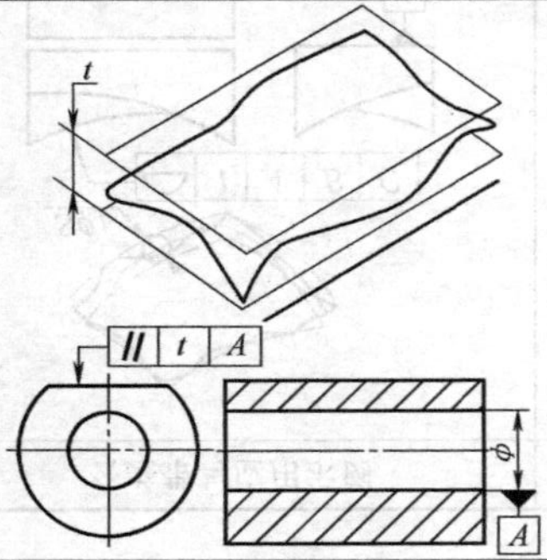	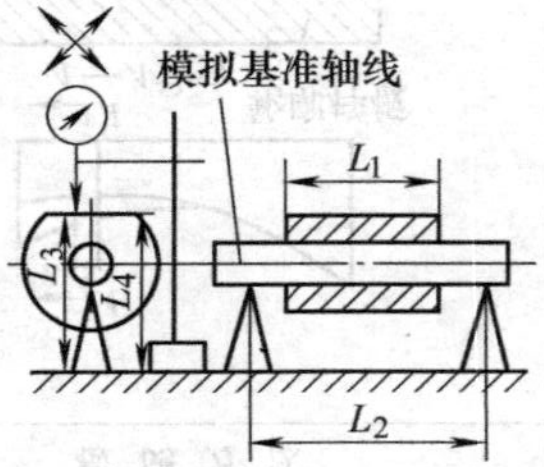	平板，等高支承，心轴，带指示表的测量架	基准轴线由心轴模拟 将被测零件放在等高支承上，调整（转动）该零件使 $L_3=L_4$。然后测量整个被测表面并记录示值 取整个测量过程中指示表的最大与最小示值之差作为该零件的平行度误差 必要时，可按定向最小区域评定平行度误差 测量时，应选用可胀式（或与孔成无间隙配合的）心轴

（续）

项目		公差带与应用示例	检测方法	设备	说明
平行度	线对线	1. 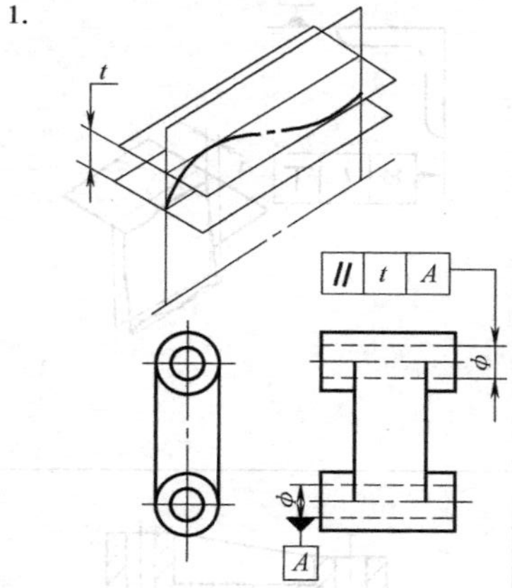	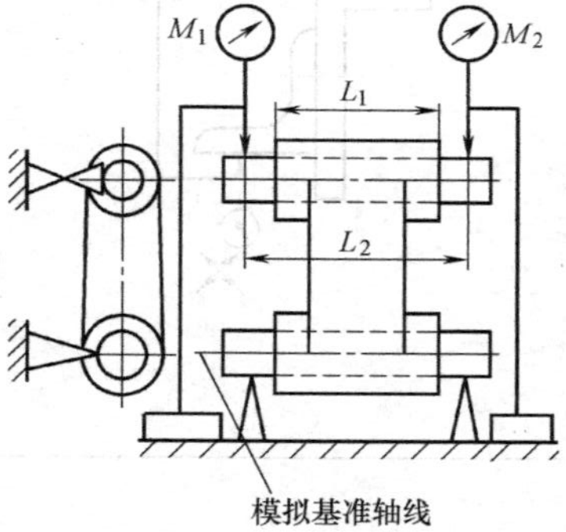	平板，等高支承，心轴，带指示表的测量架	基准轴线和被测轴线均由心轴模拟。将被测零件放在等高支承上，在测量距离为 L_2 的两个位置上测得的数值分别为 M_1 和 M_2 平行度误差： $f=\frac{L_1}{L_2}\left\|M_1-M_2\right\|$ 式中　L_1——被测轴线的长度 当被测零件在互相垂直的两个方向上给定公差要求时，则可按上述方法在两个方向上分别测量 测量时，应选用可胀式（或与孔成无间隙配合的）心轴
		2. 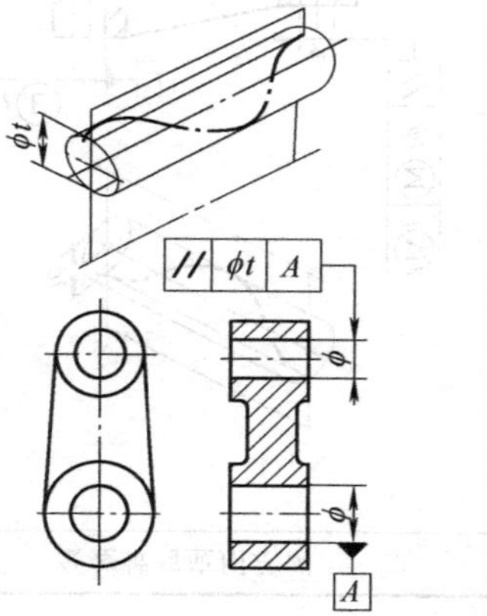	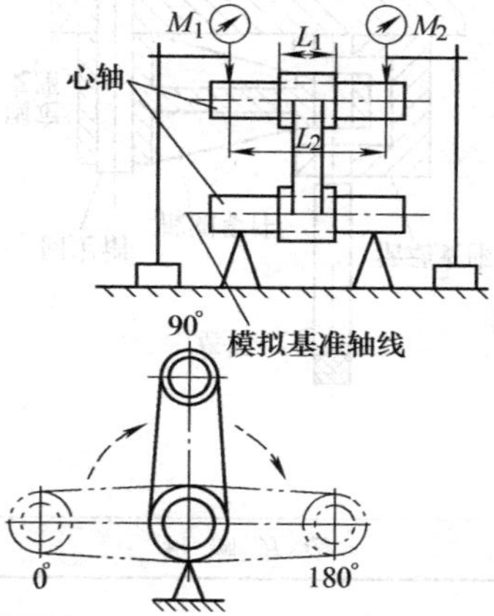	平板，心轴，等高支承，带指示表的测量架	基准轴线和被测轴线由心轴模拟 将被测零件放在等高支承上，在测量距离为 L_2 的两个位置上测得的示值分别为 M_1、M_2 平行度误差： $f=\frac{L_1}{L_2}\left\|M_1-M_2\right\|$ 在 0°～180°范围内按上述方法测量若干个不同角度位置，取各测量位置所对应的 f 值中最大值，作为该零件的平行度误差 也可仅在相互垂直的两个方向测量，此时平行度误差为 $f=\frac{L_1}{L_2}\sqrt{(M_{1V}-M_{2V})^2+(M_{1H}-M_{2H})^2}$ 式中　V、H——相互垂直的测位符号 测量时应选用可胀式（或与孔成无间隙配合的）心轴

（续）

项目		公差带与应用示例	检测方法	设备	说明
平行度	线对线	3. 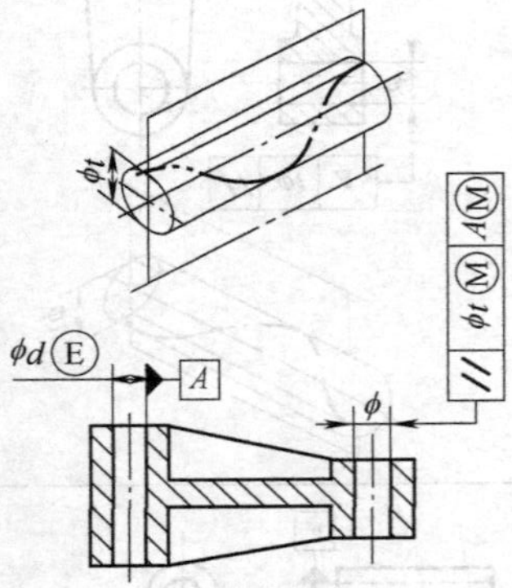	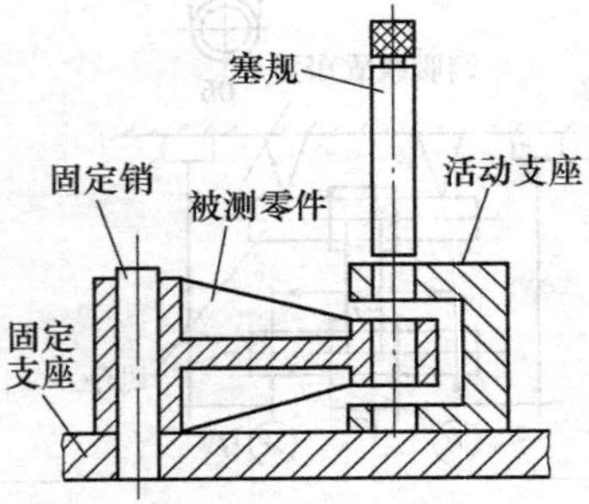	综合量规	将被测零件套在量规的固定销上，然后插入塞规。塞规应能自由通过被测孔 固定销的直径等于基准孔的最大实体尺寸，塞规的直径等于被测孔的实效尺寸
垂直度	面对面	1. 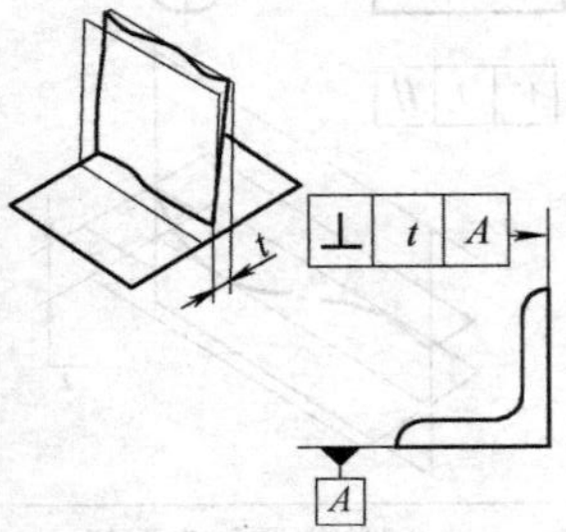	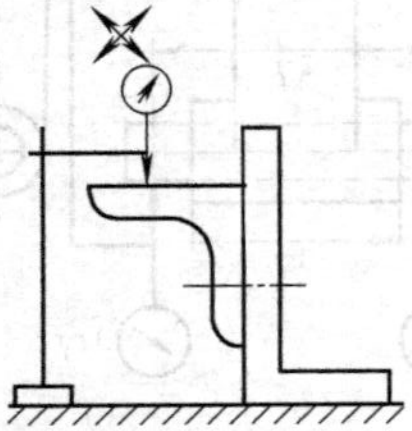	平板，直角座，带指示表的测量架	将被测零件的基准表面固定在直角座上，同时调整靠近基准的被测表面的指示表示值之差为最小值，取指示表在整个被测表面各点测得的最大与最小示值之差作为该零件的垂直度误差，必要时，可按定向最小区域评定垂直度误差

（续）

项目		公差带与应用示例	检测方法	设备	说明
垂直度	面对面	2. 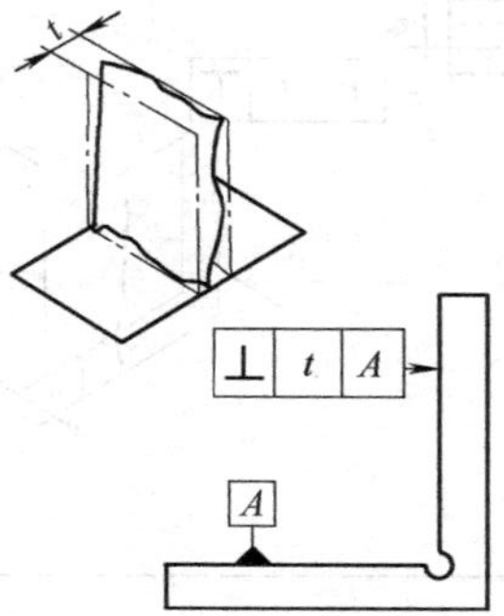	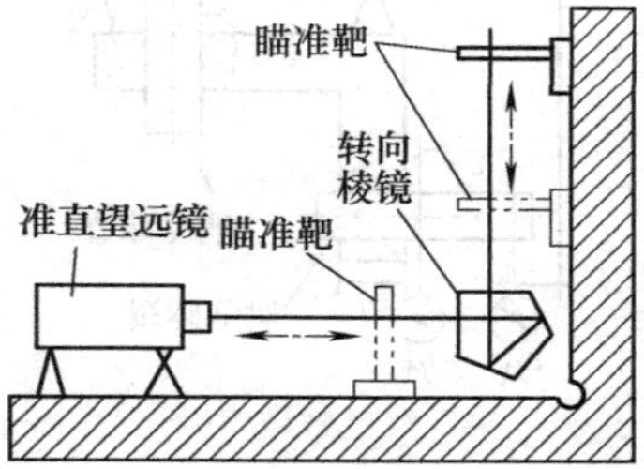	准直望远镜，转向棱镜，瞄准靶	将准直望远镜放置在基准表面上，同时调整准直望远镜，使其光轴平行于基准表面 然后沿着被测表面移动瞄准靶，通过转向棱镜测取各纵向测位的示值 用计算法（或图解法）计算该零件的垂直度误差 此方法也适用于自准直仪测量，但测得的角度差应换算为线性差 此方法适用于测量大型零件
	面对线	1. 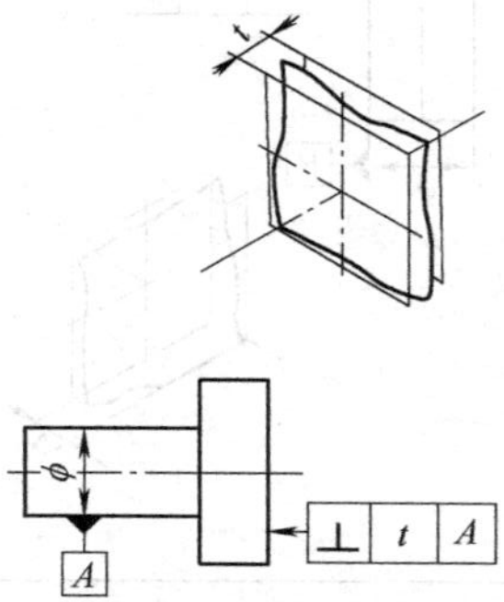	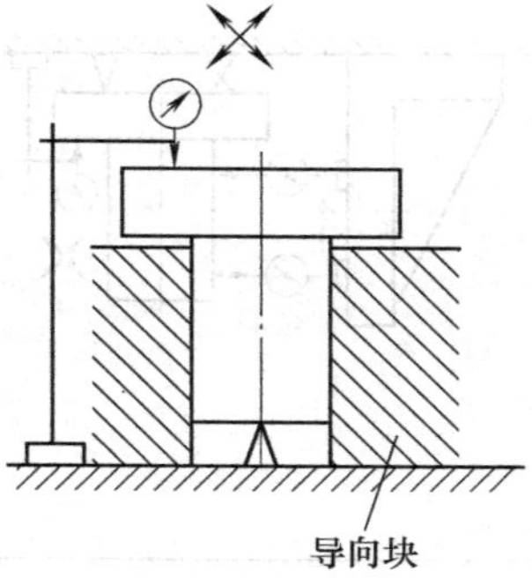	平板，导向块，固定支承，带指示表的测量架	将被测零件放置在导向块内（基准轴线由导向块模拟），然后测量整个被测表面，并记录示值。取最大示值差作为该零件的垂直度误差

（续）

项目		公差带与应用示例	检测方法	设备	说明
垂直度	面对线	2. 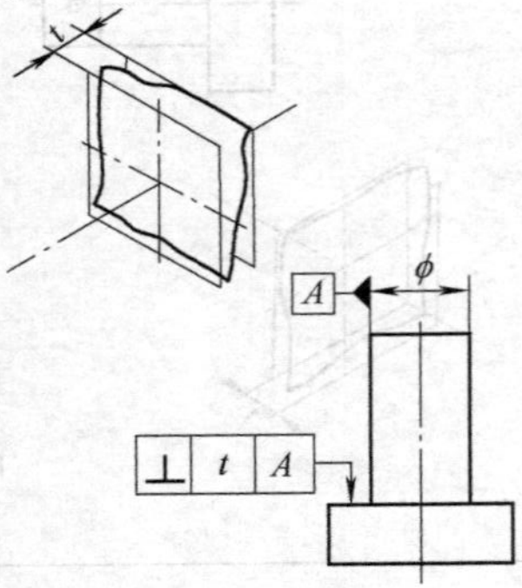	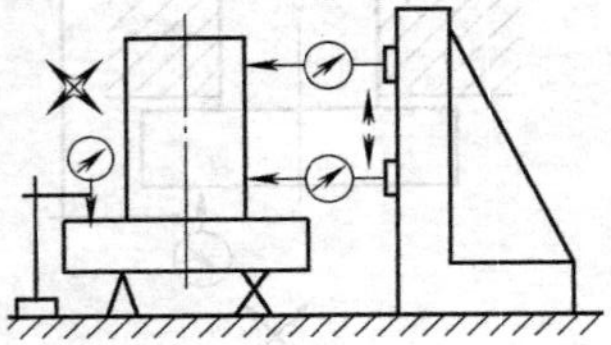	平板，直角座，固定和可调支承，带指示表的测量架	将基准轴线调整到与平板垂直。然后测量整个被测表面，并记录示值，取最大示值差值作为该零件的垂直度误差
	线对线	1. 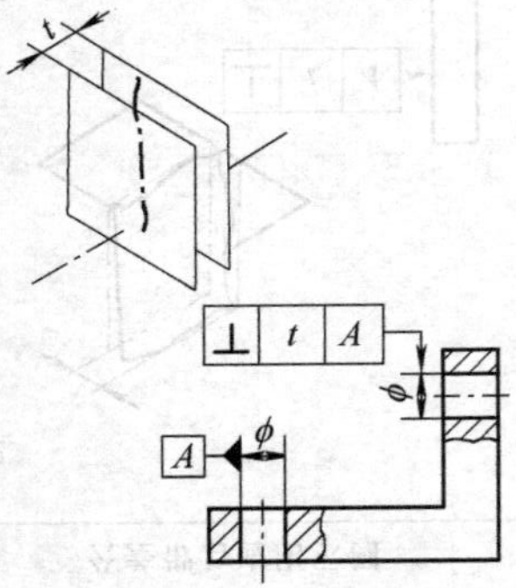	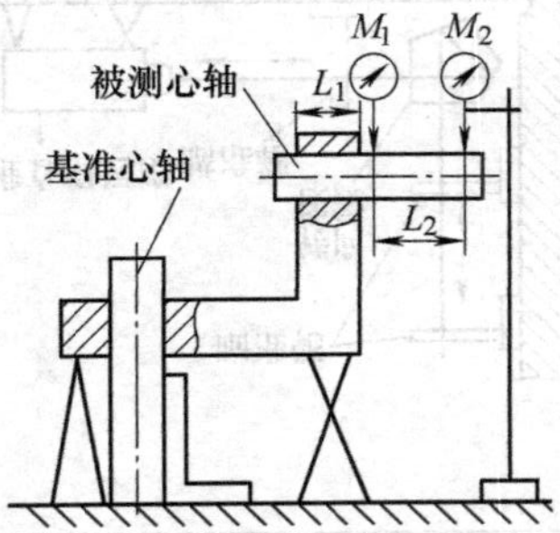	平板，直角尺，心轴，固定和可调支承，带指示表的测量架	基准轴线和被测轴线由心轴模拟。调整基准心轴，使其与平板垂直 在测量距离为 L_2 的两个位置上测得的数值分别为 M_1 和 M_2 垂直度误差： $$f=\frac{L_1}{L_2}\left\|M_1-M_2\right\|$$ 测量时，应选用可胀式（或与孔成无间隙配合的）心轴

（续）

项目		公差带与应用示例	检测方法	设备	说明
垂直度	线对线	2. 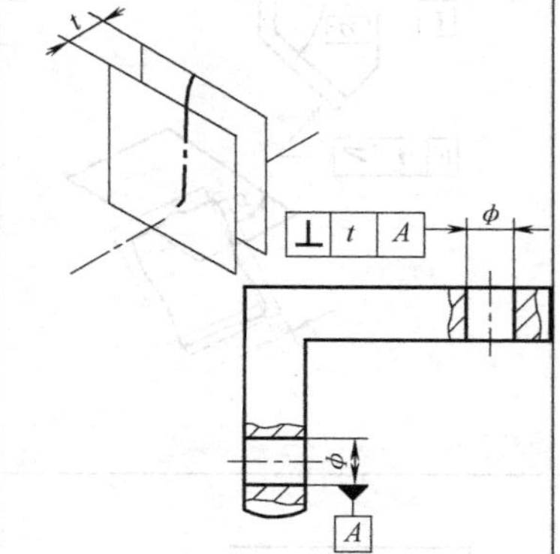	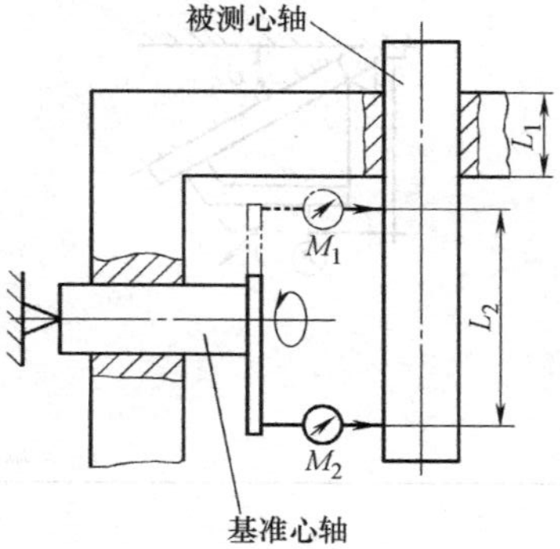	心轴，支承，带指示表的测量架	基准轴线和被测轴线由心轴模拟 转动基准心轴，在测量距离为 L_2 的两个位置上测得的数值分别为 M_1 和 M_2 垂直度误差： $$f=\frac{L_1}{L_2}\mid M_1-M_2\mid$$ 测量时被测心轴应选用可胀式（或与孔成无间隙配合的）心轴，而基准心轴应选用可转动但配合间隙小的心轴
	线对面	1. 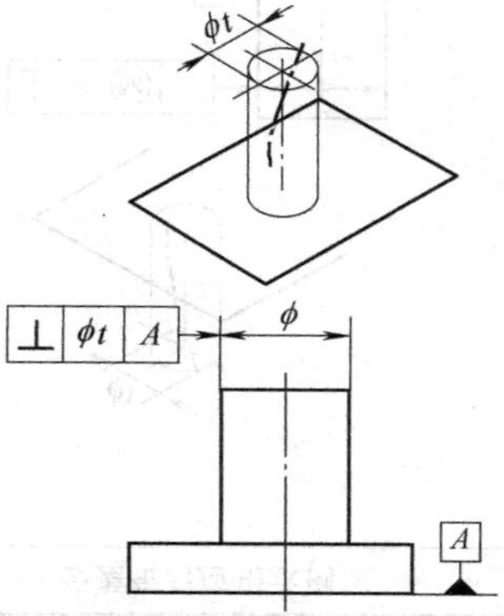	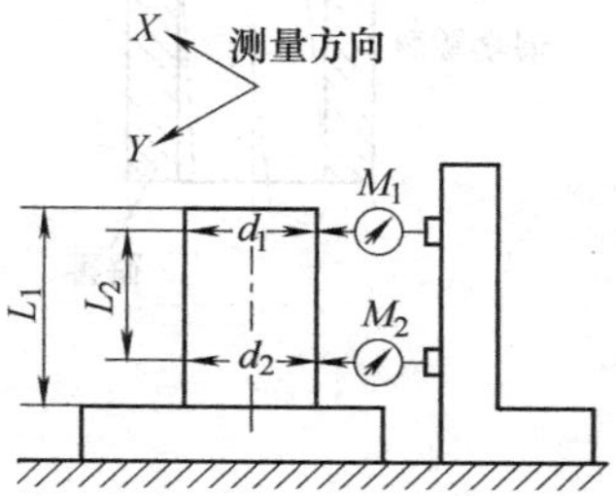	平板，直角座，带指示表的测量架	将被测零件放置在平板上，为了简化测量，可仅在相互垂直的(X,Y)两个方向上测量 在距离为 L_2 的两个位置测量被测表面与直角座的距离 M_1 和 M_2 及相应的轴径 d_1 和 d_2，则该测量方向上的垂直度误差： $$f_1=\left\lvert (M_1-M_2)+\frac{d_1-d_2}{2}\right\rvert\frac{L_1}{L_2}$$ 取两测量方向上测得误差中的较大值作为该零件的垂直度误差 若考虑被测要素的直线度误差影响，可增加测量截面并用图解法求垂直度误差 当被测表面为孔时，被测轴线可由心轴模拟，应选用可胀式（或与孔无间隙配合的）心轴

（续）

项目		公差带与应用示例	检测方法	设备	说明
垂直度	线对面	2. 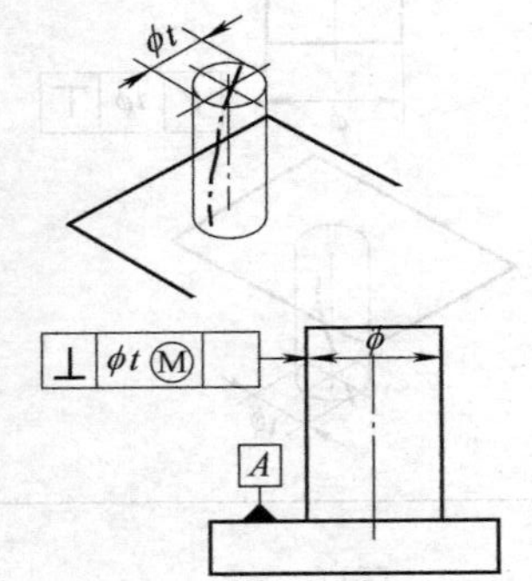	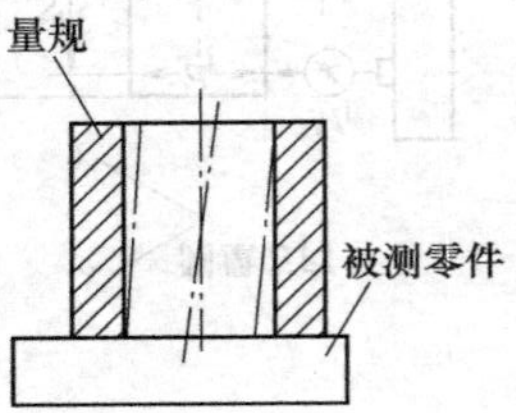	综合量规	将量规套在被测表面上，量规的端面与基准表面接触应不透光 量规孔的直径等于被测要素的实效尺寸
倾斜度	面对面	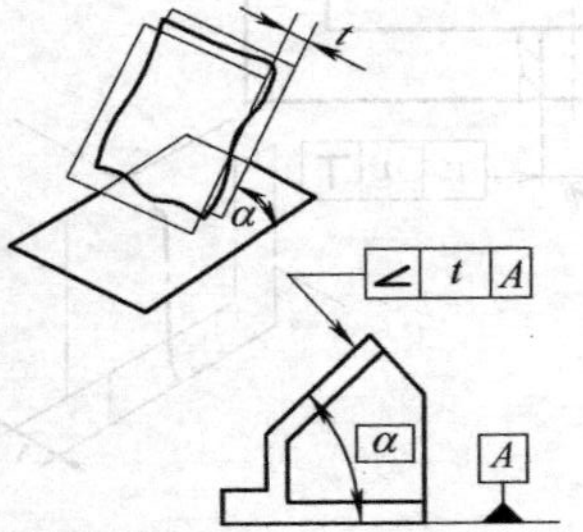	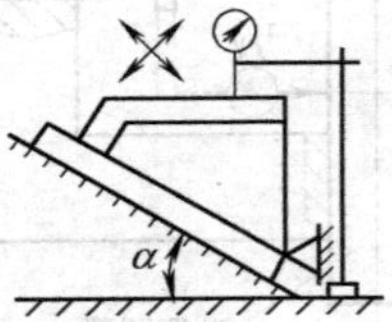	平板，定角座，固定支承带指示表的测量架	将被测零件放置在定角座上 调整被测件，使指示表在整个被测表面的示值差为最小值 取指示表的最大与最小示值之差作为该零件的倾斜度误差 定角座可用正弦尺（或精密转台）代替

（续）

项目		公差带与应用示例	检测方法	设备	说明
倾斜度	线对面	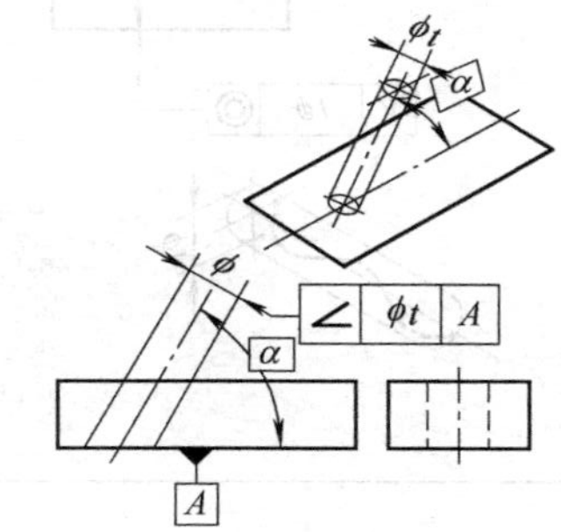	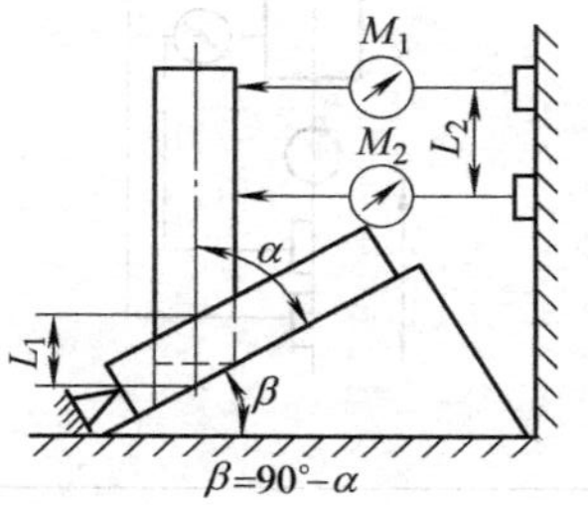	平板，直角座，定角垫块，固定支承，心轴，带指示表的测量架	被测轴线由心轴模拟 调整被测零件，使指示表示值 M_1 为最大（距离最小） 在测量距离为 L_2 的两个位置上测得示值分别为 M_1 和 M_2 倾斜度误差： $$f=\frac{L_1}{L_2}\mid M_1-M_2\mid$$ 测量时应选用可胀式（或与孔成无间隙配合的）心轴，若选用 L_2 等于 L_1，则示值差值即为该零件的倾斜度误差 定角垫块可由正弦尺（或精密转台）代替
	面对线	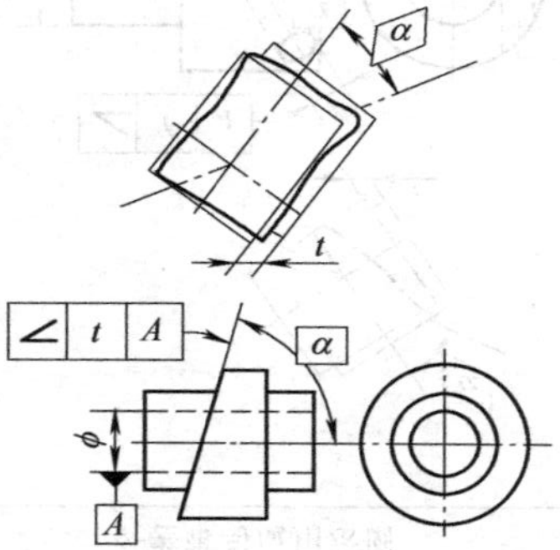	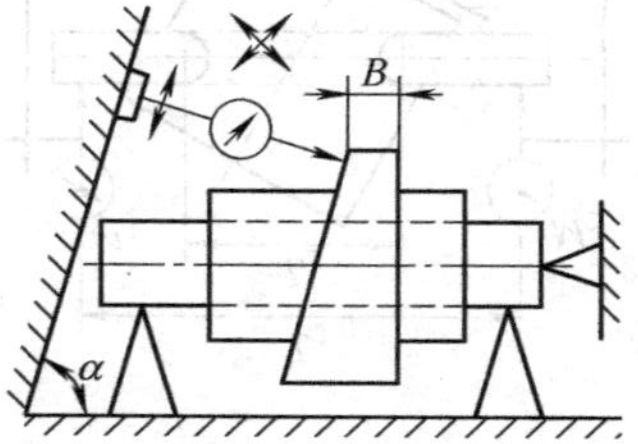	平板，定角座，等高支承，心轴，带指示表的测量架	基准轴线由心轴模拟 转动被测零件使其最小长度 B 的位置处在顶部 测量整个被测表面与定角座之间各点的距离，取指示表最大与最小示值之差作为该零件的倾斜度误差 测量时，应选用可胀式（或与孔成无间隙配合的）心轴

（续）

项目		公差带与应用示例	检测方法	设备	说明
倾斜度	线对线	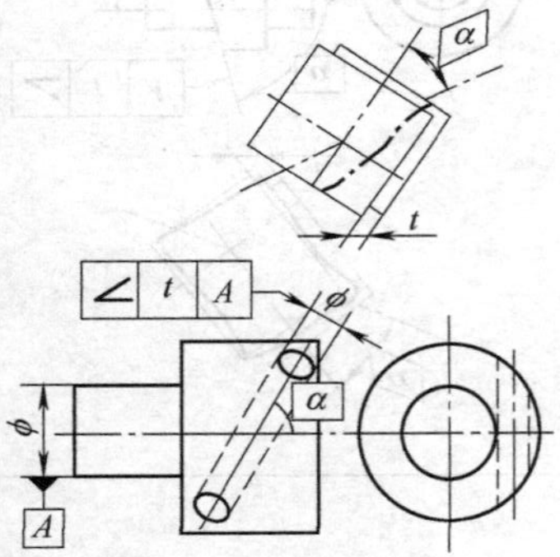	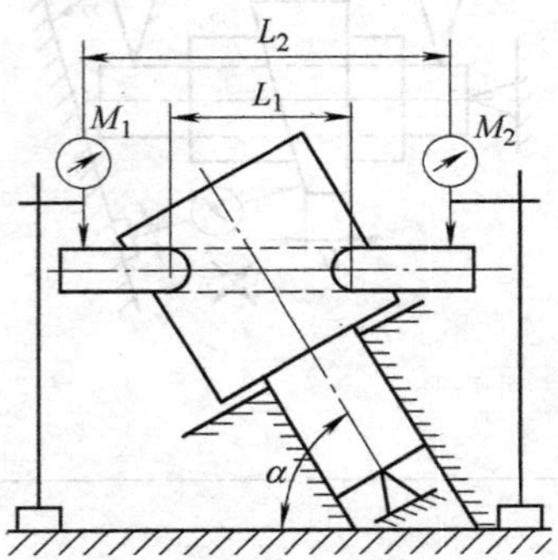	平板，定角导向座，心轴，带指示表的测量架	使心轴平行于测量装置导向座定角 α 所在平面 在测量距离为 L_2 的两个位置上测得的示值分别为 M_1 和 M_2 倾斜度误差： $$f=\frac{L_1}{L_2}\mid M_1-M_2\mid$$ 测量时应选用可胀式（或与孔成无间隙配合的）心轴
同轴度		1. 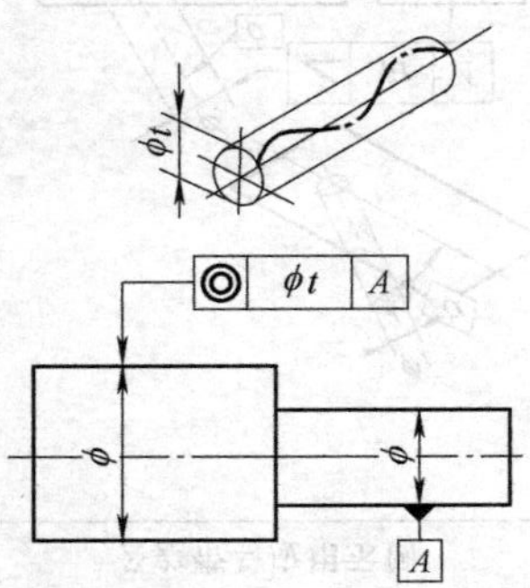	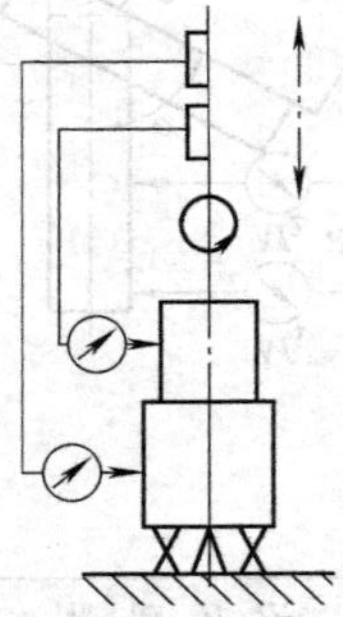	圆度仪（或其他类似仪器）	调整被测零件，使其基准轴线与仪器主轴的回转轴线同轴 在被测零件的基准要素和被测要素上测量若干截面并记录轮廓图形 根据图形按定义求出该零件的同轴度误差 按照零件的功能要求也可对轴类零件用最小外接圆柱面（对孔类零件用最大内接圆柱面）的轴线求出同轴度误差

（续）

项目	公差带与应用示例	检 测 方 法	设 备	说 明
同轴度	2. 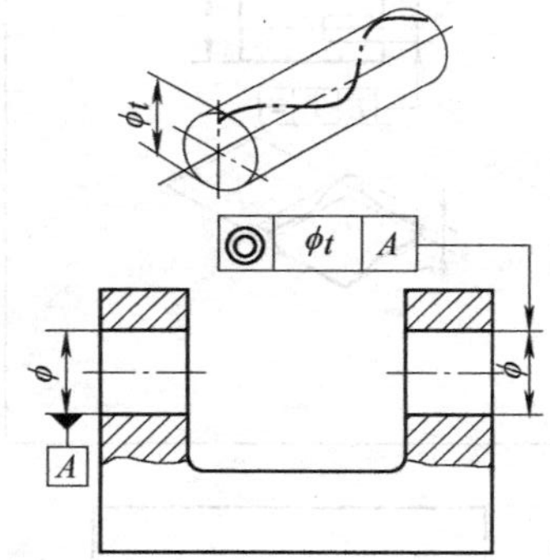	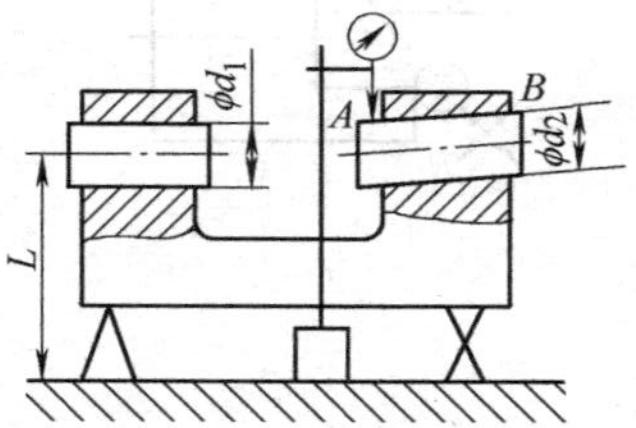	平板，心轴，固定和可调支承，带指示表的测量架	将心轴与孔成无间隙配合地插入孔内，并调整被测零件使其基准轴线与平板平行 在靠近被测孔端 A、B 两点测量，并求出该两点分别与高度$\left(L+\frac{d_2}{2}\right)$的差值$f_{Ax}$和$f_{Bx}$ 然后把被测零件翻转 90°，按上述方法测取f_{Ay}和f_{By}，则 A 点处的同轴度误差：$f_A=2\sqrt{(f_{Ax})^2+(f_{Ay})^2}$，B 点处的同轴度误差：$f_B=2\sqrt{(f_{Bx})^2+(f_{By})^2}$，取其中较大值作为该被测要素的同轴度误差 如测点不能取在孔端处，则同轴度误差可按比例折算
	3. 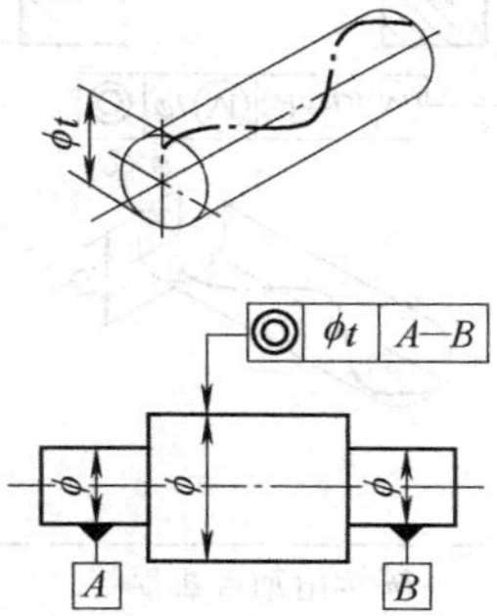	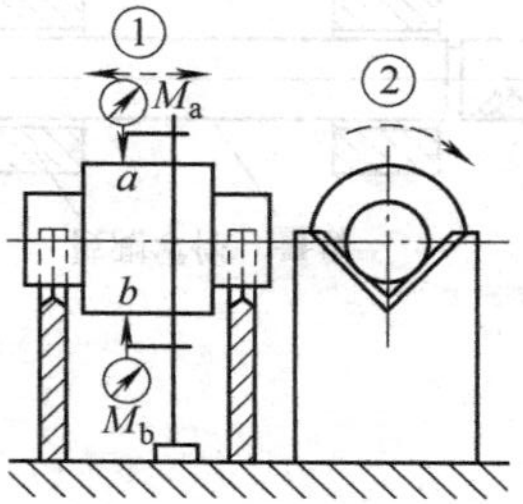	平板，刃口状 V 形架，带指示表测量架	公共基准轴线由 V 形架体现 将被测零件基准要素的中截面放置在两个等高的刃口状 V 形架上。将两指示表分别在铅垂轴截面内相对于基准轴线对称地分别调零 ① 在轴向测量，取指示表在垂直基准轴线的正截面上测得各对应点的示值差值$\vert M_a-M_b\vert$作为在该截面上的同轴度误差 ② 按上述方法在若干截面内测量，取各截面测得的示值之差中的最大值（绝对值）作为该零件的同轴度误差 此方法适用于测量形状误差较小的零件

（续）

项目	公差带与应用示例	检测方法	设备	说明
同轴度	4. 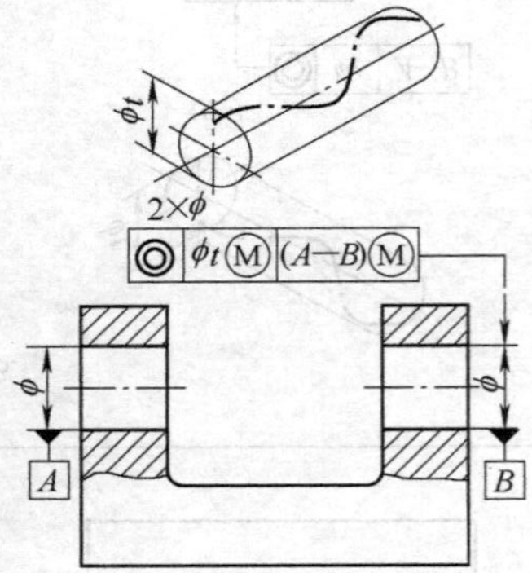	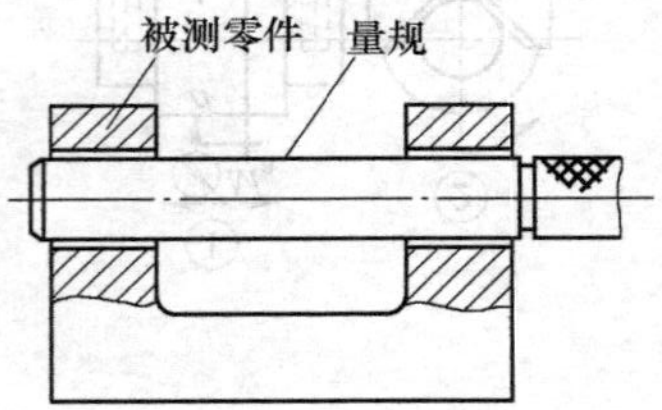	综合量规	量规销的直径为孔的实效尺寸。综合量规应通过被测零件
对称度 面对面	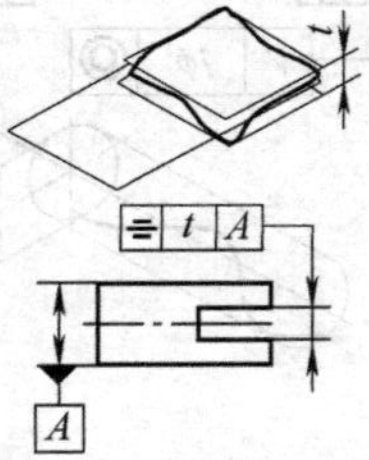	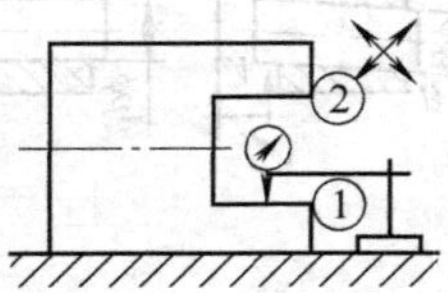	平板，带指示表的测量架	将被测零件放置在平板上 ① 测量被测表面与平板之间的距离 ② 将被测件翻转后，测量另一被测表面与平板之间的距离 取测量截面内对应两测点的最大差值作为对称度误差

（续）

项目		公差带与应用示例	检测方法	设备	说明
对称度	面对线	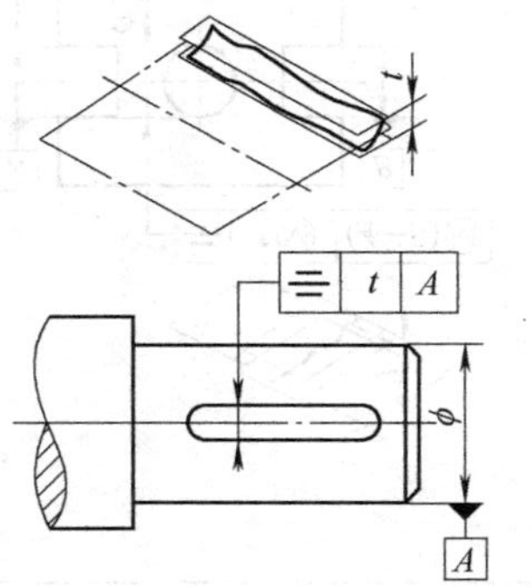	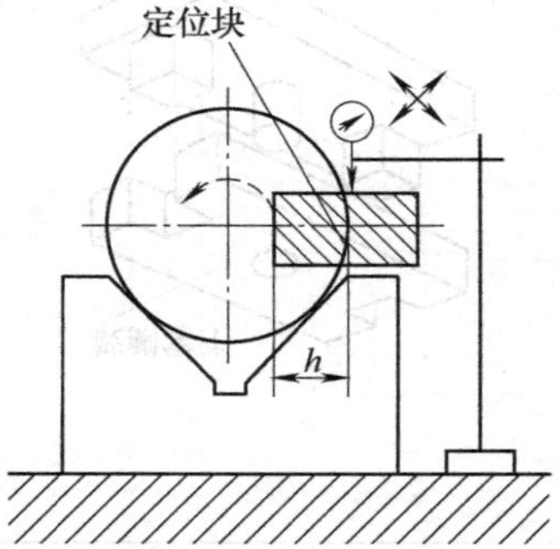	平板，V形架，定位块，带指示表的测量架	基准轴线由V形架模拟，被测中心平面由定位块模拟，调整被测零件使定位块沿径向与平板平行。在键槽长度两端的径向截面内测量定位块至平板的距离。再将被测零件旋转180°后重复上述测量，得到两径向测量截面内的距离差之半 Δ_1 和 Δ_2，对称度误差为 $$f=\frac{2\Delta_2 h+d(\Delta_1-\Delta_2)}{d-h}$$ 式中 d ——轴的直径 h ——键槽深度 注：以绝对值大者为 Δ_1，小者为 Δ_2
	线对面	1. 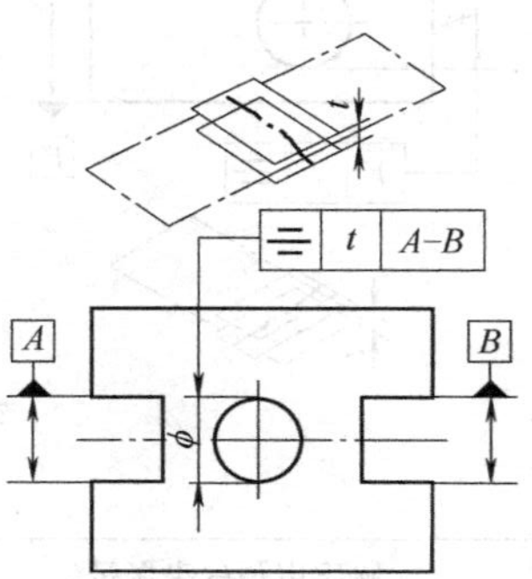	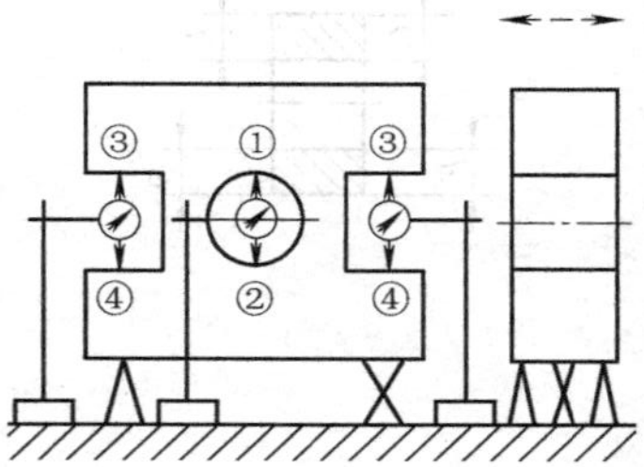	平板，固定和可调支承，带指示表的测量架（坐标测量装置或测量显微镜）	测量基准要素③、④，并进行计算和调整，使公共基准中心平面与平板平行（该中心平面由在槽深1/2处的槽宽中点确定） 再测量被测要素①、②，计算出孔的轴线。取在各个正截面中孔的轴线与对应的公共基准中心平面之最大变动量的两倍作为该零件的对称度误差

（续）

项目		公差带与应用示例	检测方法	设备	说明
对称度	线对面	2. 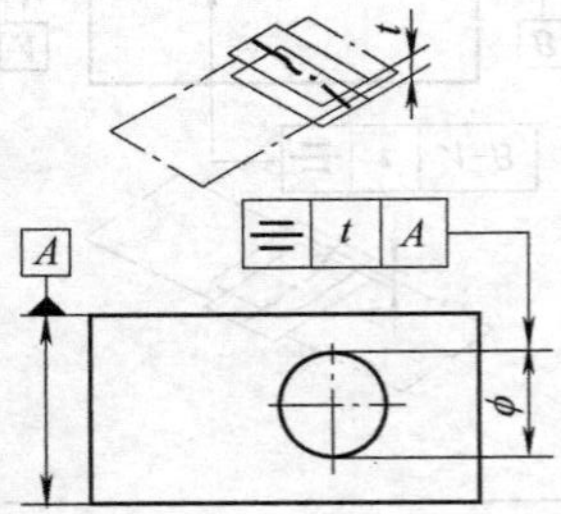	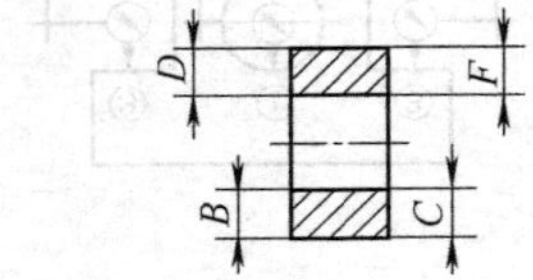	卡尺	在 *B*、*D* 和 *C*、*F* 处测量壁厚，取两个壁厚差中较大的值作为该零件的对称度误差 此方法适用于测量形状误差较小的零件
		3. 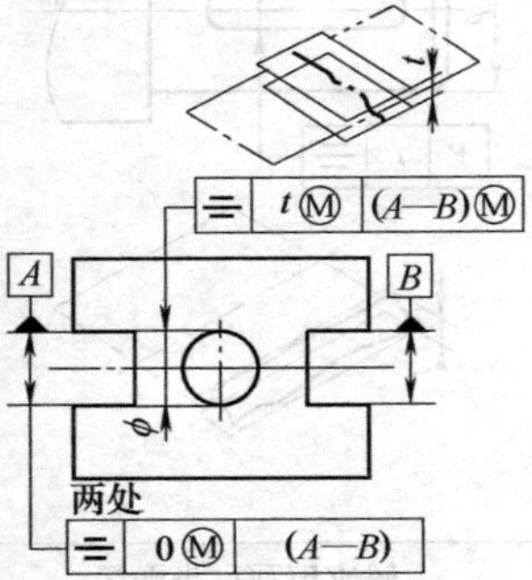		综合量规	量规应通过被测零件 量规的两个定位块的宽度为基准槽的最大实体尺寸，量规销的直径为被测孔的实效尺寸

（续）

项目	公差带与应用示例	检测方法	设备	说明
位置度	1. 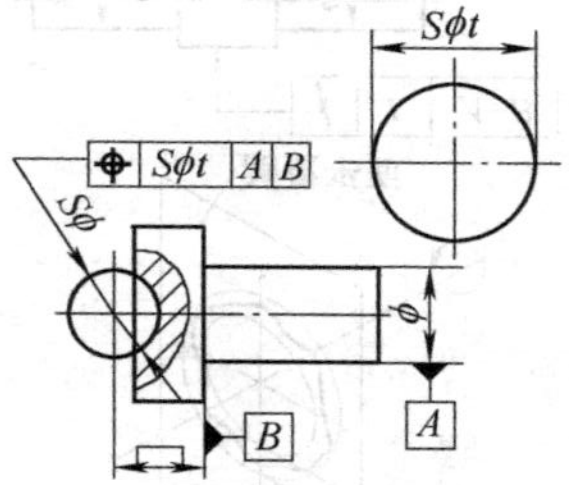	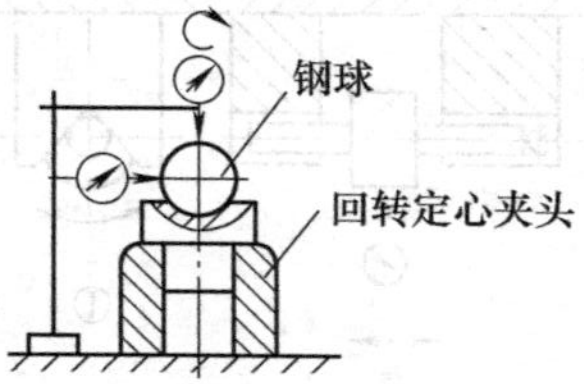	标准零件，测量钢球，回转定心夹头，平板，带指示表的测量架	被测件由回转定心夹头定位，选择适当直径的钢球，放置在被测零件的球面内，以钢球球心模拟被测球面的中心 在被测零件回转一周过程中，径向指示表最大示值差之半为相对基准轴线 A 的径向误差 f_x，垂直方向指示表直接读取相对于基准 B 的轴向误差 f_y。该指示表应先按标准零件调零 被测点位置度误差 $$f=2\sqrt{f_x^2+f_y^2}$$
	2. 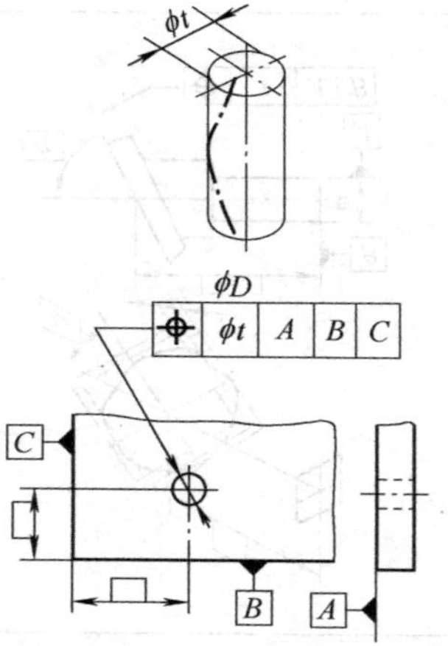	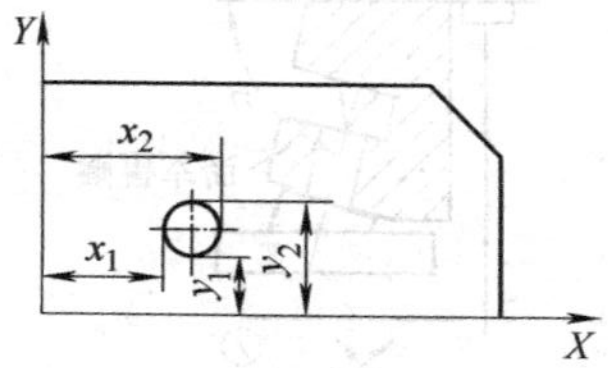	坐标测量装置心轴	按基准调整被测件，使其与测量装置的坐标方向一致 将心轴放置在孔中，在靠近被测零件的板面处，测量 x_1、x_2、y_1、y_2。按下式分别计算出坐标尺寸 x、y X 方向坐标尺寸：$x=\frac{x_1+x_2}{2}$ Y 方向坐标尺寸：$y=\frac{y_1+y_2}{2}$ 将 X、Y 分别与相应的理论正确尺寸比较，得到 f_x 和 f_y，位置度误差为 $$f=2\sqrt{f_x^2+f_y^2}$$ 然后把被测件翻转，对其背面按上述方法重复测量，取其中的误差较大值作为该零件的位置度误差 对于多孔孔组，则按上述方法逐孔测量和计算。若位置度公差带为给定两个互相垂直的方向，则直接取 $2f_x$、$2f_y$ 分别作为该零件在两个方向上的位置度误差。测量时，应选用可胀式（或与孔成无间隙配合的）心轴 若孔的形状误差对测量结果的影响可以忽略时，则可直接在实际孔壁上测量

（续）

项目	公差带与应用示例	检测方法	设备	说明
位置度	3. 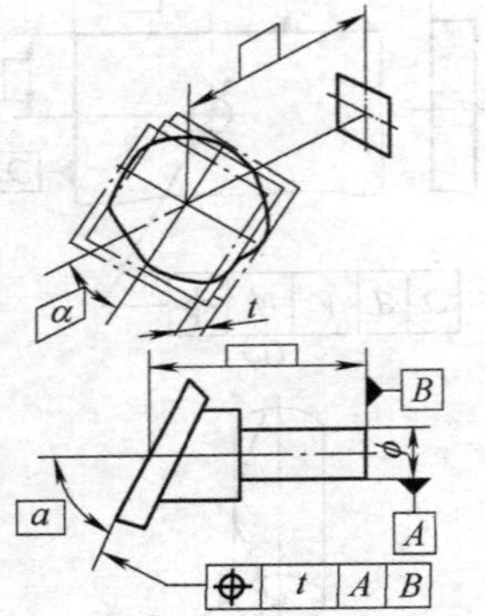	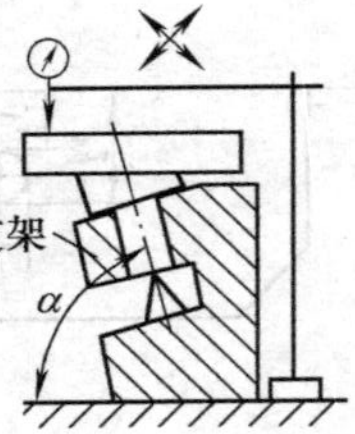	平板，专用测量支架，带指示表的测量架，标准零件	调整被测零件在专用支架上的位置，使指示表的示值差为最小 指示表按专用的标准零件调零 在整个被测表面上测量若干点，将指示表示值的最大值（绝对值）乘以2，作为该零件的位置度误差
圆跳动	1. 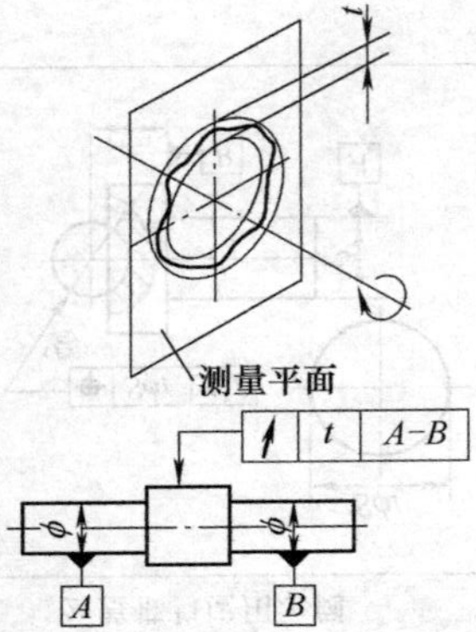	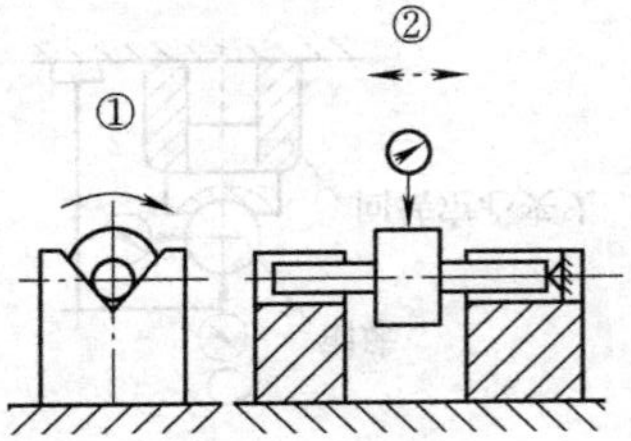	平板，V形架，带指示表的测量架	基准轴线由V形架模拟，被测零件支承在V形架上，并在轴向定位 ① 在被测零件回转一周过程中，指示表示值最大差值即为单个测量平面上的径向跳动 ② 按上述方法测量若干个截面，取各截面上测得的跳动量中的最大值作为该零件的径向圆跳动 该测量方法受V形架角度和基准要素形状误差的综合影响

（续）

项目	公差带与应用示例	检测方法	设　备	说　明
圆跳动	2. 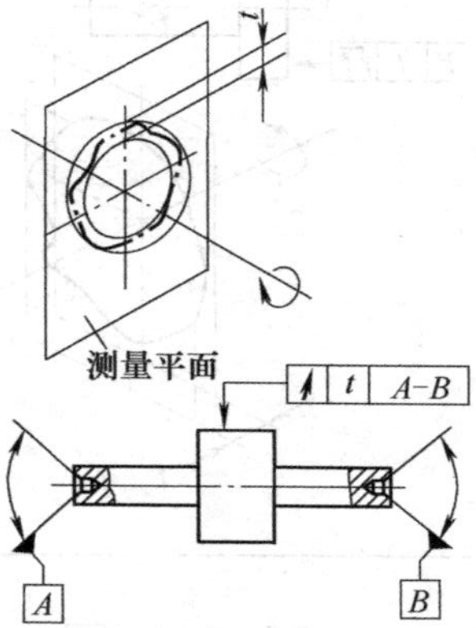	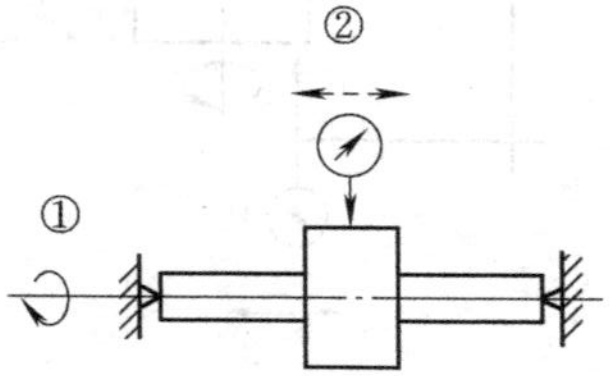	一对同轴顶尖，带指示表的测量架	将被测零件安装在两顶尖之间 ① 在被测零件回转一周过程中，指示表示值最大差值即为单个测量平面上的径向圆跳动 ② 按上述方法测量若干个截面，取各截面上测得的跳动量中的最大值作为该零件的径向跳动
	3. 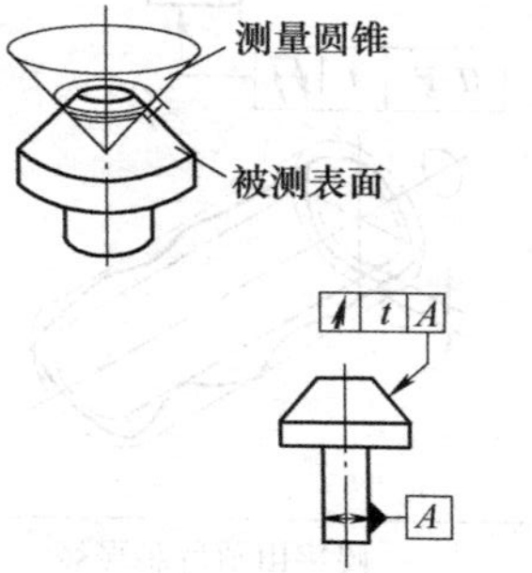	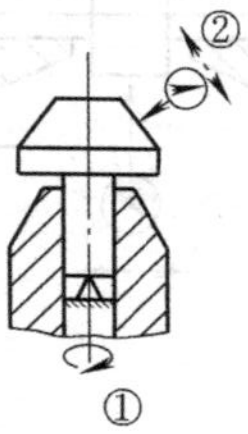	导向套筒，带指示表的测量架	将被测零件固定在导向套筒内，且在轴向固定 ① 在被测件回转一周过程中，指示表示值最大差值即为单个测量圆锥面上的斜向圆跳动 ② 按上述方法，在若干测量圆锥面上测量，取各测量圆锥面上测得的跳动量中的最大值，作为该零件的斜向圆跳动 当在机床或转动装置上直接进行测量时，具有一定直径的导向套筒（最小外接圆柱面）不易获得，可用可调圆柱套代替导向套筒（弹簧夹头），但测量结果受夹头误差影响

（续）

项目	公差带与应用示例	检测方法	设备	说明
全跳动	1. 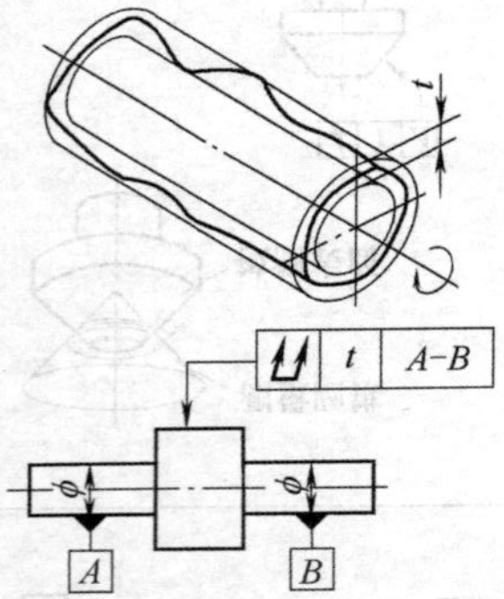	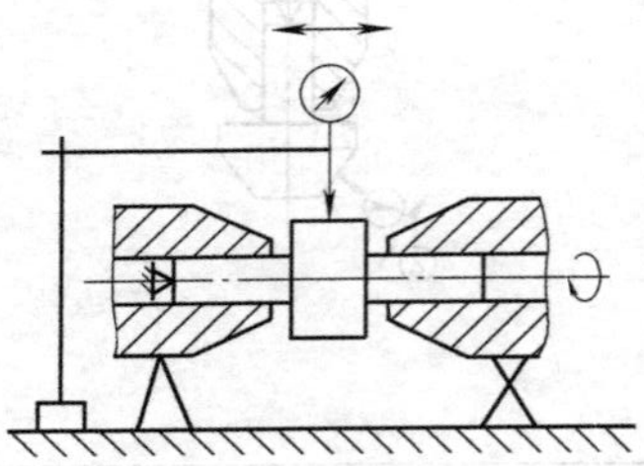	一对同轴导向套筒，平板，支承，带指示表的测量架	将被测零件固定在两同轴导向套筒内，同时在轴向上固定并调整该对套筒，使其同轴和与平板平行 在被测件连续回转过程中，同时让指示表沿基准轴线的方向作直线运动 在整个测量过程中指示表示值最大差值即为该零件的径向全跳动 基准轴线也可以用一对V形块或一对顶尖的简单方法来体现
	2. 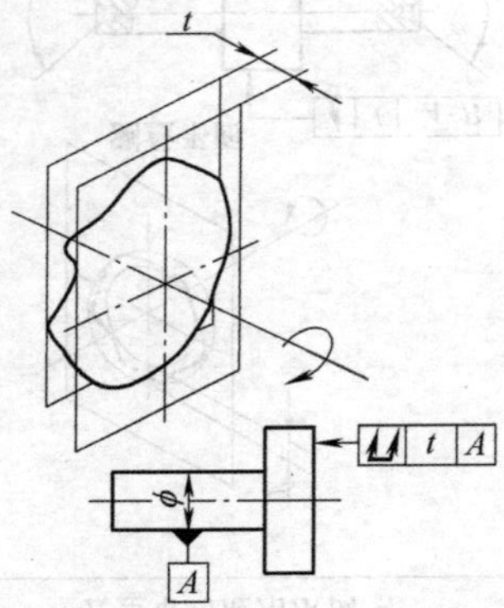	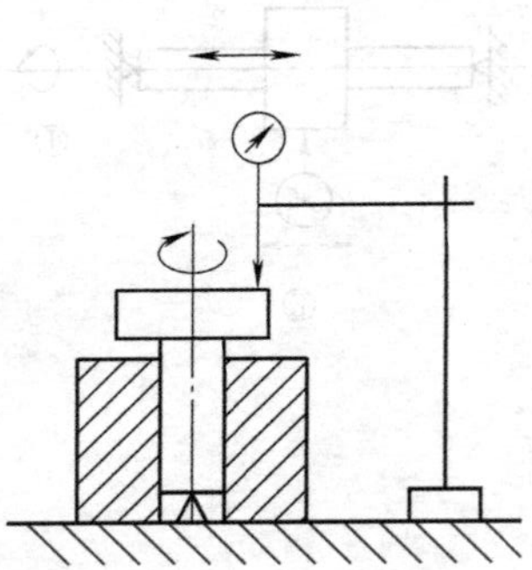	导向套筒，平板，支承，带指示表的测量架	将被测零件支承在导向套筒内，并在轴向上固定。导向套筒的轴线应与平板垂直 在被测零件连续回转过程中，指示表沿其径向作直线移动 在整个测量过程中的指示表示值最大差值即为该零件的端面全跳动 基准轴线也可以用V形块等简单方法来体现

复习思考题

1. 测量的基本任务是什么？
2. 量具和量仪有何区别？
3. 测量器具的主要特性指标有哪些？
4. 试述合理选用测量器具的一般原则。
5. 试述误废和误收的产生原因。
6. 何谓内缩验收极限？
7. 何谓安全裕度？确定安全裕度时应考虑哪些因素？
8. 根据安全裕度，怎样选用测量器具和确定零件的验收极限？
9. 已知某配合轴套的配合尺寸为 $\phi70\ \frac{H3}{g6}$，试根据安全裕度选用测量轴、孔的测量器具及验收极限。
10. 怎样根据测量方法极限误差选用测量器具？
11. 试根据测量方法极限误差选用测量 $\phi60\ \frac{H7}{k6}$ 轴、孔的测量器具。
12. 常用的测量方法有哪几种？
13. 在进行技术测量时，除正确选用测量器具和验收极限外，还应考虑哪些测量条件？
14. 何谓测量误差？测量误差可分为哪几类？引起测量误差的原因有哪些？
15. 何谓系统误差？有哪些消除方法？
16. 何谓随机误差？随机误差有何特点？
17. 随机误差有哪些评定参数？各有何意义？
18. 根据随机误差理论，对精密零件的同一尺寸的测量次数限制在什么范围内为宜？
19. 何谓粗大误差？其产生原因是什么？如何判断粗大误差？
20. 常用游标量具的分度值有哪几种？各适合测量几级精度的尺寸？
21. 试述游标量具的正确使用方法。
22. 常用的螺旋测微量具有哪几种？
23. 试述外径千分尺的正确使用方法。
24. 杠杆千分尺与外径千分尺有何不同？
25. 杠杆千分尺的测量范围是怎样分挡的？它的分度值有哪几种？各适用于测量几级精度的尺寸？
26. 常用的指示表测量器具有哪几种？试述其基本结构和工作原理。
27. 百分表和千分表各有哪几种分度值和测量范围？
28. 试述百分表的正确使用方法。
29. 杠杆百分表与百分表在结构上和测量方法上有何主要区别？
30. 内径百分表一般由哪几个主要部分组成？试述其正确使用方法。
31. 杠杆齿轮比较仪有哪些组成部分？其示值范围是怎样表示的？示值量级一般是多少？
32. 使用杠杆齿轮比较仪时，应注意哪些事项？

33. 光学平直仪可进行哪些项目的测量？

34. 试述用自准直仪测量机床导轨直线度的一般方法。

35. 试述用自准直仪测量机床两导轨垂直度的一般方法。

36. 试述用自准直仪测量两平面平行度的一般方法。

37. 试述光学计的用途。

38. 卧式测长仪有哪几个主要组成部分？试述卧式测长仪的测量内容和使用方法。

39. 试述用经纬仪测量机床回转工作台分度误差的基本方法。

40. 试述目镜式光学分度头的主要结构。

41. 万能工具显微镜有哪两种基本测量方法？试述用影像法测量螺纹中径的具体步骤。

42. 试述投影仪的结构及测量方法。

43. 光切显微镜能测量哪些材料的表面粗糙度参数？

44. 试述干涉显微镜测量表面粗糙度参数的范围。

45. 试述电动量仪的主要组成部分。

46. 试述电感式测微仪的特点和测量内容。

47. 影响电感式轮廓仪测量精度的主要因素是什么？

48. 圆度仪按结构形式不同可分为哪几种类型？现代的圆度仪可以测量哪些内容？

49. 三坐标测量机有哪几个主要组成部分？

50. 尺寸公差和几何公差之间存在哪些关系？

51. 尺寸“$\phi 60\,_{-0.03}^{\ 0}$Ⓔ”符合什么要求？是否允许有形状误差？最大形状误差为多少？

52. 某轴的直径尺寸为$\phi 60\,_{-0.03}^{\ 0}$mm，轴线的直线度公差为$\phi 0.02$Ⓜ，试问该轴的尺寸公差和形状公差之间符合什么要求？该轴的实际尺寸范围为多少？轴线的直线度误差最大值为多少？

53. 某轴的直径尺寸为$\phi 60\,_{-0.03}^{\ 0}$mm，轴线的直线度公差为$\phi 0.02$ⓂⓇ，试问该轴的尺寸公差和形状公差之间符合什么要求？该轴的实际尺寸范围为多少？轴线的直线度误差最大值为多少？

54. 几何误差检验原则有哪几种？

55. 评定形状误差的基本原则是什么？能否用近似法来评定？有什么要求？

56. 位置误差分哪几类？误差值是用什么表示的？

57. 测量位置误差时，用哪些方法来体现基准？

58. 用指示表、平板及测量工具测量圆柱体素线和轴线的直线度时，应怎样操作？误差值应怎样计算？

59. 轴线直线度误差为ϕtⓂ时，应用什么方法检验？并说明具体要求。

60. 试述用水平仪测量直线度误差的方法、步骤。

61. 用两点法和三点法测量圆度误差有何不同？各适用于何种情况？

62. 试述用指示表、V形架及测量工具测量圆柱度误差的方法、步骤。

63. 测量线轮廓度误差的常用方法有哪几种？

64. 怎样用水平仪测量两平行平面间的平行度误差？

65. 测量孔的轴线对基准平面的平行度时，一般用什么模拟孔的轴线？怎样测量？怎样计算平行度误差？

66. 当两平行孔的轴线的平行度公差要求为 ϕt 时，应怎样测量？其平行度误差如何计算？

67. 在两平行孔中，基准孔的直径尺寸为 ϕd_1 Ⓔ，被测孔的直径尺寸为 ϕd_2，对基准孔的平行度要求为 ϕt Ⓜ，应用什么方法进行检验？有哪些要求？

68. 用平板、指示表及测量工具怎样测量轴肩或端平面对轴线的垂直度误差？怎样测量轴线对轴肩或端平面的垂直度误差？

69. 当轴线对轴肩平面的垂直度公差要求为 ϕt Ⓜ时，应用什么方法进行检验？有哪些要求？

70. 试述测量键槽对轴线对称度误差的测量方法。

71. 试述测量阶梯轴圆跳动和全跳动的测量方法。

72. 试述测量轴肩平面或端平面对轴线圆跳动和全跳动的测量方法。

第二章

机械零件测绘基础

培训学习目标 掌握机械零件测绘的方法及步骤。掌握被测机械零件尺寸圆整和确定其技术要求的基本方法。

在仿制或修配机器时，若缺少图样和技术资料，常根据已有的零件，凭目测确定出各部分的大小和相对位置，徒手绘出零件草图，再测量实物，在草图上注出尺寸和技术要求，经过整理后，用仪器和规定比例绘出正式的零件图样，这一过程称为零件测绘。测绘不是简单的照猫画虎，它包含有测量、审核、修改、设计等工作内容，是一项复杂、细致的工作，必须慎重对待。

第一节　测绘的步骤及方法

一、了解和分析测绘的零件

1）了解该零件的名称和作用。

2）鉴定零件的材质和热处理状态。

3）对零件进行结构分析。弄清每一处结构的作用和来由，特别是在测绘破旧、磨损和带有缺陷的零件时尤为重要。在分析的基础上对零件的缺点进行必要的改进，使该零件的结构更为合理和完善。

4）对零件进行工艺分析。同一零件可以采用不同的加工方法，它影响零件结构形状的表达、基准的选择、尺寸的标注和技术条件的要求，是后续工作的基础。

5）拟定零件的表达方案。通过上述分析，对零件有了较深刻的认识之后，首先确定主视图，然后确定其他视图及其表达方法。

二、绘制零件草图

绘制零件草图常在车间或现场进行，一般都用徒手绘制，其步骤如下：

1）定出各个视图的位置。在各视图位置上画出各视图的主要基准线、对称中心线、轴线等。图 2-1 所示为阀盖草图绘制过程。其中，图 2-1a 定出了主、左视图的位置，并画出了主要基准线、轴线和对称中心线。在安排视图位置时，要在各图之间留出足够的标注尺寸位置，并在幅面的右下角预留标题栏位置。

2）以目测比例详细地画出零件的内、外轮廓图样，如图 2-1b 所示。

3）选择尺寸基准，按正确、完整、尽可能合理、清晰的标注尺寸的要求，画出尺寸界线、尺寸线和箭头。仔细校对后，将图样按线型要求描深，并画出剖面线，如图 2-1c 所示。

4）测量尺寸，确定表面粗糙度值和技术要求，并记入图中，如图 2-1d 所示。测量尺寸时应集中进行，使相互影响的尺寸联系起来，既能提高工作效率，又可避免尺寸错误和遗漏。

三、绘制零件正式图样

零件草图是在现场测绘的，所以测绘时间比较仓促，有些表达方案不一定最合理、准确。因此，在绘制零件正式图样前，需要对零件草图再进行重新考虑和整理。有些内容需要设计、计算或选用执行有关标准，如尺寸公差、几何公差、表面粗糙度、材料及热处理等。经过复查、补充、修改后，方可绘制零件正式图样。其具体步骤如下：

1. 审查、校核零件草图

1）表达方案是否完整、清晰和简明。

2）结构形状是否合理，是否存在缺损。

3）尺寸标注是否齐全、合理及清晰。

4）技术要求是否满足零件的性能要求又比较经济。

2. 绘制零件正式图样的步骤

（1）选择比例　根据零件的复杂程度而定。通常尽量采用1:1。

（2）选择图样幅面　根据表达方案和比例，留出标注尺寸和技术要求的位置，选择标准图幅。

（3）绘制底稿

1）定出各视图的基准线。

2）画出图形。

3）标注尺寸。

4）标注技术要求。

5）填写标题栏。

6）校核。

7）描深。

8）审定、签名。

图 2-2 所示为所测绘的阀盖零件图样。

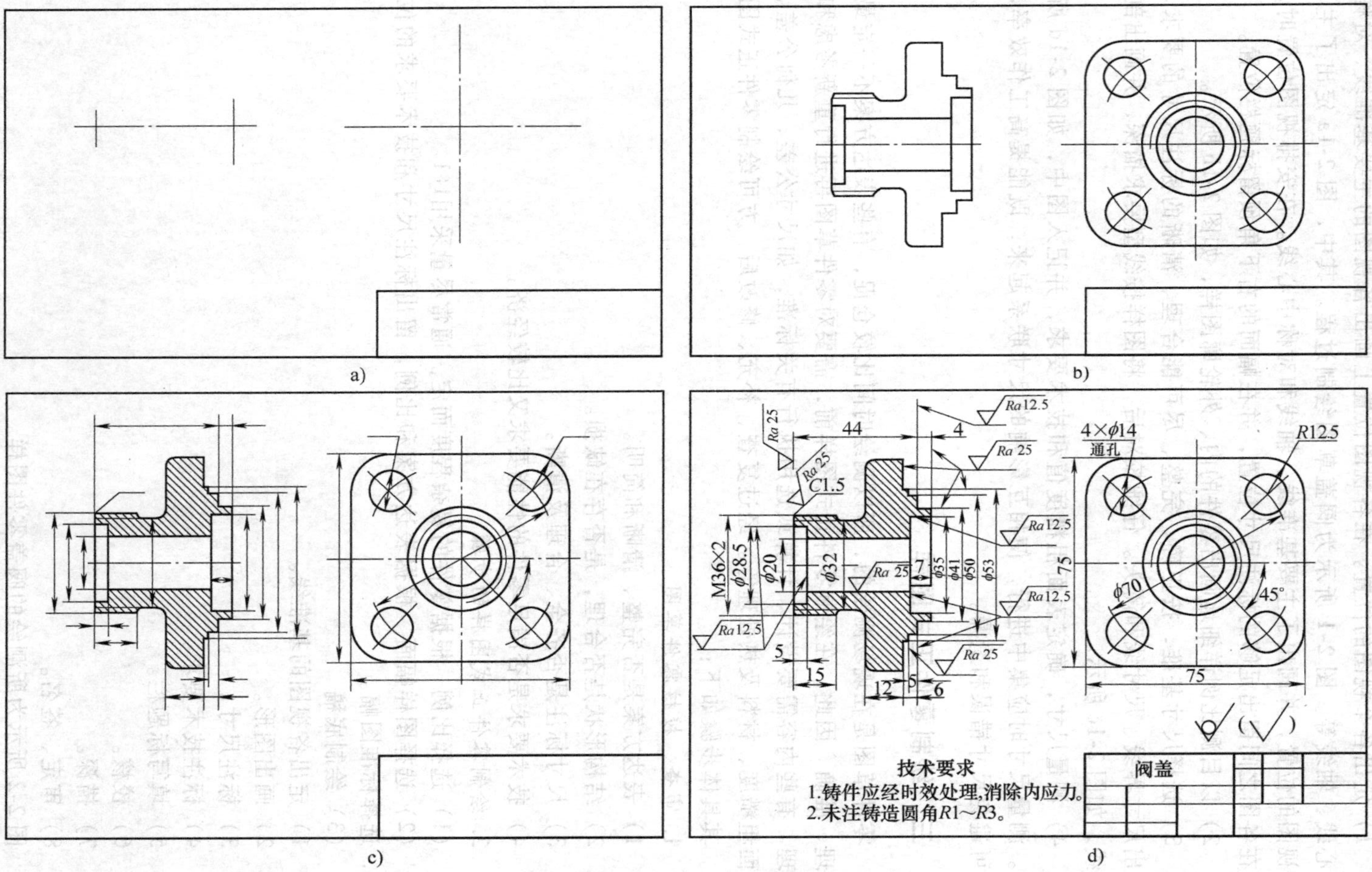

图 2-1　阀盖草图绘制过程

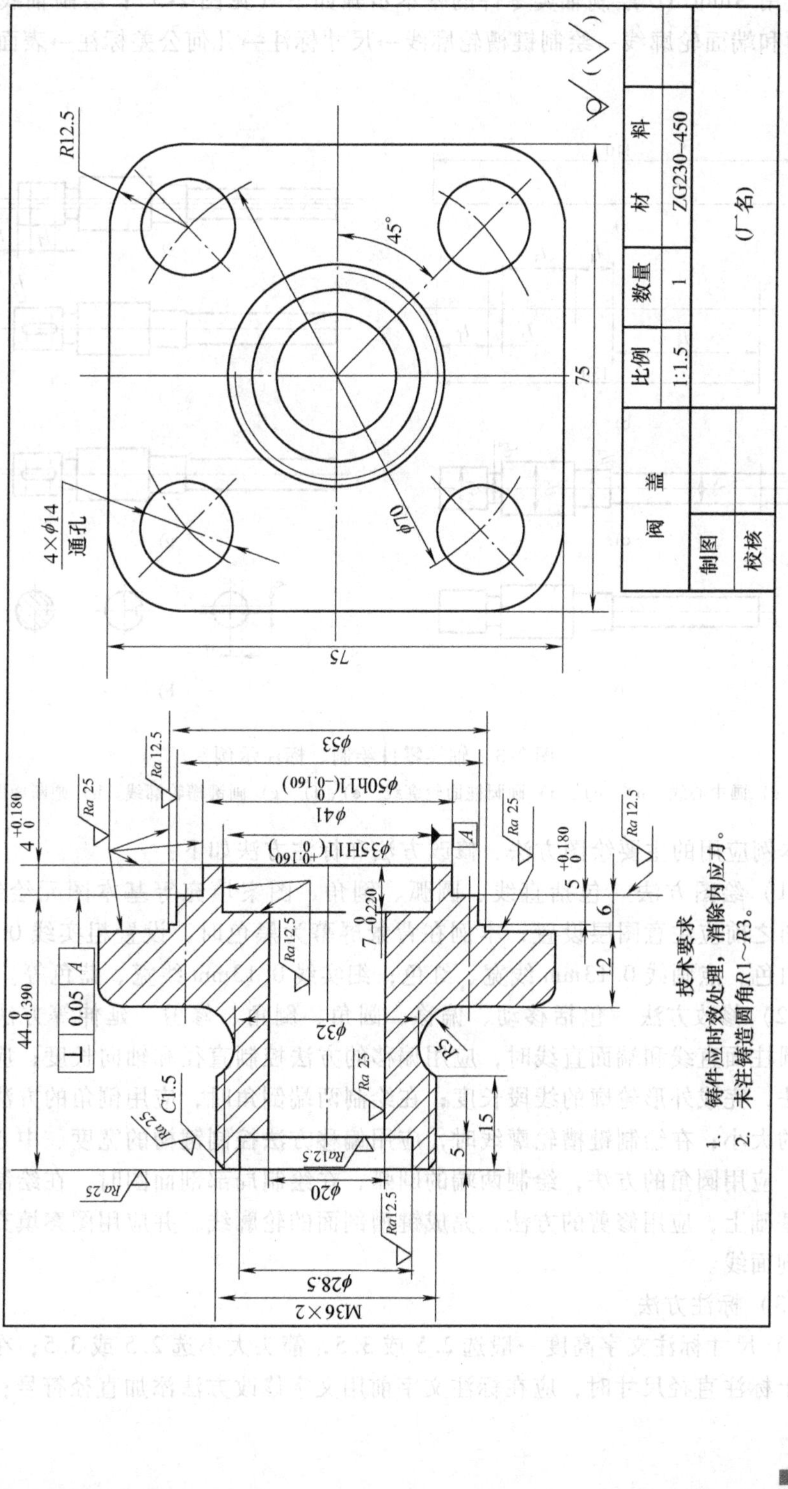
R12.5
45°
75
75
φ70
4×φ14
通孔
φ53
φ50h11($^{0}_{-0.160}$)
φ41
φ35H11($^{+0.160}_{0}$)
φ32
φ20
φ28.5
M36×2
C1.5
R5
44$^{0}_{-0.390}$
4$^{+0.180}_{0}$
5$^{+0.180}_{0}$
7$^{0}_{-0.220}$
⊥ 0.05 A
A
Ra 25
Ra 12.5
技术要求
1. 铸件应时效处理，消除内应力。
2. 未注铸造圆角R1~R3。
阀盖
比例
1:1.5
数量
1
材料
ZG230-450
制图
校核
(厂名)

图 2-2 阀盖零件图样

3. 应用 AutoCAD 绘制零件图样的方法和步骤

应用 AutoCAD 绘制轴类零件的基本步骤如下（见图 2-3）：绘制轴线→绘制圆柱面和端面轮廓线→绘制键槽轮廓线→尺寸标注→几何公差标注→表面粗糙度标注。

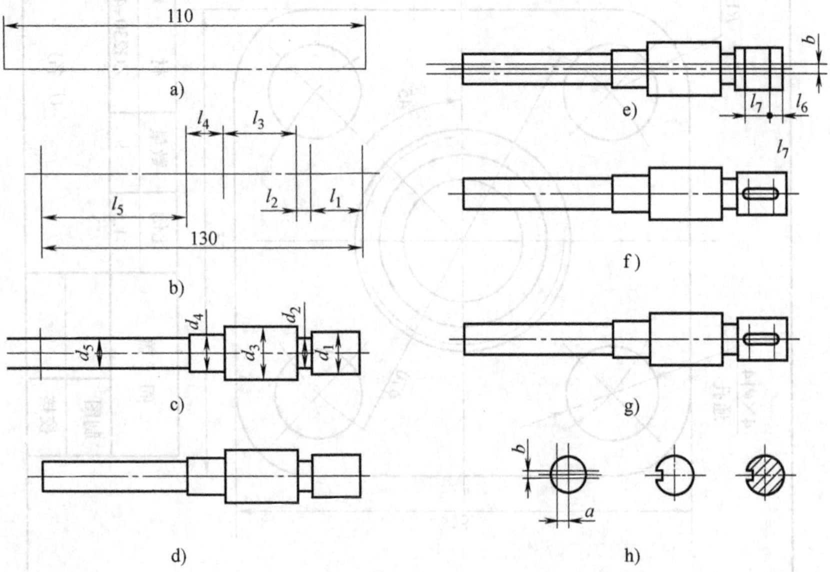

图 2-3　轴类零件绘制、标注示例

a）画中心线　b）、c）、d）画圆柱面轮廓线　e）、f）、g）画键槽轮廓线　h）画断面图

本例应用的主要绘图方法、修改方法和标注方法如下：

（1）绘图方法　包括直线、圆弧、倒角、图案填充等基本图元绘制方法，在绘图之前应注意图层设置，本例在背景屏幕为黑色时，设置粗实线 0.3mm 线宽、白色；点画线 0.13mm 线宽、红色；细实线 0.13mm 线宽、蓝色等。

（2）修改方法　包括移动、偏移、圆角、倒角、修剪、延伸等方法。在绘制外圆柱面直线和端面直线时，应用偏移的方法控制直径和轴向长度；应用修剪的方法，完成外形轮廓的线段长度；在绘制两端倒角时，应用倒角的方法，控制倒角的大小；在绘制键槽轮廓线时，应用偏移方法控制键槽的宽度、中心位置和长度；应用圆角的方法，绘制两端的圆弧；在绘制局部剖面图时，在绘制圆和直线的基础上，应用修剪的方法，完成键槽剖面的轮廓线，并应用图案填充的方法绘制剖面线。

（3）标注方法

1）尺寸标注文字高度一般选 2.5 或 3.5，箭头大小选 2.5 或 3.5；在圆柱面投影上标注直径尺寸时，应在标注文字前用文字修改方法添加直径符号；需要标注尺寸公差的，应在标注样式中设置公差的方式、精度和偏差数值等。

2）几何公差标注。按制图标准，应用直线、圆和文字的工具，绘制基准符号→应用创建块的方法将绘制的基准符号定义为“形位基准”名称的块→采用插入块的方法将基准符号放置在图形的需要位置→选择标注/引线工具，绘制引线→选择标注/公差工具，在弹出的对话框中，单击“特征符号”→分别在符号、公差值和基准符号中选择填入（如同轴度、公差0.02、基准“A”），按“确定”→系统返回绘图区→捕捉引线端点，完成几何公差的标注。

3）表面粗糙度标注。应用直线、文字等命令，绘制表面粗糙度符号；应用创建块的方法，将常用的表面粗糙度符号创建为块；应用块插入的方法，将表面粗糙度符号插入需要标注的位置。应用创建块和插入块的方法标注表面粗糙度的步骤如下：选择块创建命令→在块定义对话框中输入块的名称（如1.6）→按拾取点方法在绘图区指定块的基点（一般为粗糙度符号下端的交点）并确定→选择插入块命令→在插入块对话框中按默认的在屏幕上指定点、缩放比例（默认为1）、单位（mm）、旋转角度（默认为0°）等选项确定→在绘图区需要标注表面粗糙度的位置确定块插入基点，插入表面粗糙度符号。

四、零件测绘的注意事项

1）零件上的缺陷，如砂眼、气孔、刀痕等，以及长期使用所造成的磨损等不应画出。

2）零件上因制造、装配需要的工艺结构，如铸造圆角、倒角、倒圆、退刀槽、凸台、凹坑等必须画出，不能忽视。

3）有配合关系的尺寸，一般只测出它的公称尺寸，其配合性质及相应的公差值应经过分析计算后，再查阅有关标准确定。

4）没有配合关系的尺寸或不重要的尺寸，允许将测量所得的尺寸适当圆整，并应按照标准圆整成整数值。

5）对螺纹、齿轮、蜗轮、蜗杆、带轮等标准化结构的尺寸，应把测量的结果与标准值比较、核对，一般应采用标准的结构尺寸，以便于制造。

第二节　被测零件尺寸圆整及极限偏差的确定

在测绘零件过程中，只能测得零件的实际尺寸和配合件的实际间隙或过盈量。从零件的实测尺寸推断原设计尺寸的过程称为尺寸圆整。它包括确定公称尺寸、尺寸公差、极限及配合种类等。在测绘过程中，常用以下几种方法进行尺寸圆整：

一、测绘圆整法

测绘圆整法是根据实测值与极限和配合的内在联系来确定公称尺寸、公差、极限及配合的。其方法如下：

1. 精确测量

反复测量数次，在剔除粗大误差后求出其算术平均值，测量精度保证到小数点后三位，并将此值作为被测零件在公差中值间的测得值。

2. 确定配合基准制

根据零件的结构、工艺性、使用条件及经济性综合考虑，定出基准制，一般情况下，优先选用基孔制。

3. 确定基本尺寸

相互配合的孔和轴，其公称尺寸只有一个。

（1）确定尺寸精度　不论是基孔制还是基轴制，推荐按孔的实测尺寸，根据表2-1来判断公称尺寸精度。

表2-1　公称尺寸精度判断

公称尺寸/mm	实测值中第一位小数值/mm	公称尺寸精度
1 ~ 80	≥2	含小数
>80 ~ 250	≥3	含小数
>250 ~ 500	≥4	含小数

（2）确定公称尺寸数值　用下列不等式确定孔、轴的公称尺寸数值：

$$\text{基孔制}\begin{cases}\text{孔(轴)公称尺寸} < \text{孔实测尺寸} & (2\text{-}1)\\ \text{孔实测尺寸} - \text{公称尺寸} \leqslant \text{孔的 IT11 公差值}/2 & (2\text{-}2)\end{cases}$$

$$\text{基轴制}\begin{cases}\text{孔(轴)公称尺寸} > \text{轴实测尺寸} & (2\text{-}3)\\ \text{公称尺寸} - \text{轴实测尺寸} \leqslant \text{轴的 IT11 公差值}/2 & (2\text{-}4)\end{cases}$$

【例2-1】　有一基孔制配合的孔，测得实际尺寸为$\phi63.52$mm，试确定其公称尺寸。

解　根据表2-1，$\phi63.52$mm在1 ~ 80mm尺寸段内，小数点后第一位数值为5，大于2，故公称尺寸应含一位小数。

根据式(2-1)和保留一位小数原则，公称尺寸最大值为$\phi63.5$mm。

根据式(2-2)得

$$(63.52 - 63.5)\ \text{mm} = 0.02\text{mm} \leqslant \text{孔的 IT11 公差值}/2 \qquad (2\text{-}5)$$

查公差数值表得$\phi63.5$mm的IT11公差值为0.19mm，代入式(2-5)，不等式成立，故将该孔的公称尺寸定为$\phi63.5$mm。

4. 计算公差、确定公差等级

（1）计算基准件公差

1）基准孔的公差：$T_h = (L_{测} - L_{基}) \times 2$

2）基准轴的公差：$T_s = (L_{基} - L_{测}) \times 2$

根据计算出的 T_h 或 T_s 值，从标准公差数值表中查出相近的数值作为基准件的公差值，同时也确定了公差等级。

例 2-1 中，基准孔的实测尺寸为 $\phi63.52$mm，公称尺寸定为 $\phi63.5$mm，计算其公差为

$$T_h = (63.52 - 63.5) \times 2\text{mm} = 0.04\text{mm}$$

从标准公差数值表中查出相近的数值为 0.046mm，故将其公差定为 0.046mm，同时确定其公差等级为 IT8。

（2）确定相配件公差等级　相配件公差等级应根据基准件公差等级并按工艺等价性进行选择。

5. 计算基本偏差，确定配合类型

1）计算孔、轴实测尺寸之差，确定实测配合为间隙配合或过盈配合。

2）求相配孔、轴的平均公差，即

$$平均公差 = (孔公差 + 轴公差)/2$$

3）当孔、轴实测配合为间隙配合时，可按表 2-2 确定配合类型；当孔、轴实测配合为过盈配合时，可按表 2-3 确定配合类型。

表 2-2　孔、轴实测配合为间隙配合时的配合类型

<table>
<tr><th colspan="2" rowspan="2">实测间隙种类</th><th>1</th><th>2</th><th>3</th><th>4</th></tr>
<tr><th>间隙 = $\frac{T_h + T_s}{2}$</th><th>间隙 < $\frac{T_h + T_s}{2}$</th><th>间隙 > $\frac{T_h + T_s}{2}$</th><th>间隙 = $\frac{基准件公差}{2}$</th></tr>
<tr><td rowspan="3">轴（基孔制）</td><td>配合代号</td><td>h</td><td>j、k</td><td>a、b ~ f、fg、g</td><td>js</td></tr>
<tr><td>基本偏差</td><td>上极限偏差</td><td>下极限偏差</td><td>上极限偏差</td><td rowspan="2">$\pm\frac{轴公差}{2}$</td></tr>
<tr><td>偏差性质</td><td>0</td><td>−</td><td>−</td></tr>
<tr><td colspan="2">孔、轴的基本偏差计算</td><td>不必计算</td><td>查公差表</td><td>基本偏差 = 间隙 − $\frac{T_h + T_s}{2}$</td><td>查公差表</td></tr>
<tr><td rowspan="3">孔（基轴制）</td><td>配合代号</td><td>H</td><td>J、K</td><td>A、B、C、CD、D、E、EF、F、FG、G</td><td>JS</td></tr>
<tr><td>基本偏差</td><td>下极限偏差</td><td>上极限偏差</td><td>下极限偏差</td><td rowspan="2">$\pm\frac{孔公差}{2}$</td></tr>
<tr><td>偏差性质</td><td>0</td><td>+</td><td>+</td></tr>
</table>

表 2-3　孔、轴实测配合为过盈配合时的配合类型

轴（基孔制）	适用范围	轴的公差等级为4、5、6、7级	轴的公差等级为01、0、1、2及8~16级
	配合代号	m、n、p、r、s、t、u、v、x、y、z、za、zb、zc	k
	基本偏差绝对值	$\lvert 过盈 \rvert + \frac{T_h - T_s}{2}$ ①	当 $T_h < T_s$ 时出现实测过盈 当 $T_h > T_s$ 时出现实测间隙
	基本偏差	下极限偏差	下极限偏差
	偏差性质	+	0
孔（基轴制）	适用范围	孔的公差等级8~16级	孔的公差等级≤7级，孔公差＞轴公差
	配合代号	K、M、N、P、R、S、T、U、V、X、Y、Z、ZA、ZB、ZC	K~ZC
	基本偏差绝对值	$\lvert 过盈 \rvert - \frac{T_h - T_s}{2}$	$\lvert 间隙 \rvert + \frac{IT_n - IT_{n-1}}{2}$ ②或 $\lvert 过盈 \rvert - \frac{IT_n - IT_{n-1}}{2}$
	基本偏差	上极限偏差	上极限偏差
	偏差性质	–	–

① 计算结果如出现负值，说明孔公差小于轴公差，不合适应调整孔、轴公差等级。

② 式中 n 为公差等级。

在大批大量装配条件下，过渡配合的轴孔之间实测为间隙时，按国家标准，只能出现基孔制中的$\frac{H}{j}$、$\frac{H}{k}$、$\frac{H}{js}$三种配合类型或基轴制中的$\frac{J}{h}$、$\frac{K}{h}$、$\frac{JS}{h}$三种配合类型，其配合的选择可查表2-2；当过渡配合的轴孔之间实测为过盈时，按国家标准，只能出现基孔制中的$\frac{H}{k}$、$\frac{H}{m}$、$\frac{H}{n}$三种配合类型或基轴制中的$\frac{K}{h}$、$\frac{M}{h}$、$\frac{N}{h}$三种配合，其配合的选择可查表2-3。

6. 确定相配合孔、轴的上、下极限偏差

（1）基准孔　上极限偏差 $ES = +IT$

下极限偏差 $EI = 0$

（2）基准轴　上极限偏差 $es = 0$

下极限偏差 $ei = -IT$

（3）非基准孔或轴　其上、下极限偏差分别为

$$ES(es) = EI(ei) + IT$$
$$EI(ei) = ES(es) - IT$$

7. 校核及修正

按照常用优先配合标准进行校核。根据零件的功能、结构、材料、工艺方法及工作条件等要求，必要时可对选定的公差及配合进行适当调整或修正。

【例 2-2】 某轴和齿轮孔配合，测得孔的尺寸为 $\phi40.021$mm，轴的尺寸为 $\phi39.987$mm，圆整计算如下：

（1）确定配合基准制　根据结构分析，确定该配合为基孔制。

（2）确定公称尺寸　查表 2-1，并满足不等式(2-1)、(2-2)同时成立，确定公称尺寸为 $\phi40$mm。

（3）计算公差并确定尺寸公差等级

1）确定基准孔的公差，即

$$
\begin{aligned}
T_h &= (L_{测} - L_{基}) \times 2 \\
&= (40.021 - 40) \times 2\text{mm} \\
&= 0.042\text{mm}
\end{aligned}
$$

查公差数值表，IT8 的公差值为 0.039mm，与求得的 T_h 最为接近，故选孔的公差等级为 IT8，即基准孔为 $\phi40$H8。

2）确定配合轴的公差，即

$$
\begin{aligned}
T_s &= (L_{基} - L_{测}) \times 2 \\
&= (40 - 39.987) \times 2\text{mm} \\
&= 0.026\text{mm}
\end{aligned}
$$

查公差数值表，IT7 的公差值为 0.025mm，与求得的 T_s 最为接近，故选配合轴的公差等级为 IT7。

（4）计算基本偏差并确定配合类型

1）孔轴实测间隙 = 40.021mm − 39.987mm = 0.034mm

2）平均公差 = (孔公差 + 轴公差)/2

$$
\begin{aligned}
&= (0.039 + 0.025)/2\text{mm} \\
&= 0.032\text{mm}
\end{aligned}
$$

3）孔、轴之间存在间隙，查表 2-2 得

$$
\begin{aligned}
\text{基本偏差} &= \text{实测间隙} - \text{平均公差} \\
&= 0.034\text{mm} - 0.032\text{mm} \\
&= 0.002\text{mm}
\end{aligned}
$$

该值为轴的上极限偏差，且为负值。查轴的基本偏差数值表，与 −0.002mm 最接近的上极限偏差值为 0，故确定轴的基本偏差为 0，即配合类型为 h，所以配合轴为 $\phi40$h7。

（5）确定孔、轴的上、下极限偏差　孔为 $\phi40\text{H}8(^{+0.039}_{\ 0})$，轴为 $\phi40\text{h}7(^{\ 0}_{-0.025})$。

（6）校核与修正　H8/h7 为优先配合，圆整的配合尺寸 $\phi40$H8/h7 合理，不必修正。

二、类比圆整法

1. 基准制的选择

(1) 优先选用基孔制　从满足配合性质上讲，基孔制与基轴制完全等效，但从工艺性和经济性等方面比较，基孔制优于基轴制。

(2) 应选择基轴制的情况

1) 用冷拔圆钢、型材不加工或极少加工就已达到零件使用精度要求时，用基轴制在技术上合理、经济上合算。

2) 基准制的选择受标准件要求制约时，应服从标准件既定的基准制。例如，与滚动轴承外圈外径配合的孔应选用基轴制。

3) 机械结构或工艺上必须采用基轴制时。例如，发动机中的活塞销为基轴制的轴。

4) 一轴多孔配合时。

5) 特大件与特小件可考虑用基轴制。

(3) 在特殊情况下采用非基准制配合　当机器上出现一个非基准制孔(轴)与两个或两个以上的轴(孔)配合时，其中至少应有一个为非基准制配合，如轴承座孔与端盖的配合。

2. 公差等级的选择

参考从生产实践中总结出来的经验资料，进行比较选择。选择的基本原则是在满足使用要求的前提下，尽量选取低的公差等级。选择时可从以下几个方面综合考虑：

1) 根据零件的作用、配合表面粗糙度程度和零件所配设备的精度来选择，使之与其相匹配。

2) 根据各公差等级的应用范围和各种加工方法所能达到的公差等级来选择。公差等级的应用范围见表2-4，公差等级的应用条件及举例见表2-5，各种加工方法的加工精度见表2-6。

表2-4　公差等级的应用范围

应用	公差等级（IT）																			
	01	0	1	2	3	4	5	6	7	8	9	10	11	12	13	14	15	16	17	18
量块	—	—	—																	
量规			—	—	—	—	—	—	—											
配合尺寸							—	—	—	—	—	—	—	—	—					
特别精密零件的配合				—	—	—	—													

（续）

应　用	公差等级（IT）																			
	01	0	1	2	3	4	5	6	7	8	9	10	11	12	13	14	15	16	17	18
非配合尺寸（大制造公差）																				
原材料公差																				

表 2-5　公差等级的应用条件及举例

公差等级	应用条件说明	应用举例
IT01	用于特别精密的尺寸传递基准	特别精密的标准量块
IT0	用于特别精密的尺寸传递基准及宇航中特别重要的极个别精密配合尺寸	特别精密的标准量块；个别特别重要的精密机械零件尺寸；校对检验 IT6 轴用量规的校对量规
IT1	用于精密的尺寸传递基准、高精密测量工具、特别重要的极个别精密配合尺寸	高精密标准量规；校对检验 IT7 ~ IT9 轴用量规的校对量规；个别特别重要的精密机械零件尺寸
IT2	用于高精密的测量工具、特别重要的精密配合尺寸	检验 IT6 ~ IT7 工作用量规的尺寸制造公差，校对检验 IT8 ~ IT11 轴用量规的校对塞规；个别特别重要的精密机械零件的尺寸
IT3	用于精密测量工具、小尺寸零件的高精度的精密配合及与/P4 级滚动轴承配合的轴径和外壳孔径	检验 IT8 ~ IT11 工件用量规和校对检验 IT9 ~ IT13 轴用量规的校对量规；与特别精密的/P4 级滚动轴承内环孔（直径至 100mm）相配的机床主轴、精密机械和高速机械的轴径；与/P4 级深沟球轴承外环外径相配合的外壳孔径；航空工业及航海工业中导航仪器上特殊精密的个别小尺寸零件的精密配合
IT4	用于精密测量工具、高精度的精密配合和/P4 级、/P5 级滚动轴承配合的轴径和外壳孔径	检验 IT9 ~ IT12 工件用量规和校对 IT12 ~ IT14 轴用量规的校对量规与/P4 级轴承孔（孔径大于 100mm 时）及与/P5 级轴承孔相配的机床主轴，精密机械和高速机械的轴径；与/P4 级轴承相配的机床外壳孔；柴油机活塞销及活塞销座孔径；高精度齿轮的基准孔或轴径；航空及航海工业用仪器中特殊精密的孔径
IT5	用于机床、发动机和仪表中特别重要的配合。在配合公差要求很小、形状精度要求很高的条件下，这类公差等级能使配合性质比较稳定，故它对加工要求较高，一般机械制造中较少应用	检验 IT11 ~ IT14 工件用量规和校对 IT14 ~ IT15 轴用量规的校对量规与/P5 级滚动轴承相配合的机床箱体孔；与/P6 级滚动轴承孔相配合的机床主轴，精密机械及高速机械的轴径；机床尾座套筒，高精度分度盘轴颈；分度头主轴、精密丝杠基准轴颈；高精度镗套的外径等；发动机中主轴的外径，活塞销外径与活塞的配合；精密仪器中轴与各种传动件轴承的配合；航空、航海工业中，仪表中重要的精密孔的配合；5 级精度齿轮的基准孔及 5 级、6 级精度齿轮的基准轴

（续）

公差等级	应用条件说明	应用举例
IT6	广泛用于机械制造中的重要配合，配合表面有较高均匀性的要求，能保证相当高的配合性质，使用可靠	检验IT12～IT15工件用量规和校对IT15～IT16轴用量规的校对量规；与/P6级滚动轴承相配合的外壳孔及与滚子轴承相配合的机床主轴轴颈；机床制造中，装配式青铜蜗轮、轮壳外径，安装齿轮、蜗轮、联轴器、带轮、凸轮的轴径；机床丝杠支承轴颈，矩形花键的定心直径，摇臂钻床的立柱等；机床夹具的导向件的外径尺寸；精密仪器光学仪器，计量仪器中的精密轴；航空、航海仪器仪表中的精密轴；无线电工业、自动化仪表、电子仪器，如邮电机械中特别重要的轴；手表中特别重要的轴；微电机轴、电子计算机外围设备中的重要尺寸；医疗器械中牙科直车头，中心齿轮轴及X线机齿轮箱的精密轴等；缝纫机中重要轴类尺寸；发动机中的气缸套外径、曲轴主轴颈、活塞销、连杆衬套、连杆和轴瓦外径等；6级精度齿轮的基准孔和7级、8级精度齿轮的基准轴径，以及特别精密（1级、2级精度）齿轮的顶圆直径
IT7	应用条件与IT6相类似，但它要求的精度可比IT6稍低一点。在一般机械制造业中应用相当普遍	检验IT14～IT16工件用量规和校对IT16轴用量规的校对量规；机床制造中装配式青铜蜗轮轮缘孔径，联轴器、带轮、凸轮等的孔径，机床卡盘座孔、摇臂钻床的摇臂孔、车床丝杠的轴承孔等；机床夹头导向件的内孔（如固定钻套、可换钻套、衬套、镗套等）；发动机中的连杆孔、活塞孔、铰制螺栓定位孔等；纺织机械中的重要零件；印染机械中要求较高的零件；精密仪器光学仪器中精密配合的内孔；手表中的离合杆压簧等；医疗器械中牙科直车头、中心齿轮轴的轴承孔及X线机齿轮箱的转盘孔；电子计算机、电子仪器、仪表中的重要内孔；自动化仪表中的重要内孔；缝纫机中的重要轴内孔零件；邮电机械中的重要零件的内孔；7级、8级精度齿轮的基准孔和9级、10级精密齿轮的基准轴
IT8	在机械制造中属中等精度；在仪器、仪表及钟表制造中，由于公称尺寸较小，所以属较高精度范畴。在配合确定性要求不太高时，是应用较多的一个等级。尤其是在农业机械、纺织机械、印染机械、自行车、缝纫机、医疗器械中应用最广	检验IT16工件用量规，轴承座衬套沿宽度方向的尺寸配合；手表中跨齿轴、棘爪拨针轮等与夹板的配合；无线电仪表工业中的一般配合；电子仪器仪表中较重要的内孔；计算机中变数齿轮孔和轴的配合；医疗器械中牙科车头的钻头套的孔与车针柄部的配合；导航仪器中主罗经刻度盘孔月牙形支架与微电机汇电环孔等；电机制造中铁心与机座的配合；发动机活塞油环槽宽、连杆轴瓦内径、9～12级精度齿轮的基准孔和11、12级精度齿轮的基准轴，6～8级精度齿轮的顶圆
IT9	应用条件与IT8相类似，但要求精度低于IT8时用	机床制造中轴套外径与孔，操纵件与轴，空转带轮与轴操纵系统的轴与轴承等的配合。纺织机械、印染机械中的一般配合零件；发动机中机油泵体内孔、气门导管内孔、飞轮与飞轮套、密封圈衬套、混合气预热阀轴、气缸盖孔径、活塞槽环的配合等；光学仪器、自动化仪表中的一般配合；手表中要求较高零件的未注公差尺寸的配合；单键连接中键宽配合尺寸；打字机中的运动件配合等

（续）

公差等级	应用条件说明	应用举例
IT10	应用条件与IT9相类似，但要求精度低于IT9时用	电子仪器仪表中支架上的配合；导航仪器中绝缘衬套孔与汇电环衬套轴；打字机中铆合件的配合尺寸；闹钟机构中的中心管与前夹板；轴套与轴；手表中尺寸小于18mm时要求一般的未注公差尺寸及大于18mm要求较高的未注公差尺寸；发动机中油封挡圈孔与曲轴带轮毂
IT11	配合精度要求较粗糙，装配后可能有较大的间隙。特别适用于要求间隙较大，且有显著变动而不会引起危险的场合	机床上法兰盘止口与孔、滑块与滑移齿轮、凹槽等；农业机械、机车车厢部件及冲压加工的配合零件；钟表制造中不重要的零件，手表制造用的工具及设备中的未注公差尺寸；纺织机械中较粗糙的活动配合；印染机械中要求较低的配合；医疗器械中手术刀片的配合；磨床制造中的螺纹联接及粗糙的动连接；不作测量基准用的齿轮顶圆直径公差
IT12	配合精度要求很粗糙，装配后有很大的间隙，适用于基本上没有什么配合要求的场合；要求较高未注公差尺寸的极限偏差	非配合尺寸及工序间尺寸；发动机分离杆；手表制造中工艺装备的未注公差尺寸；计算机行业切削加工中未注公差尺寸的极限偏差：医疗器械中手术刀柄的配合；机床制造中扳手孔与扳手座的连接
IT13	应用条件与IT12相类似	非配合尺寸及工序间尺寸，计算机、打字机中切削加工零件及圆片孔、二孔中心距的未注公差尺寸
IT14	用于非配合尺寸及不包括在尺寸链中的尺寸	在机床、汽车、拖拉机、冶金矿山、石油化工、电机、电器、仪器、仪表、造船、航空、医疗器械、钟表、自行车、缝纫机、造纸与纺织机械等工业中对切削加工零件未注公差尺寸的极限偏差，广泛应用此等级
IT15	用于非配合尺寸及不包括在尺寸链中的尺寸	冲压件、木模铸造零件、重型机床制造，当尺寸大于3150mm时的未注公差尺寸
IT16	用于非配合尺寸及不包括在尺寸链中的尺寸	打字机中浇注件尺寸；无线电制造中箱体外形尺寸；手术器械中的一般外形尺寸公差；压弯延伸加工用尺寸；纺织机械中木件尺寸公差；塑料零件尺寸公差；木模制造和自由锻造时用
IT17	用于非配合尺寸及不包括在尺寸链中的尺寸	塑料成型尺寸公差；手术器械中的一般外形尺寸公差
IT18	用于非配合尺寸及不包括在尺寸链中的尺寸	冷作、焊接尺寸用公差

表2-6 各种加工方法的加工精度

加工方法	公差等级IT																	
	01	0	1	2	3	4	5	6	7	8	9	10	11	12	13	14	15	16
研磨	—	—	—	—	—	—	—											
珩磨						—	—	—	—									
圆磨							—	—	—	—								
平磨							—	—	—	—								
金刚石车							—	—	—									

（续）

加工方法	公差等级IT																	
	01	0	1	2	3	4	5	6	7	8	9	10	11	12	13	14	15	16
金刚石镗							—	—	—									
拉削							—	—	—	—								
铰孔								—	—	—	—	—						
车									—	—	—	—	—					
镗									—	—	—	—	—					
铣										—	—	—	—					
刨、插												—	—					
钻孔												—	—	—	—			
滚压、挤压												—	—					
冲压												—	—	—	—	—		
压铸													—	—	—	—		
粉末冶金成形								—	—	—								
粉末冶金烧结									—	—	—	—						
砂型铸造、气割																		—
锻造																	—	

3）根据孔、轴的工艺等价性，当公称尺寸≤500mm的配合，公差等级≤IT8级时，推荐选择轴的公差等级比孔的公差等级高一级；若精度较低或公称尺寸>500mm的配合，推荐孔、轴选用同一公差等级。

4）根据相关件和配合件的精度来选择。如齿轮孔与轴配合的公差等级根据齿轮的精度来选取；与滚动轴承配合的孔和轴颈的公差等级根据滚动轴承的精度来选取。

5）根据配合成本来选择。在满足使用要求的前提下，为降低成本，相配合的轴、孔公差等级应尽可能选取低等级。

3. 配合的选择

基准制和公差等级确定之后，基准件的基本偏差和公差等级已全部确定，配合件的公差等级也已确定。因此，配合选择的实质就是选择配合件的基本偏差。

正确选用配合能保证机器高质量运转，延长使用寿命，并使制造经济合理。选用配合时，应考虑以下几个方面：

（1）配合件的相对运动情况　若配合件有相对运动，只能选用间隙配合。相对运动速度大的，要选用间隙大的间隙配合。

（2）配合件的受力情况　应考虑力的大小及有无冲击和振动等。一般而言，在间隙配合中，单位压力大时，间隙应小些；在过盈配合中，受力大时，过盈量应大些，有冲击振动时过盈量也应大些。

（3）配合件的定心精度要求 定心精度很高时，应选用过渡配合；定心精度不高时，可用基本偏差为 g 或 h 的间隙配合代替过渡配合，但不宜选用过盈配合。

（4）配合件的装拆情况 装拆频繁时，配合的间隙应大些或过盈应小些。

（5）配合件的工作温度情况 工作时的温度与装配时的温度相差较大时，应考虑装配时的间隙在工作时的变化量。

（6）配合件的生产情况 在单件小批生产时，零件的尺寸常靠近最大实体尺寸，造成配合趋紧。此时，应将间隙放大些，或将过盈量收紧些。另外，零件的表面粗糙度和形位误差对配合性质也有影响，也应考虑进去。

在综合分析配合件多种实际因素之后，可以参照表 2-7 和表 2-8 选择配合件的基本偏差及配合类型。

表 2-7 各种基本偏差的应用

配合	基本偏差	特点及应用实例
间隙配合	a(A) b(B)	可得到特别大的间隙，应用很少。主要用于工作时温度高、热变形大的零件的配合，如发动机中活塞与缸套的配合为 H9/a9
	c(C)	可得到很大的间隙。一般用于工作条件较差（如农业机械）、工作时受力变形大及装配工艺性不好的零件的配合，也适用于高温工作的间隙配合，如内燃机排气阀杆与导管的配合为 H8/c7
	d(D)	与 IT7～IT11 对应，适用于较松的间隙配合（如滑轮、空转的带轮与轴的配合），以及大尺寸滑动轴承与轴颈的配合（如涡轮机、球磨机等的滑动轴承），如活塞环与活塞槽的配合可用 H9/d9
	e(E)	与 IT6～IT9 对应，具有明显的间隙，用于大跨距及多支点的转轴与轴承的配合，以及高速、重载的大尺寸轴与轴承的配合，如大型电机、内燃机的主要轴承处的配合为 H8/e7
	f(F)	多与 IT6～IT8 对应，用于一般转动的配合，受温度影响不大、采用普通润滑油的轴与滑动轴承的配合，如齿轮箱、小电动机、泵等的转轴与滑动轴承的配合为 H7/f6
	g(G)	多与 IT5～IT7 对应，形成配合的间隙较小，用于轻载精密装置中的转动配合，用于插销的定位配合，滑阀、连杆销等处的配合，钻套孔多用 G
	h(H)	多与 IT4～IT11 对应，广泛用于无相对转动的配合、一般的定位配合。若没有温度、变形的影响也可用于精密滑动轴承，如车床尾座孔与滑动套筒的配合为 H6/h5
过渡配合	js(JS)	多用于 IT4～IT7 具有平均间隙的过渡配合，用于略有过盈的定位配合，如联轴节，齿圈与轮毂的配合，滚动轴承外圈与外壳孔的配合多用 JS7，一般用手工或木槌装配
	k(K)	多用于 IT4～IT7 平均间隙接近零的配合，用于定位配合，如滚动轴承的内、外圈分别与轴颈、外壳孔的配合，用木槌装配
	m(M)	多用于 IT4～IT7 平均过盈较小的配合，用于精密定位的配合，如蜗轮的青铜轮缘与轮毂的配合为 H7/m6
	n(N)	多用于 IT4～IT7 平均过盈较大的配合，很少形成间隙。用于加键传递较大转矩的配合，如压力机上齿轮与轴的配合，用槌子或压力机装配

（续）

配合	基本偏差	特点及应用实例
过盈配合	p(P)	用于小过盈配合。与H6或H7的孔形成过盈配合，而与H8的孔形成过渡配合。碳钢和铸铁制零件形成的配合为标准压入配合，如绞车的绳轮与齿圈的配合为H7/p6。合金钢制零件的配合需要小过盈时可用p(或P)
	r(R)	用于传递大转矩或受冲击负荷而需要加键的配合，如蜗轮与轴的配合为H7/r6。H8/r8配合在公称尺寸＜100mm时，为过渡配合
	s(S)	用于钢和铸铁零件的永久性和半永久性结合，可产生相当大的结合力，如套环压的轴、阀座上用H7/s6配合
	t(T)	用于钢和铸铁制零件的永久性结合，不用键可传递转矩，需用热套法或冷轴法装配，如联轴器与轴的配合为H7/t6
	u(U)	用于大过盈配合，最大过盈需验算。用热套法进行装配，如火车轮毂和轴的配合为H6/u5
	v(V) x(X) y(Y) z(Z)	用于特大过盈配合，目前使用的经验和资料很少，须经试验后才能应用，一般不推荐

表2-8 优先配合的选用说明

优先配合		说明
基孔制	基轴制	
$\frac{H11}{c11}$	$\frac{C11}{h11}$	间隙非常大，用于很松的、转动很慢的动配合；要求大公差与大间隙的外露组件；要求装配方便的很松的配合
$\frac{H9}{d9}$	$\frac{D9}{h9}$	间隙很大的自由转动配合，用于精度为非主要要求，或有大的温度变动、高转速或大的轴颈压力的配合
$\frac{H8}{f7}$	$\frac{F8}{h7}$	间隙不大的转动配合，用于中等转速与中等轴颈压力的精确转动配合；也用于装配较易的中等定位配合
$\frac{H7}{g6}$	$\frac{G7}{h6}$	间隙很小的滑动配合，用于不希望自由转动，但可自由移动和滑动并精密定位的配合；也可用于要求明确的定位配合
$\frac{H7}{h6}$ $\frac{H8}{h7}$ $\frac{H9}{h9}$ $\frac{H11}{h11}$	$\frac{H7}{h6}$ $\frac{H8}{h7}$ $\frac{H9}{h9}$ $\frac{H11}{h11}$	均为间隙定位配合，零件可自由装拆，而工作时一般相对静止不动。在最大实体条件下的间隙为零，在最小实体条件下的间隙由公差等级决定
$\frac{H7}{k6}$	$\frac{K7}{h6}$	过渡配合，用于精密定位
$\frac{H7}{n6}$	$\frac{N7}{h6}$	过渡配合，允许有较大过盈的更精密定位
$\frac{H7}{p6}$	$\frac{P7}{h6}$	过盈定位配合，即小过盈配合，用于定位精度特别重要时，能以最好的定位精度达到部件的刚性及对中的性能要求，而对内孔承受压力无特殊要求，不依靠配合的紧固性传递摩擦负荷
$\frac{H7}{s6}$	$\frac{S7}{h6}$	中等压入配合，适用于一般钢件；或用于薄壁件的冷缩配合，用于铸铁件可得到最紧的配合
$\frac{H7}{u6}$	$\frac{U7}{h6}$	压入配合，适用于可以受高压力的零件或不宜承受大压入力的冷缩配合

三、设计圆整法

设计圆整法是以实际测得的尺寸为依据，按照设计的程序来确定公称尺寸和极限的方法。

1. 常规设计的尺寸圆整

常规设计是指以方便设计、制造，和良好的经济性为主的标准化设计。在对常规设计的零件进行尺寸圆整时，一般应使其公称尺寸符合国家标准 GB/T 2822—2005 推荐的尺寸系列（见表 2-9），公差和极限偏差符合国家标准 GB/T 1800.2—2009，配合符合国家标准 GB/T 1801—2009。

表 2-9 标准尺寸（摘自 GB/T 2822—2005） （单位：mm）

R			R′			R			R′		
R10	R20	R40	R′10	R′20	R′40	R10	R20	R40	R10	R20	R40
10.0	10.0		10	10			35.5	35.5		36	36
	11.2			11				37.5			38
12.5	12.5	12.5	12	12	12	40.0	40.0	40.0	40	40	40
		13.2			13			42.5			42
	14.0	14.0		14	14		45.0	45.0		45	45
		15.0			15			47.5			48
16.0	16.0	16.0	16	16	16	50.0	50.0	50.0	50	50	50
		17.0			17			53.0			53
	18.0	18.0		18	18		56.0	56.0		56	56
		19.0			19			60.0			60
20.0	20.0	20.0	20	20	20	63.0	63.0	63.0	63	63	63
		21.2			21			67.0			67
	22.4	22.4		22	22		71.0	71.0		71	71
		23.6			24			75.0			75
25.0	25.0	25.0	25	25	25	80.0	80.0	80.0	80	80	80
		26.5			26			85.0			85
	28.0	28.0		28	28		90.0	90.0		90	90
		30.0			30			95.0			95
31.5	31.5	31.5	32	32	32	100.0	100.0	100.0	100	100	100
		33.5			34						

注：首先在优先数系 R 系列按 R10、R20、R40 顺序选用。如必须将数值圆整，可在 R′系列中按 Ra10、Ra20、Ra40 顺序选用。

【例 2-3】 实测一对配合孔和轴，孔的尺寸为 ϕ25.012mm，轴的尺寸为 ϕ24.978mm。尺寸圆整如下：

（1）确定公称尺寸 根据孔、轴实测尺寸查表 2-9，靠近又符合优先系列的标准尺寸只有 25mm，故将该配合的公称尺寸选为 ϕ25mm。

（2）确定基准制 通过结构分析可知，该配合为基孔制配合。

（3）确定极限　从技术资料得知，该配合件属单件小批生产。从工艺特点可知，单件小批生产时，零件尺寸靠近最大实体尺寸，即轴的尺寸靠近最大极限尺寸。该轴的尺寸为$\phi25_{-0.022}^{\ 0}$mm，故应靠近轴的基本偏差(上极限偏差)。查轴的基本偏差表，在25mm尺寸段内，最靠近-0.022mm的基本偏差值只有-0.020mm，其基本偏差代号为f。

（4）确定公差等级　根据配合件的作用、结构、工艺特征，并与同类零件比较，将轴的公差等级选为IT7。根据工艺等价性质，将孔的公差等级选为IT8。

综上选择得该配合孔轴的尺寸圆整为$\phi25$H8/f7。

2. 非常规设计的尺寸圆整

公称尺寸和尺寸公差不一定都是标准化的尺寸称为非常规设计的尺寸。

（1）非常规设计尺寸圆整的原则

1）功能尺寸、配合尺寸、定位尺寸允许保留一位小数，个别重要的尺寸可保留两位小数，其他尺寸圆整为整数。

2）将实测尺寸圆整为整数或须保留的小数位时，尾数删除应采用四舍六进五单双法，即逢四以下舍去，逢六以上进位，遇五则以保证偶数的原则决定进舍。

3）删除尾数时，只考虑删除位的数值，不得逐位删除。如35.456保留整数时，删除位为第一位小数4，根据四舍六进五单双法，圆整后应为35，不应逐位圆整成35.456→35.46→35.5→36。

4）尽量使圆整后的尺寸符合国家标准推荐的尺寸系列值。

（2）轴向功能尺寸的圆整　在大批大量生产条件下，零件的实际尺寸大部分位于零件公差带的中部，所以在圆整尺寸时，可将实测尺寸视为公差中值。同时尽量将公称尺寸按国家标准尺寸系列圆整为整数，并保证公差在IT9之内。公差值采用单向或双向，孔类尺寸取单向正公差，轴类尺寸取单向负公差，长度类尺寸采用双向公差。

【例2-4】　某轴向尺寸参与装配尺寸链计算，且属于轴类尺寸，实测长度为223.95mm，尺寸圆整如下：

1）确定公称尺寸。查标准尺寸系列表，确定公称尺寸为224mm。

2）确定公差数值。查标准公差数值表，得公称尺寸段内IT9级的公差数值为0.115mm，现取为0.10mm。

3）确定极限。将实测值视为公差中值，按轴类尺寸确定，得圆整尺寸及极限为$224_{-0.10}^{\ 0}$mm。

4）校核。公差值取0.10mm，在该尺寸段IT9公差之内且接近该公差值；实测尺寸为223.95mm，是$224_{-0.10}^{\ 0}$mm的公差中值，故圆整合理。

（3）非功能尺寸的圆整　非功能尺寸指一般公差的尺寸，包括功能尺寸以外的所有轴向尺寸和非配合尺寸。圆整这类尺寸，主要是合理确定公称尺寸，其原则如下：

1）保证尺寸的实测值在圆整后的尺寸公差范围之内，圆整后的公称尺寸符合国家标准所规定的优先系列数值。一般不带小数。

2）尺寸公差按国家标准 GB/T 1804—2000 规定的线性尺寸的极限偏差数值(见表 2-10)选择。

表 2-10 线性尺寸的极限偏差数值

(摘自 GB/T 1804—2000) (单位:mm)

公差等级	尺寸分段							
	0.5 ~ 3	>3 ~ 6	>6 ~ 30	>30 ~ 120	>120 ~ 400	>400 ~ 1000	>1000 ~ 2000	>2000 ~ 4000
f(精密级)	±0.05	±0.05	±0.1	±0.15	±0.2	±0.3	±0.5	—
m(中等级)	±0.1	±0.1	±0.2	±0.3	±0.5	±0.8	±1.2	±2
c(粗糙级)	±0.2	±0.3	±0.5	±0.8	±1.2	±2	±3	±4
v(最粗级)	—	±0.5	±1	±1.5	±2.5	±4	±6	±8

标准将这类尺寸的公差分为 f(精密级)、m(中等级)、c(粗糙级)、v(最粗级)四个等级，根据零件精度要求选用其中一级。该公差一般不必注在公称尺寸数值之后，而是在图样、技术文件或标准中作出总的说明即可。例如，常在零件图标题栏上方或技术要求内标明：未注公差尺寸按 GB/T 1804—2000 制造和验收。

第三节 几何公差及表面粗糙度的确定

一、几何公差的确定

零件的形状和位置误差直接影响机器的装配性能和精度，还会影响机器的工作精度、使用寿命等。保证形状和位置精度是零件加工、机器制造的关键技术，必须给予高度重视。在零件测绘时，对有配合要求和影响配合质量的表面都应提出形状或位置精度要求。

1. 几何公差项目的确定

1）首先要从保证零件设计性能和使用要求确定几何公差项目。

2）从各种典型零件的多种加工方法出现的误差种类确定几何公差项目。

3）查阅机械零件设计手册或资料中有关零件或结构要求的几何公差项目来确定。

4）参考同类型产品图样确定几何公差项目。

2. 几何公差数值的选用

1）根据零件的功能要求，考虑加工的经济性和零件的结构、刚性等情况，按各种几何公差值表的数系确定表面的公差数，并考虑下列情况：

① 同一表面上的形状公差值应小于位置公差值，如两平面的平面度公差值应小于两平面的平行度公差值。

② 圆柱形零件的形状公差值(轴线的直线度除外)，一般情况下应小于其尺寸公差值。形状公差与尺寸公差的大致比例关系见表2-11。

表2-11　形状公差与尺寸公差的大致比例关系

尺寸公差等级	孔　或　轴	形状公差占尺寸公差的百分比
IT5	孔	20%~67%
	轴	33%~67%
IT6	孔	20%~67%
	轴	33%~67%
IT7	孔	20%~67%
	轴	33%~67%
IT8	孔	20%~67%
	轴	33%~67%
IT9	孔、轴	20%~67%
IT10	孔、轴	20%~67%
IT11	孔、轴	20%~67%
IT12	孔、轴	20%~67%
IT13	孔、轴	20%~67%
IT14	孔、轴	20%~50%
IT15	孔、轴	20%~50%
IT16	孔、轴	20%~50%

③ 平行度公差值应小于相应的距离公差值。

④ 形状公差值一般大于表面粗糙度值。形状公差值与表面粗糙度参数及其数值的关系见表2-12。

表2-12　形状公差与表面粗糙度参数及其数值的关系

形状公差 t 占尺寸公差 T 的百分比 t/T(%)	表面粗糙度参数数值占尺寸公差的百分比 Ra/T(%)
≈60	≤5
≈40	≤2.5
≈25	≤1.2

2）考虑到加工的难易程度和除主参数外其他参数的影响，在满足零件功能要求的前提下，下列情况可适当降低1~2级几何公差等级：

① 孔相对于轴。

② 细长比较大的轴或孔。

③ 距离较大的轴或孔。

④ 宽度较大(一般大于1/2长度)的零件表面。

⑤ 线对线和线对面相对于面对面的平行度。

⑥ 线对线和线对面相对于面对面的垂直度。

3）有些零件制定了专用的公差标准(不能误用一般标准)，如齿轮、蜗轮蜗杆、花键、带轮等，可查阅机械零件设计手册或有关资料，选用标准规定的几何公差项目及公差数值。

4）未注几何公差表面的几何公差数值应符合国家标准 GB/T 1184—1996 的规定。

二、表面粗糙度的确定

表面粗糙度是零件表面的微观几何形状误差。它影响零件的耐磨性、配合性、抗疲劳性、接触刚度及耐腐蚀性。因此，正确确定零件表面粗糙度也是测绘过程中的一项重要内容。

1. 确定表面粗糙度参数

表面粗糙度的评定参数有 *Ra*、*Rz*。实际使用时可选用一个参数，也可同时选用两个。其中，参数 *Ra* 较能客观地反映表面微观几何形状特征，因此得到广泛应用，国家标准也推荐优先选用 *Ra*。

2. 确定表面粗糙度的方法

确定表面粗糙度的方法很多，测绘中常用的方法有比较法、仪器测量法及类比法。比较法和仪器测量法适用于确定无磨损或磨损极小的零件表面粗糙度；磨损严重的零件表面只能用类比法来确定，对于零件的内部表面，可采用印模法测量后再确定。

(1) 比较法　比较法是将被测表面与已知高度特征参数值的粗糙度样板相比较，通过人的视觉和触觉，亦可借助放大镜来判断被测表面的粗糙度。比较时，所用的粗糙度样板的材料、形状和加工工艺尽可能与被测表面相同，这样可以减少误差，提高判断的准确性。这种方法比较简便，并适合在现场使用，但需要操作者有一定的经验。

(2) 仪器测量法　仪器测量法是利用表面粗糙测量仪器确定被测表面粗糙度数值的，常用的测量仪器有如下几种：

1）光切显微镜。光切显微镜又称双管显微镜，可用于测量车、铣、刨及其他类似方法加工的金属外表面的轮廓最大高度 *Rz* 值。测量范围一般为 *Rz* 0.8～100μm。

2）干涉显微镜。干涉显微镜是利用光干涉原理测量表面粗糙度的仪器。主要测量 Rz。测量范围一般为 Rz0.05～0.8μm。

3）电动轮廓仪。电动轮廓仪是一种接触式测量表面粗糙度的仪器。它的最大优点是能直接读出被测表面的轮廓算术平均偏差 Ra 值，能够测量平面、轴、孔和圆弧面等各种形状的表面粗糙度。它的测量范围为 Ra0.01～5μm，高精度轮廓仪的分辨力可达0.5nm。

(3) 类比法　类比法是根据被测表面的粗糙度情况以及作用、加工方法、运动状态等特征，查阅经验统计资料来确定表面粗糙度数值的方法。常见的经验统计资料有：轴和孔的表面粗糙度参数及其数值推荐值见表2-13。表面粗糙度的表面特征、经济加工方法及应用举例见表2-14。

在用类比法确定表面粗糙度数值时，还应考虑以下因素：

表2-13　轴和孔的表面粗糙度参数及其数值推荐值

<table>
<tr><th colspan="3">应用场合</th><th colspan="6">Ra/μm</th></tr>
<tr><th rowspan="2">示例</th><th rowspan="2">公差等级</th><th rowspan="2">表面</th><th colspan="6">公称尺寸/mm</th></tr>
<tr><th colspan="3">≤50</th><th colspan="3">>50～500</th></tr>
<tr><td rowspan="8">经常装拆零件的配合表面（如挂轮、滚刀等）</td><td rowspan="2">IT5</td><td>轴</td><td colspan="3">≤0.2</td><td colspan="3">≤0.4</td></tr>
<tr><td>孔</td><td colspan="3">≤0.4</td><td colspan="3">≤0.8</td></tr>
<tr><td rowspan="2">IT6</td><td>轴</td><td colspan="3">≤0.4</td><td colspan="3">≤0.8</td></tr>
<tr><td>孔</td><td colspan="3">≤0.8</td><td colspan="3">≤1.6</td></tr>
<tr><td rowspan="2">IT7</td><td>轴</td><td colspan="3" rowspan="2">≤0.8</td><td colspan="3" rowspan="2">≤1.6</td></tr>
<tr><td>孔</td></tr>
<tr><td rowspan="2">IT8</td><td>轴</td><td colspan="3">≤0.8</td><td colspan="3">≤1.6</td></tr>
<tr><td>孔</td><td colspan="3">≤1.6</td><td colspan="3">≤3.2</td></tr>
<tr><td rowspan="8">过盈配合的配合表面
1）用压力机装配
2）用热孔法装配</td><td rowspan="2">IT5</td><td>轴</td><td colspan="2">≤0.2</td><td colspan="2">≤0.4</td><td colspan="2">≤0.4</td></tr>
<tr><td>孔</td><td colspan="2">≤0.4</td><td colspan="2">≤0.8</td><td colspan="2">≤0.8</td></tr>
<tr><td>IT6</td><td>轴</td><td colspan="2">≤0.4</td><td colspan="2">≤0.8</td><td colspan="2">≤1.6</td></tr>
<tr><td>IT7</td><td>孔</td><td colspan="2">≤0.8</td><td colspan="2">≤1.6</td><td colspan="2">≤1.6</td></tr>
<tr><td rowspan="2">IT8</td><td>轴</td><td colspan="2">≤0.8</td><td colspan="2">≤1.6</td><td colspan="2">≤3.2</td></tr>
<tr><td>孔</td><td colspan="2">≤1.6</td><td colspan="2">≤3.2</td><td colspan="2">≤3.2</td></tr>
<tr><td rowspan="2">IT9</td><td>轴</td><td colspan="2">≤1.6</td><td colspan="2">≤1.6</td><td colspan="2">≤1.6</td></tr>
<tr><td>孔</td><td colspan="2">≤3.2</td><td colspan="2">≤3.2</td><td colspan="2">≤3.2</td></tr>
<tr><td rowspan="4">滑动轴承的配合表面</td><td rowspan="2">IT6～IT9</td><td>轴</td><td colspan="6">≤0.8</td></tr>
<tr><td>孔</td><td colspan="6">≤1.6</td></tr>
<tr><td rowspan="2">IT10～IT12</td><td>轴</td><td colspan="6">≤3.2</td></tr>
<tr><td>孔</td><td colspan="6">≤3.2</td></tr>
<tr><td rowspan="4">精密定心零件的配合表面</td><td rowspan="2">公差等级</td><td rowspan="2">表面</td><td colspan="6">径向圆跳动/μm</td></tr>
<tr><td>2.5</td><td>4</td><td>6</td><td>10</td><td>16</td><td>25</td></tr>
<tr><td rowspan="2">IT5～IT8</td><td>轴</td><td>≤0.05</td><td>≤0.1</td><td>≤0.1</td><td>≤0.2</td><td>≤0.4</td><td>≤0.8</td></tr>
<tr><td>孔</td><td>≤0.1</td><td>≤0.2</td><td>≤0.2</td><td>≤0.4</td><td>≤0.8</td><td>≤1.0</td></tr>
</table>

表 2-14 表面粗糙度的表面特征、经济加工方法及应用举例

（单位：μm）

表面微观特性		*Ra*	加工方法	应用举例
粗糙表面	可见刀痕	>20～40	粗车、粗刨、粗铣、钻、毛锉、锯断	半成品粗加工过的表面，非配合的加工表面，如轴端面、倒角、钻孔、齿轮带轮侧面、键槽底面、垫圈接触面等
	微见刀痕	>10～20		
半光表面	微见加工痕迹	>5～10	车、刨、铣、镗、钻、粗铰	轴上不安装轴承、齿轮处的非配合表面，紧固件的自由装配表面，轴和孔的退刀槽等
	微见加工痕迹	>2.5～5	车、刨、铣、镗、磨、拉、粗刮、滚压	半精加工表面，箱体、支架、盖面、套筒等和其他零件结合而无配合要求的表面，需要法兰的表面等
	看不清加工痕迹	>1.25～2.5	车、刨、铣、镗、磨、拉、刮、压、铣齿	接近于精加工表面，箱体上安装轴承的镗孔表面，齿轮的工作面
光表面	可辨加工痕迹方向	>0.63～1.25	车、镗、磨、拉、刮、精铰磨齿、滚压	圆柱销、圆锥销、与滚动轴承配合的表面、卧式车床导轨面，内、外花键定心表面等
	微辨加工痕迹方向	>0.32～0.63	精铰、精镗、磨、刮、滚压	要求配合性质稳定的配合表面，工作时受交变应力作用的重要零件，较高精度车床的导轨面
	不可辨加工痕迹方向	>0.16～0.32	精磨、珩磨、研磨、超精加工	精密机床主轴锥孔，顶尖圆锥面，发动机曲轴、凸轮轴工作表面，高精度齿轮齿面
极光表面	暗光泽面	>0.08～0.16	精磨、研磨、普通抛光	精密机床主轴颈表面，一般量规工作表面，气缸套内表面，活塞销表面等
	亮光泽面	>0.04～0.08	超精磨、精抛光、镜面磨削	精密机床主轴颈表面，滚动轴承的滚珠，高压液压泵中柱塞间配合的表面
	镜状光泽面	>0.01～0.04		
	镜面	≤0.01	镜面磨削、超精研	高精度量仪、量块的工作表面，光学仪器中的金属镜面

1）同一零件上，工作表面的粗糙度值应小于非工作表面上的粗糙度值。

2）摩擦表面的粗糙度值应小于非摩擦表面的粗糙度值，滚动摩擦表面的粗糙度值应小于滑动摩擦表面的粗糙度值。

3）运动速度高、单位面积压力大的表面，以及受交变应力作用的重要零件上的圆角、沟槽的表面粗糙度值均应小些。

4）配合性质要求越稳定，配合表面的粗糙度值应越小；配合性质相同时，小尺寸结合面的粗糙度值应小于大尺寸结合面的粗糙度值；同一公差等级的轴的粗糙度值应小于孔的粗糙度值。

5）表面粗糙度值应与尺寸公差、形状公差相协调。一般情况下，尺寸公差、形状公差小的表面，其粗糙度值也小。它们之间的比例关系可见表 2-12。

6）防腐性、密封性要求高，外表美观的表面，其粗糙度值应小些。

7）凡有关标准已对表面粗糙度要求作出规定的表面，如与滚动轴承配合的轴颈和孔、键槽、齿轮、带轮的主要表面等，应按标准确定表面粗糙度参数项目及数值。

第四节　被测零件材料的鉴定及其热处理方法的选用

一、被测零件材料的鉴定

在测绘过程中，鉴定被测零件材料通常应用以下方法：

(1) 化学分析法　通过取样，并用化学分析的手段，对零件材料的成分及含量进行定量分析。测绘中，常用刀片在零件非重要表面上刮下少许金属屑(取样)，然后送实验室进行化验分析。

(2) 光谱分析法　根据金属材料各元素的光谱特征，用光谱分析仪鉴定零件材料的组成元素，但用此法不能确定各元素的含量。

(3) 外观判断法　观察零件表面的颜色、光泽，敲击零件听其响音，手摸表面感觉光滑情况等。如钢铁呈黑色，青铜呈青紫色，黄铜色泽黄亮，铜合金呈红黄，铅合金及铝合金则呈银白色，铸铁色泽灰白；钢材声音清脆且有余音，铸铁声音闷实；铸铁手感涩粗，钢材及有色金属加工表面手感光细且有加工纹路。

(4) 硬度鉴定法　一般多在硬度机上鉴定，对于大型零件，可用锤击式简易布氏硬度试验器(见图2-4)进行鉴定，对于不重要的零件，可在现场用锉刀试验法及划针试验法来测定。

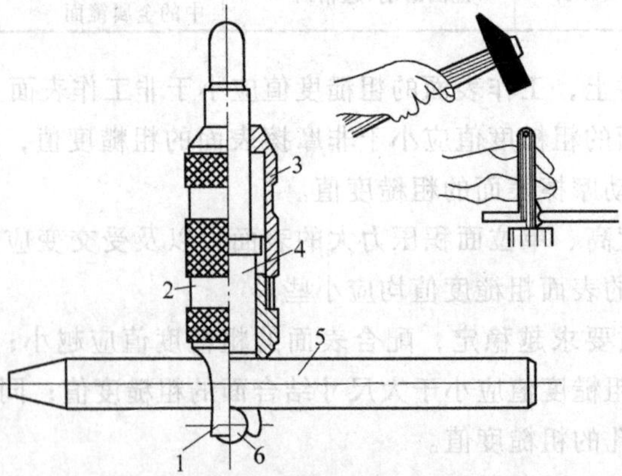

图2-4　锤击式简易布氏硬度试验器

1—球帽　2—握持器　3—弹簧　4—锤击杆　5—标准试样　6—压头球

1) 锤击式简易布氏硬度试验器的操作方法。试验时，将标准试样插入试验器内，用手握住握持器，使钢球紧贴试件表面并与试件表面垂直。用锤子锤击杆顶端，在标准试样和工件上各留下一个压痕，量出压痕直径，便可在预制的对照表(见表2-15)中查出布氏硬度值。

2）锉刀试验法。一般选用一把长为200mm以上的新细牙碳素工具钢锉刀，用手握紧锉刀，在零件边缘用力平推，再根据手感和响声作出如下判断：

若手感硬而滑，并发出清脆的打滑声，说明零件的硬度比锉刀的硬度高，一般在55HRC以上，属高硬度。

表2-15 压痕直径与布氏硬度对照表

压痕直径 d/mm	HBW	压痕直径 d/mm	HBW	压痕直径 d/mm	HBW
2.50	601	3.68	272	4.56	174
2.55	578	3.70	269	4.58	172
2.60	555	3.72	266	4.60	170
2.65	534	3.74	263	4.62	169
2.70	514	3.76	260	4.64	167
2.75	495	3.78	257	4.66	166
2.80	477	3.80	255	4.68	164
2.85	461	3.82	252	4.70	163
2.90	444	3.84	249	4.72	161
2.95	429	3.86	246	4.74	160
3.00	415	3.88	244	4.76	158
3.02	409	3.90	241	4.78	157
3.04	404	3.92	239	4.80	156
3.06	398	3.94	236	4.82	154
3.08	393	3.96	234	4.84	153
3.10	388	3.98	231	4.86	152
3.12	383	4.00	229	4.88	150
3.14	378	4.02	226	4.90	149
3.16	373	4.04	224	4.92	148
3.18	368	4.06	222	4.94	146
3.20	363	4.08	219	4.96	145
3.22	359	4.10	217	4.98	144
3.24	354	4.12	215	5.00	143
3.26	350	4.14	213	5.05	140
3.28	345	4.16	211	5.10	137
3.30	341	4.18	209	5.15	134
3.32	337	4.20	207	5.20	131
3.34	333	4.22	204	5.25	128
3.36	329	4.24	202	5.30	126
3.38	325	4.26	200	5.35	123
3.40	321	4.28	198	5.40	121
3.42	317	4.30	197	5.45	118
3.44	313	4.32	195	5.50	116
3.46	309	4.34	193	5.55	114
3.48	306	4.36	191	5.60	111
3.50	302	4.38	189	5.65	109
3.52	298	4.40	187	5.70	107
3.54	295	4.42	185	5.75	105
3.56	292	4.44	184	5.80	103
3.58	288	4.46	182	5.85	101
3.60	285	4.48	180	5.90	99.2
3.62	282	4.50	179	5.95	97.3
3.64	278	4.52	177	6.00	95.5
3.66	275	4.54	175		

若手感有硬度，但锉刀切削量很少，零件表面留有微小锉刀印，并发出较低的响声，说明零件属中硬度范围，一般在30~50HRC。

若手感锉刀阻力大，表面上留有明显的锉刀印，且伴有沉重的切削声，说明零件为低硬度。

这种方法只能判断硬度的大体范围。若能用已知不同硬度的多把锉刀进行试锉，准确性要好些。

另外，还可以加工一组不同硬度的划针，通过划试来判断零件的硬度。

（5）火花鉴定法　利用零件在砂轮上磨削时，形成的火花特征来确定零件的材料。

1）低碳钢的火花特征。碳的质量分数在0.25%以下的低碳钢的火花特征为一次花。图2-5a为15钢的火花，整个火束呈草黄带红，发光适中。流线稍多、较长，自根部起逐渐膨胀粗大，至尾部又逐渐收缩，尾部下垂成半弧形。花量不多，爆花为四根分叉一次花，呈星形，芒线较粗。

2）中碳钢的火花特征。碳的质量分数在0.25%~0.60%的中碳钢的火花特征为二次花。图2-5b为40钢的火花。整个火束呈黄色，发光明亮。流线多而细长，尾部直挺，尖端有分叉现象。爆花为多根分叉二次花，附有节点，芒线清晰，有较多的小花及花粉产生，并开始出现不完全的两层复花，火花盛开，射力较大，花量较多，约占整个火束的3/5以上。

3）高碳钢的火花特征。碳的质量分数在0.60%以上的高碳钢的火花特征为三次花与多次花。图2-5c为65钢的火花。整个火束呈黄色，其光度，根部暗、中部明亮、尾部次之。流线多而细，射力很强。爆花为多根分叉二三次爆裂三层复花，花量多而拥挤，占整个火束的3/4以上。芒线细长而量多，间距密，芒线间夹杂有更多的花粉。

4）铬钢的火花特征。图2-5d是7Cr3的火花，铬元素可助长爆花产生，在一定范围内，铬的含量越多，产生的爆花也越多。铬元素还能使火束趋向明亮，火花爆裂活跃而正规，花状呈大星形，分叉多而细，附有很多碎花粉。

5）锰钢的火花特征。锰元素是助长火花爆裂最强的元素，当钢中锰的质量分数为1%~2%时，其火花形式与碳钢相似，但它的明显特征是全体爆花呈星形，爆花核心较大，成为白亮的节点，爆裂强度大于碳钢。其花形较大，呈黄色，且光度较亮，杂有很多花粉。芒线稍细而长，流线也较多且粗长。图2-5e为锰钢火花。

6）高速工具钢的火花特征。钨元素对火花爆裂有抑制作用，使爆裂几乎不发生。钨的存在使流线呈暗红色并有细花，在流线尾端产生狐尾花是钨的典型特征。图2-5f是W18Cr4V的火花，其火束细长，呈赤橙色，发光极暗弱。因受钨的影响，几乎无火花爆裂，仅在尾部略有三四处分叉爆裂，花量极少。流线根部和中部呈断续状态，有时呈波浪形，尾部膨胀下垂，形成点状狐尾花。

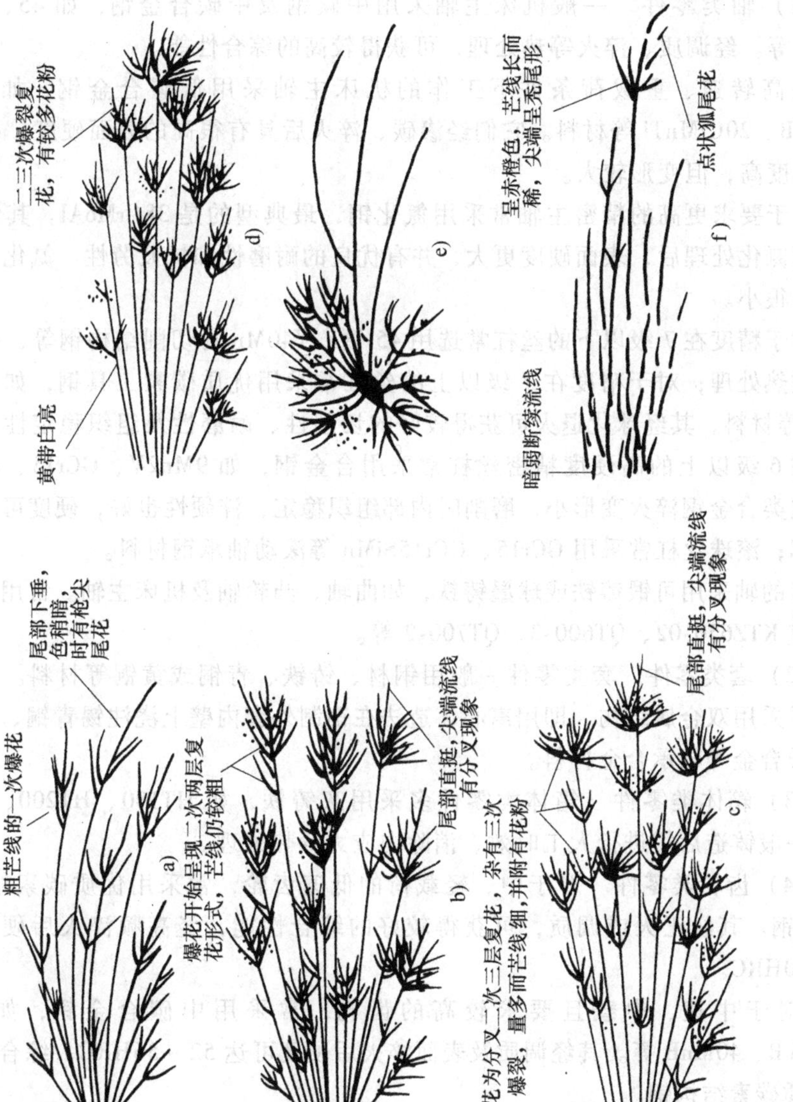

图 2-5 钢的火花

a) 低碳钢火花 b) 中碳钢火花 c) 高碳钢火花 d) 铬钢火花 e) 锰钢火花 f) 高速工具钢火花

二、被测零件材料及其热处理方法的选用

选择材料的基本原则是在满足零件使用性能的前提下，尽可能选用工艺性能优良、成本低廉的材料。典型零件常用材料及其热处理的方法推荐如下：

（1）轴类零件　一般机床主轴采用中碳钢及中碳合金钢，如 45、40Cr、50Mn2 等。经调质、淬火等热处理，可获得较高的综合性能。

在高转速、重载荷条件下工作的机床主轴采用低碳合金钢，如 20Cr、20MnVB、20CrMnTi 等材料。它们经渗碳、淬火后具有很高的表面硬度，冲击韧度和强度高，但变形较大。

对于要求更高的精密主轴常采用氮化钢，最典型的是 38CrMoAl。其经调质和表面氮化处理后，表面硬度更大，并有优良的耐磨性和抗疲劳性。氮化处理的钢变形很小。

对于精度在 7 级以下的丝杠常选用 45 钢、Y40Mn 易切削结构钢等，一般采用调质热处理；对于精度在 7 级以上的丝杠常采用优质碳素工具钢，如 T10A、T12A 等材料，其经球化退火可获得较好的切削性、耐磨性及组织稳定性；对于精度在 6 级以上的高硬度精密丝杠常采用合金钢，如 9Mn2V、GCr15、CrWMn 等，这类合金钢淬火变形小，磨削时内部组织稳定，淬硬性也好，硬度可达58 ~ 62HRC；滚珠丝杠常采用 GCr15、GCr15SiMn 等滚动轴承钢材料。

有的轴采用可锻铸铁或球墨铸铁，如曲轴、凸轮轴及机床主轴。常用的铸铁牌号有 KTZ650-02、QT600-3、QT700-2 等。

（2）套类零件　套类零件一般用钢材、铸铁、青铜或黄铜等材料。有些滑动轴承采用双金属结构，即用离心铸造法在钢制外套内壁上浇注锡青铜、铅青铜或巴氏合金等轴承合金材料。

（3）箱体类零件　箱体类零件多采用灰铸铁，如 HT150、HT200、HT250 等。一般铸造后需进行人工时效、消除内应力等热处理。

（4）齿轮类零件　对于中、轻载荷的低速齿轮，常采用优质碳素结构钢，如 45 钢。其经正火或调质，可获得较好的综合性能，经高频淬火后硬度可达 45 ~ 50HRC。

对于中速、中载且要求较高的齿轮，常采用中碳合金钢，如 40Cr、40MnVB、40MnB 等。其经调质及表面淬火后硬度可达 52 ~ 56HRC，综合性质优于优质碳素结构钢。

对于高速、重载、冲击大的齿轮，常用渗碳、渗氮钢，如 20Cr、20CrMnTi、20Mn2B、38CrMoAl 等。渗碳钢经渗碳、淬火后硬度可达 58 ~ 64HRC，氮化钢经氮化后硬度可达 1000 ~ 2000HV。

低速、轻载、无冲击的齿轮可采用铸铁，如 HT200、HT300 等。

冶金、矿山机械的重型齿轮常采用 Si-Mn 钢制造，如 35SiMn、42SiMn、37SiMn2MoV 等。一般经正火或调质制成软齿面齿轮，与硬齿面的小齿轮配对，获得较长的使用寿命。

（5）标准件　螺栓、螺钉、垫圈、销钉、键以及弹簧等基本标准化零件由专业厂生产，一般可通过查阅有关手册得知其材料及热处理规范。

综合零件的结构特点、工作情况、使用要求，和对其材料、硬度的鉴定结果，以及参考典型零件常用材料及热处理和金属材料牌号及应用表，即可确定被测零件的材料及热处理规范。

复习思考题

1. 测绘机械零件时应注意哪些事项？
2. 何谓尺寸圆整？尺寸圆整包括哪些内容？
3. 测绘工作中，有哪些尺寸圆整的方法？
4. 用测绘圆整法圆整尺寸时，如何确定孔或轴的公称尺寸？
5. 用测绘圆整法圆整尺寸时，如何确定孔或轴的公差值及上、下极限偏差值？
6. 测得某对配合轴、孔的实际尺寸分别为 ϕ39.94mm 和 ϕ40.15mm，试用测绘圆整法对该配合的轴、孔进行尺寸圆整。
7. 用类比法圆整尺寸时，如何确定基准制？
8. 用类比法圆整尺寸选择尺寸公差时，应考虑哪些因素？
9. 用类比法圆整尺寸选择配合时，应考虑哪些因素？
10. 用设计圆整法，对常规设计的零件怎样进行尺寸圆整？
11. 用设计圆整法，对非常规设计的尺寸进行圆整时，应按照哪些原则进行？
12. 根据非常规设计尺寸圆整原则，对下列尺寸进行整数圆整：

    35.48、34.52、35.74、35.52。
13. 测绘中怎样确定零件的几何公差项目？
14. 确定零件几何公差时，有哪些基本原则？
15. 用类比法确定零件表面粗糙度时，应考虑哪些因素？
16. 用锉刀怎样鉴定零件的硬度？
17. 试述常见钢材在砂轮上打磨的火花特征。

第三章

轴套类零件的测绘

培训学习目标 能正确分析轴套类零件的功能及结构。掌握轴套类零件的测绘技能。

第一节 轴套类零件测绘基础

一、轴套类零件的功能及结构

轴类零件的主要作用：支承传动零件，传递动力和运行，保证装在轴上的零件具有一定的位置精度和运行精度。

轴类零件的结构：轴类零件一般是同轴线的回转体零件，其长度大于直径，在回转体上通常以内、外圆柱面，内、外圆锥面，螺纹面，键槽，花键等形式表现。

套类零件的主要作用：支承和导向。

套类零件的结构：套类零件主要由较高同轴度要求的内、外圆表面组成，其壁厚往往较薄，易产生变形，轴向尺寸大于外圆直径。

二、轴套类零件的视图表达及尺寸标注

轴套类零件的视图表达及尺寸标注必须严格遵循“机械制图”的国家标准。

1. 视图表达

1）轴套类零件的主体为回转体，常用一个基本视图来表达。零件水平放置，大头在左或按工作位置放置，尽量把孔、槽的外形朝向视线，以便表达出它们的外轮廓形状。

2）对于轴套上的孔、槽等结构，一般辅以断面图、局部剖视图、局部视图

作补充表达。

3）重要的退刀槽、圆角等细小结构，常用局部放大图表达。

4）外形简单，且以表达内部形状为主时，可采用全剖视图、半剖视图或局部剖视图表达。

2. 尺寸标注

1）回转轴线是轴套类零件直径方向的主要基准，端面是长度方向的主要基准。由于零件在机器中的作用不同，可选择某些阶梯轴的轴肩作为长度方向的尺寸基准。

2）一个零件上的尺寸不能少标，也不能多标。少标尺寸，零件无法制造；多标尺寸，零件制造时会引起混乱。

3）已标准化的结构，如倒角、倒圆、退刀槽、越程槽、链槽等，应按标准化尺寸标注。

三、轴套类零件的技术要求

1. 轴类零件的技术要求

（1）尺寸精度　主要是指轴的直径尺寸精度和长度尺寸精度。根据使用要求，主要轴颈直径尺寸的公差等级通常为 IT6 ~ IT9，特别精密的轴颈为 IT5。长度尺寸精度一般按未注公差尺寸的要求，台阶轴各台阶的长度要求较高时，其公差约为 0.05 ~ 0.2mm。

（2）几何形状精度　主要是指轴颈的几何形状精度（圆度、圆柱度），一般应限制在直径公差范围内。对几何形状精度要求较高时，可在零件图上标注出形状公差。

（3）位置精度　主要是指装配传动件的配合轴颈与装配轴承的支承轴颈的同轴度。这是轴类零件相互位置精度的较普遍要求。普通精度的轴，配合轴颈对支承轴颈的同轴度一般为 0.01 ~ 0.03mm；高精度的轴，同轴度为 0.001 ~ 0.005mm。

（4）表面粗糙度　配合轴颈的表面粗糙度值为 $Ra1.6 \sim 0.4\mu m$，支承轴颈的表面粗糙度值为 $Ra0.1 \sim 0.04\mu m$，一般非配合表面约为 $Ra6.3 \sim 1.6\mu m$。

（5）其他　确定能够满足使用要求、有较好加工工艺性的材料，提出必要的热处理要求和检验要求等。

2. 套类零件的技术要求

套类零件的主要表面是内孔和外圆，其主要技术要求如下：

（1）内孔　内孔是套类零件起支承或导向作用最主要的表面，通常它与运动着的轴、活塞相配合。内孔直径的尺寸公差等级一般为 IT7，精密轴套的内孔取 IT6，液压缸的内孔一般取 IT8。

内孔的形状精度应控制在孔径公差范围内。对于某些精密轴套的内孔可控制在孔径公差的1/3～1/2范围内。长套筒零件对孔应有圆柱度要求。

内孔的表面粗糙度值一般为$Ra1.6 \sim 0.1\mu m$。要求高的内孔，表面粗糙度值可达$Ra0.04\mu m$。

（2）外圆　外圆表面是套类零件本身的支承面，常以过盈配合或过渡配合与箱体或机架上的孔相连接。外圆外径的公差等级通常为IT6～IT7；形状精度控制在外圆外径公差范围以内；表面粗糙度值为$Ra3.2 \sim 0.4\mu m$。对于长套筒零件，其外圆往往作为加工内孔时的辅助定位基准，因此对外圆提出更高的外径公差和形状公差要求。

（3）内外圆之间的同轴度　当内孔的最终加工是将套压入箱体或机座后进行时，套内外圆间的同轴度要求较低；若套的最终加工是在装配前完成时，内外圆的同轴度要求较高，一般为0.01～0.05mm。

（4）孔轴线与端面的垂直度　套的端面在工作时若承受轴向载荷，或在加工中作为定位基准面时，则端面与孔轴线的垂直度要求都较高，一般为0.02～0.05mm。

（5）其他　确定能够满足使用要求、有较好加工工艺性的材料，提出必要的热处理要求和检验要求等。

第二节　轴套类零件的测绘方法

轴套类零件中有许多结构已标准化，测绘时可查阅有关技术资料，选用标准化结构形式和尺寸绘制图样，有些结构应通过测量计算后绘制，如轴套上的凸轮、锥体、孔槽等。

一、大尺寸或不完整孔、轴直径的测量方法

1. 弦长弓高法

用游标卡尺测出弦长L和弓高H，如图3-1所示。用下式计算出半径R或直径D，即

$$R = \frac{L^2}{8H} + \frac{H}{2}$$

$$D = \frac{L^2}{4H} + H$$

【例3-1】　已知游标卡尺的卡爪端面到尺身的距离为22mm，尺身紧贴圆弧表面，测出的弦长读数为122mm，求圆弧半径R和圆柱直径D。

解　$R=\frac{L^2}{8H}+\frac{H}{2}=\frac{122^2}{8\times22}\text{mm}+\frac{22}{2}\text{mm}$

$=95.57\text{mm}$

$D=\frac{L^2}{4H}+H=\frac{122^2}{4\times22}\text{mm}+22\text{mm}$

$=191.24\text{mm}$

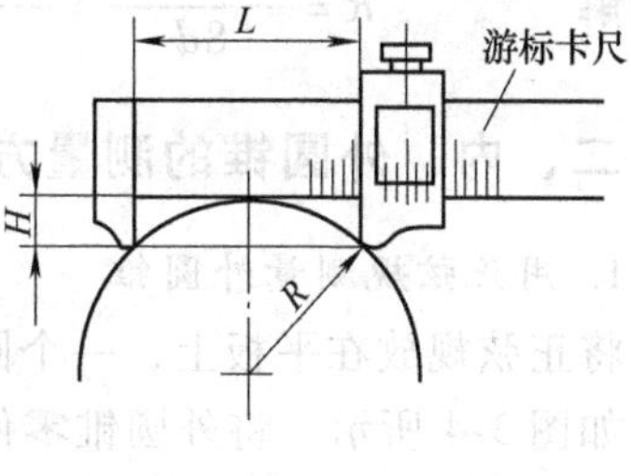

图 3-1　弦长弓高法测量直径示意图

2. 量棒测量法

1）将三个等直径量棒按图 3-2 所示放置，用深度游标卡尺测出三量棒上素线间的高度差 H，用下式计算孔的直径或内圆弧的半径 R，即

$$D=\frac{d(d+H)}{H}$$

$$R=\frac{d(d+H)}{2H}$$

【例 3-2】　已知三个等直径量棒的直径 $d=20\text{mm}$，深度游标卡尺测得的读数 $H=2.3\text{mm}$，求内圆弧半径 R。

解　$$R=\frac{d(d+H)}{2H}=\frac{20(20+2.3)}{2\times2.3}\text{mm}=96.96\text{mm}$$

2）将两个等直径量棒按图 3-3 所示放置，用游标卡尺测出两量棒的外侧跨距 L，用下式计算轴径 D 或外圆弧半径 R，即

$$R=\frac{(L-d)^2}{8d}$$

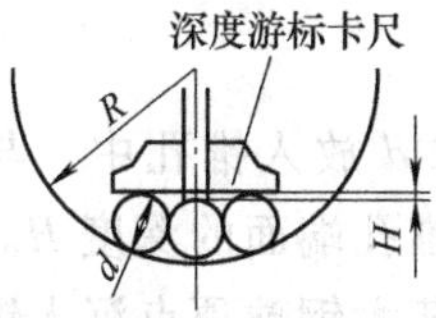

图 3-2　量棒测量法测量孔径示意图

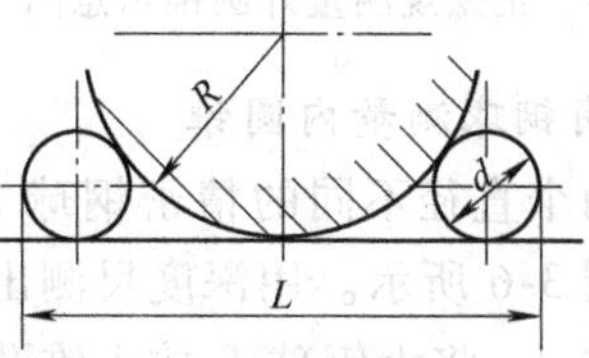

图 3-3　量棒测量轴径示意图

$$D=\frac{(L-d)^2}{4d}$$

【例 3-3】　已知两等直径量棒的直径 $d=25.4\text{mm}$，游标卡尺测出两量棒外侧跨距 $L=158.699\text{mm}$，求外圆弧半径 R。

解 $$R=\frac{(L-d)^2}{8d}=\frac{(158.699-25.4)^2}{8\times25.4}\text{mm}=87.444\text{mm}$$

二、内、外圆锥的测量方法

1. 用正弦规测量外圆锥

将正弦规放在平板上，一个圆柱与平板接触，另一圆柱下垫适当厚度的量块组，如图3-4所示。将外圆锥零件放置在正弦规工作平面上，用百分表检查圆锥上素线，调整量块组直到上素线与平板面平行为止。用下式计算外圆锥的圆锥角 α，即

$$\alpha=\arcsin\frac{H}{L}$$

2. 用量棒、等高块测量外圆锥

先把外圆锥零件和两个等直径量棒按图3-5所示放置在平板上，测出量棒两外侧跨距尺寸 l，然后将两量棒放置在两等高块上，测出其跨距 L，用下式计算外圆锥的圆锥角 α，即

$$\alpha=2\arctan\frac{L-l}{2H}$$

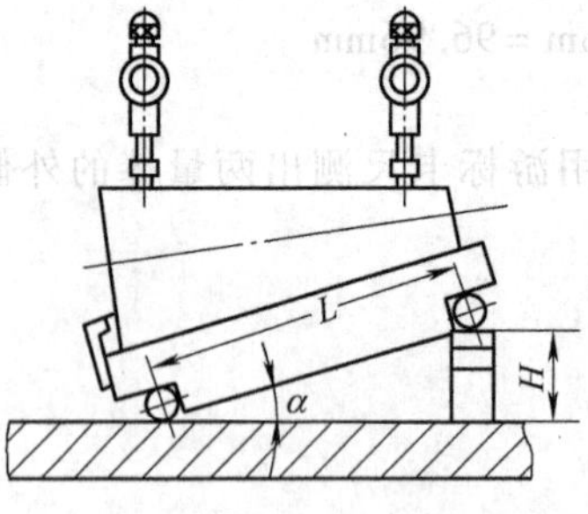

图3-4 正弦规测量外圆锥示意图

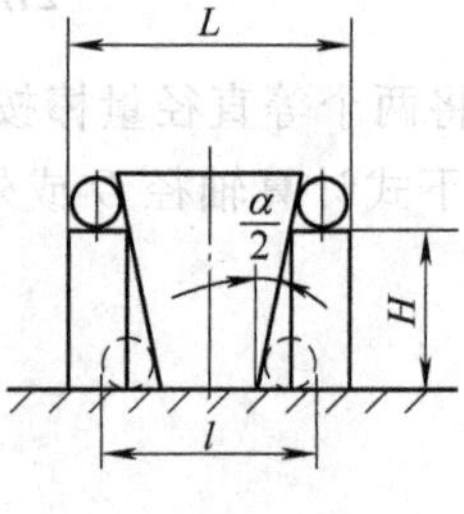

图3-5 量棒、等高块测量外圆锥示意图

3. 用钢球测量内圆锥

选两个直径不同的精密钢球 D 和 d。先将小钢球 d 放入锥孔中，与锥孔贴紧，如图3-6所示。用深度尺测出小钢球 d 的顶点到锥孔端面的深度 H。然后取出小钢球 d，将大钢球 D 放入锥孔，并与锥孔贴紧。若大钢球顶点沉入锥孔端面之下，则测出其顶点到锥孔端面的深度 h，如图3-6a所示；若大钢球顶点露在锥孔端面之上，则测出大钢球顶点到锥孔端面的高度 h，如图3-6b所示。

当大钢球顶点沉入锥孔端面时，锥孔的圆锥半角为

$$\frac{\alpha}{2}=\arcsin\frac{D-d}{2(H-h)+d-D}$$

当大钢球顶点露出锥孔端面时，锥孔的圆锥半角为

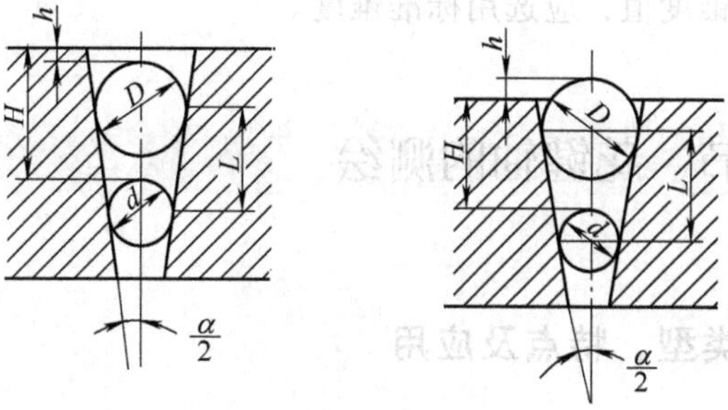

a) b)

图 3-6 钢球测量内圆锥孔示意图

$$\frac{\alpha}{2}=\arcsin\frac{D-d}{2(H+h)+d-D}$$

在上述两种情况下，锥孔大端直径 $D_{孔}$ 都可用下式计算，即

$$D_{孔}=(2H+d)\tan\frac{\alpha}{2}+\frac{d}{\cos\frac{\alpha}{2}}$$

在机械图样中锥度常用比例式表示，如 1∶20。测出圆锥体的圆锥角 α 之后，其锥度 c 用下式计算，即

$$c=2\tan\frac{\alpha}{2}=1:\frac{1}{2}\cot\frac{\alpha}{2}$$

【例 3-4】 用直径分别为 $S\phi20$mm、$S\phi12$mm 的钢球测一锥孔时，深度游标卡尺的读数分别为 24.5mm 和 2.2mm，试计算锥孔的锥度 c 及锥孔大端直径 $D_{孔}$。

解

$$\frac{\alpha}{2}=\arcsin\frac{D-d}{2(H-h)+d-D}$$

$$=\arcsin\frac{20-12}{2(24.5-2.2)+12-20}$$

$$=12.626°(12°37'34'')$$

$$c=1:\frac{1}{2}\cot\frac{\alpha}{2}=1:\frac{\cot12.626°}{2}=1:2.23$$

$$D_{孔}=(2H+d)\tan\frac{\alpha}{2}+\frac{d}{\cos\frac{\alpha}{2}}$$

$$=(2\times24.5+12)\mathrm{mm}\times\tan12.626°+\frac{12\mathrm{mm}}{\cos12.626°}$$

$$=25.96156\mathrm{mm}$$

测量出锥度之后，可查阅国家标准 GB/T 157—2001、GB/T 1443—1996，若测量值靠近某标准锥度值，应选用标准锥度。

第三节　花键轴的测绘

一、花键的类型、特点及应用

1. 矩形花键

矩形花键齿形为矩形。按 GB/T 1144—2001 规定，用小径定心，键数有 6、8、10 三种，分轻、中两个系列，见表 3-1。

轻系列矩形花键多用于轻载联接和静联接，中系列矩形花键多用于中载联接。

2. 渐开线花键

渐开线花键的齿形为渐开线。受载后，齿上有径向力，能起自动定心的作用。渐开线花键分圆柱直齿渐开线和圆锥直齿渐开线两种。

渐开线花键用于载荷较大、定心精度要求较高以及尺寸较大的联接。

二、矩形花键的测绘

1. 矩形花键的画法及尺寸标注

矩形花键的画法及尺寸标注必须遵循“机械制图”国家标准。

1）在平行于花键轴线的投影面的视图中，外花键的大径用粗实线绘制，小径用细实线绘制，并在断面图中画出一部分或全部齿形，如图 3-7a 所示。

2）在平行于花键轴线的投影面的剖视图中，内花键的大径及小径均用粗实线绘制，并在局部视图中画出一部分或全部齿形，如图 3-7b 所示。

3）外花键工作长度的终止端和尾部长度的末端均用细实线绘制，并与轴线垂直，尾部则画成斜线，其斜角一般与轴线成 30°，如图 3-7a 所示，必要时可按实际情况绘制。

4）外花键局部剖视图的画法按图 3-7c 所示绘制；垂直于花键轴线的投影面的视图按图 3-17d 所示绘制。

5）花键的大径、小径及键宽尺寸的一般标注方法如图 3-7a、b 所示；采用标准规定的花键标记标注，如图 3-7d 所示。

6）花键长度应采用图 3-7 所示的几种形式中的任一种。

表 3-1 矩形花键基本尺寸系列（摘自 GB/T 1144—2001） （单位：mm）

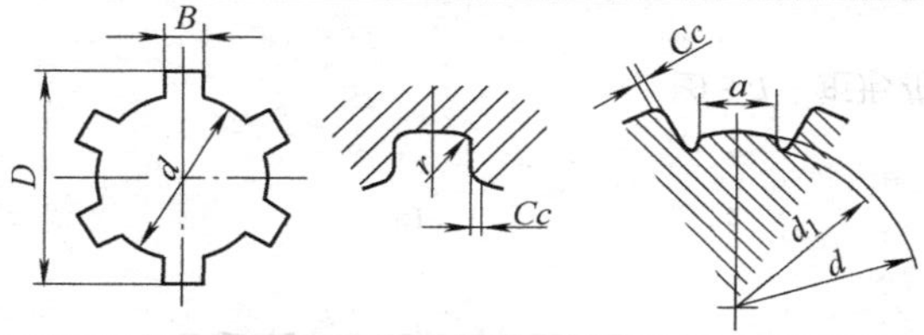

标记示例	
花键规格	$N\times d\times D\times B$ 例如 6×23×26×6
花键副	$6\times23\ \frac{H7}{f7}\times26\ \frac{H10}{a11}\times6\ \frac{H11}{d10}$ GB/T 1144—2001
内花键	6×23H7×26H10×6H11 GB/T 1144—2001
外花键	6×23f7×26a11×6d10 GB/T 1144—2001

小径	轻系列					中系列				
	规格			参考		规格			参考	
d	$N\times d\times D\times B$	c	r	d_{1min}	a_{min}	$N\times d\times D\times B$	c	r	d_{1min}	a_{min}
11						6×11×14×3	0.2	0.1		
13						6×13×16×3.5				
16						6×16×20×4	0.3	0.2	14.4	1.0
18						6×18×22×5			16.6	1.0
21						6×21×25×5			19.5	2.0
23	6×23×26×6	0.2	0.1	22	3.5	6×23×28×6			21.2	1.2
26	6×26×30×6	0.3	0.2	24.5	3.8	6×26×32×6	0.4	0.3	23.6	1.2
28	6×28×32×7			26.6	4.0	6×28×34×7			25.8	1.4
32	6×32×36×6			30.3	2.7	8×32×38×6			29.4	1.0
36	8×36×40×7			34.4	3.5	8×36×42×7			33.4	1.0
42	8×42×46×8			40.5	5.0	8×42×48×8			39.4	2.5
46	8×46×50×9			44.6	5.7	8×46×54×9	0.5	0.4	42.6	1.4
52	8×52×58×10	0.4	0.3	49.6	4.8	8×52×60×10			48.6	2.5
56	8×56×62×10			53.5	6.5	8×56×65×10			52.0	2.5
62	8×62×68×12			59.7	7.3	8×62×72×12	0.6	0.5	57.7	2.4
72	10×72×78×12			69.6	5.4	10×72×82×12			67.7	1.0
82	10×82×88×12			79.3	8.5	10×82×92×12			77.0	2.9
92	10×92×98×14			89.6	9.9	10×92×102×14			87.3	4.5
102	10×102×108×16			99.6	11.3	10×102×112×16			97.7	6.2
112	10×112×120×18	0.5	0.4	108.8	10.5	10×112×125×18			106.2	4.1

注：1. N—齿数；D—大径；B—键宽或键槽宽。

2. d_1 和 a 值仅适用于展成法加工。

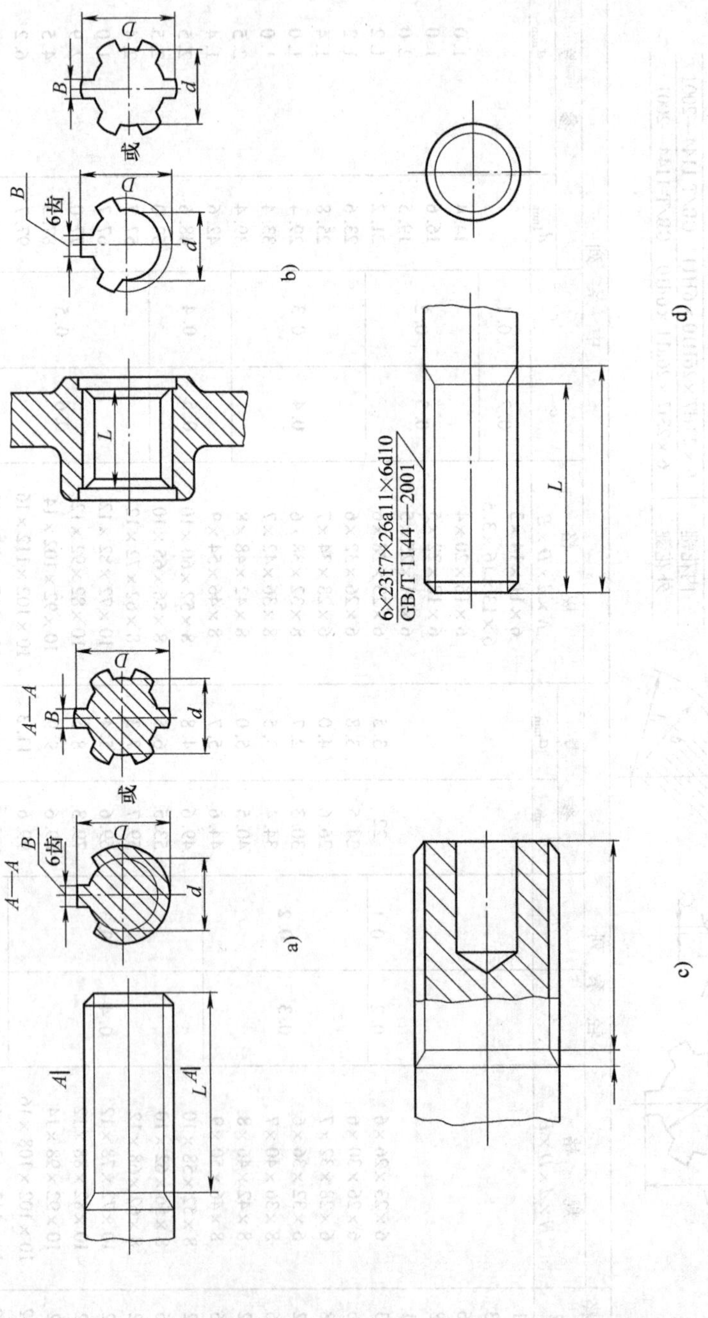

图 3-7　矩形花键的画法及尺寸标注

2. 矩形花键的测绘步骤

1）数出键数 N。

2）测量花键的大径 D、小径 d 及键(槽)宽 B 的实际尺寸。用精密游标卡尺或千分尺进行测量，力求准确。

在机修测绘中，花键的键齿和直径都有磨损，因而应对实测尺寸进行圆整，使之符合国家标准。若选不到合适的标准，可按实际尺寸绘制。矩形花键的基本尺寸系列见表 3-1。

3）确定花键的定心方式。国家标准 GB/T 1144—2001 规定，矩形花键应用小径定心，但早期制造的花键有可能为非小径定心，所以在测得内、外花键的大径、小径、键(槽)宽的实际尺寸后，应根据实际间隙的大小和联接的具体条件，分析确定花键的定心方式。

4）确定花键联接的公差与配合。矩形花键的公差与配合性质取决于定心方式。按 GB/T 1144—2001 标准规定的小径定心方式，应对定心直径 d 选用较高公差等级；非定心直径 D 选用较低的公差等级，而且非定心直径表面之间应留有较大间隙，以保证不影响互换性；键(槽)宽 B 的尺寸应选用较高精度，因为键和键槽侧面要传递转矩并起导向作用。

矩形花键联接均采用基孔制，其配合性质通过改变外花键的公差带位置来实现。内、外矩形花键的尺寸公差带规定见表 3-2。测绘时，应根据实测数据、间隙值及联接实际情况，选用适当的公差带及配合类型。

5）确定花键的几何公差。为了保证花键联接的互换性、可装配性和键侧接触的均匀性，对矩形花键提出位置度、对称度等技术要求，其标注方法及公差值见表 3-3。

6）确定花键的表面粗糙度值。测绘者可根据实物测量及表 3-2 推荐值确定花键的表面粗糙度值。

7）确定材料及热处理方法。通过对零件材料的鉴别，根据零件用途，选用适当的材料及热处理方法。

国家标准对矩形内花键还规定有结构形式及长度系列，见表 3-4，可供测绘时选用。

【例 3-5】 图 3-8 所示为某机床变速箱中的花键轴。对其花键部分测绘的步骤如下：

1）数出键数 $N=6$。

2）测出大径、小径、键宽尺寸分别为：$D=28\text{mm}$、$d=23\text{mm}$、$B=6\text{mm}$。

3）根据 GB/T 1144—2001 规定选用小径 d 定心。

4）确定花键尺寸的公差与配合。根据该花键轴的使用性质，判断其属精密传动，且左端花键为紧滑动联接，右端花键为固定联接。根据表 3-2 选左端小径

表 3-2　矩形花键的尺寸公差带和表面粗糙度 *Ra*（摘自 GB/T 1144—2001）　（单位：μm）

内花键							外花键						装配型式
d		*D*		*B*			*d*		*D*		*B*		
公差带	*Ra*	公差带	*Ra*	公差带		*Ra*	公差带	*Ra*	公差带	*Ra*	公差带	*Ra*	
				拉削后不热处理	拉削后热处理								
一般用													
H7	0.8~1.6	H10	3.2	H9	H11	3.2	f7	0.8~1.6	a11	3.2	d10	1.6	滑动
							g7				f9		紧滑动
							h7				h10		固定
精密传动用													
H5	0.4	H10	3.2	H7,H9		3.2	f5	0.4	a11	3.2	d8	0.8	滑动
							g5				f7		紧滑动
							h5				h8		固定
H6	0.8						f6	0.8			d8		滑动
							g6				f7		紧滑动
							h6				h8		固定

注：1. 精密传动用的内花键，当需要控制键侧配合间隙时，槽宽可选用 H7，一般情况下可选用 H9。

2. *d* 为 H6 和 H7 的内花键允许与高一级的外花键配合。

表 3-3 矩形花键的位置度、对称度公差（摘自 GB/T 1144—2001） （单位：mm）

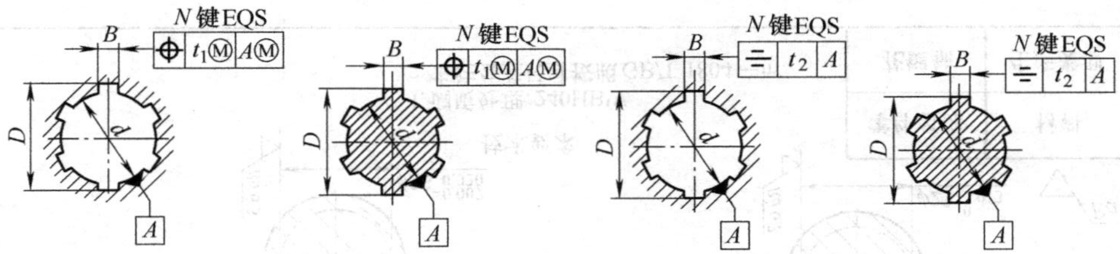

键槽宽或键宽 B		3	3.5～6	7～10	12～18
		t_1			
键槽宽		0.010	0.015	0.020	0.025
键宽	滑动、固定	0.010	0.015	0.020	0.025
	紧滑动	0.006	0.010	0.013	0.016
键槽宽或键宽 B		t_2			
一般用		0.010	0.012	0.015	0.018
精密传动用		0.006	0.008	0.009	0.011

注：键槽宽或键宽的等分度公差值等于其对称度公差值。

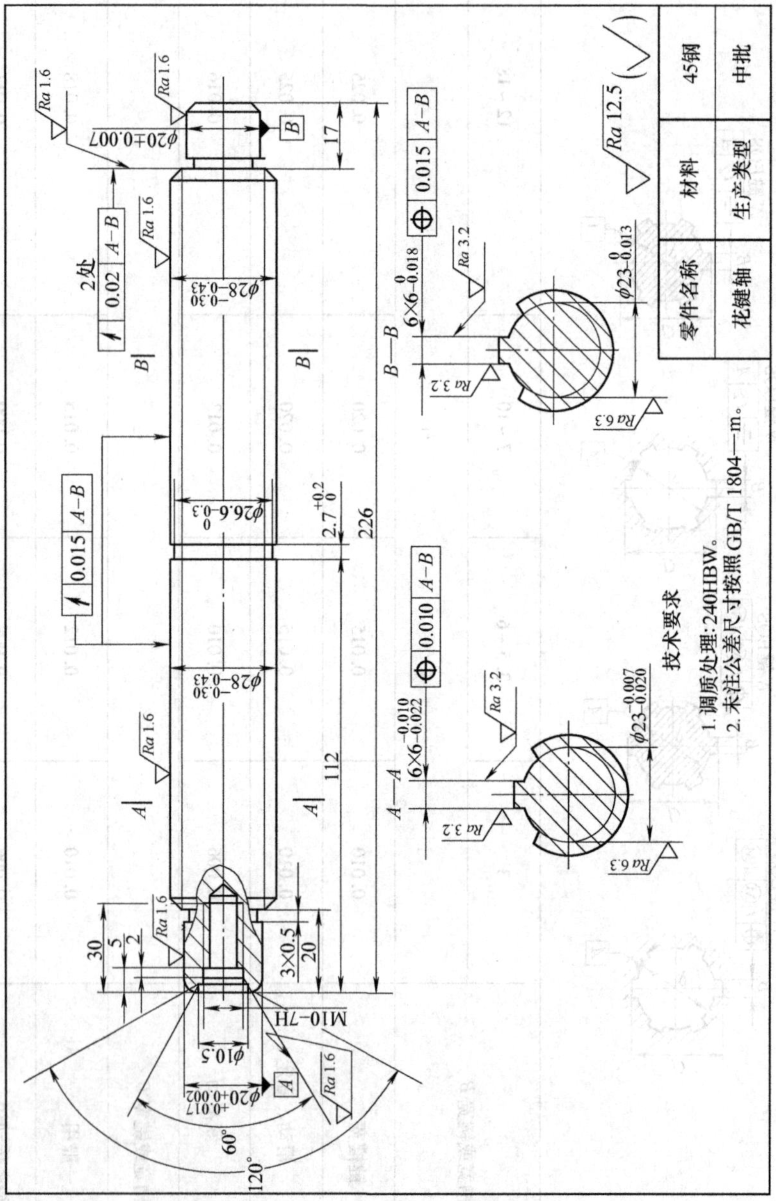

图 3-8　矩形花键轴零件图样

表 3-4　矩形内花键形式及长度系列（摘自 GB/T 10081—2005）

（单位：mm）

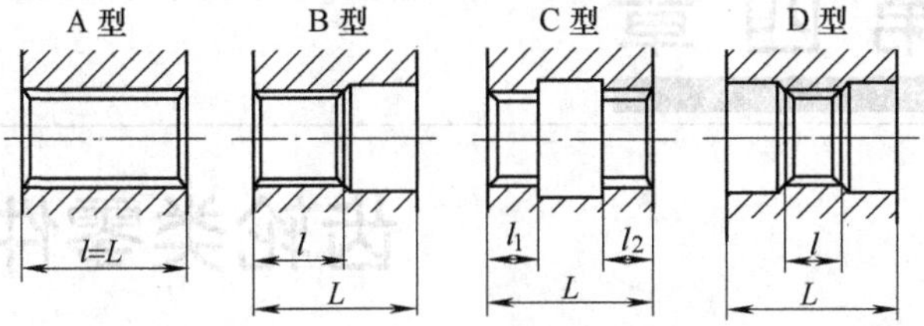

花键小径 d	11	13	16 ~ 21	23 ~ 32	36 ~ 52	56 ~ 62	72	82 ~ 92	102 ~ 112
花键长度 l 或 l_1+l_2 系列	10 ~ 50		10 ~ 80		22 ~ 120		32 ~ 120	32 ~ 200	
孔的最大长度 L	50	80		120	200	250		300	
花键长度 l 或 l_1+l_2 系列	10,12,15,18,22,25,28,30,32,36,38,42,45,48,50,56,60,63,71,75,80,85,90,95,100,110,120,130,140,160,180,200								

d 为 $\phi23g6(^{-0.007}_{-0.020})$，大径 D 为 $\phi28a11(^{-0.30}_{-0.43})$，键宽 B 为 $6f7(^{-0.010}_{-0.022})$。右端小径 d 为 $\phi23h6(^{0}_{-0.013})$，大径 D 为 $\phi28a11(^{-0.30}_{-0.43})$，键宽 B 为 $6h8(^{0}_{-0.018})$。

5）确定花键的几何公差。根据表 3-3，选择两花键键宽对小径 d 的位置度公差分别为 0.01mm 和 0.015mm。

6）确定花键的表面粗糙度。根据实物测量并参照表 3-2，两花键小径的表面粗糙度为 $Ra0.8\mu m$，大径为 $Ra3.2\mu m$，键侧面为 $Ra0.8\mu m$。

7）确定材料及热处理方法。通过对材料的鉴定，并参考类似零件，该花键轴的材料定为 45 钢，并进行调质热处理，硬度为 240HBW。

复习思考题

1. 试述大尺寸或不完整孔、轴直径的常用测量方法。

2. 试述内、外圆锥体锥度的测量方法。

3. 试述花键的类型、特点及应用场合。

4. 矩形花键联接通常采用什么基准制？花键的大径尺寸精度高，还是小径尺寸精度高？依据是什么？

5. 矩形花键有哪些几何公差要求？基准符号应标注在哪里？

第四章

齿轮类零件的测绘

培训学习目标 理解认识齿轮类零件中各种零件的类型、主要参数、尺寸计算式及精度项目，掌握常用齿轮类零件的测绘技能。

齿轮类零件包括齿轮、蜗杆、蜗轮、链轮等，是机械设备中常见的传动零部件。

第一节 齿轮类零件测绘基础

一、齿轮概述

齿轮是机械设备中最主要的传动和变速零件，应用非常广泛。人们对齿轮设计投入了大量的精力，形成了多种类型的齿轮。如从齿廓曲线形状来分，有渐开线形、圆弧形、摆线形等齿轮；从齿廓的布置形式来分，有直齿、斜齿、曲线齿等；从齿轮整体结构形式来分，有圆柱齿轮和锥齿轮；从齿轮设计的参数来分，有米制齿轮（模数齿轮）和英制齿轮（径节齿轮），见表4-1。在两种制式的齿轮中，又有多种角度的压力角、不同系数的齿顶高和齿根高等，使基本齿廓主要参数的种类繁多。另外，为了满足使用要求，还产生出变位齿轮、双模数齿轮等。

二、齿轮类零件的表达方法

1）轮齿部分按以下规定绘制：

表 4-1 主要国家圆柱齿轮常用基本齿廓主要参数

国别	齿形标准	m 或 DP	α	h_a	c	ρ_f	备注
国际标准化组织	标准齿高	m	20°	1m	0.25m	0.38m	
德国	标准齿高	m	20°	1m	(0.1～0.3)m		
	短齿	m	20°	0.8m	(0.1～0.3)m		
日本	标准齿高	m	20°	1m	0.25m		
法国	标准齿高	m	20°	1m	0.25m	0.38m	
瑞士	标准齿高 马格齿形	m	20°	1m	0.25m		用于插齿法
		m	15°	1m	0.167m		
		m	20°	1m	0.167m		
捷克斯洛伐克	标准齿高	m	20°	1m	0.25m		
	标准齿高	m	15°	1m			
英国	标准齿高	DP	14.5°	1m	0.157m		
	标准齿高	DP	20°	1m	(0.25～0.4)m	(0.25～0.39)m	
	标准齿高	m	20°	1m	(0.25～0.4)m	(0.25～0.39)m	
美国	标准齿高	DP	20°	1m	(0.25～0.35)m		$>P20$
	标准齿高	DP	25°	1m	(0.25～0.35)m		$>P20$
	标准齿高	DP	20°	1m	(0.20～0.4)m		$<P20$
	短齿	DP	22.5°	0.875m	0.125m		
中国	标准齿高	m	20°	1m	0.25m	0.38m	

① 齿顶圆和齿顶线用粗实线绘制，如图 4-1 所示。

② 分度圆和分度线用细点画线绘制。

③ 齿根圆和齿根线用细实线绘制，可省略不画；但在剖视图中，齿根线要用粗实线绘制。

2）表达齿轮、蜗轮一般用两个视图，或用一个视图和一个局部视图，如图 4-1a、c 所示。

3）在剖视图中，当剖切平面通过齿轮轴线时，轮齿一律按不剖处理。

4）如需要表明齿形，可在图形中用粗实线画出一个或两个齿形，如图 4-1e、g 所示；或用适当比例的局部放大图表示，如图4-1f、h 所示。

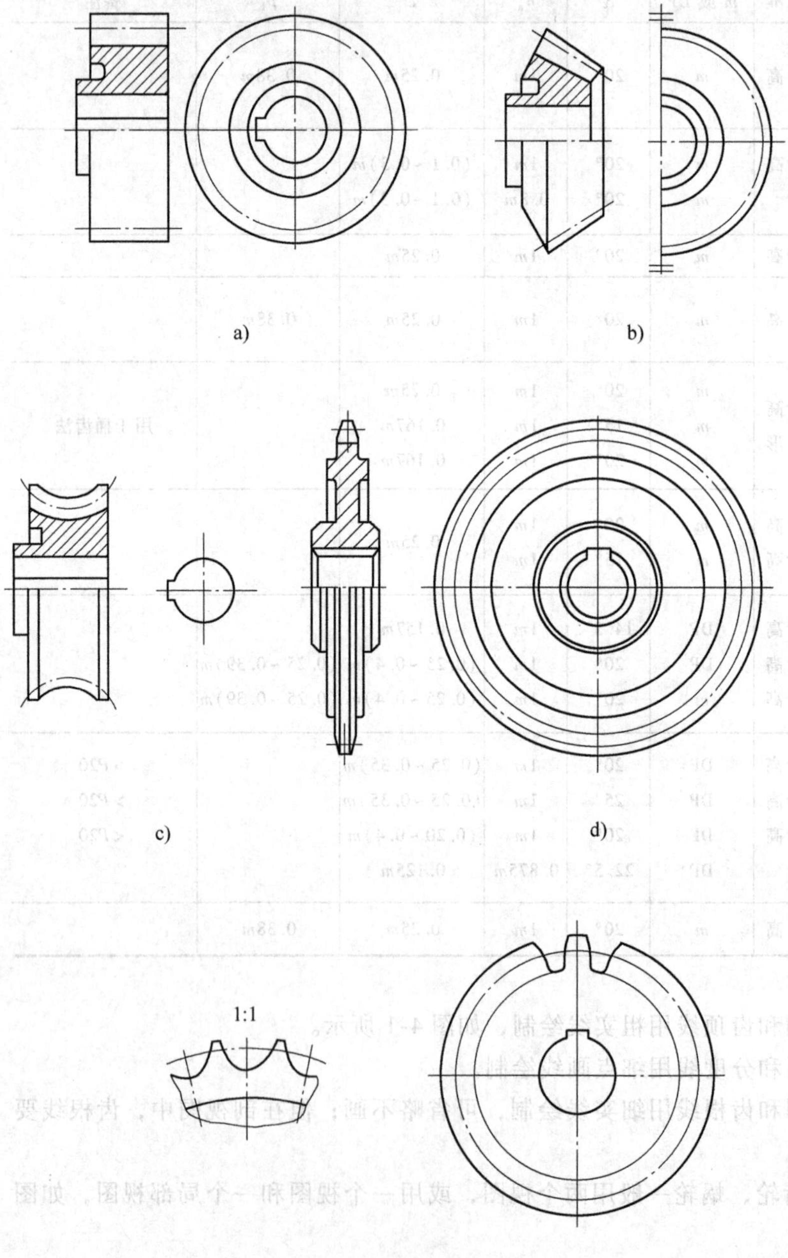

图 4-1　齿轮类零件的表达方法

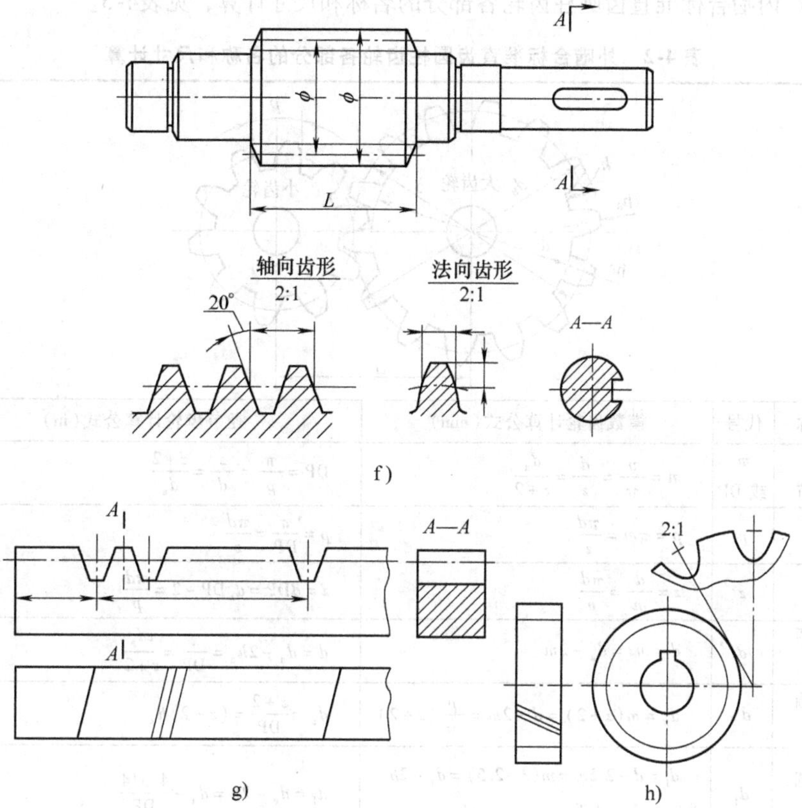

图 4-1　齿轮类零件的表达方法(续)

5）当需要表示齿线的形状时，可用三条与齿线方向一致的细实线表示，如图 4-1g、h 所示。

6）如需要注出齿条的长度时，可在画出齿形的图中注出，并在另一视图中用粗实线画出其范围线，如图 4-1g 所示。

7）圆弧齿轮的表达方法如图 4-1h 所示。

第二节　直齿圆柱齿轮的测绘

齿轮测绘是根据实物测出部分参数，通过计算、推断，确定齿轮原始设计参数并绘制出新的齿轮制造零件图样。

一、直齿圆柱齿轮各部分的名称和尺寸计算

1）外啮合标准直齿圆柱齿轮各部分的名称和尺寸计算，见表4-2。

2）内啮合标准直齿圆柱齿轮各部分的名称和尺寸计算，见表4-3。

表 4-2　外啮合标准直齿圆柱齿轮各部分的名称和尺寸计算

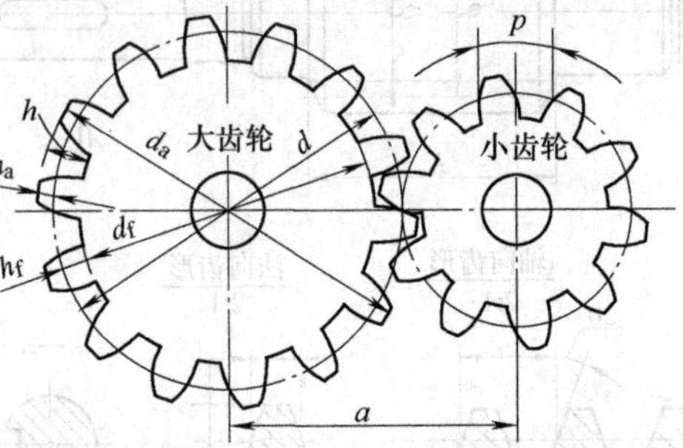

名　称	代号	模数齿轮计算公式(mm)	径节齿轮计算公式(in)
模数或径节	m 或 DP	$m=\frac{p}{\pi}=\frac{d}{z}=\frac{d_a}{z+2}$	$DP=\frac{\pi}{p}=\frac{z}{d}=\frac{z+2}{d_a}$
齿距	p	$p=\pi m=\frac{\pi d}{z}$	$p=\frac{\pi}{DP}=\frac{\pi d}{z}$
齿数	z	$z=\frac{d}{m}=\frac{\pi d}{p}$	$z=dDP=d_aDP-2=\frac{\pi d}{p}$
分度圆直径	d	$d=mz=d_a-2m$	$d=d_a-2h_a=\frac{z}{DP}=\frac{zd_a}{z+2}$
齿顶圆直径	d_a	$d_a=m(z+2)=d+2m=\frac{p}{\pi}(z+2)$	$d_a=\frac{z+2}{DP}=(z+2)h_a$
齿根圆直径	d_f	$d_f=d-2.5m=m(z-2.5)=d_a-2h$ $=d_a-4.5m$	$d_f=d_a-2h=d_a-\frac{4.314}{DP}$
齿顶高	h_a	$h_a=m=\frac{p}{\pi}$	$h_a=\frac{1}{DP}=0.3183p$
齿根高	h_f	$h_f=1.25m$	$h_f=\frac{1.157}{DP}=0.3683p$
齿高	h	$h=2.25m$	$h=\frac{2.157}{DP}=0.6866p$
齿厚	s	$s=\frac{p}{2}=\frac{\pi m}{2}$	$s=\frac{1.5708}{DP}=\frac{p}{2}$
中心距	a	$a=\frac{z_1+z_2}{2}m=\frac{d_1+d_2}{2}$	$a=\frac{z_1+z_2}{2DP}$
以下选用一组			
公法线跨测齿数	k	$k=\frac{\alpha}{180°}z+0.5$	$k=\frac{\alpha}{180°}z+0.5$
公法线长度	w_k	$w_k=m\cos\alpha[\pi(k-0.5)+z\,\mathrm{inv}\alpha]$	$w_k=\frac{\cos\alpha}{DP}[\pi(k-0.5)+z\,\mathrm{inv}\alpha]$
固定弦齿厚	$\bar{s}_c$	$\bar{s}_c=\frac{\pi m}{2}\cos^2\alpha$	$\bar{s}_c=\frac{\pi}{2DP}\cos^2\alpha$

（续）

名　称	代号	模数齿轮计算公式(mm)	径节齿轮计算公式(in)
固定弦齿高	$\bar{h}_c$	$\bar{h}_c = m\left(1-\frac{\pi}{8}\sin 2\alpha\right)$	$\bar{h}_c = \frac{1}{DP}\left(1-\frac{\pi}{8}\sin 2\alpha\right)$
分度圆弦齿厚	$\bar{s}$	$\bar{s} = zm\sin\frac{90°}{z}$	$\bar{s} = \frac{z}{DP}\sin\frac{90°}{z}$
分度圆弦齿高	$\bar{h}_a$	$\bar{h}_a = m\left[1+\frac{z}{2}\left(1-\cos\frac{90°}{z}\right)\right]$	$\bar{h}_a = \frac{1}{DP}\left[1+\frac{z}{2}\left(1-\cos\frac{90°}{z}\right)\right]$

表 4-3　内啮合标准直齿圆柱齿轮各部分的名称和尺寸计算

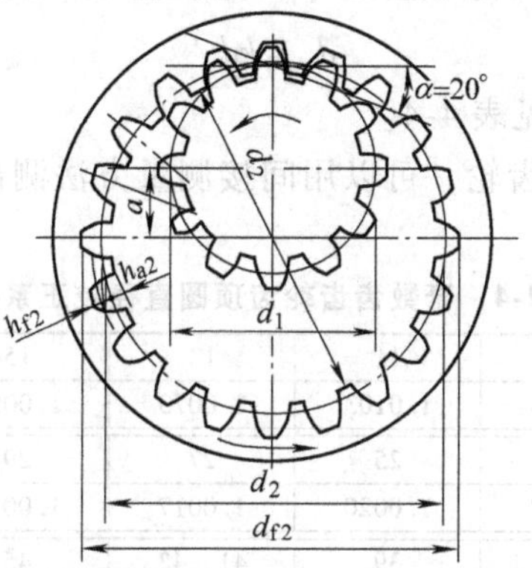

名　称	代号	模数齿轮计算公式(mm)	径节齿轮计算公式(in)
内齿轮齿顶圆直径	d_a	$d_a=(z-2)m$	$d_a=\frac{z-2}{DP}$
内齿轮齿根圆直径	d_f	$d_f=(z+2.5)m$	$d_f=\frac{z+2.314}{DP}$
中心距	a	$a=\frac{m(z_i-z_1)}{2}$	$a=\frac{z_i-z_1}{2DP}$

注：其余计算公式与直齿圆柱齿轮相同。为避免干涉，对于模数齿轮，必须使：$z_i-z_0\geqslant 16$，$z_i-z_1\geqslant 8$；对于径节齿轮，必须使：$z_i-z_0\geqslant 12$，$z_i-z_1\geqslant 12$。

z_i—内齿轮齿数；z_0—插齿刀齿数；z_1—小齿轮齿数。

二、直齿圆柱齿轮的测绘步骤及方法

1. 测量齿顶圆直径 d_a 和齿根圆直径 d_f

1）对于完整的齿轮，用精密游标卡尺或千分尺在 3～4 个不同的直径位置上进行测量，然后取其平均值。当齿轮的齿数为偶数时，可直接测出 d_a、d_f，如图 4-2a 所示；当齿数为奇数时，测得的数值 d_a'不是真实的齿顶圆直径尺寸 d_a，如图 4-2b 所示。此时应按下式校正，即

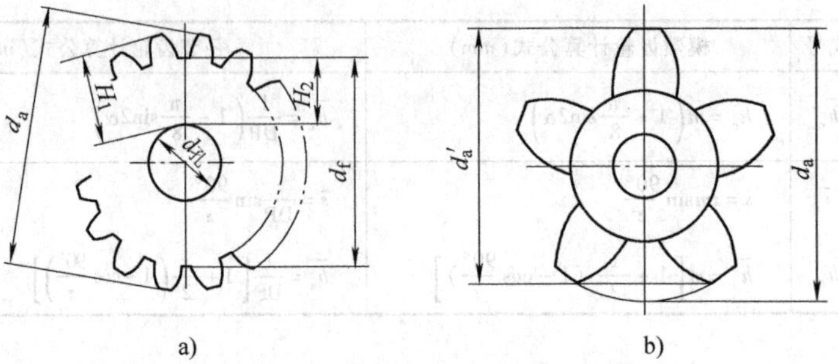

图4-2　齿顶圆直径 d_a、齿根圆直径 d_f 的测量方法

$$d_a = kd_a'$$

式中　k——校正系数，见表4-4。

2）对于中间有孔的齿轮，可以用间接测量方法测出 H_1、H_2，再计算出 d_a、d_f，如图4-2a 所示。

表4-4　奇数齿齿轮齿顶圆直径校正系数 k

z	7	9	11	13	15	17	19
k	1.02	1.0154	1.0103	1.0073	1.0055	1.0043	1.0034
z	21	23	25	27	29	31	33
k	1.0028	1.0023	1.0020	1.0017	1.0015	1.0013	1.0011
z	35	37	39	41，43	45	47～51	53～57
k	1.0010	1.0009	1.0008	1.0007	1.0006	1.0005	1.0004

3）对于不完整的齿轮，如扇形齿轮或残缺齿轮，则应根据其结构，设法求出齿顶圆直径 d_a。如采用第二节所述的弦长弓高法或量棒测量法等。

2. 测算齿轮齿数 z

对于完整齿轮，可以直接数出齿数 z；对于不完整的齿轮，在测出齿顶圆直径 d_a 后，可用图解法或计算法等测算出齿数 z。

（1）图解法　如图4-3 所示，以齿顶圆直径 d_a 画一个圆，根据齿轮的实有齿数量取跨 k 个齿的弦长 A，以弦长 A 截圆 d_a，对小于 A 的剩余部分 DF，再以相邻两齿的弦长 B 去截取，直到截完为止，然后算出齿数。图中的齿数应为

$$z = 3k + 1$$

（2）计算法　量出跨 k 个齿的弦长 A，求出 k 个齿所含的圆心角 φ，再求出一周的齿数 z，即

$$\varphi = 2\arcsin \frac{A}{d_a}$$

$$z = 360° \frac{k}{\varphi}$$

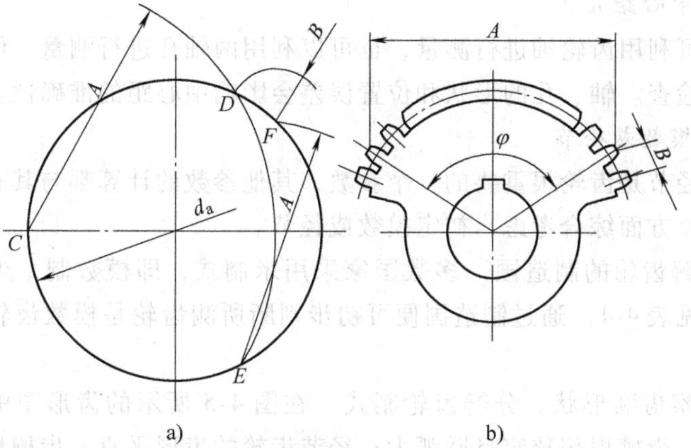

图 4-3 不完整齿轮齿数 z 的测算

3. 测量公法线长度 w_k、w_{k+1} 或 w_{k-1}

公法线长度可以用游标卡尺或公法线千分尺测量，如图 4-4 所示。测量时应注意以下事项：

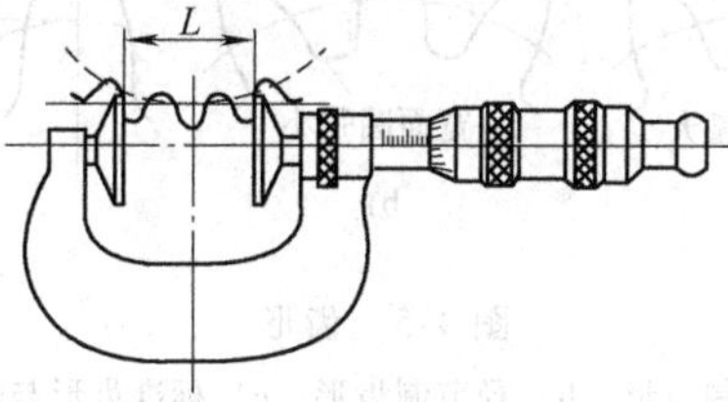

图 4-4 公法线长度测量

1）应使卡尺的两卡脚工作面切于分度圆附近。

2）应在相同的 k 个齿内完成 w_k、w_{k+1} 或 w_{k-1} 的测量。

测量时的跨测齿数 k 可用下式计算，即

$$k=\frac{z\alpha}{180°}+0.5\text{（四舍五入圆整）}$$

跨测齿数也可以从表 4-5 中查得。

表 4-5 测量公法线长度时的跨测齿数 k

齿形角 α	跨测齿数 k							
	2	3	4	5	6	7	8	9
	被测齿轮齿数 z							
14.5°	9 ~ 23	24 ~ 35	36 ~ 47	48 ~ 59	60 ~ 70	71 ~ 82	83 ~ 95	96 ~ 100
15°	9 ~ 23	24 ~ 35	36 ~ 47	48 ~ 59	60 ~ 71	72 ~ 83	84 ~ 95	96 ~ 107
20°	9 ~ 18	19 ~ 27	28 ~ 36	37 ~ 45	46 ~ 54	55 ~ 63	64 ~ 72	73 ~ 81
22.5°	9 ~ 16	17 ~ 24	25 ~ 32	33 ~ 40	41 ~ 48	49 ~ 56	57 ~ 64	65 ~ 72
25°	9 ~ 14	15 ~ 21	22 ~ 29	30 ~ 36	37 ~ 43	44 ~ 51	52 ~ 58	59 ~ 65

4. 测量中心距 a

中心距可利用齿轮轴进行测量，也可以利用两轴孔进行测量。但必须要对轴或者孔进行检查。轴、孔的形状和位置误差会影响中心距的准确性。

5. 确定模数或径节

模数或径节是齿轮很重要的一个参数，其他参数的计算都与其有关。确定时可从以下几个方面综合考虑，初定模数或径节。

（1）了解齿轮的制造国　多数国家采用米制式，即模数制，少数国家采用径节制式，见表4-1。通过制造国便可初步判断所测齿轮是模数齿轮，还是径节齿轮。

（2）观察齿廓形状，分辨齿轮制式　在图4-5所示的齿形图中，模数齿轮的齿形弯曲，齿槽根部狭窄且圆弧大；径节齿轮的齿形平直，齿槽根部宽平且圆弧小；标准齿形细长，短齿形较矮且顶部宽。

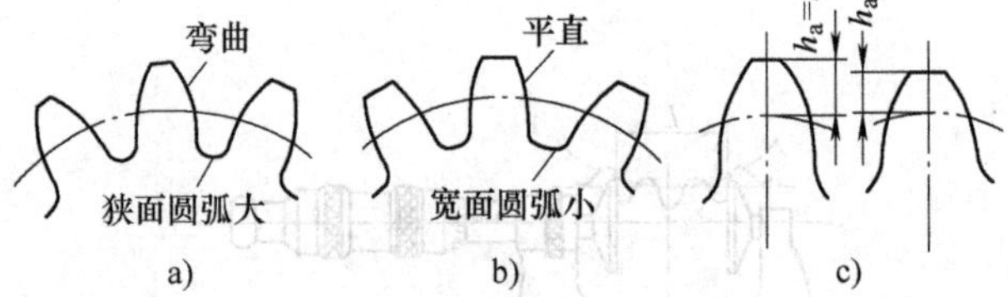

图4-5　齿形

a）模数制齿形　b）径节制齿形　c）标准齿形与短齿形

（3）通过计算初定模数或径节值　为使计算尽可能准确，常采用以下几种方法计算：

1）用测得的齿顶圆直径 d_a 或齿根圆直径 d_f 计算模数，即

$$m=\frac{d_a}{z+2h_a^*}$$

或

$$m=\frac{d_f}{z-2h_a^*-2c^*}$$

式中　h_a^*——齿顶高系数，标准齿形：$h_a^*=1$，短齿形：$h_a^*=0.8$；

c^*——顶隙系数，$c^*=0.25$。

2）用测得的全齿高计算模数，即

$$m=\frac{h}{2h_a^*+c^*}=\frac{d_a-d_f}{2(2h_a^*+c^*)}$$

3）用测得的中心距计算模数，即

$$m=\frac{2a}{z_1+z_2}$$

将上述计算结果进行分析比较，并参照表4-6 确定模数，参照表4-7、表4-8 确定径节。

表 4-6 渐开线圆柱齿轮模数（GB/T 1357—2008）系列 （单位：mm）

第一系列			1	1.25	1.5	2	2.5	3
	4	5	6	8	10	12	16	20
	25	32	40	50				
第二系列		1.125	1.375	1.75	2.25	2.75		
	3.5		4.5	5.5	(6.5)	7	9	
	11	14	18	22	28	36	45	

表 4-7 径节 DP 系列值 （单位：in）

1	1¼	1½	1¾	2	2¼	2½	2¾	3	3½
4	5	6	7	8	9	10	11	12	14
16	18	20	22	24	26	28	30		

表 4-8 基圆齿距 $p_b = \pi m\cos\alpha$ 数值表 （单位：mm）

m/mm	径节 DP/in	α 25°	22.5°	20°	17.5°	16°	15°	14.5°
1	25.4000	2.847	2.902	2.952	2.996	3.020	3.035	3.042
1.058	24	3.012	3.071	3.123	3.170	3.195	3.211	3.218
1.155	22	3.289	3.352	3.410	3.461	3.488	3.505	3.513
1.25	20.3200	3.559	3.628	3.690	3.745	3.775	3.793	3.802
1.270	20	3.616	3.686	3.749	3.805	3.835	3.854	3.863
1.411	18	4.017	4.095	4.165	4.228	4.261	4.282	4.292
1.5	16.9333	4.271	4.354	4.428	4.494	4.530	4.552	4.562
1.583	16	4.507	4.595	4.673	4.743	4.780	4.804	4.814
1.75	14.5143	4.983	5.079	5.166	5.243	5.285	5.310	5.323
1.814	14	5.165	5.265	5.355	5.435	5.478	5.505	5.517
2	12.7000	5.694	5.805	5.904	5.992	6.040	6.069	6.083
2.117	12	6.028	6.144	6.250	6.343	6.393	6.424	6.439
2.25	11.2889	6.406	6.531	6.642	6.741	6.795	6.828	6.843
2.309	11	6.574	6.702	6.816	6.918	6.973	7.007	7.023
2.5	10.1600	7.118	7.256	7.380	7.490	7.550	7.586	7.604
2.540	10	7.232	7.372	7.498	7.610	7.671	7.708	7.725
2.75	9.2364	7.830	7.982	8.118	8.240	8.305	8.345	8.364
2.822	9	8.035	8.191	8.331	8.455	8.522	8.563	8.583
3	8.4667	8.542	8.707	8.856	8.989	9.060	9.104	9.125
3.175	8	9.040	9.215	9.373	9.513	9.588	9.635	9.657
3.25	7.8154	9.254	9.433	9.594	9.738	9.815	9.862	9.885
3.5	7.2571	9.965	10.159	10.332	10.487	10.570	10.621	10.645
3.629	7	10.333	10.533	10.713	10.873	10.959	11.012	11.038
3.75	6.7733	10.677	10.884	11.070	11.236	11.325	11.380	11.406

（续）

m/mm	径节 DP/in	α						
		25°	22.5°	20°	17.5°	16°	15°	14.5°
4	6.3500	11.389	11.610	11.809	11.985	12.080	12.138	12.166
4.233	6	12.052	12.286	12.496	12.683	12.783	12.845	12.875
4.5	5.6444	12.813	13.061	13.285	13.483	13.590	13.655	13.687
5	5.0800	14.236	14.512	14.761	14.981	15.099	15.173	15.208
5.08	5	14.464	14.744	14.997	15.221	15.341	15.415	15.451
5.5	4.6182	15.660	15.963	16.237	16.479	16.609	16.690	16.728
5.644	4.5	16.070	16.381	16.662	16.911	17.044	17.127	17.166
6	4.2333	17.083	17.415	17.713	17.977	18.119	18.207	18.249
6.350	4	18.080	18.431	18.746	19.026	19.176	19.269	19.314
6.5	3.9077	18.507	18.866	19.189	19.475	19.629	19.724	19.770
7	3.6286	19.931	20.317	20.665	20.973	21.139	21.242	21.291
7.257	3.5	20.662	21.063	21.424	21.743	21.915	22.022	22.072
8	3.1750	22.778	23.220	23.617	23.970	24.159	24.276	24.332
8.467	3	24.108	24.575	24.996	25.369	25.569	25.693	25.573
9	2.8222	25.625	26.122	26.569	26.966	27.179	27.311	27.374
9.236	2.75	26.297	26.807	27.266	27.673	27.892	28.027	28.092
10	2.54	28.472	29.025	29.521	29.962	30.199	30.345	30.415
10.160	2.5	28.928	29.489	29.994	30.441	30.682	30.831	30.902
11	2.3091	31.320	31.927	32.473	32.958	33.219	33.380	33.457
11.289	2.25	32.143	32.766	33.327	33.824	34.092	34.257	34.336
12	2.1167	34.167	34.829	35.426	35.954	36.239	36.414	36.498
12.700	2	36.160	36.861	37.492	38.052	38.353	38.539	38.627
13	1.9538	37.014	37.732	38.378	38.950	39.259	39.449	39.540
14	1.8143	39.861	40.634	41.330	41.947	42.278	42.484	42.581
14.514	1.75	41.325	42.126	42.847	43.487	43.831	44.043	44.145
15	1.6933	42.709	43.537	44.282	44.943	45.298	45.518	45.623
16	1.5875	45.556	46.439	47.234	47.939	48.318	48.553	48.664
16.993	1.5	48.383	49.321	50.166	50.914	51.317	51.566	51.685
18	1.4111	51.250	52.244	53.138	53.931	54.358	54.622	54.747
20	1.2700	56.945	58.049	59.043	59.924	60.398	60.691	60.831
20.320	1.25	57.856	58.978	59.987	60.883	61.364	61.662	61.804
22	1.1545	62.639	63.854	64.947	65.916	66.438	66.760	66.914
25	1.0160	71.181	72.561	73.803	74.905	75.497	75.864	76.038
25.400	1	72.320	73.722	74.984	76.103	76.705	77.077	77.255

若计算结果与表4-6或表4-7的标准值相同或相接近，可初定模数或径节；若差距较大，则应考虑所测齿轮可能是变位齿轮或其他齿轮。

6. 确定齿形角并验证模数或径节

（1）齿形样板对比法　按标准齿条制出一系列齿形样板，如图4-6所示。将样板放在齿轮上，对光观察齿侧间隙和径向间隙，可同时确定齿轮的模数和齿形角。

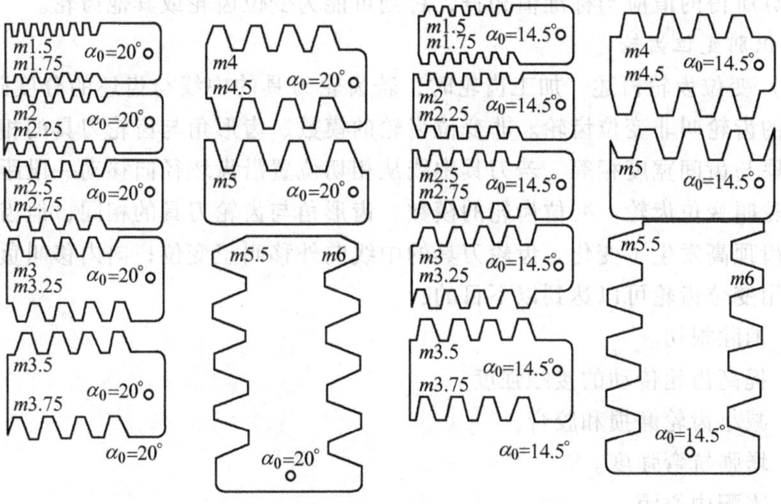

图 4-6 齿形样板

(2) 齿轮滚刀试滚法 用不同齿形角的齿轮滚刀与齿轮作啮合试滚，观察齿形是否一致，刀顶与齿根有无间隙，是否能方便、准确地判断齿轮的齿形角。

(3) 公法线长度法 按测得的公法线长度 w_k、w_{k-1} 或 w_{k+1} 推算出基圆齿距 p_b，按下式计算齿形角，即

$$\alpha_p = \arccos\frac{p_b}{\pi m} = \arccos\frac{w_k - w_{k-1}}{\pi m}$$

也可查表 4-8 确定齿形角，并验证模数或径节。

应该注意：用基圆齿距确定齿形角有时会存在判断困难的情况，如：

$m = 1.75\text{mm}$，$\alpha_p = 15.5°$，$p_b = 5.323\text{mm}$。

$m = 1.75\text{mm}$，$\alpha_p = 15°$，$p_b = 5.310\text{mm}$。

$D_p = 14\text{in}$，$\alpha_p = 20°$，$p_b = 5.355\text{mm}$。

以上三种基圆齿距很相近，要正确确定齿形角及模数，必须根据多方面的测算参数综合考虑，或作进一步的测量计算。

7. 确定齿顶高系数 h_a^* 和顶隙系数 c^*

齿顶高系数 h_a^* 和顶隙系数 c^* 不能直接测量，可用测得的齿顶圆直径 d_a 和齿根圆直径 d_f 或全齿高 h 按下式计算，即

$$h_a^* = \frac{d_a}{2m} - \frac{z}{2}$$

$$c^* = \frac{z}{2} - \frac{d_f}{2m} - h_a^*$$

或

$$c^* = \frac{h}{m} - 2h_a^*$$

计算所得的值应与标准值相符，否则可能为变位齿轮或其他齿轮。

8. 识别变位齿轮

(1) 变位齿轮概述　加工齿轮时，若齿轮刀具的中线与齿坯的分度圆相切，则切出的齿轮叫非变位齿轮。非变位齿轮的模数、齿形角与齿轮刀具的相同，分度圆齿厚与齿间宽度相等。若刀具中线从相切位置沿齿坯径向移动一段距离，切出的齿轮叫变位齿轮。变位齿轮的模数、齿形角与齿轮刀具的相同，但齿厚、齿根高和齿顶高发生了变化。齿轮刀具的中线向外移叫正变位；向内移叫负变位。

采用变位齿轮可以达到以下目的：

1）消除根切。

2）提高齿轮传动的接触强度。

3）减小齿轮磨损和胶合。

4）增强抗弯强度。

5）凑配中心距。

变位齿轮啮合分高度变位和角度变位两种形式：

1）高度变位啮合。两齿轮啮合的中心距与变位前相同，即 $a'=a$。变位系数大小相等，符号相反，即 $x_1=-x_2$。一般情况下，小齿轮为正变位，大齿轮为负变位。

2）角度变位啮合。两齿轮啮合的中心距与变位前不同，$a'>a$ 时为正角度变位，$a'<a$ 时为负角度变位。

正角度变位啮合有以下三种形式：

① x_1、x_2 均为正值。

② x_1 为正，x_2 为零。

③ x_1 为正，x_2 为负，且 $x_1>|x_2|$。

负角度变位啮合有以下三种形式：

① x_1、x_2 均为负。

② x_1 为负，x_2 为零。

③ x_1 为负，x_2 为正，且 $|x_1|>x_2$。

(2) 识别变位齿轮的方法

1）比较中心距。一对标准外齿轮正确啮合的中心距可由下式计算，即

$$a=\frac{m(z_1+z_2)}{2}$$

将测得的中心距 a' 与计算值 a 比较：若 $a'\neq a$，则所测齿轮为角度变位齿轮，且当 $a'>a$ 时为正角度变位，当 $a'<a$ 时为负角度变位；若 $a'=a$，则要进行下一步比较。

2）比较齿顶圆直径。标准外齿轮的齿顶圆直径按下式计算，即

$$d_a=m(z+2h_a^*)$$

将测得的齿顶圆直径 d_a' 与计算值 d_a 比较：若 $d_a' = d_a$，则为标准齿轮；若 $d_a' \neq d_a$，则为高度变位齿轮。当 $d_a' > d_a$ 时，所测齿轮为正变位；反之，为负变位。

3）比较公法线长度。标准外齿轮的公法线长度可按下式计算，或查表4-9。

$$w_k = m\cos\alpha[\pi(k-0.5) + z\mathrm{inv}\alpha]$$

将测得的公法线长度 w_k' 与计算值 w_k 比较：若 $w_k' \neq w_k$，则所测的齿轮为变位齿轮。在比较公法线长度时，考虑到齿厚的减薄因素，应在测得的公法线长度 w_k' 上加0.1～0.25mm的减薄量。

表4-9　公法线长度 w_k^*（w_{kn}^*）（$\alpha_n = \alpha = 20°, m_n = m = 1\text{mm}$）（单位：mm）

$z(z')$	$x(x_n)$	k	w_k^*（w_{kn}^*）
7	≤0.80	2	4.526
8	≤0.80	2	4.540
9	≤0.80	2	4.554
10	≤0.90	2	4.568
11	≤0.90	2	4.582
12	≤0.80	2	4.596
	>0.80～1.20	3	7.548
13	≤0.70	2	4.610
	>0.70～1.20	3	7.562
14	≤0.60	2	4.624
	>0.60～1.20	3	7.576
15	≤0.60	2	4.638
	>0.60～1.20	3	7.590
16	≤0.5	2	4.652
	>0.50～1.20	3	7.604
17	≤1.0	3	7.618
	>1.0～1.20	4	10.571
18	≤1.0	3	7.632
	>1.0～1.20	4	10.585
19	≤0.90	3	7.646
	>0.9～1.20	4	10.599
20	≤0.80	3	7.660
	>0.8～1.25	4	10.613
21	≤0.70	3	7.674
	>0.7～1.30	4	10.627
22	≤0.65	3	7.688
	>0.65～1.40	4	10.641
23	≤0.60	3	7.702
	>0.60～1.40	4	10.655
24	≤0.55	3	7.716
	>0.55～1.20	4	10.669
	>1.20～1.60	5	13.621
25	≤0.50	3	7.730
	>0.50～1.20	4	10.683
	>1.20～1.60	5	13.635
26	≤0.40	3	7.744
	>0.40～1.20	4	10.697
	>1.20～1.60	5	13.649
27	≤0.80	4	10.711
	>0.80～1.60	5	13.663
	>1.60～1.80	6	16.615
28	≤0.80	4	10.725
	>0.80～1.60	5	13.677
	>1.60～1.80	6	16.629
29	≤0.70	4	10.739
	>0.70～1.50	5	13.691
	>1.50～1.80	6	16.643
30	≤0.60	4	10.753
	>0.60～1.40	5	13.705
	>1.40～1.80	6	16.657
31	≤0.60	4	10.767
	>0.60～1.40	5	13.719
	>1.40～1.80	6	16.671
32	≤0.60	4	10.781
	>0.60～1.30	5	13.733
	>1.30～1.80	6	16.685
33	≤0.55	4	10.795
	>0.55～1.30	5	13.747
	>1.30～1.80	6	16.699
34	≤0.50	4	10.809
	>0.50～1.20	5	13.761
	>1.20～1.80	6	16.713

（续）

$z(z')$	$x(x_n)$	k	$w_k^*(w_{kn}^*)$
35	≤0.40	4	10.823
	>0.40~1.10	5	13.775
	>1.10~1.90	6	16.727
36	≤0.30	4	10.837
	>0.30~1.0	5	13.789
	>1.0~1.90	6	16.741
37	≤0.70	5	13.803
	>0.70~1.70	6	16.755
	>1.70~2.00	7	19.707
38	≤0.70	5	13.817
	>0.70~1.70	6	16.769
	>1.70~2.00	7	19.721
39	≤0.70	5	13.831
	>0.70~1.70	6	16.783
	>1.70~2.00	7	19.735
40	≤0.60	5	13.845
	>0.60~1.60	6	16.797
	>1.60~2.00	7	19.749
41	≤0.50	5	13.859
	>0.50~1.40	6	16.811
	>1.40~2.00	7	19.763
42	≤0.40	5	13.873
	>0.40~1.20	6	16.825
	>1.20~2.20	7	19.777
43	≤0.30	5	13.887
	>0.30~1.10	6	16.839
	>1.10~2.20	7	19.791
44	≤0.20	5	13.901
	>0.20~1.0	6	16.853
	>1.0~1.6	7	19.805
	>1.6~2.2	8	22.757
45	≤0.20	5	13.915
	>0.2~1.0	6	16.867
	>1.0~1.6	7	19.819
	>1.6~2.2	8	22.771
46	≤0.60	6	16.881
	>0.6~1.5	7	19.833
	>1.5~2.2	8	22.785
47	≤0.55	6	16.895
	>0.55~1.55	7	19.847
	>1.55~2.2	8	22.799
48	≤0.50	6	16.909
	>0.50~1.4	7	19.861
	>1.4~2.2	8	22.813
	>2.2~2.5	9	25.765
49	≤0.50	6	16.923
	>0.50~1.4	7	19.875
	>1.4~2.2	8	22.827
	>2.2~2.5	9	25.779
50	≤0.50	6	16.937
	>0.50~1.3	7	19.889
	>1.3~2.0	8	22.841
	>2.0~2.4	9	25.793
51	≤0.45	6	16.951
	>0.45~1.2	7	19.903
	>1.2~1.9	8	22.855
	>1.9~2.4	9	25.807
52	≤0.40	6	16.965
	>0.40~1.1	7	19.917
	>1.1~1.8	8	22.869
	>1.8~2.4	9	25.821
53	≤0.30	6	16.979
	>0.30~1.0	7	19.931
	>1.0~1.7	8	22.883
	>1.7~2.4	9	25.835
54	≤0.20	6	16.993
	>0.20~1.0	7	19.945
	>1.0~1.6	8	22.897
	>1.6~2.4	9	25.849
55	≤0.80	7	19.959
	>0.80~1.7	8	22.911
	>1.7~2.4	9	25.863

（续）

$z(z')$	$x(x_n)$	k	$w_k^*(w_{kn}^*)$	$z(z')$	$x(x_n)$	k	$w_k^*(w_{kn}^*)$
56	≤0.80	7	19.973	65	≤0.80	8	23.051
	>0.80～1.6	8	22.925		>0.80～1.5	9	26.003
	>1.6～2.4	9	25.877		>1.5～2.3	10	28.956
					>2.3～2.6	11	31.908
57	≤0.80	7	19.987	66	≤0.80	8	23.065
	>0.80～1.5	8	22.939		>0.80～1.5	9	26.017
	>1.5～2.0	9	25.891		>1.5～2.2	10	28.970
	>2.0～2.4	10	28.844		>2.2～2.6	11	31.922
58	≤0.80	7	20.001	67	≤0.80	8	23.079
	>0.80～1.4	8	22.953		>0.80～1.4	9	26.031
	>1.4～2.0	9	25.905		>1.4～2.1	10	28.984
	>2.0～2.4	10	28.858		>2.1～2.8	11	31.936
59	≤0.65	7	20.015	68	≤0.80	8	23.093
	>0.65～1.3	8	22.967		>0.80～1.3	9	26.045
	>1.3～2.0	9	25.919		>1.3～2.0	10	28.998
	>2.0～2.4	10	28.872		>2.0～2.8	11	31.950
60	≤0.50	7	20.029	69	≤0.70	8	23.107
	>0.5～1.2	8	22.981		>0.70～1.2	9	26.059
	>1.2～2.0	9	25.933		>1.2～1.9	10	29.012
	>2.0～2.6	10	28.886		>1.9～2.7	11	31.964
61	≤0.40	7	20.043	70	≤0.60	8	23.121
	>0.40～1.1	8	22.995		>0.60～1.2	9	26.073
	>1.1～1.9	9	25.947		>1.2～1.8	10	29.026
	>1.9～2.6	10	28.900		>1.8～2.6	11	31.978
62	≤0.30	7	20.057	71	≤0.50	8	23.135
	>0.30～1.0	8	23.009		>0.50～1.1	9	26.087
	>1.0～1.8	9	25.961		>1.1～1.7	10	29.040
	>1.8～2.6	10	28.914		>1.7～2.5	11	31.992
63	≤0.20	7	20.071	72	≤0.40	8	23.149
	>0.20～0.9	8	23.023		>0.4～1.0	9	26.101
	>0.9～1.7	9	25.975		>1.0～1.6	10	29.054
	>1.7～2.6	10	28.928		>1.6～2.4	11	32.006
64	≤0.80	8	23.037	73	≤0.80	9	26.115
	>0.80～1.6	9	25.989		>0.80～1.7	10	29.068
	>1.6～2.4	10	28.942		>1.7～2.3	11	32.020
	>2.4～2.6	11	31.894		>2.3～2.8	12	34.972

（续）

$z(z')$	$x(x_n)$	k	$w_k^*(w_{kn}^*)$	$z(z')$	$x(x_n)$	k	$w_k^*(w_{kn}^*)$
74	≤0.80	9	26.129	83	≤0.80	10	29.208
	>0.8~1.6	10	29.082		>0.8~1.5	11	32.160
	>1.6~2.2	11	32.034		>1.5~2.2	12	35.112
	>2.2~2.8	12	34.986		>2.2~2.8	13	38.064
75	≤0.80	9	26.144	84	≤0.80	10	29.222
	>0.8~1.5	10	29.096		>0.8~1.4	11	32.174
	>1.5~2.1	11	32.048		>1.4~2.2	12	35.126
	>2.1~2.8	12	35.000		>2.2~2.8	13	38.078
76	≤0.80	9	26.158	85	≤0.70	10	29.236
	>0.8~1.4	10	29.110		>0.7~1.3	11	32.188
	>1.4~2.0	11	32.062		>1.3~2.1	12	35.140
	>2.0~2.8	12	35.014		>2.1~2.8	13	38.092
77	≤0.70	9	26.172	86	≤0.60	10	29.250
	>0.70~1.3	10	29.124		>0.6~1.2	11	32.202
	>1.3~1.9	11	32.076		>1.2~2.0	12	35.154
	>1.9~2.7	12	35.028		>2.0~2.8	13	38.106
78	≤0.60	9	26.186	87	≤0.60	10	29.264
	>0.6~1.2	10	29.138		>0.6~1.2	11	32.216
	>1.2~1.8	11	32.090		>1.2~1.9	12	35.168
	>1.8~2.6	12	35.042		>1.9~2.7	13	38.120
79	≤0.50	9	26.200	88	≤0.60	10	29.278
	>0.5~1.1	10	29.152		>0.6~1.2	11	32.230
	>1.1~1.8	11	32.104		>1.2~1.8	12	35.182
	>1.8~2.5	12	35.056		>1.8~2.6	13	38.134
80	≤0.40	9	26.214	89	≤0.50	10	29.292
	>0.4~1.0	10	29.166		>0.5~1.1	11	32.244
	>1.0~1.8	11	32.118		>1.1~1.7	12	35.196
	>1.8~2.4	12	35.070		>1.7~2.5	13	38.148
81	≤0.30	9	26.228	90	≤0.40	10	29.306
	>0.30~0.9	10	29.180		>0.4~1.1	11	32.258
	>0.9~1.8	11	32.182		>1.1~1.6	12	35.210
	>1.8~2.4	12	35.084		>1.6~2.4	13	38.162
82	≤0.80	10	29.194	91	≤0.80	11	32.272
	>0.8~1.6	11	32.146		>0.8~1.5	12	35.224
	>1.6~2.2	12	35.098		>1.5~2.2	13	38.176
	>2.2~2.8	13	38.050		>2.2~2.8	14	41.128

（续）

$z(z')$	$x(x_n)$	k	$w_k^*(w_{kn}^*)$	$z(z')$	$x(x_n)$	k	$w_k^*(w_{kn}^*)$
92	≤0.80	11	32.286	99	≤0.30	11	32.384
	>0.8~1.4	12	35.238		>0.3~0.9	12	35.336
	>1.4~2.2	13	38.190		>0.9~1.7	13	38.288
	>2.2~2.8	14	41.142		>1.7~2.4	14	41.240
93	≤0.70	11	32.300	100	≤0.80	12	35.350
	>0.7~1.3	12	35.252		>0.8~1.6	13	38.302
	>1.3~2.1	13	38.204		>1.6~2.2	14	41.254
	>2.1~2.8	14	41.156		>2.2~2.8	15	44.206
94	≤0.60	11	32.314	102	≤0.60	12	35.378
	>0.6~1.2	12	35.266		>0.6~1.4	13	38.330
	>1.2~2.0	13	38.218		>1.4~2.0	14	41.282
	>2.0~2.8	14	41.170		>2.0~2.8	15	44.234
95	≤0.60	11	32.328	104	≤0.40	12	35.406
	>0.6~1.2	12	35.280		>0.4~1.2	13	38.358
	>1.2~2.0	13	38.232		>1.2~2.0	14	41.310
	>2.0~2.6	14	41.148		>2.0~2.7	15	44.262
96	≤0.60	11	32.342	105	≤0.40	12	35.420
	>0.6~1.2	12	35.294		>0.4~1.2	13	38.372
	>1.2~2.0	13	38.246		>1.2~1.9	14	41.324
	>2.0~2.6	14	41.198		>1.9~2.6	15	44.276
97	≤0.50	11	32.356	106	≤0.40	12	35.434
	>0.5~1.1	12	35.308		>0.4~1.2	13	38.386
	>1.1~1.9	13	38.260		>1.2~1.8	14	41.338
	>1.9~2.5	14	41.212		>1.8~2.5	15	44.290
98	≤0.40	11	32.370				
	>0.4~1.0	12	35.322				
	>1.0~1.8	13	38.274				
	>1.8~2.5	14	41.226				

注：1. $w_k^*(w_{kn}^*)$为$m=1\text{mm}$（或$m_n=1\text{mm}$）时标准齿轮的公法线长度；当模数$m\neq 1\text{mm}$（或$m_n\neq 1\text{mm}$）时标准齿轮的公法线长度应为$w_k=w_k^*m$（或$w_{kn}=w_{kn}^*m_n$）。变位齿轮的公法线长度应按式$w_k=m(w_k^*+\Delta w^*)$或$w_{kn}=m(w_{kn}^*+\Delta w_n^*)$计算，式中$\Delta w^*(\Delta w_n^*)$见表4-10。

2. 对于直齿轮，表中$z'=z$；对于斜齿轮，$z'=z\dfrac{\text{inv}\alpha_t}{0.0149}$（比值$\dfrac{\text{inv}\alpha_t}{0.0149}$见表4-11），按此式算出的$z'$后面如有小数部分时，应利用表4-12的数值进行补偿计算。

【例4-1】 确定斜齿轮的公法线长。已知$z=23$，$m_n=4\text{mm}$，$\alpha_n=20°$，$\beta_0=29°48'$。

解 1）假想齿数$z'=z\dfrac{\text{inv}\alpha_t}{0.0149}$，由表4-11查出$\dfrac{\text{inv}\alpha_t}{0.0149}=1.4953$（插入法计算），则$z'=1.4953\times 23=34.39$（取到小数点后两位数值）。

2）查表4-9，$z'=34$时w_{kn}^*为10.809mm；查表4-12，$z'=0.39$时w_{kn}^*为0.0055mm；则$w_{kn}^*=(10.809+0.0055)\text{mm}=10.8145\text{mm}$。

3）$w_{kn}=w_{kn}^*m_n=10.8145\times 4\text{mm}=43.258\text{mm}$。

表4-10　变位齿轮的公法线长度附加量 Δw^*（Δw_n^*）

（$m_n = m = 1\text{mm}, \alpha_n = \alpha = 20°$）　　（单位：mm）

x	0.00	0.01	0.02	0.03	0.04	0.05	0.06	0.07	0.08	0.09
0.0	0.0000	0.0068	0.0137	0.0205	0.0274	0.0342	0.0410	0.0479	0.0547	0.0616
0.1	0.0684	0.0752	0.0821	0.0889	0.0958	0.1026	0.1094	0.1163	0.1231	0.1300
0.2	0.1368	0.1436	0.1505	0.1573	0.1642	0.1710	0.1779	0.1847	0.1915	0.1984
0.3	0.2052	0.2121	0.2189	0.2257	0.2326	0.2394	0.2463	0.2531	0.2599	0.2668
0.4	0.2736	0.2805	0.2873	0.2941	0.3010	0.3078	0.3147	0.3215	0.3283	0.3352
0.5	0.3420	0.3489	0.3557	0.3625	0.3694	0.3762	0.3831	0.3899	0.3967	0.4036
0.6	0.4104	0.4173	0.4241	0.4309	0.4378	0.4446	0.4515	0.4583	0.4651	0.4720
0.7	0.4788	0.4857	0.4925	0.4993	0.5062	0.5130	0.5199	0.5267	0.5336	0.5404
0.8	0.5472	0.5541	0.5609	0.5678	0.5746	0.5814	0.5883	0.5951	0.6020	0.6088
0.9	0.6156	0.6225	0.6293	0.6362	0.6430	0.6498	0.6567	0.6635	0.6704	0.6772

表4-11　比值 $\text{inv}\alpha_t/\text{inv}\alpha_n = \text{inv}\alpha_t/0.0149$　　（$\alpha_n = 20°$）

β	$\frac{\text{inv}\alpha_t}{0.0149}$	差值	β	$\frac{\text{inv}\alpha_t}{0.0149}$	差值	β	$\frac{\text{inv}\alpha_t}{0.0149}$	差值
8°	1.0283		18°	1.1536	0.0061	28°	1.4240	0.0124
8°20′	1.0309	0.0026	18°20′	1.1598	0.0062	28°20′	1.4364	0.0124
8°40′	1.0333	0.0024	18°40′	1.1665	0.0067	28°40′	1.4495	0.0131
9°	1.0359	0.0026	19°	1.1730	0.0065	29°	1.4625	0.0130
9°20′	1.0388	0.0029	19°20′	1.1797	0.0067	29°20′	1.4760	0.0135
9°40′	1.0415	0.0027	19°40′	1.1866	0.0069	29°40′	1.4897	0.0137
10°	1.0446	0.0031	20°	1.1936	0.0070	30°	1.5037	0.0140
10°20′	1.0477	0.0031	20°20′	1.2010	0.0074	30°20′	1.5182	0.0145
10°40′	1.0508	0.0031	20°40′	1.2084	0.0074	30°40′	1.5328	0.0146
11°	1.0543	0.0035	21°	1.2160	0.0076	31°	1.5478	0.0150
11°20′	1.0577	0.0034	21°20′	1.2239	0.0079	31°20′	1.5633	0.0155
11°40′	1.0613	0.0036	21°40′	1.2319	0.0080	31°40′	1.5790	0.0157
12°	1.0652	0.0039	22°	1.2410	0.0082	32°	1.5951	0.0161
12°20′	1.0688	0.0036	22°20′	1.2485	0.0084	32°20′	1.6115	0.0164
12°40′	1.0728	0.0040	22°40′	1.2570	0.0085	32°40′	1.6285	0.0170
13°	1.0768	0.0040	23°	1.2657	0.0087	33°	1.6455	0.0170
13°20′	1.0810	0.0042	23°20′	1.2746	0.0089	33°20′	1.6631	0.0176
13°40′	1.0853	0.0043	23°40′	1.2838	0.0092	33°40′	1.6813	0.0182
14°	1.0896	0.0043	24°	1.2931	0.0093	34°	1.6998	0.0185
14°20′	1.0943	0.0047	24°20′	1.3029	0.0098	34°20′	1.7187	0.0189
14°40′	1.0991	0.0048	24°40′	1.3128	0.0099	34°40′	1.7380	0.0193
15°	1.1039	0.0048	25°	1.3227	0.0099	35°	1.7578	0.0198
15°20′	1.1088	0.0049	25°20′	1.3327	0.0100	35°20′	1.7782	0.0204
15°40′	1.1139	0.0051	25°40′	1.3433	0.0106	35°40′	1.7986	0.0204
16°	1.1192	0.0053	26°	1.3541	0.0108	36°	1.8201	0.0215
16°20′	1.1244	0.0052	26°20′	1.3652	0.0111	36°20′	1.8418	0.0217
16°40′	1.1300	0.0056	26°40′	1.3765	0.0113	36°40′	1.8640	0.0222
17°	1.1358	0.0058	27°	1.3878	0.0113	37°	1.8868	0.0228
17°20′	1.1415	0.0057	27°20′	1.3996	0.0118	37°20′	1.9101	0.0233
17°40′	1.1475	0.0060	27°40′	1.4116	0.0120	37°40′	1.9340	0.0239

注：对于中间数值的 β，$\frac{\text{inv}\alpha_t}{0.0149}$的值用插入法求出。

例如，$\beta = 29°48'$，$\frac{\text{inv}\alpha_t}{0.0149} = 1.4897 + \frac{8}{20} \times 0.0140 = 1.4953$

表 4-12　假想齿数 z' 后面小数部分公法线长度 w_k^*（w_{kn}^*）

（$m_n = m = 1\text{mm}, \alpha_n = \alpha = 20°$）　（单位：mm）

z'	0.00	0.01	0.02	0.03	0.04	0.05	0.06	0.07	0.08	0.09
0.0	0.0000	0.0001	0.0003	0.0004	0.0006	0.0007	0.0008	0.0010	0.0011	0.0013
0.1	0.0014	0.0015	0.0017	0.0018	0.0020	0.0021	0.0022	0.0024	0.0025	0.0027
0.2	0.0028	0.0029	0.0031	0.0032	0.0034	0.0035	0.0036	0.0038	0.0039	0.0041
0.3	0.0042	0.0043	0.0045	0.0046	0.0048	0.0049	0.0051	0.0052	0.0053	0.0055
0.4	0.0056	0.0057	0.0059	0.0060	0.0061	0.0063	0.0064	0.0066	0.0067	0.0069
0.5	0.0070	0.0071	0.0073	0.0074	0.0076	0.0077	0.0079	0.0080	0.0081	0.0083
0.6	0.0084	0.0085	0.0087	0.0088	0.0089	0.0091	0.0092	0.0094	0.0095	0.0097
0.7	0.0098	0.0099	0.0101	0.0102	0.0104	0.0105	0.0106	0.0108	0.0109	0.0111
0.8	0.0112	0.0114	0.0115	0.0116	0.0118	0.0119	0.0120	0.0122	0.0123	0.0124
0.9	0.0126	0.0127	0.0129	0.0130	0.0132	0.0133	0.0135	0.0136	0.0137	0.0139

9. 确定变位系数

（1）对于高度变位齿轮　变位系数应按下式进行计算，即

$$x_1 = \frac{d'_a}{2m} - \frac{z_1}{2} - h_a^*$$

或

$$x_1 = \frac{1}{4}\left(\frac{d'_{a1} - d'_{a2}}{m} - z_1 + z_2\right) = \frac{1}{4}\left(\frac{d'_{f1} - d'_{f2}}{m} - z_1 + z_2\right)$$

$$x_2 = -x_1$$

（2）对于角度变位齿轮　变位系数可按下列步骤进行计算：

1）计算啮合角 α'，即

$$\alpha' = \arccos\left(\frac{a}{a'}\cos\alpha\right)$$

2）计算中心距变动系数 y，即

$$y = \frac{a' - a}{m}$$

3）计算总变动系数 x_Σ，即

$$x_\Sigma = \frac{z_1 + z_2}{2\tan\alpha}(\text{inv}\alpha' - \text{inv}\alpha)$$

其中，$\text{inv}\alpha'$、$\text{inv}\alpha$ 为渐开线函数，其数值可查表 4-13。

表 4-13　渐开线函数 $\text{inv}\alpha_k$

α_k/(°)		0′	5′	10′	15′	20′	25′	30′	35′	40′	45′	50′	55′
10	0.00	17941	18397	18860	19332	19812	20299	20795	21299	21810	22330	22859	23396
11	0.00	23941	24495	25057	25628	26208	26797	27394	28001	28616	29241	29875	30518
12	0.00	31171	31832	32504	33185	33875	34575	35285	36005	36735	37474	38224	38984
13	0.00	39754	40534	41325	42126	42938	43760	44593	45437	46291	47157	48033	48921
14	0.00	49819	50729	51650	52582	53526	54482	55448	56427	57417	58420	59434	60460

（续）

α_k/(°)		0′	5′	10′	15′	20′	25′	30′	35′	40′	45′	50′	55′
15	0.00	61498	62548	63611	64686	65773	66873	67985	69110	70248	71398	72561	73738
16	0.0	07493	07613	07735	07857	07982	08107	08234	08362	08492	08623	08756	08889
17	0.0	09025	09161	09299	09439	09580	09722	09866	10012	10158	10307	10456	10608
18	0.0	10760	10915	11071	11228	11387	11547	11709	11873	12038	12205	12373	12543
19	0.0	12715	12888	13063	13240	13418	13598	13779	13963	14148	14334	14523	14713
20	0.0	14904	15098	15293	15490	15689	15890	16092	16296	16502	16710	16920	17132
21	0.0	17345	17560	17777	17996	18217	18440	18665	18891	19120	19350	19583	19817
22	0.0	20054	20292	20533	20775	21019	21266	21514	21765	22018	22272	22529	22788
23	0.0	23049	23312	23577	23845	24114	24386	24660	24936	25214	25495	25778	26062
24	0.0	26350	26639	26931	27225	27521	27820	28121	28424	28729	29037	29348	29660
25	0.0	29975	30293	30613	30935	31260	31587	31917	32249	32583	32920	33260	33602
26	0.0	33947	34294	34644	34997	35352	35709	36069	36432	36798	37166	37537	37910
27	0.0	38287	38666	39047	39432	39819	40209	40602	40997	41395	41797	42201	42607
28	0.0	43017	43430	43845	44264	44685	45110	45537	45967	46400	46837	47276	47718
29	0.0	48164	48612	49064	49518	49976	50437	50901	51368	51838	52312	52788	53268
30	0.0	53751	54238	54728	55221	55717	56217	56720	57226	57736	58249	58765	59285
31	0.0	59809	60336	60866	61400	61937	62478	63022	63570	64122	64677	65236	65799
32	0.0	66364	66934	67507	68084	68665	69250	69838	70430	71026	71626	72230	72838
33	0.0	73449	74064	74684	75307	75934	76565	77200	77839	78483	79130	79781	80437
34	0.0	81097	81760	82428	83100	83777	84457	85142	85832	86525	87223	87925	88631
35	0.0	89342	90058	90777	91502	92230	92963	93701	94443	95190	95942	96698	97459
36	0.	09822	09899	09977	10055	10133	10212	10292	10371	10452	10533	10614	10696
37	0.	10778	10861	10944	11028	11113	11197	11283	11369	11455	11542	11630	11718
38	0.	11806	11895	11985	12075	12165	12257	12348	12441	12534	12627	12721	12815
39	0.	12911	13006	13102	13199	13297	13395	13493	13592	13692	13792	13893	13995
40	0.	14097	14200	14303	14407	14511	14616	14722	14829	14936	15043	15152	15261
41	0.	15370	15480	15591	15703	15815	15928	16041	16156	16270	16386	16502	16619
42	0.	16737	16855	16974	17093	17214	17336	17457	17579	17702	17826	17951	18076
43	0.	18202	18329	18457	18585	18714	18844	18975	19106	19238	19371	19505	19639
44	0.	19774	19910	20047	20185	20323	20463	20603	20743	20885	21028	21171	21315
45	0.	21460	21606	21753	21900	22049	22198	22348	22499	22651	22804	22958	23112
46	0.	23268	23424	23582	23740	23899	24059	24220	24382	24545	24709	24874	25040
47	0.	25206	25374	25543	25713	25883	26055	26228	26401	26576	26752	26929	27107
48	0.	27285	27465	27646	27828	28012	28196	28381	28567	28755	28943	29133	29324
49	0.	29516	29709	29903	30098	30295	30492	30691	30891	31092	31295	31498	31703
50	0.	31909	32116	32324	32534	32745	32957	33171	33385	33601	33818	34037	34257
51	0.	34478	34700	34924	35149	35376	35604	35833	36063	36295	36529	36763	36999
52	0.	37237	37476	37716	37958	38202	38446	38693	38941	39190	39441	39693	39947
53	0.	40202	40459	40717	40977	41239	41502	41767	42034	42302	42571	42843	43116
54	0.	43390	43667	43945	44225	44506	44789	45074	45361	45650	45940	46232	46526
55	0.	46822	47119	47419	47720	48023	48328	48635	48944	49255	49568	49882	50199

（续）

$\alpha_k/(°)$		0′	5′	10′	15′	20′	25′	30′	35′	40′	45′	50′	55′
56	0.	50518	50838	51161	51486	51813	52141	52472	52805	53141	53478	53817	54159
57	0.	54503	54849	55197	55547	55900	56255	56612	56972	57333	57698	58064	58433
58	0.	58804	59178	59554	59933	60314	60697	61083	61472	61863	62257	62653	63052
59	0.	63454	63858	64265	64674	65086	65501	65919	66340	66763	67189	67618	68050

应用举例：

① $\text{inv}20° = 0.014904$。

② $\text{inv}14°30' = 0.0055448$。

③ $\text{inv}27°17' = 0.039432 + \dfrac{2}{5} \times (0.039819 - 0.039432) = 0.039587$。

④ $\text{inv}22°18'25'' = 0.020775 + \dfrac{60 \times 3 + 25}{60 \times 5} \times (0.021019 - 0.020775) = 0.020942$。

4）计算齿顶高变动系数 Δy，即

$$\Delta y = x_{\Sigma} - y$$

5）计算变位系数 x，即

$$x_1 = \frac{d'_a}{2m} - \frac{z_1}{2} - h_a^* + \Delta y$$

$$x_2 = x_{\Sigma} - x_1$$

（3）用公法线长度计算变位系数 x 用下式进行计算，即

$$x = \frac{w'_k - w_k}{2m\sin\alpha}$$

计算时应在测得的公法线长度 w'_k 上加 0.1～0.25mm 的减薄量。此方法用于磨损严重的齿轮时，准确性较差。

10. 计算和校核加工齿轮所需要的全部几何尺寸

标准直齿圆柱齿轮按表 4-2 和表 4-3 中的公式计算。

变位直齿圆柱齿轮按表 4-14 中的公式计算。

表 4-14 变位直齿圆柱齿轮主要几何尺寸计算

名 称	代号	外啮合齿轮	内啮合齿轮（滚齿）
模数	m		
分度圆直径	d	$d = zm$	$d = zm$
齿顶圆直径	d_a	$d_a = d + 2(h_a^* + x - \Delta y)m$ $= m[z + 2(h_a^* + x - \Delta y)]$	$d_{a1} = d_1 + 2(h_a^* + x_1)m = d_{f2} - 2a' - 2c^* m$ $d_{a2} = d_2 - 2(h_a^* - x_2 + \Delta y - k_2)m$ $= d_{f1} + 2a' + 2c^* m$
齿根圆直径	d_f	$d_f = d - 2(h_a^* + c^* - x)m$ $= m[z - 2(h_a^* + c^* - x)]$	$d_{f1} = d_1 - 2(h_a^* + c^* - x_1)m$ $d_{f2} = d_2 + 2(h_a^* + c^* + x_2)m$

（续）

名　　称	代号	外啮合齿轮	内啮合齿轮(滚齿)
齿顶高	h_a	$h_a=(h_a^*+x-\Delta y)m$	$h_{a1}=0.5(d_{a1}-d_1)$ $h_{a2}=0.5(d_2-d_{a2})$
齿根高	h_f	$h_f=(h_a^*+c^*-x)m$	
全齿高	h	$h=(2h_a^*+c^*-\Delta y)m$	$h_1=0.5(d_{a1}-d_{f1})$ $h_2=0.5(d_{f2}-d_{a2})$
中心距	a'	$a'=a+ym$	$a'=a+ym$
以下选用一组			
公法线跨测齿数	k	$k=\frac{\alpha}{180^\circ}z+0.5+\frac{2x\cot\alpha}{\pi}$	
公法线长度	w_k	$w_k=m\cos\alpha[\pi(k-0.5)+z\,\text{inv}\alpha+x\tan\alpha]$	
固定弦齿厚 固定弦齿高	$\bar{s}_c$ $\bar{h}_c$	$\bar{s}_c=m\cos^2\alpha\left(\frac{\pi}{2}+2x\tan\alpha\right)$ $\bar{h}_c=h_a-0.182\bar{s}_c$	$\bar{s}_{c1}=m\cos^2\alpha\left(\frac{\pi}{2}+2x_1\tan\alpha\right)$ $\bar{s}_{c2}=m\cos^2\alpha\left(\frac{\pi}{2}+2x_2\tan\alpha\right)$ $\bar{h}_{c1}=h_{a1}-0.182\bar{s}_{c1}$ $\bar{h}_{c2}=h_{a2}-0.182\bar{s}_{c2}+\Delta h$ $\Delta h=\frac{d_{a2}}{2}(1-\cos\delta_a)$ $\delta_a=\frac{\pi}{2z_2}-\text{inv}\alpha-\frac{2x_2}{z_2}\tan\alpha+\text{inv}\alpha_a$（以弧度计） $\cos\alpha_a=\frac{d_2}{d_{a2}}\cos\alpha$
分度圆弦齿厚 分度圆弦齿高	$\bar{s}$ $\bar{h}_a$	$\bar{s}=zm\sin\Delta$ $\Delta=\frac{90^\circ+41.7^\circ x}{z}$ $\bar{h}_a=h_a+\frac{zm}{2}(1-\cos\Delta)$	$\bar{s}_1=z_1\sin\Delta_1$　$\Delta_1=\frac{90^\circ+41.7^\circ x}{z_1}$ $\bar{s}_2=z_2\sin\Delta_2$　$\Delta_2=\frac{90^\circ-41.7^\circ x}{z_2}$ $\bar{h}_{a1}=h_{a1}+\frac{z_1 m}{2}(1-\cos\Delta_1)$ $\bar{h}_{a2}=h_{a2}+\frac{z_2 m}{2}(1-\cos\Delta_2)+\Delta h$

注：1. 对于 $x<1.5$ 的插齿齿轮，使用本表计算可满足一般要求；对于 $x\geqslant1.5$ 的插齿齿轮，可参阅有关文献。

2. 表内算式中的 x 应带本身的正、负号；Δy 皆为正号。

3. 对于高度变位齿轮，算式中的 x、Δy 皆为零。

4. k_2 选用：当 $x_2<2$ 时，$k_2=0.25-0.125x_2$；当 $x_2\geqslant2$ 时，$k_2=0$。

11. 确定齿轮的精度等级

国家标准 GB/T 10095.1—2008 对齿轮及齿轮副规定了 13 个精度等级，其中 0 级精度最高，12 级精度最低。目前我国只有少数几家企业能制造和检验 2 级精度的齿轮。通常将齿轮分为高、中、低三类，即 3～5 级属于高精度等级；

6～8 级属于中精度等级；9～12 级属于低精度等级。

（1）确定精度等级　确定齿轮精度等级时，应根据齿轮的工作速度、传递的功率、工作的持续时间、机械振动、噪声和使用寿命等方面的要求来确定。齿轮的精度等级可用计算法来确定，但企业界主要采用经验法来确定，表 4-15 是各类机器传动中所用的齿轮精度等级。

表 4-15　各类机器传动中所应用的齿轮精度等级

产品类型	精度等级	产品类型	精度等级
测量齿轮	2～5	航空发动机	4～8
汽轮机齿轮	3～6	拖拉机	6～9
金属切削机床	3～8	通用减速器	6～9
内燃机车	6～7	轧钢机	6～10
汽车底盘	5～8	矿用绞车	8～10
轻型汽车	5～8	起重机械	7～10
载重汽车	6～9	农业机械	8～11

测绘中也可以对齿轮的各项偏差进行测量，但由于项目多、受检测仪器等因素的限制，一般也是根据齿轮的用途和工作条件，结合经验来确定精度等级。

（2）确定偏差项目　齿轮的偏差项目也很多，可以根据齿轮的用途和工作要求，选用必要的偏差项目，推荐按表 4-16 选用。GB/T 10095—1988[⊖] 标准对常用偏差项目规定的偏差值见表 4-17～表 4-22。

表 4-16　齿轮的检验组

序号	公差组			适用范围	测量仪器
	Ⅰ	Ⅱ	Ⅲ[①]		
1	$\Delta F_i'$	$\Delta f_i'$	ΔF_β	3～6	单面啮合仪，齿向仪（万能测齿仪）
2	ΔF_p	Δf_f 与 Δf_{pt}	ΔF_β	3～8	周节仪，齿形仪，齿向仪
3	ΔF_p	Δf_f 与 Δf_{pb}	ΔF_β	3～8	周节仪，基节仪，齿形仪，齿向仪
4	ΔF_p	Δf_{pt} 与 Δf_{pb}	ΔF_β	7～9	万能测齿仪（周节仪，基节仪），齿向仪
5	$\Delta F_i''$ 与 ΔF_w	$\Delta f_i''$	ΔF_β	6～9	双面啮合仪，公法线千分尺，齿向仪
6	ΔF_r 与 ΔF_w	Δf_f 与 Δf_{pb}	ΔF_β	6～8	跳动仪，齿形仪，基节仪，齿向仪，公法线千分尺

⊖ 国家齿轮精度的现行标准是 GB/T 10095.1—2008、GB/T 10095.2—2008，由于标准完善、贯彻和实施及其实际应用有一个过程，故本书仍有部分内容沿用 GB/T 10095—1988。实际测绘中可对照现行标准的相关内容予以引用。

（续）

序号	公差组			适用范围	测量仪器
	1	Ⅱ	Ⅲ①		
7	ΔF_r 与 ΔF_w	Δf_{pt} 与 Δf_{pb}	ΔF_β	7～9	跳动仪，公法线千分尺，周节仪，基节仪，齿向仪
8	ΔF_p	$\Delta f_{f\beta}$ 与 Δf_t	ΔF_{px} 与 ΔF_b	3～6②	周节仪，齿形仪，波度仪，轴向齿距仪
9	ΔF_r	Δf_{pt}	ΔF_β	9～12	周节仪，跳动仪，齿向仪

① 可用接触斑点替代检验 ΔF_β。

② $\varepsilon_\beta>1.25$ 的齿向线不作修正的斜齿轮或人字齿轮。

表 4-17　齿圈径向跳动公差 F_r 值和径向综合公差 F''_i 值　（单位：μm）

分度圆直径/mm		法向模数/mm	F_r							F''_i						
			精度等级													
大于	到		4	5	6	7	8	9	10	4	5	6	7	8	9	10
—	125	≥1～3.5	10	16	25	36	45	71	100	14	22	36	50	63	90	140
		>3.5～6.3	11	18	28	40	50	80	125	16	25	40	56	71	112	180
		>6.3～10	13	20	32	45	56	90	140	18	28	45	63	80	125	200
125	400	≥1～3.5	15	22	36	50	63	80	112	20	32	50	71	90	112	160
		>3.5～6.3	16	25	40	56	71	100	140	22	36	56	80	100	140	200
		>6.3～10	18	28	45	63	86	112	160	25	40	63	90	112	160	224
		>10～16	20	32	50	71	90	125	180	28	45	71	100	125	180	250
		>16～25	22	36	56	80	100	160	224	32	50	80	112	140	224	315
400	800	≥1～3.5	18	28	45	63	80	100	125	25	40	63	90	112	140	180
		>3.5～6.3	20	32	50	71	90	112	140	28	45	71	100	125	160	200
		>6.3～10	22	36	56	80	100	125	160	32	50	80	112	140	180	224
		>10～16	25	40	63	90	112	160	200	36	56	90	125	160	224	280
		>16～25	28	45	71	100	125	200	250	40	63	100	140	180	280	355
		>25～40	32	50	80	112	140	250	315	45	71	112	160	200	355	450

表 4-18　齿距累积总偏差 F_p 及 K 个周节累积公差 F_{pk} 值　（单位：μm）

L/mm		精度等级						
大于	到	4	5	6	7	8	9	10
—	11.2	4.5	7	11	16	22	32	45
11.2	20	6	10	16	22	32	45	63
20	32	8	12	20	28	40	56	80
32	50	9	14	22	32	45	63	90
50	80	10	16	25	36	50	71	100
80	160	12	20	32	45	63	90	125
160	315	18	28	45	63	90	125	180
315	630	25	40	63	90	125	180	250
630	1000	32	50	80	112	160	224	315
1000	1600	40	63	100	140	200	280	400
1600	2500	45	71	112	160	224	315	450

（续）

L/mm		精度等级						
大于	到	4	5	6	7	8	9	10
2500	3150	56	90	140	200	280	400	560
3150	4000	63	100	160	224	315	450	630
4000	5000	71	112	180	250	355	500	710
5000	7200	80	125	200	280	400	560	800

注：L 为分度圆弧长。

表 4-19　基节极限偏差 $\pm f_{pb}$ 和径向齿综合公差 f''_i 值　（单位：μm）

分度圆直径/mm		法向模数/mm	f_{pb} 精度等级							f''_i 精度等级						
大于	到		4	5	6	7	8	9	10	4	5	6	7	8	9	10
—	125	≥1～3.5	3.6	5	9	13	18	25	36	7	10	14	20	28	36	45
		>3.5～6.3	4.5	7	11	16	22	32	45	9	13	18	25	36	45	56
		>6.3～10	5.0	8	13	18	25	36	50	10	14	20	28	40	50	63
125	400	≥1～3.5	4.2	6	10	14	20	30	40	8	11	16	22	32	40	50
		>3.5～6.3	5.0	8	13	18	25	36	50	10	14	20	28	40	50	63
		>6.3～10	5.5	9	14	20	30	40	60	11	16	22	32	45	56	71
		>10～16	6.5	10	16	22	32	45	63	13	18	25	36	50	63	80
		>16～25	8.5	13	20	30	40	60	80	16	22	32	45	63	80	100
400	800	≥1～3.5	4.5	7	11	16	22	32	45	9	13	18	25	36	45	56
		>3.5～6.3	5.0	8	13	18	25	36	50	10	14	20	28	40	50	63
		>6.3～10	6.5	10	16	22	32	45	63	11	16	22	32	45	56	71
		>10～16	7.5	11	18	25	36	50	71	14	20	28	40	56	71	90
		>16～25	9.5	14	22	32	45	63	90	18	25	36	50	71	90	112
		>25～40	11	18	30	40	60	80	112	22	32	45	63	90	112	140

表 4-20　齿形公差 f_f 值和齿距极限偏差 $\pm f_{pt}$ 值　（单位：μm）

分度圆直径/mm		法向模数/mm	f_f 精度等级							f_{pt} 精度等级						
大于	到		4	5	6	7	8	9	10	4	5	6	7	8	9	10
—	125	≥1～3.5	4.8	6	8	11	14	22	36	4.0	6	10	14	20	28	40
		>3.5～6.3	5.3	7	10	14	20	32	50	5.0	8	13	18	25	36	50
		>6.3～10	6.0	8	12	17	22	36	56	5.5	9	14	20	28	40	56
125	400	≥1～3.5	5.3	7	9	13	18	28	45	4.5	7	11	16	22	32	45
		>3.5～6.3	6.0	8	11	16	22	36	56	5.5	9	14	20	28	40	56
		>6.3～10	6.5	9	13	19	28	45	71	6.0	10	16	22	32	45	63
		>10～16	7.5	11	16	22	32	50	80	7.0	11	18	25	36	50	71
		>16～25	9.5	14	20	30	45	71	112	9	14	22	32	45	63	90

（续）

分度圆直径/mm		法向模数/mm	f_f							f_{pt}						
			精度等级													
大于	到		4	5	6	7	8	9	10	4	5	6	7	8	9	10
400	800	≥1~3.5	6.5	9	12	17	25	40	63	5.0	8	13	18	25	36	50
		>3.5~6.3	7.0	10	14	20	28	45	71	5.5	9	14	20	28	40	56
		>6.3~10	7.5	11	16	24	36	56	90	7.0	11	18	25	36	50	71
		>10~16	9.0	13	18	26	40	63	100	8.0	13	20	28	40	56	80
		>16~25	10.5	16	24	36	56	90	140	10	16	25	36	50	71	100
		>25~40	14	21	30	48	71	112	180	13	20	32	45	63	90	125

表 4-21　公法线长度变动公差 F_w 值　（单位：μm）

分度圆直径/mm		精度等级						
大于	到	4	5	6	7	8	9	10
—	125	8.0	12	20	28	40	56	80
125	400	10	16	25	36	50	71	100
400	800	12	20	32	45	63	90	125
800	1600	16	25	40	56	80	112	160
1600	2500	18	28	45	71	100	140	200
2500	4000	25	40	63	90	125	180	250

表 4-22　齿向公差 F_β 值　（单位：μm）

齿轮宽度/mm		精度等级						
大于	到	4	5	6	7	8	9	10
—	40	5.5	7	9	11	18	28	45
40	100	8.0	10	12	16	25	40	63
100	160	10	12	16	20	32	50	80
160	250	12	16	19	24	38	60	105
250	400	14	18	24	28	45	75	120
400	630	17	22	28	34	55	90	140

（3）齿厚极限偏差及选用　齿厚极限偏差一般用 14 个字母代号中的两个，分别代表齿厚的上、下极限偏差。这 14 个代号是：C、D、E、F、G、H、J、K、L、M、N、P、R、S。它们所代表齿厚的偏差数值均是齿距极限偏差 f_{pt} 的不同整数倍数，如图 4-7 所示。

齿厚极限偏差可以通过计算来确定。对于一般要求的齿轮，可根据齿轮的工作情况，结合经验用类比法来确定，也可参考经验表来确定。推荐的经验表见表 4-23。若选用的齿厚极限偏差超出 14 种代号时，可自行规定。

（4）确定公法线平均长度极限偏差 E_w　推荐按表 4-24 选用。

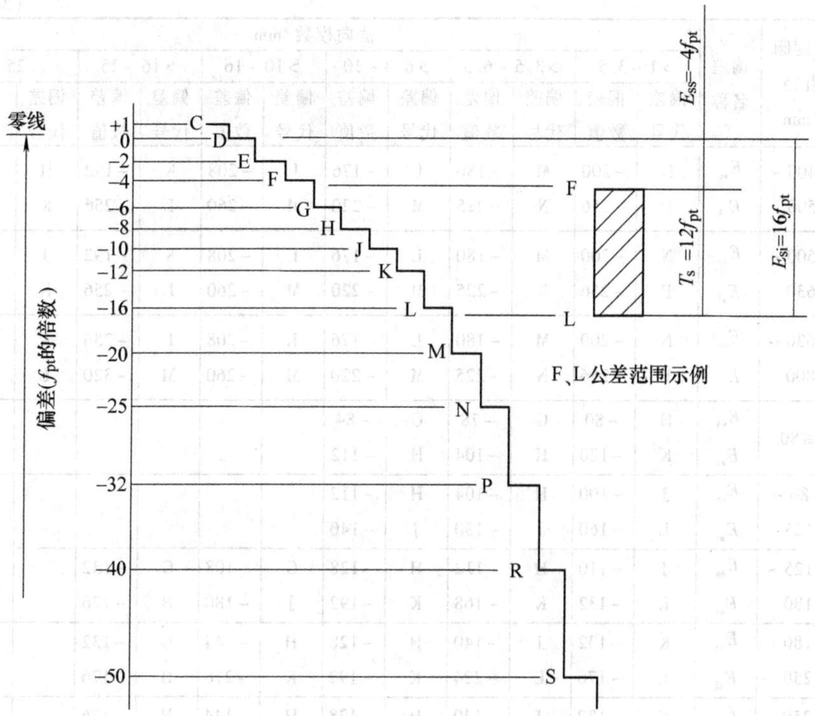

图 4-7 齿厚极限偏差代号及数值

表 4-23 齿厚极限偏差 E_s 参考值 （单位：μm）

Ⅱ组精度	分度圆直径/mm	偏差名称	法向模数/mm											
			>1~3.5		>3.5~6.3		>6.3~10		>10~16		>16~25		>25~40	
			偏差代号	偏差数值	偏差代号	偏差数值	偏差代号	偏差数值	偏差代号	偏差数值	偏差代号	偏差数值	偏差代号	偏差数值
5级	≤80	E_{ss}	L	−96	J	−80	J	−90						
		E_{si}	M	−120	K	−96	K	−108						
	>80~125	E_{ss}	L	−96	K	−96	J	−90						
		E_{si}	M	−120	L	−128	K	−108						
	>125~180	E_{ss}	L	−112	K	−108	K	−120	J	−110	H	−112		
		E_{si}	M	−140	L	−144	L	−160	K	−132	J	−140		
	>180~250	E_{ss}	M	−140	L	−144	K	−120	K	−132	J	−112		
		E_{si}	N	−175	M	−180	L	−160	L	−176	K	−168		
	>250~315	E_{ss}	M	−140	L	−144	L	−160	K	−132	J	−140		
		E_{si}	N	−175	M	−180	M	−200	L	−176	L	−168		
	>315~400	E_{ss}	N	−175	L	−144	L	−160	L	−176	K	−168		
		E_{si}	P	−224	M	−180	M	−200	M	−220	L	−224		

（续）

Ⅱ组精度	分度圆直径/mm	偏差名称	法向模数/mm											
			>1~3.5		>3.5~6.3		>6.3~10		>10~16		>16~25		>25~40	
			偏差代号	偏差数值	偏差代号	偏差数值	偏差代号	偏差数值	偏差代号	偏差数值	偏差代号	偏差数值	偏差代号	偏差数值
5级	>400~500	E_{ss}	N	-200	M	-180	L	-176	L	-208	K	-192	H	-160
		E_{si}	P	-256	N	-225	M	-220	M	-260	L	-256	K	-240
	>500~630	E_{ss}	N	-200	M	-180	L	-176	L	-208	K	-192	J	-200
		E_{si}	P	-256	N	-225	M	-220	M	-260	L	-256	K	-240
	>630~800	E_{ss}	N	-200	M	-180	L	-176	L	-208	L	-256	K	-240
		E_{si}	P	-256	N	-225	M	-220	M	-260	M	-320	L	-320
6级	≤80	E_{ss}	H	-80	G	-78	G	-84						
		E_{si}	K	-120	H	-104	H	-112						
	>80~125	E_{ss}	J	-100	H	-104	H	-112						
		E_{si}	L	-160	J	-130	J	-140						
	>125~180	E_{ss}	J	-110	H	-112	H	-128	G	-108	G	-132		
		E_{si}	L	-132	K	-168	K	-192	J	-180	H	-176		
	>180~250	E_{ss}	K	-132	J	-140	H	-128	H	-144	G	-132		
		E_{si}	L	-176	L	-224	K	-192	K	-216	H	-176		
	>250~315	E_{ss}	K	-132	J	-140	H	-128	H	-144	H	-176		
		E_{si}	L	-176	L	-224	K	-192	K	-216	J	-220		
	>315~400	E_{ss}	L	-176	K	-168	J	-168	H	-144	H	-176		
		E_{si}	M	-220	L	-224	L	-256	K	-216	J	-220		
	>400~500	E_{ss}	L	-208	K	-168	J	-180	H	-160	H	-200	G	-192
		E_{si}	M	-260	L	-224	L	-288	K	-240	J	-250	H	-256
	>500~630	E_{ss}	L	-208	L	-224	J	-180	J	-200	H	-200	G	-192
		E_{si}	M	-260	M	-280	L	-288	L	-320	K	-300	H	-256
	>630~800	E_{ss}	L	-208	L	-224	K	-216	K	-240	H	-200	H	-256
		E_{si}	N	-325	M	-280	L	-288	L	-320	K	-300	J	-320
7级	≤80	E_{ss}	H	-112	G	-108	G	-120						
		E_{si}	K	-168	J	-180	H	-160						
	>80~125	E_{ss}	H	-112	G	-108	G	-120						
		E_{si}	K	-168	J	-180	H	-160						
	>125~180	E_{ss}	H	-128	G	-120	G	-132	G	-150	F	-128		
		E_{si}	K	-192	J	-200	J	-220	J	-250	G	-192		
	>180~250	E_{ss}	H	-128	H	-160	G	-132	G	-150	F	-128		
		E_{si}	K	-192	K	-240	J	-220	J	-250	H	-256		
	>250~315	E_{ss}	J	-160	H	-160	H	-176	G	-150	G	-192		
		E_{si}	L	-192	K	-240	K	-264	J	-250	H	-256		

（续）

Ⅱ组精度	分度圆直径/mm	偏差名称	法向模数/mm											
			>1～3.5		>3.5～6.3		>6.3～10		>10～16		>16～25		>25～40	
			偏差代号	偏差数值	偏差代号	偏差数值	偏差代号	偏差数值	偏差代号	偏差数值	偏差代号	偏差数值	偏差代号	偏差数值
7级	>315～400	E_{ss}	K	-192	H	-160	H	-176	H	-200	G	-192		
		E_{si}	L	-256	K	-240	K	-264	K	-300	H	-256		
	>400～500	E_{ss}	J	-180	J	-200	H	-200	H	-224	G	-216	F	-180
		E_{si}	L	-288	L	-320	K	-300	K	-336	J	-360	G	-270
	>500～630	E_{ss}	K	-216	J	-200	H	-200	H	-224	G	-216	G	-270
		E_{si}	M	-360	L	-320	K	-300	K	-336	J	-360	H	-360
	>630～800	E_{ss}	K	-216	K	-240	J	-250	H	-224	H	-288	G	-270
		E_{si}	M	-360	L	-320	L	-400	K	-336	K	-432	H	-360
8级	≤80	E_{ss}	G	-120	F	-100	F	-112						
		E_{si}	J	-200	G	-150	G	-168						
	>80～125	E_{ss}	G	-120	G	-150	F	-112						
		E_{si}	J	-200	H	-200	G	-168						
	>125～180	E_{ss}	G	-132	G	-168	F	-128	F	-144	F	-180		
		E_{si}	J	-220	J	-280	H	-256	G	-216	G	-270		
	>180～250	E_{ss}	H	-176	G	-168	G	-192	F	-144	F	-180		
		E_{si}	K	-264	J	-280	H	-256	H	-288	G	-270		
	>250～315	E_{ss}	H	-176	G	-168	G	-192	G	-216	F	-180		
		E_{si}	K	-264	J	-280	H	-256	H	-288	G	-270		
	>315～400	E_{ss}	H	-176	G	-168	G	-192	G	-216	F	-180		
		E_{si}	K	-264	J	-280	H	-256	H	-288	G	-270		
	>400～500	E_{ss}	H	-200	H	-224	G	-216	G	-240	F	-200	F	-252
		E_{si}	K	-300	K	-336	H	-288	H	-320	G	-300	G	-378
	>500～630	E_{ss}	H	-200	H	-224	G	-216	G	-240	G	-300	F	-252
		E_{si}	K	-300	K	-336	J	-360	H	-320	H	-400	G	-378
	>630～800	E_{ss}	J	-250	H	-224	H	-288	G	-240	G	-300	F	-252
		E_{si}	L	-400	K	-336	K	-432	J	-400	H	-400	G	-378
9级	≤80	E_{ss}	F	-112	F	-144	F	-160						
		E_{si}	H	-224	G	-216	G	-240						
	>80～125	E_{ss}	G	-168	F	-144	F	-160						
		E_{si}	J	-280	G	-216	G	-240						
	>125～180	E_{ss}	G	-192	F	-160	F	-180	F	-200	F	-252		
		E_{si}	J	-320	H	-320	G	-270	G	-300	G	-378		
	>180～250	E_{ss}	G	-192	F	-160	F	-180	F	-200	F	-252		
		E_{si}	J	-320	H	-320	G	-270	G	-300	G	-378		
	>250～315	E_{ss}	G	-192	G	-240	F	-180	F	-200	F	-252		
		E_{si}	J	-320	J	-400	G	-270	G	-300	G	-378		
	>315～400	E_{ss}	H	-256	G	-240	G	-270	F	-200	F	-252		
		E_{si}	K	-384	J	-400	H	-360	G	-300	G	-378		
	>400～500	E_{ss}	H	-288	G	-240	G	-300	F	-224	F	-284	F	-360
		E_{si}	K	-432	J	-400	H	-400	G	-336	G	-426	G	-540

（续）

Ⅱ组精度	分度圆直径/mm	偏差名称	法向模数/mm											
			>1~3.5		>3.5~6.3		>6.3~10		>10~16		>16~25		>25~40	
			偏差代号	偏差数值	偏差代号	偏差数值	偏差代号	偏差数值	偏差代号	偏差数值	偏差代号	偏差数值	偏差代号	偏差数值
9级	>500~630	E_{ss}	H	-288	G	-240	G	-300	G	-336	F	-284	F	-360
		E_{si}	K	-432	J	-400	H	-400	H	-448	G	-426	G	-540
	>630~800	E_{ss}	H	-288	H	-320	G	-300	G	-336	F	-284	F	-360
		E_{si}	K	-432	K	-480	H	-400	H	-448	G	-426	G	-540
10级	≤80	E_{ss}	F	-160	F	-200	E	-112						
		E_{si}	H	-320	G	-300	F	-224						
	>80~125	E_{ss}	F	-160	F	-200	F	-224						
		E_{si}	H	-320	G	-300	G	-336						
	>125~180	E_{ss}	F	-180	F	-224	F	-252	F	-284	E	-180		
		E_{si}	H	-360	H	-448	G	-378	G	-426	F	-360		
	>180~250	E_{ss}	F	-180	F	-224	F	-252	F	-284	E	-180		
		E_{si}	H	-360	H	-448	G	-378	G	-426	F	-360		
	>250~315	E_{ss}	G	-270	F	-224	F	-252	F	-284	F	-360		
		E_{si}	J	-450	H	-448	G	-378	G	-426	G	-540		
	>315~400	E_{ss}	G	-270	F	-224	F	-252	F	-284	F	-360		
		E_{si}	J	-450	H	-448	H	-504	G	-426	G	-540		
	>400~500	E_{ss}	G	-300	G	-336	F	-284	F	-320	F	-400	E	-250
		E_{si}	K	-600	J	-560	H	-568	H	-640	G	-600	F	-500
	>500~630	E_{ss}	G	-300	G	-336	F	-284	F	-320	F	-400	E	-250
		E_{si}	K	-600	J	-560	H	-568	H	-640	G	-600	F	-500
	>630~800	E_{ss}	G	-300	G	-336	F	-284	F	-320	F	-400	F	-500
		E_{si}	K	-600	K	-672	H	-568	H	-640	G	-600	G	-750

表 4-24　公法线平均长度极限偏差 E_W 参考值　　（单位：μm）

Ⅱ组精度	分度圆直径/mm	偏差名称	法向模数/mm											
			>1~3.5		>3.5~6.3		>6.3~10		>10~16		>16~25		>25~40	
			偏差代号	偏差数值	偏差代号	偏差数值	偏差代号	偏差数值	偏差代号	偏差数值	偏差代号	偏差数值	偏差代号	偏差数值
5级	≤80	E_{wms}	K	-72	H	-64	H	-72						
		E_{wmi}	L	-96	K	-96	K	-108						
	>80~125	E_{wms}	L	-96	K	-96	J	-90						
		E_{wmi}	M	-120	L	-128	K	-108						
	>125~180	E_{wms}	L	-112	K	-108	J	-100	H	-88	H	-112		
		E_{wmi}	M	-140	L	-144	L	-160	K	-132	J	-140		
	>180~250	E_{wms}	L	-112	K	-108	K	-120	J	-110	H	-112		
		E_{wmi}	M	-140	L	-144	L	-160	L	-176	K	-168		
	>250~315	E_{wms}	M	-140	L	-144	K	-120	K	-132	H	-112		
		E_{wmi}	N	-175	M	-180	L	-160	L	-176	K	-168		
	>315~400	E_{wms}	M	-140	L	-144	L	-160	K	-132	J	-140		
		E_{wmi}	N	-175	M	-180	M	-200	L	-176	K	-168		

（续）

Ⅱ组精度	分度圆直径/mm	偏差名称	法向模数/mm											
			>1~3.5		>3.5~6.3		>6.3~10		>10~16		>16~25		>25~40	
			偏差代号	偏差数值	偏差代号	偏差数值	偏差代号	偏差数值	偏差代号	偏差数值	偏差代号	偏差数值	偏差代号	偏差数值
5级	>400~500	E_{wms} E_{wmi}	M N	-160 -200	L M	-144 -180	L M	-176 -220	K L	-156 -208	L K	-160 -192	H J	-160 -200
	>500~630	E_{wms} E_{wmi}	M N	-160 -200	M N	-180 -225	L M	-176 -220	K L	-156 -208	K L	-192 -256	H K	-160 -240
	>630~800	E_{wms} E_{wmi}	M N	-160 -200	M N	-180 -225	L M	-176 -220	K L	-156 -208	K L	-192 -256	J K	-200 -240
6级	≤80	E_{wms} E_{wmi}	H K	-80 -120	G J	-78 -130	G H	-84 -112						
	>80~125	E_{wms} E_{wmi}	H K	-80 -120	G J	-78 -130	G H	-84 -112						
	>125~180	E_{wms} E_{wmi}	J L	-110 -176	H K	-112 -168	G J	-96 -160	G J	-108 -180	F G	-88 -132		
	>180~250	E_{wms} E_{wmi}	J L	-110 -176	H K	-112 -168	H K	-128 -192	G J	-108 -180	G H	-132 -176		
	>250~315	E_{wms} E_{wmi}	K L	-132 -176	H K	-112 -168	H K	-128 -192	H K	-144 -216	G H	-132 -176		
	>315~400	E_{wms} E_{wmi}	K L	-132 -176	J L	-140 -224	H K	-128 -192	H K	-144 -216	G J	-132 -220		
	>400~500	E_{wms} E_{wmi}	K M	-156 -260	J L	-140 -224	H K	-144 -216	H K	-160 -240	G J	-150 -250	F G	-128 -192
	>500~630	E_{wms} E_{wmi}	K M	-156 -260	K M	-168 -280	J L	-180 -288	H K	-160 -240	H J	-200 -250	G H	-192 -256
	>630~800	E_{wms} E_{wmi}	L M	-208 -260	L M	-224 -280	J L	-180 -288	J L	-200 -320	H K	-200 -300	G H	-192 -256
7级	≤80	E_{wms} E_{wmi}	G J	-84 -140	F G	-72 -108	F G	-80 -120						
	>80~125	E_{wms} E_{wmi}	G J	-84 -140	G H	-108 -144	F G	-80 -120						
	>125~180	E_{wms} E_{wmi}	H K	-128 -192	G J	-120 -200	F G	-88 -176	F H	-100 -200	F G	-128 -192		
	>180~250	E_{wms} E_{wmi}	H K	-128 -192	G J	-120 -200	G J	-132 -220	F H	-100 -200	F G	-128 -192		
	>250~315	E_{wms} E_{wmi}	H K	-128 -192	H K	-160 -240	G J	-132 -220	G J	-150 -250	F G	-128 -192		
	>315~400	E_{wms} E_{wmi}	J L	-160 -256	H K	-160 -240	G J	-132 -220	G J	-150 -250	F H	-128 -256		
	>400~500	E_{wms} E_{wmi}	J L	-180 -288	H K	-160 -240	G J	-150 -250	G J	-168 -280	F H	-144 -288	F G	-180 -270

（续）

Ⅱ组精度	分度圆直径/mm	偏差名称	法向模数/mm											
			>1～3.5		>3.5～6.3		>6.3～10		>10～16		>16～25		>25～40	
			偏差代号	偏差数值	偏差代号	偏差数值	偏差代号	偏差数值	偏差代号	偏差数值	偏差代号	偏差数值	偏差代号	偏差数值
7级	>500～630	E_{wms}	J	−180	H	−160	H	−200	G	−168	G	−216	F	−180
		E_{wmi}	L	−288	K	−240	K	−300	J	−280	J	−360	G	−270
	>630～800	E_{wms}	K	−216	J	−200	H	−200	H	−224	G	−216	F	−180
		E_{wmi}	L	−288	L	−320	K	−300	K	−336	J	−360	G	−270
8级	≤80	E_{wms}	F	−80	F	−100	F	−112						
		E_{wmi}	H	−160	G	−150	G	−168						
	>80～125	E_{wms}	F	−80	F	−100	F	−112						
		E_{wmi}	H	−160	G	−150	G	−168						
	>125～180	E_{wms}	G	−132	F	−112	F	−128	F	−144	E	−90		
		E_{wmi}	J	−220	H	−224	H	−256	G	−216	G	−270		
	>180～250	E_{wms}	G	−132	F	−112	F	−128	F	−144	F	−180		
		E_{wmi}	J	−220	H	−224	H	−256	H	−288	G	−270		
	>250～315	E_{wms}	G	−132	G	−168	F	−128	F	−144	F	−180		
		E_{wmi}	J	−220	J	−280	H	−256	H	−288	G	−270		
	>315～400	E_{wms}	H	−176	G	−168	F	−128	F	−144	F	−180		
		E_{wmi}	K	−264	J	−280	H	−256	H	−288	G	−270		
	>400～500	E_{wms}	H	−200	G	−168	F	−144	F	−160	F	−200	E	−126
		E_{wmi}	K	−300	J	−280	H	−288	H	−320	H	−400	F	−252
	>500～630	E_{wms}	H	−200	G	−168	G	−216	F	−160	F	−200	F	−252
		E_{wmi}	K	−300	K	−336	J	−360	H	−320	H	−400	G	−378
	>630～800	E_{wms}	H	−200	H	−224	G	−216	G	−240	F	−200	F	−252
		E_{wmi}	K	−300	K	−336	J	−360	J	−400	H	−400	G	−378
9级	≤80	E_{wms}	F	−112	E	−72	E	−80						
		E_{wmi}	H	−224	F	−144	F	−160						
	>80～125	E_{wms}	F	−112	F	−144	E	−80						
		E_{wmi}	H	−224	G	−216	F	−160						
	>125～180	E_{wms}	F	−128	F	−160	F	−180	E	−100	E	−126		
		E_{wmi}	H	−256	H	−320	H	−360	F	−200	F	−252		
	>180～250	E_{wms}	G	−192	F	−160	F	−180	F	−200	E	−126		
		E_{wmi}	J	−320	H	−320	H	−360	G	−300	F	−252		
	>250～315	E_{wms}	G	−192	F	−160	F	−180	F	−200	E	−126		
		E_{wmi}	J	−320	H	−320	H	−360	G	−300	F	−252		
	>315～400	E_{wms}	G	−192	F	−160	F	−180	F	−200	F	−252		
		E_{wmi}	J	−320	H	−320	H	−360	H	−400	G	−378		
	>400～500	E_{wms}	G	−216	G	−240	F	−200	F	−224	F	−284	E	−180
		E_{wmi}	J	−360	J	−400	H	−400	H	−448	G	−426	F	−360
	>500～630	E_{wms}	G	−216	G	−240	F	−200	F	−224	F	−284	E	−180
		E_{wmi}	J	−360	J	−400	H	−400	H	−448	G	−426	F	−360
	>630～800	E_{wms}	H	−288	G	−240	F	−200	F	−224	F	−284	E	−180
		E_{wmi}	K	−432	J	−400	H	−400	H	−448	G	−426	F	−360

（续）

Ⅱ组精度	分度圆直径/mm	偏差名称	法向模数/mm											
			>1～3.5		>3.5～6.3		>6.3～10		>10～16		>16～25		>25～40	
			偏差代号	偏差数值	偏差代号	偏差数值	偏差代号	偏差数值	偏差代号	偏差数值	偏差代号	偏差数值	偏差代号	偏差数值
10级	≤80	E_{wms} E_{wmi}	E G	-80 -240	E G	-100 -300	E G	-112 -336						
	>80～125	E_{wms} E_{wmi}	F H	-160 -320	E G	-100 -300	E G	-112 -336						
	>125～180	E_{wms} E_{wmi}	F H	-180 -360	E G	-112 -336	E G	-126 -378	E G	-142 -426	E F	-180 -360		
	>180～250	E_{wms} E_{wmi}	F H	-180 -360	F H	-224 -448	E G	-126 -378	E G	-142 -426	E F	-180 -360		
	>250～315	E_{wms} E_{wmi}	F H	-180 -360	F H	-224 -448	F H	-252 -504	E G	-142 -426	E F	-180 -360		
	>315～400	E_{wms} E_{wmi}	F H	-180 -360	F H	-224 -448	F H	-252 -504	E G	-142 -426	E F	-180 -360		
	>400～500	E_{wms} E_{wmi}	F J	-200 -500	F H	-224 -448	F H	-284 -568	F G	-320 -480	E F	-200 -400	E F	-250 -500
	>500～630	E_{wms} E_{wmi}	G J	-300 -500	F H	-224 -448	F H	-284 -568	F H	-320 -640	E F	-200 -400	E F	-250 -500
	>630～800	E_{wms} E_{wmi}	G J	-300 -500	F H	-224 -448	F H	-284 -568	F H	-320 -640	E F	-200 -400	E F	-250 -500

注：按本表选择公法线长度极限偏差时，可以使齿轮副在齿轮和壳体温差为25℃时，不会由于发热而卡住。

（5）齿轮精度等级的标注　在齿轮零件图样中，应标注齿轮的精度等级和齿厚偏差代号或数值，示例如下：

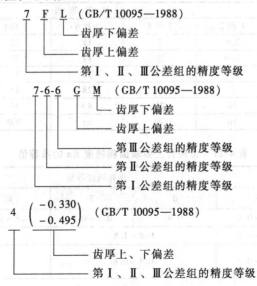

7 F L（GB/T 10095—1988）

齿厚下偏差

齿厚上偏差

第Ⅰ、Ⅱ、Ⅲ公差组的精度等级

7-6-6 G M （GB/T 10095—1988）

齿厚下偏差

齿厚上偏差

第Ⅲ公差组的精度等级

第Ⅱ公差组的精度等级

第Ⅰ公差组的精度等级

$4\begin{pmatrix}-0.330\\-0.495\end{pmatrix}$ （GB/T 10095—1988）

齿厚上、下偏差

第Ⅰ、Ⅱ、Ⅲ公差组的精度等级

12. 确定齿轮的尺寸公差、几何公差及表面粗糙度

（1）确定齿轮的尺寸公差及几何公差　齿轮精度等级中规定的各项偏差要求都是针对齿形提出的。齿轮的尺寸公差及几何公差即为齿坯的尺寸公差和几何公差，其要求见表4-25、表4-26。

（2）确定齿轮的表面粗糙度　齿轮各主要表面的粗糙度与精度等级、工艺方法有密切关系，选用时可参照表4-27。

13. 确定齿轮的材料及热处理

根据鉴定结果和齿轮的用途、工作条件，参照本章第一节有关介绍和表4-28综合考虑后确定。

表4-25　齿坯公差

齿轮精度等级[①]		1	2	3	4	5	6	7	8	9	10	11	12
孔	尺寸公差	IT4	IT4	IT4	IT4	IT5	IT6	IT7		IT8		IT8	
	形状公差	IT1	IT2	IT3									
轴	尺寸公差	IT4	IT4	IT4	IT4	IT5		IT6		IT7		IT8	
	形状公差	IT1	IT2	IT3									
顶圆直径[②]		IT6		IT7			IT8			IT9		IT11	
基准面的径向圆跳动[③]		见表4-26											
基准圆的轴向圆跳动													

① 当三个公差组的精度等级不同时，按最高的精度等级确定公差值。

② 当顶圆不作测量齿厚的基准时，尺寸公差按IT11给定，但不大于 $0.1m_n$。

③ 当以顶圆作基准面时，本栏就指顶圆的径向圆跳动。

表4-26　齿轮基准面径向和轴向圆跳动公差　（单位：μm）

分度圆直径/mm		精度等级				
大于	到	1和2	3和4	5和6	7和8	9～12
—	125	2.8	7	11	18	28
125	400	3.6	9	14	22	36
400	800	5	12	20	32	50
800	1600	7	18	28	45	71
1600	2500	10	25	40	63	100
2500	4000	16	40	63	100	160

表4-27　齿轮各主要表面粗糙度 *Ra* 的推荐值　（单位：μm）

部　位	齿轮精度等级				
	5	6	7	8	9
工作齿面	0.2～0.4	0.4	0.4～0.8	0.8～1.6	1.6～3.2
齿轮基准孔	0.2～0.8	0.8～1.6		1.6～3.2	
齿轮轴的基准轴颈	0.2～0.4	0.4～0.8		0.8～1.6	

（续）

部　位	齿轮精度等级				
	5	6	7	8	9
齿轮基准端面	0.4～0.8	0.8～1.6	0.8～3.2		3.2～6.3
齿轮顶圆	0.8～1.6	1.6～3.2			3.2～6.3

注：1. 如果齿轮采用组合精度，按其中精度最高的等级选用 *Ra* 值。

2. 如果齿轮顶圆作基准时，要适当减小顶圆表面的 *Ra* 值。

表 4-28　齿轮的材料及热处理

工作条件及特性	材　料	代用材料	热处理	硬　度
在低速度及轻负荷下工作而不受冲击性负荷的齿轮	HT150～HT350			
在低速及中负荷下工作的齿轮	45	50	调质	220～250HBW
	40Cr	45Cr 35Cr 35CrMnSi	调质	220～250HBW
在低速及重负荷或高速及中负荷下工作而不受冲击性负荷的齿轮	45	50	高频表面加热淬火	45～50HRC
在中速及中负荷下工作的大齿轮	50Mn2	50SiMn 45Mn2 40CrSi	淬火，回火	255～302HBW
在中速及重负荷下工作的齿轮	40Cr 35CrMo	30CrMnSi 40CrSi	淬火，回火	45～50HRC
在高速及轻负荷下工作，无猛烈冲击，精密度及耐磨性要求较高的齿轮	40Cr	35Cr	碳氮共渗或渗碳，淬火，回火	48～54HRC
在高速及中负荷下工作并承受冲击负荷的小齿轮	15	20 15Mn	渗碳，淬火，回火	56～62HRC
在高速及中负荷下工作并承受冲击负荷的外形复杂的重要齿轮	20Cr 18CrMnTi	20Mn2B	渗碳，淬火，回火	56～62HRC
在高速及中负荷下工作无猛烈冲击的齿轮	40Cr	—	高频感应加热淬火	50～55HRC
在高速及重负荷下工作的齿轮	40CrNi 12CrNi3 35CrMoA		淬火，回火（渗碳）	45～50HRC
周速为 40～50m/s 的齿轮	夹布胶木			

14. 绘制齿轮零件图样

齿轮零件图样应包括以下内容(见图4-8)。

1）齿轮表达视图。

2）必需的尺寸、尺寸公差、几何公差。

3）主要表面的表面粗糙度。

4）齿轮的参数，如模数、齿数、齿形角、变位系数、精度等级、配偶齿轮、检验项目等。齿轮参数一般要求列表，并放在图样的右上角。

5）技术要求，一般放在图样的右下角。

【例4-2】 测得一对国产齿轮的数据如下：

$z_1=31$，$d'_{a1}=102.42\text{mm}$，$w'_{k_1^4}=33.70\text{mm}$，$w'_{k_1^5}=42.55\text{mm}$，$a'=125\text{mm}$。

$z_2=50$，$d'_{a2}=158.94\text{mm}$，$w'_{k_2^6}=52.04\text{mm}$，$w'_{k_2^7}=60.90\text{mm}$。

求这对齿轮的主要参数和尺寸。

解 因为已知该齿轮为国产齿轮，故可初定为模数齿轮，且$\alpha=20°$，$h_a^*=1$。

1）确定模数 m。

$$m'_1=\frac{d'_{a1}}{z_1+2h_a^*}=\frac{102.42\text{mm}}{31+2\times1}=3.10\text{mm}$$

$$m'_2=\frac{d'_{a2}}{z_2+2h_a^*}=\frac{158.94\text{mm}}{50+2\times1}=3.06\text{mm}$$

$$m'=\frac{2a'}{z_1+z_2}=\frac{2\times125\text{mm}}{31+50}=3.09\text{mm}$$

查表4-6，初定 $m=3\text{mm}$。

2）验证模数和齿形角。

$$p_{b1}=w'_{k_1^5}-w'_{k_1^4}=42.55\text{mm}-33.70\text{mm}=8.85\text{mm}$$

$$p_{b2}=w'_{k_2^7}-w'_{k_2^6}=60.90\text{mm}-52.04\text{mm}=8.86\text{mm}$$

查表4-8，确定 $m=3\text{mm}$、$\alpha=20°$。

3）计算齿顶高系数 h_a^*。

$$h_{a1}^*=\frac{d'_{a1}}{2m}-\frac{z_1}{2}=\frac{102.42}{2\times3}-\frac{31}{2}=1.57$$

$$h_{a2}^*=\frac{d'_{a2}}{2m}-\frac{z_2}{2}=\frac{158.94}{2\times3}-\frac{50}{2}=1.49$$

因为 $h_{a1}^*\neq1$、$h_{a2}^*\neq1$，所以应为变位齿轮。

4）判别变位形式。

$$a=\frac{m(z_1+z_2)}{2}=\frac{3\times(31+50)\text{mm}}{2}=121.5\text{mm}$$

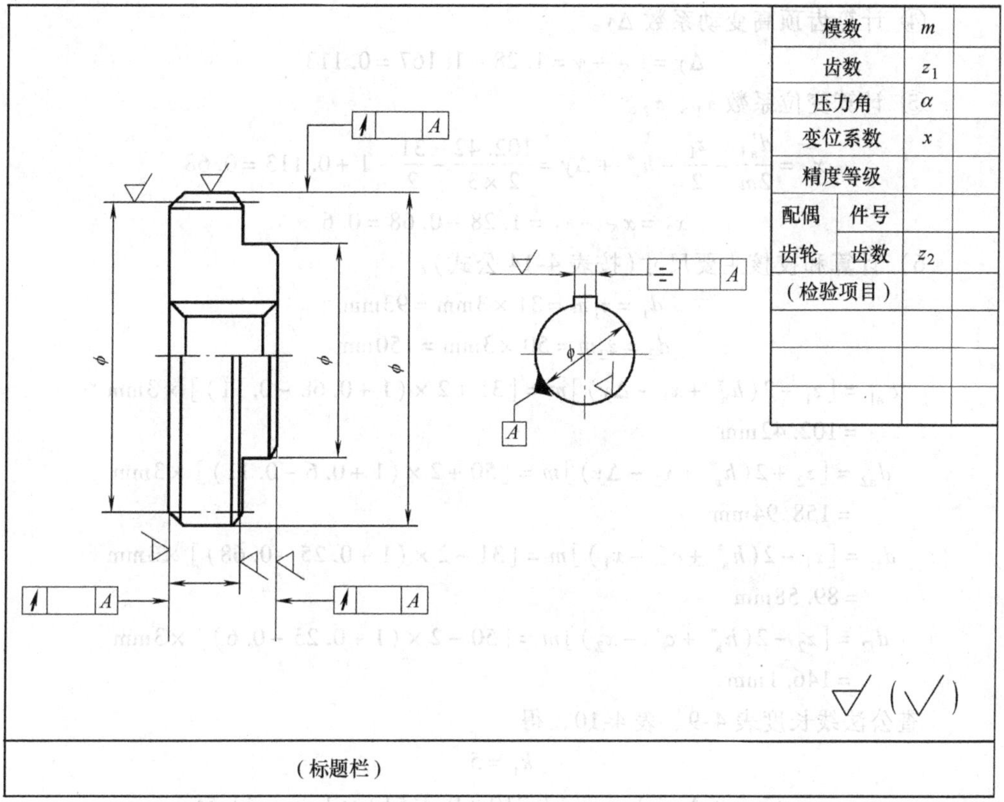

模数
m
齿数
z1
压力角
α
变位系数
x
精度等级
配偶
件号
齿轮
齿数
z2
（检验项目）
A
（标题栏）

图 4-8 齿轮零件图样格式

因为 $a' = a$，所以该对齿轮为角度变位齿轮。

5）确定变位系数 x_1、x_2。

① 计算啮合角 α'。

$$\alpha' = \arccos\left(\frac{a}{a'}\cos\alpha\right) = \arccos\left(\frac{121.5\text{mm}}{125\text{mm}}\cos20^\circ\right)$$
$$= 24.023^\circ = 24^\circ01'23''$$

② 计算中心距变动系数 y。

$$y = \frac{a' - a}{m} = \frac{125 - 121.5}{3} = 1.167$$

③ 计算总变动系数 x_Σ。

$$x_\Sigma = \frac{z_1 + z_2}{2\tan\alpha}(\text{inv}\alpha' - \text{inv}\alpha) = \frac{31 + 50}{2\tan20^\circ}(\text{inv}24^\circ01'23'' - \text{inv}20^\circ)$$
$$= \frac{31 + 50}{2 \times 0.364} \times (0.026430 - 0.014904)$$
$$= 1.28(\text{inv}24^\circ01'23''\text{、inv}20^\circ\text{值查表 4-13})$$

④ 计算齿顶高变动系数 Δy。

$$\Delta y = x_{\sum} - y = 1.28 - 1.167 = 0.113$$

⑤ 计算变位系数 x_1、x_2。

$$x_1 = \frac{d'_{a1}}{2m} - \frac{z_1}{2} - h_a^* + \Delta y = \frac{102.42}{2 \times 3} - \frac{31}{2} - 1 + 0.113 = 0.68$$

$$x_2 = x_{\sum} - x_1 = 1.28 - 0.68 = 0.6$$

6）计算和校核主要尺寸（按表4-14公式）。

$$d_1 = z_1 m = 31 \times 3\text{mm} = 93\text{mm}$$

$$d_2 = z_2 m = 50 \times 3\text{mm} = 150\text{mm}$$

$$d_{a1} = [z_1 + 2(h_a^* + x_1 - \Delta y)]m = [31 + 2 \times (1 + 0.68 - 0.11)] \times 3\text{mm}$$
$$= 102.42\text{mm}$$

$$d_{a2} = [z_2 + 2(h_a^* + x_2 - \Delta y)]m = [50 + 2 \times (1 + 0.6 - 0.11)] \times 3\text{mm}$$
$$= 158.94\text{mm}$$

$$d_{f1} = [z_1 - 2(h_a^* + c^* - x_1)]m = [31 - 2 \times (1 + 0.25 - 0.68)] \times 3\text{mm}$$
$$= 89.58\text{mm}$$

$$d_{f2} = [z_2 - 2(h_a^* + c^* - x_2)]m = [50 - 2 \times (1 + 0.25 - 0.6)] \times 3\text{mm}$$
$$= 146.1\text{mm}$$

查公法线长度表4-9、表4-10，得

$$k_1 = 5$$

$$w_{k_1^5} = (w_k^* + \Delta w^*)m = (13.719 + 0.4651) \times 3\text{mm} = 42.55\text{mm}$$

$$k_2 = 7$$

$$w_{k_2^7} = (w_k^* + \Delta w^*)m = (19.889 + 0.4104) \times 3\text{mm} = 60.90\text{mm}$$

$$a' = a + ym = 121.5\text{mm} + 1.167 \times 3\text{mm} = 125\text{mm}$$

计算值与实测值相符，参数确定正确。

【例4-3】 测得一对不明生产国齿轮的参数如下：

$z_1 = 14$，$d'_{a1} = 33\text{mm}$，$d'_{f1} = 23.95\text{mm}$，$w'_{k_1^3} = 15.36\text{mm}$，$w'_{k_1^2} = 9.45\text{mm}$。

$z_2 = 23$，$d'_{a2} = 48.88\text{mm} \times 1.0023 = 48.99\text{mm}$，$d'_{f2} = 39.96\text{mm}$，$w'_{k_2^4} = 20.84\text{mm}$，$w'_{k_2^3} = 14.94\text{mm}$。

$a' = 37\text{mm}$。

求这对齿轮的主要参数和尺寸。

解 1）初定模数或径节。

$$m'_1 = \frac{d'_{a1}}{z_1 + 2h_a^*} = \frac{33\text{mm}}{14 + 2 \times 1} = 2.06\text{mm}$$

$$m''_1 = \frac{d'_{a1} - d'_{f1}}{2(2h_a^* + c^*)} = \frac{33\text{mm} - 23.95\text{mm}}{2 \times (2 \times 1 + 0.25)} = 2.01\text{mm}$$

$$m'_2=\frac{d'_{a2}}{z_2+2h_a^*}=\frac{48.99}{23+2\times1}\text{mm}=1.96\text{mm}$$

$$m''_2=\frac{d'_{a2}-d'_{f2}}{2(2h_a^*+c^*)}=\frac{48.99\text{mm}-39.96\text{mm}}{2\times(2\times1+0.25)}=2.00\text{mm}$$

$$m'=\frac{2a'}{z_1+z_2}=\frac{2\times37\text{mm}}{14+23}=2.00\text{mm}$$

查表4-6、表4-7、表4-8，初定为模数齿轮，且 $m=2\text{mm}$、$\alpha=20°$、$h_a^*=1$、$c^*=0.25$。

2）确定和验证模数及齿形角。

$$d_{a1}=w'_{k_1^3}-w'_{k_1^2}=15.36\text{mm}-9.45\text{mm}=5.91\text{mm}$$

$$d_{a2}=w'_{k_2^4}-w'_{k_2^3}=20.84\text{mm}-14.94\text{mm}=5.90\text{mm}$$

查表4-8，当 $m=2$、$\alpha=20°$时，$p_b=5.904\text{mm}$，与计算值最接近，故确定其为模数齿轮。

3）计算齿顶高系数。

$$h_{a1}^*=\frac{d'_{a1}}{2m}-\frac{z_1}{2}=\frac{33}{2\times2}-\frac{14}{2}=1.25$$

$$h_{a2}^*=\frac{d'_{a2}}{2m}-\frac{z_1}{2}=\frac{48.99}{2\times2}-\frac{23}{2}=0.75$$

由于计算值与标准值不符，故可能为变位齿轮。

4）判断变位形式。

$$a=\frac{m(z_1+z_2)}{2}=\frac{(14+23)\times2\text{mm}}{2}=37\text{mm}$$

$$a=a'$$

$$d_{a1}=m(z_1+2h_a^*)=(14+2\times1)\times2\text{mm}=32\text{mm}$$

$$d_{a2}=m(z_2+2h_a^*)=(23+2\times1)\times2\text{mm}=50\text{mm}$$

因为 $d'_{a1}>d_{a1}$、$d'_{a2}<d_{a2}$，故 z_1 为正高度变位齿轮，z_2 为负高度变位齿轮。

5）确定变位系数。

$$x_1=\frac{d'_{a1}}{2m}-\frac{z_1}{2}-h_a^*=\frac{33}{2\times2}-\frac{14}{2}-1=0.25$$

$$x_2=-x_1=-0.25$$

6）计算和校核主要尺寸

$d_1 = z_1 m = 14 \times 2\text{mm} = 28\text{mm}$

$d_2 = z_2 m = 23 \times 2\text{mm} = 46\text{mm}$

$d_{a1} = [z_1 + 2(h_a^* + x_1)]m = [14 + 2 \times (1 + 0.25)] \times 2\text{mm} = 33\text{mm}$

$d_{a2} = [z_2 + 2(h_a^* + x_2)]m = [23 + 2 \times (1 - 0.25)] \times 2\text{mm} = 49\text{mm}$

$d_{f1} = [z_1 - 2(h_a^* + c^* - x_1)]m$

$= [14 - 2 \times (1 + 0.25 - 0.25)] \times 2\text{mm} = 24\text{mm}$

$d_{f2} = [z_2 - 2(h_a^* + c^* - x_2)]m = [23 - 2 \times (1 + 0.25 + 0.25)] \times 2\text{mm} = 40\text{mm}$

查表 4-9、表 4-10 得

$k_1 = 2$

$w_{k_1^2} = (w_k^* + \Delta w^*)m = (4.624 + 0.171) \times 2\text{mm} = 9.59\text{mm}$

$k_2 = 3$

$w_{k_2^3} = (w_k^* + \Delta w^*)m = (7.702 - 0.171) \times 2\text{mm} = 15.06\text{mm}$

【例 4-4】 有一国产齿套，实测齿轮参数如下：

$z = 16$、$d_a' = 53.97\text{mm}$、$d_f' = 40.5\text{mm}$、$w_{k^3}' = 22.80\text{mm}$、$w_{k^2}' = 13.94\text{mm}$。

求齿轮零件图样中所需的全部参数，并绘制齿套零件图样。

解 已知为国产齿套，可初定为模数齿轮且 $\alpha = 20°$。

1）初定模数。

$$m' = \frac{d_a'}{z + 2h_a^*} = \frac{53.97\text{mm}}{16 + 2 \times 1} = 2.998\text{mm}$$

$$m'' = \frac{d_a' - d_f'}{2(2h_a^* + c^*)} = \frac{53.97\text{mm} - 40.5\text{mm}}{2 \times (2 \times 1 + 0.25)} = 2.993\text{mm}$$

查表 4-6，初定模数为 $m = 3\text{mm}$。

2）验证齿形角和模数。

$$p_b' = w_{k^3}' - w_{k^2}' = 22.80\text{mm} - 13.94\text{mm} = 8.86\text{mm}$$

查表 4-8，确定 $m = 3\text{mm}$、$\alpha = 20°$。

3）计算齿顶高系数和顶隙系数。

$$h_a^* = \frac{d_a'}{2m} - \frac{z}{2} = \frac{53.97}{2 \times 3} - \frac{16}{2} = 0.995 \approx 1$$

$$c^* = \frac{z}{2} - \frac{d_f'}{2m} - h_a^* = \frac{16}{2} - \frac{40.5}{2 \times 3} - 1 = 0.25$$

所以确定 $h_a^* = 1$、$c^* = 0.25$，且为标准齿轮。

4）计算和校核主要尺寸(按表 4-2)。

$d = mz = 16 \times 3\text{mm} = 48\text{mm}$

$d_a = (z+2)m = (16+2) \times 3\text{mm} = 54\text{mm}$

$d_f = (z-2.5)m = (16-2.5) \times 3\text{mm} = 40.5\text{mm}$

查表 4-9 得

$$k = 2$$

$$w_{k^2} = mw_k^* = 4.652 \times 3\text{mm} = 13.956\text{mm}$$

5）确定精度等级，检验偏差项目和齿厚极限偏差代号。根据齿轮的工作条件，参照有关资料选用如下：

① 参照表 4-15，将齿轮精度定为 7 级。

② 参照表 4-16，给定检验偏差项目为：齿圈径向圆跳动公差 F_r、公法线长度变动公差 F_w、齿廓形状公差 f_r、基节极限偏差 f_{pb}、齿向公差 F_β，公差数值选用如下：

查表 4-17 得：$F_r = 36\mu\text{m}$。

查表 4-21 得：$F_w = 28\mu\text{m}$。

查表 4-20 得：$f_r = 11\mu\text{m}$。

查表 4-19 得：$f_{pb} = \pm 13\mu\text{m}$。

查表 4-22 得：$F_\beta = 11\mu\text{m}$。

查表 4-24 得：$E_{wms} = -84\mu\text{m}$，$E_{wmi} = -140\mu\text{m}$。

③ 参照表 4-23，将齿厚极限偏差代号定为 HK，即齿轮精度标注代号为 7HK。

6）确定齿轮的尺寸公差及几何公差。

参照表 4-25，该齿轮齿顶圆不作测量齿厚基准，故将齿顶圆直径公差定为 IT11，即 $\phi = 54_{-0.19}^{\ 0}\text{mm}$，齿套孔径公差定为 IT7。

参照表 4-25、表 4-26，该齿轮顶圆虽不作基准面，但为了工作的平稳性，仍给定径向圆跳动量 18μm；齿套两端面作为基准面，给定轴向圆跳动量 18μm。

7）确定齿轮表面粗糙度值。参照表 4-27，齿轮工作齿面的表面粗糙度值定为 $Ra0.8\mu\text{m}$，齿顶圆、基准孔、基准端面的表面粗糙度值均定为 $Ra1.6\mu\text{m}$。

8）确定齿轮的材料及热处理。根据鉴定结果和齿轮工作条件，参照本章第一节有关内容和表 4-28，选用合金钢 40Cr，齿面淬硬48～54HRC。

9）测量齿套其他部分的尺寸，确定公差及技术要求。

10）绘制齿套零件图样，如图 4-9 所示。

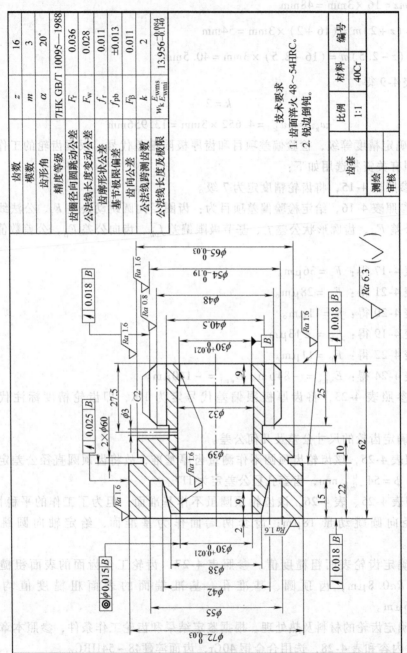

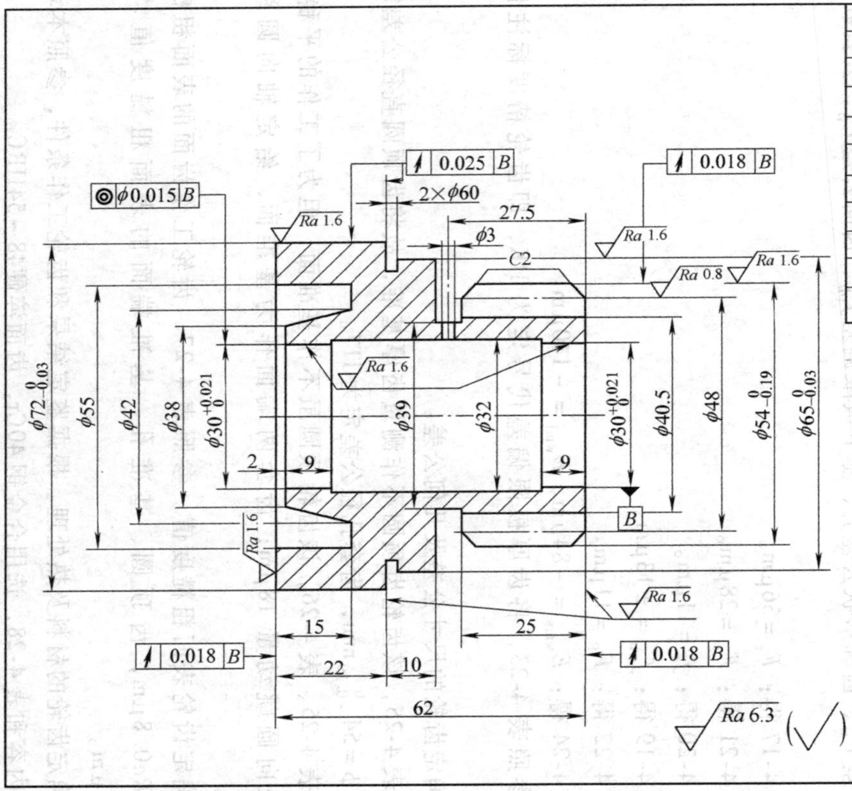

齿数	z	16
模数	m	3
齿形角	α	20°
精度等级	7HK GB/T 10095—1988	
齿圈径向圆跳动公差	F_r	0.036
公法线长度变动公差	F_w	0.028
齿廓形状公差	f_r	0.011
基节极限偏差	f_{pb}	±0.013
齿向公差	F_β	0.011
公法线跨测齿数	k	2
公法线长度及极限	$w_k{}^{E_{wms}}_{E_{wmi}}$	$13.956^{-0.084}_{-0.140}$

技术要求

1. 齿面淬火 48～54HRC。
2. 锐边倒钝。

齿套	比例	材料	编号
	1:1	40Cr	
测绘			
审核			

图 4-9　齿套零件图样

第三节　斜齿圆柱齿轮的测绘

一、斜齿圆柱齿轮各部分的名称和尺寸计算

斜齿圆柱齿轮的轮齿是以螺旋形式均布在圆柱体上的，轮齿与轴线之间有一个螺旋角 β。由于轮齿的倾斜，形成了一组法向参数和端面参数。斜齿圆柱齿轮各部分的名称和尺寸计算见表 4-29。

表 4-29　斜齿圆柱齿轮各部分的名称和尺寸计算

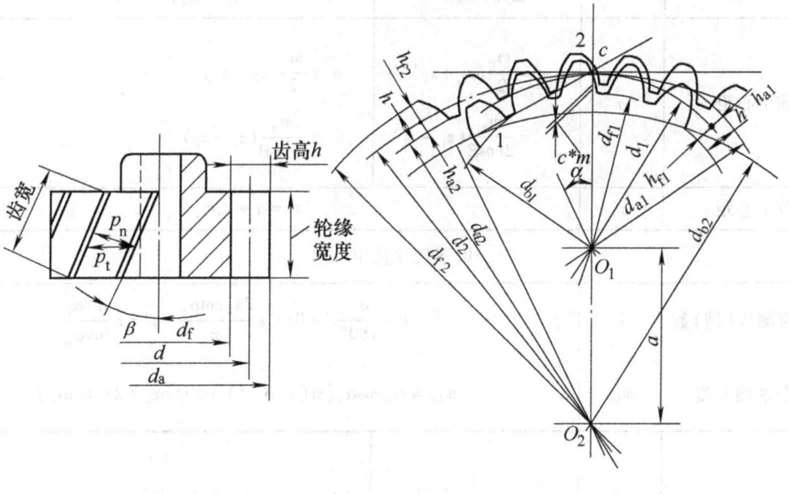

名　　称	代号	外啮合齿轮	内啮合齿轮
法向模数或端面模数	m_n 或 m_t	$m_n = m_t\cos\beta$	
螺旋角	β	$\cos\beta = \dfrac{zm_n}{d}$	
分度圆直径	d	$d = \dfrac{zm_n}{\cos\beta}$	
齿顶圆直径	d_a	$d_a = d + 2(h_{an}^* + x_n - \Delta y_n)m_n$	$d_{a1} = d_1 + 2(h_{an}^* + x_{n1})m_n$ $d_{a2} = d_2 - 2(h_{an}^* - x_{n2} + \Delta y_n - k_2)m_n$ 当 $x_{n2} \geqslant 2$ 时，$k_2 = 0$； 当 $x_{n2} < 2$ 时，$k_2 = 0.25 - 0.125x_{n2}$

（续）

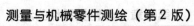

名　　称	代号	外啮合齿轮	内啮合齿轮
齿根圆直径	d_f	$d_f=d-2(h_{an}^*+c_n^*-x_n)m_n$	$d_{f1}=d_1-2(h_{an}^*+c_n^*-x_{n1})m_n$ $d_{f2}=d_2+2(h_{an}^*+c_n^*+x_{n2})m_n$
齿顶高	h_a	$h_a=(h_{an}^*+x_n-\Delta y_n)m_n$	$h_a=0.5(d_a-d)$
齿根高	h_f	$h_f=(h_{an}^*+c_n^*-x_n)m_n$	
全齿高	h	$h=(2h_{an}^*+c_n^*-\Delta y_n)m_n$	$h_1=0.5(d_{a1}-d_{f1})$ $h_2=0.5(d_{f2}-d_{a2})$
标准中心距	a	$a=\frac{m_t}{2}(z_1+z_2)$ $=\frac{m_n}{2\cos\beta}(z_1+z_2)$	$a=\frac{m_t}{2}(z_2-z_1)$ $=\frac{m_n}{2\cos\beta}(z_2-z_1)$
变位中心距	a'	$a'=a+y_nm_n$	
以下尺寸选用一组			
公法线跨测齿(槽)数	k	$k=\frac{\alpha_n}{180°}z'+0.5+\frac{2x_n\cot\alpha_n}{\pi}$　$z'=z\frac{\mathrm{inv}\alpha_t}{\mathrm{inv}\alpha_n}$	
法向公法线长度	w_{kn}	$w_{kn}=m_n\cos\alpha_n[\pi(k-0.5)+z'\mathrm{inv}\alpha_n+2x_n\tan\alpha_n]$	
固定弦齿厚	$\bar{s}_{cn}$	$\bar{s}_{cn}=m_n\cos^2\alpha_n\left(\frac{\pi}{2}+2x_n\tan\alpha_n\right)$	$\bar{s}_{cn1}=m_n\cos^2\alpha_n\left(\frac{\pi}{2}+2x_{n1}\tan\alpha_n\right)$ $\bar{s}_{cn2}=m_n\cos^2\alpha_n\left(\frac{\pi}{2}-2x_{n2}\tan\alpha_n\right)$
固定弦齿高	$\bar{h}_{cn}$	$\bar{h}_{cn}=h_a-0.182\bar{s}_{cn}$	$\bar{h}_{cn1}=h_{an1}-0.182\bar{s}_{cn1}$ $\bar{h}_{cn2}=h_{an2}-0.182\bar{s}_{cn2}+\Delta h$ $\Delta h=\frac{d_{a2}}{2}(1-\cos\delta_a)$ $\delta_a=\frac{\pi}{2z_2}-\mathrm{inv}\alpha_t-\frac{2x_2}{z_2}\tan\alpha_t+\mathrm{inv}\alpha_a$ $\cos\alpha_a=\frac{d_2}{d_{a2}}\cos\alpha_t$

（续）

名　　称	代号	外啮合齿轮	内啮合齿轮
分度圆弦齿厚	$\bar{s}_n$	$\bar{s}_n = z_v m_n \sin\Delta$， $\Delta = \dfrac{90° + 41.7° x_n}{z_v}$ $z_v = \dfrac{z}{\cos^3\beta}$	$\bar{s}_{n1} = z_v m_n \sin\Delta_1$， $\Delta_1 = \dfrac{90° + 41.7° x_{n1}}{z_{v1}}$ $\bar{s}_{n2} = z_v m_n \sin\Delta_2$， $\Delta_2 = \dfrac{90° - 41.7° x_{n2}}{z_{v2}}$
分度圆弦齿高	$\bar{h}_{an}$	$\bar{h}_{an} = h_a + \dfrac{z_v m_n}{2}(1-\cos\Delta)$	$\bar{h}_{an1} = h_{a1} + \dfrac{z_{v1} m_n}{2}(1-\cos\Delta_1)$ $\bar{h}_{an2} = h_{a2} - \dfrac{z_{v2} m_n}{2}(1-\cos\Delta_2) + \Delta h$

注：1. 计算标准齿轮几何尺寸时，公式中带 x、y 的参数项均为零。

2. 计算高度变位齿轮几何尺寸时，公式中带 y 的参数项均为零。

3. 表内公式中 x 应带正负号，Δy 均为正号。

4. 齿宽 $b > w_{kn}\sin\beta$ 时，方可测量法面公法线长度。

二、斜齿圆柱齿轮的测绘步骤及方法

在测绘斜齿圆柱齿轮时，不仅要测绘螺旋角 β，还要注意法面参数与端面参数的换算。在测量法面公法线长度时，用 $z' = z\dfrac{\mathrm{inv}\alpha_t}{\mathrm{inv}\alpha_n}$来确定公法线跨测齿（槽）数，而且还要受齿宽 b 的限制。在测量分度圆弦齿厚时，用当量齿数 $z_v = \dfrac{z}{\cos^3\beta}$来计算弦齿厚。其他参数的测绘方法与直齿圆柱齿轮基本相同。测绘步骤及方法如下（与直齿圆柱齿轮测绘方法相同者不再重述）：

1）测量齿顶圆直径 d'_a、齿根圆直径 d'_f 或全齿高 h'。

2）测算齿数 z。

3）测量公法线长度。当齿宽 $b \leqslant w_{kn}\sin\beta$ 时，无法测量法面公法线长度，此时可测出端面公法线长度 w'_{kt}。

4）测量中心距 a'。

5）确定模数和齿形角。

① 用齿轮滚刀试滚法来确定。

② 用测得的齿顶圆直径 d'_a、齿根圆直径 d'_f 或全齿高 h'计算模数，即

$$m_n = \frac{d'_a - d'_f}{4.5} = \frac{h'}{4.5}$$

③ 用测得的公法线长度来确定，即

$$p_{\mathrm{bn}}=w'_{(\mathrm{k}+1)\mathrm{n}}-w'_{\mathrm{kn}}$$

$$p_{\mathrm{bt}}=w'_{(\mathrm{k}+1)\mathrm{t}}-w'_{\mathrm{kt}}$$

$$p_{\mathrm{bn}}=p_{\mathrm{bt}}\cos\beta$$

查表4-8，确定模数及齿形角。

④ 在已知螺旋角 β 时，还可以用测得的齿顶圆直径 d'_{a} 和中心距 a' 计算模数，即

$$m_{\mathrm{n}}=\frac{d'_{\mathrm{a}}}{\dfrac{z}{\cos\beta}+2h^{*}_{\mathrm{an}}}=\frac{2a'\cos\beta}{z_1+z_2}$$

综合上述结果，再参照标准模数表4-6确定模数及齿形角。

6）测定螺旋角 β。

① 用滚印法测算螺旋角 β。在齿轮的齿顶圆上涂上一层红丹粉，将齿轮一侧端面紧贴直尺，如图4-10所示。然后沿一个方向在白纸上作纯滚动，白纸上将印下齿顶的展开齿印，用量角器即可量出齿顶的螺旋角 β_{a}。用下式计算出分度圆上的螺旋角 β，即

$$\tan\beta=\frac{d_{\mathrm{a}}-2h^{*}_{\mathrm{an}}m_{\mathrm{n}}}{d_{\mathrm{a}}}\tan\beta_{\mathrm{a}}$$

滚印法测出的螺旋角误差较大。

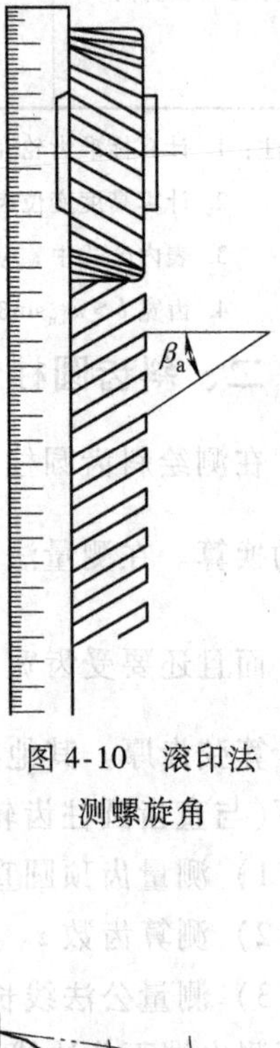

图4-10　滚印法测螺旋角

② 用正弦棒原理测算螺旋角 β。如图4-11所示，把斜齿轮1固定在等高架上，齿条测头2与正弦棒3相连。然后将齿条测头插入斜齿轮的齿槽间，正弦棒就随齿条测头倾斜一个角度。测量尺寸 A、B、C，用下式计算出螺旋角 β，即

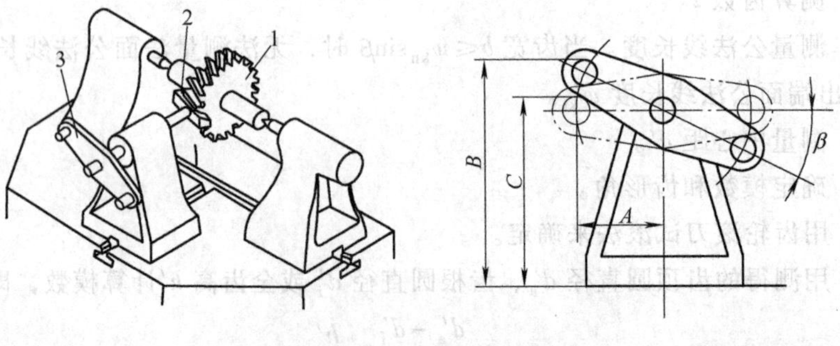

图4-11　正弦棒法测螺旋角

1—斜齿轮　2—齿条测头　3—正弦棒

$$\sin\beta = \frac{B - C}{A}$$

③ 在已知模数的情况下，可以用测得的齿顶圆直径 d_a'或中心距 a'计算出螺旋角 β，即

$$\cos\beta = \frac{m_n z}{d_a' - 2h_{an}^* m_n} = \frac{m_n(z_1 + z_2)}{2a'}$$

7）确定齿顶高系数 h_{an}^*和顶隙系数 c_n^*。通常可用下式计算后确定，即

$$h_{an}^* = \frac{1}{2}\left(\frac{d'_a}{m_n} - \frac{z}{\cos\beta}\right)$$

$$c_n^* = \frac{h}{m_n} - 2h_{an}^*$$

8）识别变位齿轮。

① 计算两斜齿轮端面模数并进行比较。端面模数 m_t 用下式计算，即

$$m_t = \frac{d'_a - 2h_{an}^* m_n}{z}$$

若 $m_{t1} = m_{t2}$，则为非变位齿轮；若 $m_{t1} \neq m_{t2}$，则为变位齿轮。

② 识别变位形式。用下式计算出非变位的中心距 a，并与实测中心距比较，即

$$a = \frac{m_n(z_1 + z_2)}{2\cos\beta}$$

若 $a' = a$，则为高度变位齿轮；若 $a' \neq a$，则为角度变位齿轮。

9）确定变位系数。

① 对于高度变位斜齿轮：

$$x_{n1} = \frac{d'_{a1}}{2m_n} - \frac{z_1}{2} - h_{an}^* = \frac{1}{4}\left(\frac{d'_{a1} - d'_{a2}}{m_n} - \frac{z_1 - z_2}{\cos\beta}\right)$$

$$x_{n2} = -x_{n1}$$

② 对于角度变位斜齿轮，可按下列步骤进行计算：

用下式计算端面齿形角 α_t，即

$$\tan\alpha_t = \frac{\tan\alpha_n}{\cos\beta}$$

用下式计算端面啮合角 α_t'，即

$$\cos\alpha_t' = \frac{a}{a'}\cos\alpha_t$$

用下式计算总变位系数 $x_{n\Sigma}$，即

$$x_{n\Sigma} = \frac{z_1 + z_2}{2\tan\alpha_n}(\text{inv}\alpha'_t - \text{inv}\alpha_t)$$

用下式计算中心距变动系数 y_n，即

$$y_n = \frac{a' - a}{m_n}$$

用下式计算齿高变动系数 Δy_n，即

$$\Delta y_n = x_{n\Sigma} - y_n$$

用下式计算变位系数 x_n，即

$$x_{n1} = \frac{d'_a}{2m_n} - \frac{z_1}{2\cos\beta} - h^*_{an} + \Delta y_n$$

$$x_{n2} = x_{n\Sigma} - x_{n1}$$

10）计算和校核全部几何尺寸。

11）确定齿轮精度等级。

12）确定齿轮的尺寸公差、几何公差及表面粗糙度。

13）确定齿轮的材料、热处理及其他技术要求。

14）绘制齿轮零件图样。

【例 4-5】 测得图 4-12 所示斜齿轮的 $d'_a = 122\text{mm}$，$d'_f = 113\text{mm}$，$z = 57$，$\beta' = 15°$，$w'_{k^7_n} = 40.1\text{mm}$，$w'_{k^8_n} = 46\text{mm}$，完成测绘的全部内容。

解 （1）确定模数 m_n 用测得的齿顶圆直径 d'_a 和齿根圆直径 d'_f 计算模数：

$$m_n = \frac{d'_a - d_f'}{4.5} = \frac{122\text{mm} - 113\text{mm}}{4.5} = 2\text{mm}$$

用测得的公法线长度确定模数 m_n 和齿形角 α：

$$p_{bn} = w'_{k^8_n} - w'_{k^7_n} = 46\text{mm} - 40.1\text{mm} = 5.9\text{mm}$$

查表 4-8 得 $m_n = 2\text{mm}$、$\alpha = 20°$。

（2）验证螺旋角 β

$$\beta = \arccos\frac{m_n z}{d'_a - 2h^*_{an} m_n} = \frac{2 \times 57}{122 - 2 \times 1 \times 2} = 14.961°(14°57'40'')$$

（3）计算和校核几何尺寸

$$d = \frac{z m_n}{\cos\beta} = \frac{57 \times 2\text{mm}}{\cos 14.961°} = 118\text{mm}$$

$$d_a = d + 2m_n = 118\text{mm} + 2 \times 2\text{mm} = 122\text{mm}$$

$$d_f = d - 2(h^*_{an} + c^*_n) m_n = 118\text{mm} - 2 \times (1 + 0.25) \times 2\text{mm} = 113\text{mm}$$

根据 $z' = z\dfrac{\text{inv}\alpha_t}{\text{inv}\alpha_n}$，查表 4-11 得 $\dfrac{\text{inv}\alpha_t}{\text{inv}\alpha_n} = 1.10334$

$$z' = z\frac{\text{inv}\alpha_t}{\text{inv}\alpha_n} = 57 \times 1.10334 = 62.89$$

查表 4-9，取 $k = 7$。

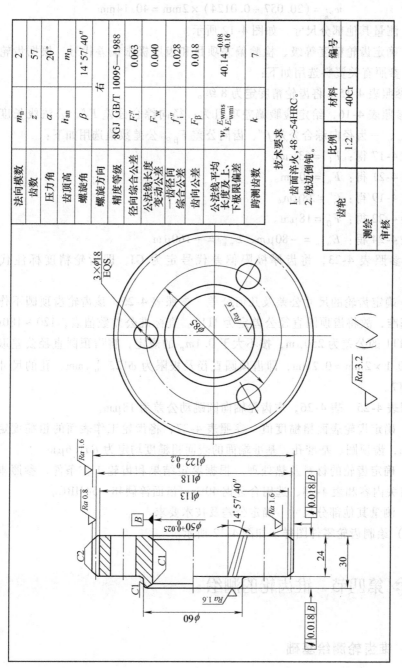

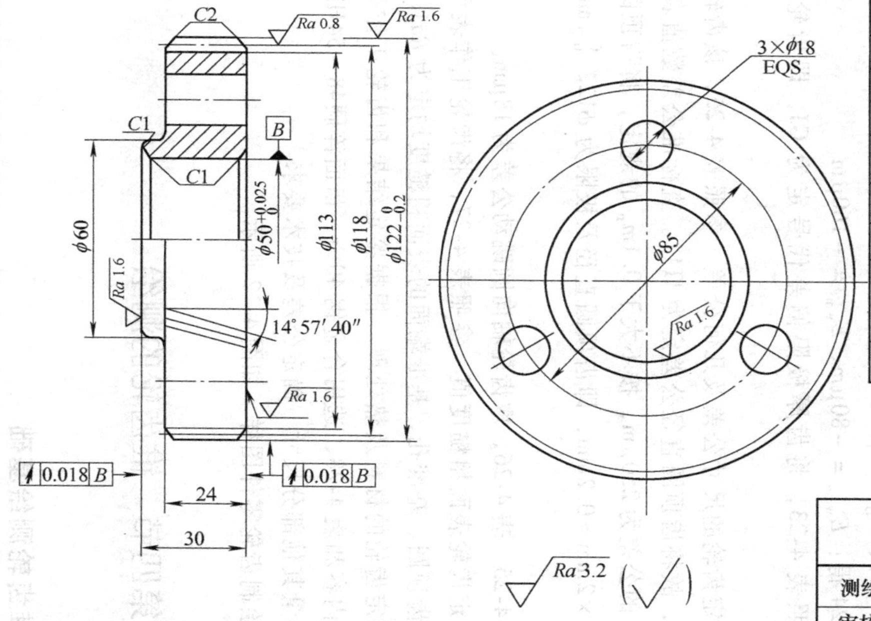

法向模数	m_n	2
齿数	z	57
压力角	α	20°
齿顶高	h_{an}	m_n
螺旋角	β	14°57′40″
螺旋方向	右	
精度等级	8GJ GB/T 10095—1988	
径向综合公差	F_i''	0.063
公法线长度变动公差	F_w	0.040
一齿径向综合公差	f_i''	0.028
齿向公差	F_β	0.018
公法线平均长度及上、下极限偏差	$w_k{}^{E_{wms}}_{E_{wmi}}$	$40.14^{-0.08}_{-0.16}$
跨测齿数	k	7

技术要求

1. 齿面淬火，48～54HRC。
2. 锐边倒钝。

齿轮	比例	材料	编号
	1:2	40Cr	
测绘			
审核			

图 4-12　斜齿圆柱齿轮零件图样

查表4-9和表4-12，得

$$w_{k_n^7}=(20.057+0.0124)\times2\text{mm}=40.14\text{mm}$$

（4）测量其他部分尺寸　如图4-12所示。

（5）确定齿轮精度等级、检验偏差项目和齿厚极限偏差代号　根据齿轮工作条件，参照有关资料选用如下：

① 参照表4-15，将齿轮精度定为8级。

② 参照表4-16，给定检验偏差项目为：径向综合公差 F_i''、公法线长度变动公差 F_w、一齿径向综合公差 f_i''、齿向公差 F_β。公差数值选用如下：

查表4-17得：$F_i''=63\mu m$。

查表4-21得：$F_w=40\mu m$。

查表4-19得：$f_i''=28\mu m$。

查表4-22得：$F_\beta=18\mu m$。

查表4-24得：$E_{wms}=-80\mu m$、$E_{wmi}=-160\mu m$。

③ 参照表4-23，将齿厚极限偏差代号定为GJ，即齿轮精度标注代号为8GJ。

（6）确定齿轮的尺寸公差及几何公差　参照表4-25，该齿轮齿顶圆不作测量齿厚基准，故将齿顶圆直径公差定为IT11。查标准公差数值表，120～180mm尺寸段IT11的公差为250μm，按不大于 $0.1m_n$ 的规定，将齿顶圆直径公差取为 $0.1m_n=0.1\times2\text{mm}=0.2\text{mm}$，即齿顶圆直径及极限为 $\phi122_{-0.2}^{\ 0}\text{mm}$，孔的尺寸公差定为IT7。

参照表4-25、表4-26，取齿轮轴向圆跳动公差为18μm。

（7）确定齿轮表面粗糙度值　参照表4-27，将齿轮工作表面的粗糙度定为 $Ra0.8\mu m$，齿顶圆、基准孔、基准端面的表面粗糙度均定为 $Ra1.6\mu m$。

（8）确定齿轮的材料及热处理　根据鉴定结果和齿轮工作条件，参照本章第一节有关内容和表4-28，选用合金钢40Cr，齿面淬硬48～54HRC。

（9）测量其他部分尺寸　确定公差及技术要求。

（10）绘制齿轮零件图样　如图4-12所示。

第四节　锥齿轮的测绘

一、锥齿轮测绘基础

（1）锥齿轮的功能　锥齿轮用于轴线相交的变速和传动机构中，其轴交角 Σ 可成任意角度，常见的轴交角 $\Sigma=90°$。

（2）锥齿轮的类型 锥齿轮的类型较多，以齿线形式不同可分为直齿、斜齿、圆弧齿、延伸外摆线齿及准渐开线齿等，如图 4-13 所示。以齿高形式不同可分为不等顶隙收缩齿、等顶隙收缩齿、双重收缩齿及等高齿等，如图 4-14 所示。

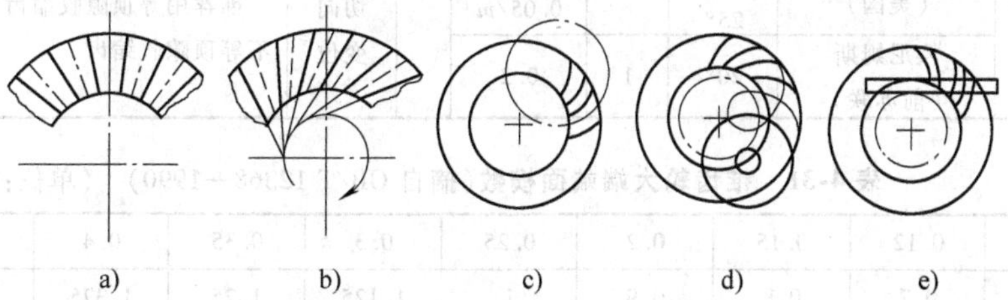

图 4-13 锥齿轮齿线形式

a）直齿 b）斜齿 c）圆弧齿 d）延伸外摆线 e）准渐开线

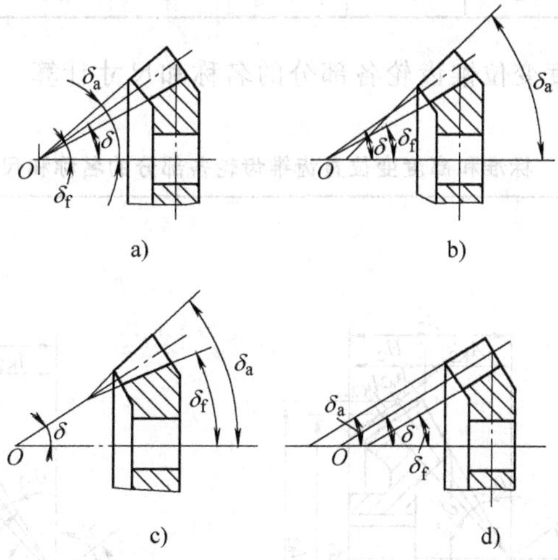

图 4-14 锥齿轮的齿高形式

a）不等顶隙收缩齿 b）等顶隙收缩齿 c）双重收缩齿 d）等高齿

（3）锥齿轮的基本参数和齿制 锥齿轮的轮齿是均布在圆锥体上的，齿轮大端上的参数与小端上的参数不完全一致。标准规定以大端上的参数作为基本参数和计算依据。渐开线锥齿轮常用齿制的基本齿廓见表 4-30。渐开线锥齿轮的模数与直齿轮的模数标准不完全相同，其大端标准模数见表 4-31。

表 4-30 渐开线锥齿轮常用齿制的基本齿廓

齿线种类	齿制	基准齿形参数				变位方式	齿高种类
		α_n	h_a^*	c^*	β_m		
直齿锥齿	GB/T 12369—1990	20°	1	0.2		径向 + 切向变位	等顶隙收缩齿
	格里森（美国）	20° 14.5° 25°	1	0.188 + 0.05/m			推荐用等顶隙收缩齿，也可用不等顶隙收缩齿
	埃尼姆斯（前苏联）	20°	1	0.2			

表 4-31 锥齿轮大端端面模数（摘自 GB/T 12368—1990）（单位：mm）

0.1	0.12	0.15	0.2	0.25	0.3	0.35	0.4	0.5
0.6	0.7	0.8	0.9	1	1.125	1.25	1.375	1.5
1.75	2	2.25	2.5	2.75	3	3.25	3.5	3.75
4	4.5	5	5.5	6	6.5	7	8	9
10	11	12	14	16	18	20	22	25
28	30	32	36	40	45	50		

（4）标准和高度变位锥齿轮各部分的名称和尺寸计算　其各部分的名称和尺寸计算见表 4-32。

表 4-32 标准和高度变位直齿锥齿轮各部分的名称和尺寸计算

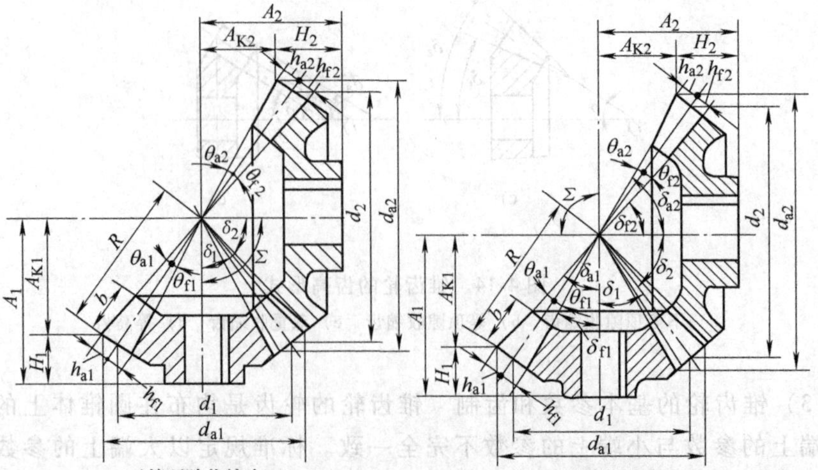

不等顶隙收缩齿　　等顶隙收缩齿

（续）

名　称	代号	小　齿　轮	大　齿　轮
齿数比	u	$u=z_2/z_1$，按传动要求确定，通常 $u=1\sim10$	
大端分度圆直径	d	$d=mz$	
齿数	z	一般 $z_1=16\sim30$	$z_2=uz_1$
大端模数	m	$m=d_1/z_1$，按表 4-31 取成标准系列值后，再确定	
		$d_1=z_1m$	$d_2=z_2m$
分锥角	δ	当 $\Sigma=90°$ 时，$\delta_1=\arctan\dfrac{z_1}{z_2}$ 当 $\Sigma<90°$ 时，$\delta_1=\arctan\dfrac{\sin\Sigma}{u+\cos\Sigma}$ 当 $\Sigma>90°$ 时，$\delta_1=\arctan\dfrac{\sin(180°-\Sigma)}{u-\cos(180°-\Sigma)}$	$\delta_2=\Sigma-\delta_1$
外锥距	R	$R=d_1/2\sin\delta_1$	
切向变位系数	x_t	x_{t1} 可查资料	$x_{t2}=-x_{t1}$
径向变位系数	x	当 $z_1\geqslant13$ 时，$x_1=0.46\left(1-\dfrac{\cos\delta_2}{u\cos\delta_1}\right)$ 亦可按表 4-33 选取	$x_2=-x_1$
齿顶高	h_a	$h_{a1}=m(1+x_1)$	$h_{a2}=(1+x_2)m$
齿根高	h_f	$h_{f1}=m(1+c^*-x_1)$，c^* 见表 4-30	$h_{f2}=(1+c^*-x_2)m$
顶隙	c	$c=c^*m$	
齿顶角	θ_a	不等顶隙收缩齿 $\theta_{a1}=\arctan(h_{a1}/R)$	$\theta_{a2}=\arctan(h_{a2}/R)$
		等顶隙收缩齿 $\theta_{a1}=\theta_{f2}$	$\theta_{a2}=\theta_{f1}$
齿根角	θ_f	$\theta_{f1}=\arctan(h_{f1}/R)$	$\theta_{f2}=\arctan(h_{f2}/R)$
顶锥角	δ_a	不等顶隙收缩齿 $\delta_{a1}=\delta_1+\theta_{a1}$	$\delta_{a2}=\delta_2+\theta_{a2}$
		等顶隙收缩齿 $\delta_{a1}=\delta_1+\theta_{f2}$	$\delta_{a2}=\delta_2+\theta_{f1}$
根锥角	δ_f	$\delta_{f1}=\delta_1-\theta_{f1}$	$\delta_{f2}=\delta_2-\theta_{f2}$
齿顶圆直径	d_a	$d_{a1}=d_1+2h_{a1}\cos\delta_1$	$d_{a2}=d_2+2h_{a2}\cos\delta_2$
安装距	A	根据结构确定	
冠顶距	A_K	当 $\Sigma=90°$ 时，$A_{K1}=d_2/2-h_{a1}\sin\delta_1$	$A_{K2}=d_1/2-h_{a2}\sin\delta_2$
		当 $\Sigma\neq90°$ 时，$A_{K1}=R\cos\delta_1-h_{a1}\sin\delta_1$	$A_{K2}=R\cos\delta_2-h_{a2}\sin\delta_2$
轮冠距	H	$H_1=A_1-A_{K1}$	$H_2=A_2-A_{K2}$
大端分度圆齿厚	s	$s_1=m\left(\dfrac{\pi}{2}+2x_1\tan\alpha+x_{t1}\right)$	$s_2=\pi m-s_1$

二、直齿锥齿轮的测绘步骤及方法

直齿锥齿轮的测绘方法与圆柱齿轮相似，现将锥齿轮独有的测绘项目介绍如下：

1. 测定分锥角 δ

(1) 对于单个齿轮　用游标万能角度尺按以下方法进行测算：

1）测出角度 τ，如图 4-15 所示。用下式计算分锥角 δ，即

$$\delta = 180° - \tau$$

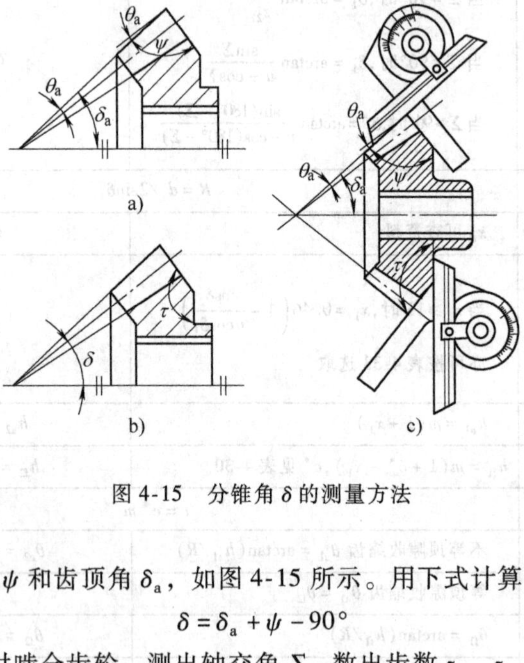

图 4-15　分锥角 δ 的测量方法

2）测出角度 ψ 和齿顶角 δ_a，如图 4-15 所示。用下式计算分锥角 δ，即

$$\delta = \delta_a + \psi - 90°$$

(2) 对于一对啮合齿轮　测出轴交角 Σ，数出齿数 z_1、z_2，用下式计算分锥角 δ，即

当 $\Sigma = 90°$时

$$\delta_1 = \arctan\frac{z_1}{z_2},\ \delta_2 = \Sigma - \delta_1$$

当 $\Sigma < 90°$时

$$\delta_1 = \arctan\left(\frac{\sin\Sigma}{\dfrac{z_2}{z_1} + \cos\Sigma}\right),\ \delta_2 = \Sigma - \delta_1$$

当 $\Sigma > 90°$时

$$\delta_1 = \arctan\left[\frac{\sin(180° - \Sigma)}{\frac{z_2}{z_1} - \cos(180° - \Sigma)}\right], \ \delta_2 = \Sigma - \delta_1$$

2. 测量大端齿顶圆直径 d'_a

用下式计算模数，即

$$m = \frac{d'_a}{z + 2h_a^* \cos\delta}$$

3. 确定齿形角 α_n

（1）拓印作图法　在齿轮背锥面上涂一薄层红丹粉，贴上白纸，用手按压，拓出齿廓印迹，如图 4-16 所示。在印迹上作齿廓对称中心线，按 $\bar{h}_c = 0.78m$ 从齿顶量取固定弦齿高 $\bar{h}_c$，并作齿廓对称中心线的垂线 AB，然后过 A、B 两点作齿廓的切线 OA、OB，两切线的夹角即为 $2\alpha_n$。

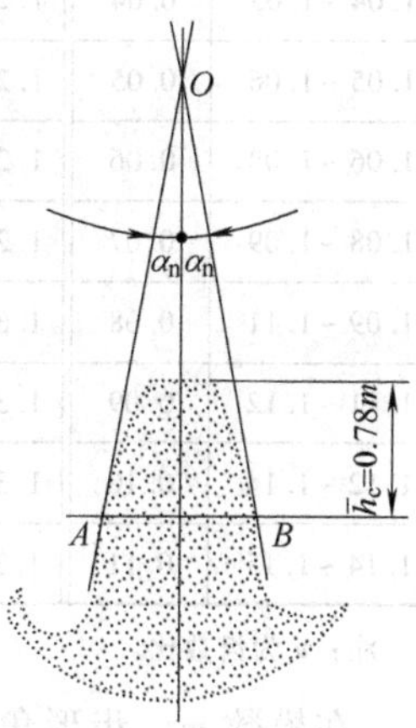

图 4-16　齿廓拓印

（2）公法线测算法　测出大端公法线长度 w'_{k+1} 和 w'_k。测量方法与直齿轮相同，跨测齿数可查表 4-5。可用游标卡尺在拓印上测量。按下式计算齿形角 α_n，或查表 4-8 确定。

$$p_b = w'_{k+1} - w'_k$$

$$\alpha_n = \arccos\frac{p_b}{\pi m}$$

4. 确定齿顶高系数 h_a^* 及顶隙系数 c^*

用下式计算并与标准值比较后确定。

$$h_a^* = \frac{d_a' - mz}{2m\cos\delta}$$

$$c^* = \frac{h}{m} - 2h_a^*$$

5. 识别变位齿轮

锥齿轮的变位形式分为切向变位（齿厚变位）和径向变位（齿高变位）。切向变位可提高小齿轮齿根的弯曲强度，常采用 $x_{t1} = x_{t2}$。径向变位可避免根切，提高齿轮的承载能力和改善传动性能。在径向变位中，当 $x_1 = -x_2$ 时，称为高度变位；当 $x_1 \neq -x_2$ 时，称为角度变位。

高度变位锥齿轮的几何尺寸计算简单，故其应用较广。直齿锥齿轮径向变位系数见表 4-33。

表 4-33　直齿锥齿轮径向变位系数 x（格里森齿制）

u	x	u	x	u	x	u	x
>1.00	0.00	1.15~1.17	0.12	1.42~1.45	0.24	2.06~2.16	0.36
1.00~1.02	0.01	1.17~1.19	0.13	1.45~1.48	0.25	2.16~2.27	0.37
1.02~1.03	0.02	1.19~1.21	0.14	1.48~1.52	0.26	2.27~2.41	0.38
1.03~1.04	0.03	1.21~1.23	0.15	1.52~1.56	0.27	2.41~2.58	0.39
1.04~1.05	0.04	1.23~1.25	0.16	1.56~1.60	0.28	2.58~2.78	0.40
1.05~1.06	0.05	1.25~1.27	0.17	1.60~1.65	0.29	2.78~3.05	0.41
1.06~1.08	0.06	1.27~1.29	0.18	1.65~1.70	0.30	3.05~3.41	0.42
1.08~1.09	0.07	1.29~1.31	0.19	1.70~1.76	0.31	3.41~3.94	0.43
1.09~1.11	0.08	1.31~1.33	0.20	1.76~1.82	0.32	3.94~4.82	0.44
1.11~1.12	0.09	1.33~1.36	0.21	1.82~1.89	0.33	4.82~6.81	0.45
1.12~1.14	0.10	1.36~1.39	0.22	1.89~1.97	0.34	>6.81	0.46
1.14~1.15	0.11	1.39~1.42	0.23	1.97~2.06	0.35		

注：u 为齿数比。

在模数 m、齿形角 α_n、分锥角 δ、齿顶高系数 h_a^*、顶隙系数 c^* 确定之后，用下式计算齿顶圆直径 d_a，即

$$d_a = m(z + 2h_a^* \cos\delta)$$

将计算值 d_a 与实测值 d'_a 进行比较：若 $d_a = d'_a$，则该齿轮为标准齿轮；若 $d_a \neq d'_a$，则该齿轮为变位齿轮。

6. 确定变位系数

径向变位锥齿轮的变位系数可用下式计算，即

$$x = \frac{d'_a - d_a}{2m\cos\delta}$$

若 $x_1 = -x_2$，则为高度变位锥齿轮；若 $x_1 \neq -x_2$，则为角度变位锥齿轮。

7. 确定锥齿轮的精度

（1）确定精度等级　国家标准 GB/T 11365—1989 对锥齿轮及齿轮副规定了12个精度等级，其中1级最高，12级最低。将锥齿轮和齿轮副的公差项目分成三个公差组，根据使用要求，允许各公差组选用不同的精度等级，但对齿轮副中大、小轮的同一公差组，应规定同一精度等级。

确定精度等级时，应根据齿轮的使用要求和有关经验资料（见表4-34）来确定。

表 4-34　锥齿轮精度（Ⅱ组）的选择

<table>
<tr><th rowspan="4">精度等级
（Ⅱ组）</th><th colspan="2">直　齿</th><th colspan="2">斜齿、曲线齿</th><th rowspan="4">应 用 举 例</th></tr>
<tr><th colspan="4">齿宽中点线速度 v_m/(m/s)</th></tr>
<tr><th colspan="4">齿面硬度</th></tr>
<tr><th>≤350HBW</th><th>>350HBW</th><th>≤350HBW</th><th>>350HBW</th></tr>
<tr><td>5</td><td>>10</td><td>>9</td><td>>24</td><td><19</td><td rowspan="2">运动精度要求高的锥齿轮传动，对传动平稳性、噪声等要求较高的锥齿轮传动。如分度传动链中的锥齿轮，高速锥齿轮</td></tr>
<tr><td>6</td><td>>7～10</td><td>>6～9</td><td>>16～24</td><td>>13～19</td></tr>
<tr><td>7</td><td>>4～7</td><td>>3～6</td><td>>9～16</td><td>>7～13</td><td>机床主运动链齿轮</td></tr>
<tr><td>8</td><td>>3～4</td><td>>2.5～3</td><td>>6～9</td><td>>5～7</td><td>机床用一般齿轮</td></tr>
<tr><td>9</td><td>>0.8～3</td><td>>0.8～2.5</td><td>>1.5～6</td><td>>1.5～5</td><td>低速、传递动力用齿轮</td></tr>
<tr><td>10</td><td>≤0.8</td><td>≤0.8</td><td>≤1.5</td><td>≤1.5</td><td>手动机构用齿轮</td></tr>
</table>

（2）确定检验项目及公差　国家标准 GB/T 11365—1989 对锥齿轮及锥齿轮副规定的公差组及检验项目见表 4-35 和表 4-36。各项公差数值可查阅有关资料。

表 4-35　锥齿轮精度的公差组和检验项目

<table>
<tr><th rowspan="2">公差组</th><th colspan="2">检 验 项 目</th><th rowspan="2">适用精度等级</th><th rowspan="2">计 算 公 式</th></tr>
<tr><th>代号</th><th>名　称</th></tr>
<tr><td rowspan="5">Ⅰ</td><td>$\Delta F'_i$</td><td>切向综合误差</td><td>4～8 级</td><td>$F'_i = F_p + 1.15f_c$</td></tr>
<tr><td>$\Delta F''_{i\Sigma}$</td><td>轴交角综合误差</td><td>直齿 7～12 级；
斜齿、曲线齿 9～12 级</td><td>$F''_{i\Sigma} = 0.7F''_{i\Sigma c}$</td></tr>
<tr><td>ΔF_p</td><td>齿距累积误差</td><td>7～8 级</td><td></td></tr>
<tr><td>ΔF_p
与 ΔF_{pk}</td><td>齿距累积误差与 k 个齿距累积误差</td><td>4～6 级</td><td></td></tr>
<tr><td>ΔF_r</td><td>齿圈跳动</td><td colspan="2">7～12 级（7、8 级用于 d_m > 1600 的锥齿轮）</td></tr>
<tr><td rowspan="5">Ⅱ</td><td>$\Delta f'_i$</td><td>一齿切向综合误差</td><td>4～8 级</td><td>$f'_i = 0.8(f_{pt} + 1.15f_c)$</td></tr>
<tr><td>$\Delta f''_{i\Sigma}$</td><td>一齿轴交角综合误差</td><td>直齿 7～12 级；
斜齿、曲线齿 9～12 级</td><td>$f''_{i\Sigma} = 0.7f''_{i\Sigma c}$</td></tr>
<tr><td>$\Delta f'_{zk}$</td><td>周期误差</td><td>4～8 级</td><td></td></tr>
<tr><td>Δf_{pt}
与 Δf_c</td><td>齿距偏差与齿形相对误差</td><td>4～6 级</td><td></td></tr>
<tr><td>Δf_{pt}</td><td>齿距偏差</td><td>7～12 级</td><td></td></tr>
<tr><td>Ⅲ</td><td>—</td><td>接触斑点</td><td>4～12 级</td><td></td></tr>
</table>

表 4-36　锥齿轮副精度的公差组和检验项目

公差组	检验项目		适用精度等级	计 算 公 式
	代号	名　称		
Ⅰ	$\Delta F'_{ic}$	齿轮副切向综合误差	4～8 级	$F'_{ic}=F'_{i1}+F'_{i2}$
Ⅰ	$\Delta F''_{i\Sigma c}$	齿轮副轴交角综合误差	直齿 7～12 级；斜齿、曲线齿 9～12 级	
Ⅰ	ΔF_{vj}	齿轮副侧隙变动量	9～12 级	
Ⅱ	$\Delta f''_{ic}$	齿轮副-齿切向综合误差	4～8 级	$f'_{ic}=f'_{i1}+f'_{i2}$
Ⅱ	$\Delta f''_{i\Sigma c}$	齿轮副-齿轴交角综合误差	直齿 7～12 级；斜齿、曲线齿 9～12 级	
Ⅱ	$\Delta f'_{zkc}$	齿轮副周期误差	4～8 级	
Ⅱ	$\Delta f''_{zzc}$	齿轮副齿频周期误差	4～8 级	
Ⅱ	Δf_{AM}	齿圈轴向位移		
Ⅲ	Δf_a	齿轮副轴间距偏差		
Ⅲ		接触斑点	4～12 级	

（3）确定锥齿轮副的侧隙　齿轮副的最小法向侧隙分为 6 种，分别用 a、b、c、d、e、h 代号来表示，如图 4-17 所示。其中，代号 a 表示的最小法向侧隙值最大，其余依次递减，代号 h 表示的最小法向侧隙值为零。

齿轮副的法向侧隙公差分为 6 种，分别用 A、B、C、D、E、H 代号表示，如图 4-17所示。其中代号 A 表示的公差值最大，其余依次递减。推荐按图 4-17 所示的对应关系选用法向侧隙公差种类和最小侧隙种类。各代号所表示的最小法向侧隙值或法向侧隙公差值均可查表。

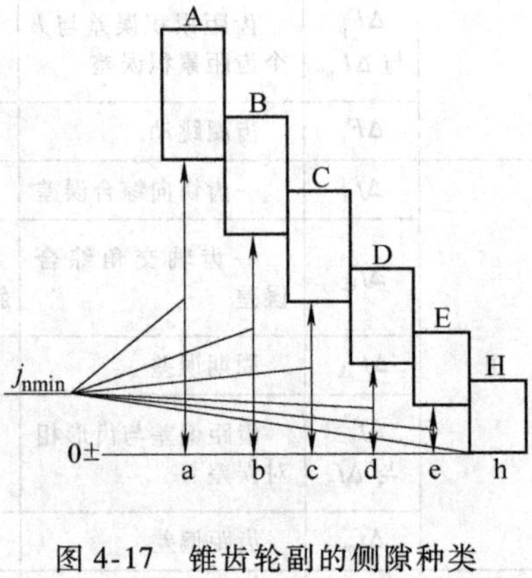

图 4-17　锥齿轮副的侧隙种类

（4）锥齿轮精度的图样标注　在锥齿轮零件图样中应标注齿轮的精度等级和最小法向侧隙种类及法向侧隙公差种类的数值、代号。标注示例如下：

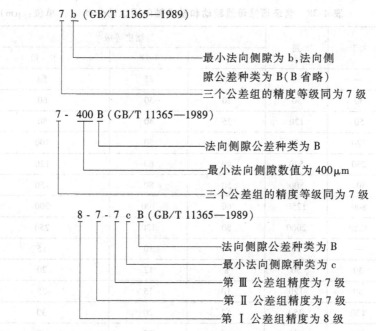

7 b（GB/T 11365—1989）
- b：最小法向侧隙为 b，法向侧隙公差种类为 B（B 省略）
- 7：三个公差组的精度等级同为 7 级

7 - 400 B（GB/T 11365—1989）
- B：法向侧隙公差种类为 B
- 400：最小法向侧隙数值为 400μm
- 7：三个公差组的精度等级同为 7 级

8 - 7 - 7 c B（GB/T 11365—1989）
- B：法向侧隙公差种类为 B
- c：最小法向侧隙种类为 c
- 7：第 Ⅲ 公差组精度为 7 级
- 7：第 Ⅱ 公差组精度为 7 级
- 8：第 Ⅰ 公差组精度为 8 级

8. *确定锥齿轮的尺寸公差和几何公差*

锥齿轮的尺寸公差可参照表 4-37 确定；齿坯顶锥母线跳动和基准轴向圆跳动公差可参照表 4-38 确定；齿坯轮冠距和顶锥角极限偏差可参照表 4-39 确定。

表 4-37 齿坯尺寸公差

精度等级	5	6	7	8	9	10	11	12
轴径尺寸公差	IT5		IT6		IT7			
孔径尺寸公差	IT6		IT7		IT8			
外径尺寸极限偏差	0 -IT8				0 -IT9			

注：1. IT 为标准公差参考 GB/T 1800.1～1800.2—2009。
2. 当三个公差精度等级不同时，公差值按最高的精度等级查取。

【例 4-6】 测得一国产直齿锥齿轮的齿数 $z=20$，齿顶圆直径 $d'_a=152.35$mm，齿高 $h=15.3$mm，顶锥角 $\delta_a=30°25'$，背锥面与齿顶锥面夹角 $\psi=87°20'$，公法线长度分别为 $w_3'=53.6$mm、$w_2'=32.9$mm。确定锥齿轮的各项参数，并根据了解的情况，确定精度等级、检验项目及公差、表面粗糙度、材料及热处理，绘制锥齿轮零件图样。

解 1）计算分锥角 δ。

表4-38　齿坯顶锥母线跳动和基准轴向圆跳动公差　（单位：μm）

		大于	到	精度等级①		
				5~6	7~8	9~12
顶锥母线跳动公差	外径	—	30	15	25	50
		30	50	20	30	60
		50	120	25	40	80
		120	250	30	50	100
		250	500	40	60	120
		500	800	50	80	150
		800	1250	60	100	200
		1250	2000	80	120	250
基准轴向圆跳动公差	基准端面直径	—	30	6	10	15
		30	50	8	12	20
		50	120	10	15	25
		120	250	12	20	30
		250	500	15	25	40
		500	800	20	30	50
		800	1250	25	40	60
		1250	2000	30	50	80

① 当三个公差组精度等级不同时，按最高的精度等级确定公差值。

表4-39　齿坯轮冠距和顶锥角极限偏差

中点法向模数/mm	轮冠距极限偏差/μm	顶锥角极限偏差/(′)
≤1.2	0 -50	+50 0
>1.2~10	0 -75	+8 0
>10	0 -100	+8 0

$$\delta = \delta_a + \psi - 90° = 87°20' + 30°25' - 90° = 27°45'$$

2）计算大端端面模数 m。

$$m = \frac{d'_a}{z + 2h_a^* \cos\delta} = \frac{152.35\text{mm}}{20 + 2 \times 1\cos 27°45'} = 6.998\text{mm}$$

查表4-31，初选 $m_e = 7\text{mm}$。

3）确定齿形角 α_n 及模数 m_e。

$$p_b = w_3' - w_2' = 53.6\text{mm} - 32.9\text{mm} = 20.7\text{mm}$$

查表 4-8，确定 $\alpha_n = 20°$、$m_e = 7\text{mm}$。

4）确定齿顶高系数 h_a^* 及顶隙系数 c^*。

$$h_a^* = \frac{d_a' - mz}{2m\cos\delta} = \frac{152.35 - 7 \times 20}{2 \times 7\cos27°45'} = 0.997$$

$$c^* = \frac{h}{m} - 2h_a^* = \frac{15.3}{7} - 2 \times 1 = 0.186$$

查表 4-30，取 $h_a^* = 1$、$c^* = 0.2$。

5）判断是否为变位齿轮。

$$d_a = m(z + 2h_a^* \cos\delta) = 7 \times (20 + 2 \times 1\cos27°45')\text{mm} = 152.39\text{mm}$$

因为 $d_a' = d_a$，且 $h_a^* = 1$，所以该锥齿轮为标准锥齿轮。

6）计算校核其他参数。

$$d_e = mz = 7\text{mm} \times 20 = 140\text{mm}$$

$$R_e = \frac{d_e}{2\sin\delta} = \frac{140\text{mm}}{2\sin27°45'} = 150.3\text{mm}$$

$$\theta_a = \arctan\frac{h_a}{R_e} = \arctan\frac{1 \times 7}{150.3} = 2.67°(2°40')$$

$$\theta_f = \arctan\frac{h_f}{R_e} = \arctan\frac{1.2 \times 7}{150.3} = 3.2°(3°12')$$

$$\delta_a = \delta + \theta_a = 27°45' + 2°40' = 30°25'$$

$$\delta_f = \delta - \theta_f = 27°45' - 3°12' = 24°33'$$

7）确定锥齿轮精度。根据齿轮工作要求，参照表 4-34，将其三个公差组的精度同定为 8 级，将其最小法向侧隙定为 c，法向侧隙公差定为 B，即锥齿轮标注代号为 8cB。检验项目组为：齿圈跳动 F_r、一齿切向综合误差 f_i'、接触斑点及大端固定圆弦齿厚，查有关资料取各项数值如下：

$F_r = 80\mu\text{m}$；$f_i' = 86\mu\text{m}$；接触斑点沿齿长方向 >50%，沿齿高方向 >55%；大端固定圆弦齿高 $\overline{h}_{as} = 5.233\text{mm}$，固定圆弦齿厚 $\overline{s} = 9.7093^{-0.145}_{-0.240}\text{mm}$。

8）确定齿轮的表面粗糙度值。齿廓工作表面取 $Ra3.2\mu\text{m}$，顶圆锥面、定位端面、背锥面取 $Ra6.3\mu\text{m}$，定位孔表面取 $Ra3.2\mu\text{m}$。

9）确定齿轮的材料及热处理。材料选用 45 钢，调质热处理齿面硬度达 180～240HBW。

10）测量其他部分尺寸。

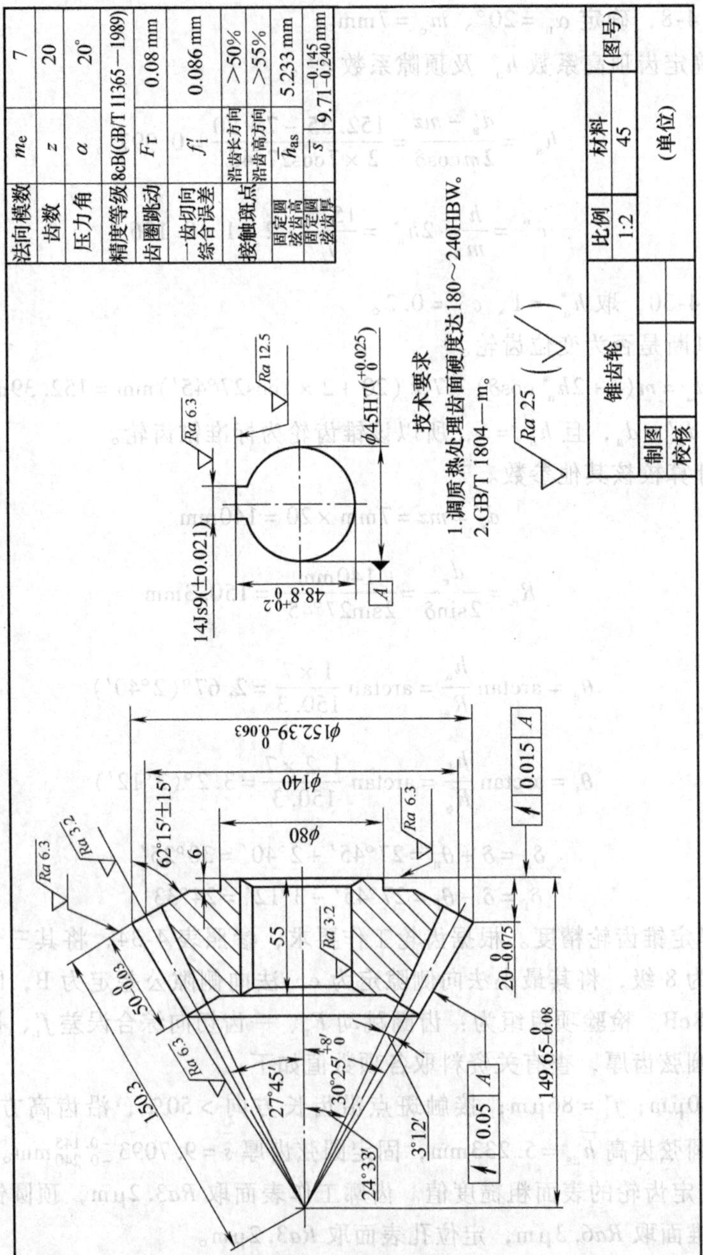

法向模数	m_e	7
齿数	z	20
压力角	α	20°
精度等级	8cB(GB/T 11365—1989)	
齿圈跳动	F_r	0.08 mm
一齿切向综合误差	f_i'	0.086 mm
接触斑点	沿齿长方向	>50%
	沿齿高方向	>55%
固定圆弦齿高	$\bar{h}_{as}$	5.233 mm
固定圆弦齿厚	$\bar{s}$	$9.71^{-0.145}_{-0.240}$ mm

图 4-18　锥齿轮零件图样

11）绘制齿轮零件图样，如图 4-18 所示。

第五节　蜗杆蜗轮的测绘

一、蜗杆蜗轮测绘基础

蜗杆传动用于轴线相交的变速和传动机构中，其类型很多，常见的普通圆柱蜗杆传动有：阿基米德圆柱蜗杆传动(ZA 型)、渐开线圆柱蜗杆传动(ZI 型)、法向直廓圆柱蜗杆传动(ZN 型)和锥面包络圆柱蜗杆传动(ZK 型)。

GB/T 10087—1988 标准规定，普通圆柱蜗杆基本齿廓的参数、代号及其数值见表 4-40。

GB/T 10088—1988 标准规定了圆柱蜗杆的模数和分度圆直径（见标准和有关资料）。GB/T 10085—1988 又对圆柱蜗杆的基本尺寸和参数，以及蜗杆、蜗轮参数的匹配作了具体的规定（见标准和有关资料）。其中蜗杆第一系列模数中的常用模数 m 与分度圆直径 d_1 的搭配值见表 4-41。圆柱蜗杆传动基本尺寸计算见表 4-42。

表 4-40　圆柱蜗杆基本齿廓的参数、代号及其数值

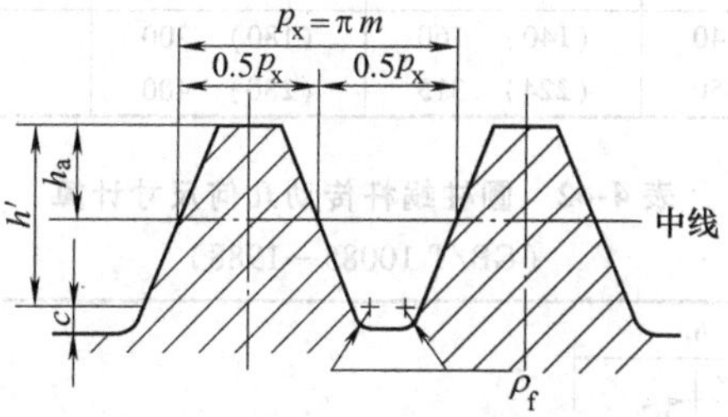

中线系指蜗杆的轴平面与分度圆柱面的交线。

参　数	代　号	数 值	说　明
齿顶高	h_a	$1m$	采用短齿时，$h_a=0.8m$
工作齿高	h'	$2m$	采用短齿时，$h'=1.6m$
轴向齿距	p_x	πm	中线上的齿厚和齿槽宽相等
顶隙	c	$0.2m$	必要时允许减小到 $0.15m$ 或增大至 $0.35m$
齿根圆角半径	ρ_f	$0.3m$	必要时允许减小到 $0.2m$ 或增大至 $0.4m$，也允许加工成单圆弧

（续）

参数		代号	数值	说明
齿形角	阿基米德蜗杆	α_x	20°	蜗杆的轴向齿形角
	法向直廓蜗杆	α_n	20°	蜗杆的法向齿形角
	渐开线蜗杆	α_n	20°	蜗杆的法向齿形角
	锥面包络圆柱蜗杆	α_0	20°	形成蜗杆齿面的锥形刀具的产形角

注：允许齿顶倒圆，但圆角半径不大于 0.2m。

适用于模数 $m\geqslant 1$mm、轴交角 $\Sigma=90°$的圆柱蜗杆传动。

表 4-41　普通圆柱蜗杆传动的 m 与 d_1 搭配值（摘自 GB/T 10085—1988）

（单位：mm）

m	1	1.25	1.6	2
d_1	18	20　22.4	20　28	（18）　22.4 （28）　35.5
m	2.5	3.15	4	5
d_1	（22.4）　28 （35.5）　45	（28）　35.5 （45）　56	（31.5）　40 （50）　71	（40）　50 （63）　90
m	6.3	8	10	12.5
d_1	（50）　63 （80）　112	（63）　80 （100）　140	（71）　90 （112）　160	（90）　112 （140）　200
m	16	20	25	
d_1	（112）　140 （180）　250	（140）　160 （224）　315	（180）　200 （280）　400	

表 4-42　圆柱蜗杆传动几何尺寸计算

（GB/T 10085—1988）　　（单位：mm）

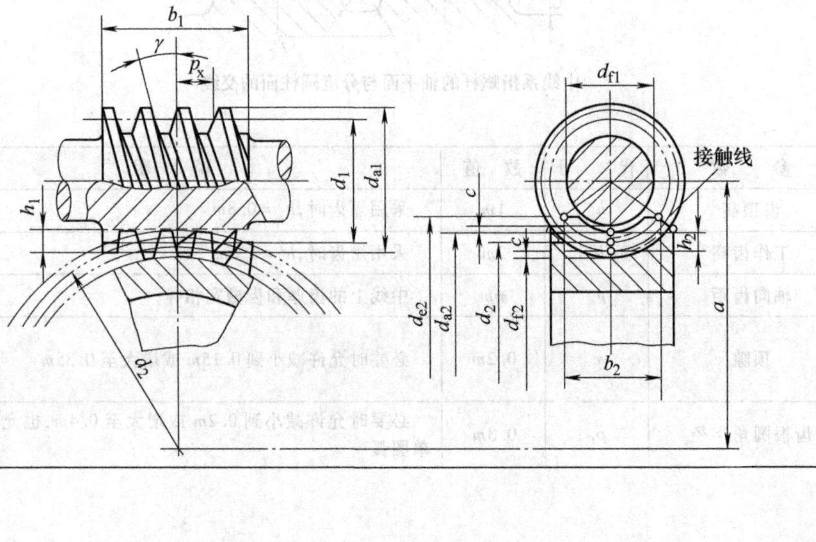

（续）

名　　称	代号	关　系　式	说　　明
中心距	a	$a=(d_1+d_2+2x_2m)/2$	按规定选取
蜗杆头数	z_1		按规定选取
蜗轮齿数	z_2		按传动比确定
齿形角	α	$\alpha_x=20°$或$\alpha_n=20°$	按蜗杆类型确定
模数	m	$m=m_x=\dfrac{m_n}{\cos\gamma}$	按规定选取
传动比	i	$i=n_1/n_2$	蜗杆为主动，按规定选取
齿数比	u	$u=z_2/z_1$，当蜗杆主动时，$i=u$	
蜗轮变位系数	x_2	$x_2=\dfrac{a}{m}-\dfrac{d_1+d_2}{2m}$	正常蜗轮变位系数取零
蜗杆直径系数	q	$q=d_1/m$	
蜗杆轴向齿距	p_x	$p_x=\pi m$	
蜗杆导程	p_z	$p_z=\pi mz_1$	
蜗杆分度圆直径	d_1	$d_1=mq$	按规定选取
蜗杆齿顶圆直径	d_{a1}	$d_{a1}=d_1+2h_{a1}=d_1+2h_a^*m$	
蜗杆齿根圆直径	d_{f1}	$d_{f1}=d_1-2h_{f1}=d_1-2(h_a^*m+c)$	
顶隙	c	$c=c^*m$	按规定
渐开线蜗杆基圆直径	d_{b1}	$d_{b1}=d_1\tan\gamma/\tan\gamma_b=mz_1/\tan\gamma_b$	
蜗杆齿顶高	h_{a1}	$h_{a1}=h_a^*m=\dfrac{1}{2}(d_{a1}-d_1)$	按规定
蜗杆齿根高	h_{f1}	$h_{f1}=(h_a^*+c)m=\dfrac{1}{2}(d_1-d_{f1})$	
蜗杆齿高	h_1	$h_1=h_{a1}+h_{f1}=\dfrac{1}{2}(d_{a1}-d_{f1})$	
蜗杆导程角	γ	$\tan\gamma=mz_1/d_1=z_1/q$	
渐开线蜗杆基圆导程角	γ_b	$\cos\gamma_b=\cos\gamma\cos\alpha_n$	
蜗杆齿宽	b_1		由设计确定
蜗轮分度圆直径	d_2	$d_2=mz_2$	
蜗轮喉圆直径	d_{a2}	$d_{a2}=d_2+2h_{a2}$	

（续）

名　称	代号	关　系　式	说　明
蜗轮齿根圆直径	d_{f2}	$d_{f2}=d_2-2h_{f2}$	
蜗轮齿顶高	h_{a2}	$h_{a2}=\frac{1}{2}(d_{a2}-d_2)=m(h_a^*+x_2)$	正常蜗轮 $x_2=0$
蜗轮齿根高	h_{f2}	$h_{f2}=\frac{1}{2}(d_2-d_{f2})=m(h_a^*-x_2+c^*)$	正常蜗轮 $x_2=0$
蜗轮齿高	h_2	$h_2=h_{a2}+h_{f2}=\frac{1}{2}(d_{a2}-d_{f2})$	
蜗轮咽喉母圆半径	r_{g2}	$r_{g2}=a-\frac{1}{2}d_{a2}$	
蜗轮齿宽	b_2		由设计确定
蜗轮齿宽角	θ	$\theta=2\arcsin\left(\frac{b_2}{d_1}\right)$	
蜗杆轴向齿厚	s_x	$s_x=\frac{1}{2}\pi m$	
蜗杆法向齿厚	s_n	$s_n=s_x\cos\gamma$	
蜗轮齿厚	s_t	按蜗杆节圆处轴向齿槽宽 e'_x 确定	
蜗杆节圆直径	d'_1	$d'_1=d_1+2x_2m=m(q+2x_2)$	
蜗轮节圆直径	d'_2	$d'_2=d_2$	

二、普通圆柱蜗杆蜗轮的测绘步骤及方法

1）数出蜗杆头数 z_1，测出蜗杆齿顶圆直径 d_{a1}、齿高 h_1 和轴向齿距 p_x，判别螺旋线方向。

轴向齿距 p_x 的测量方法如图 4-19 所示。用金属直尺或游标卡尺沿蜗杆轴向测量，为了减少误差，可多跨几个轴向齿距。如测出 n 个轴向齿距的长度 L，用下式计算轴向齿距 p_x，即

$$p_x=\frac{L}{n}$$

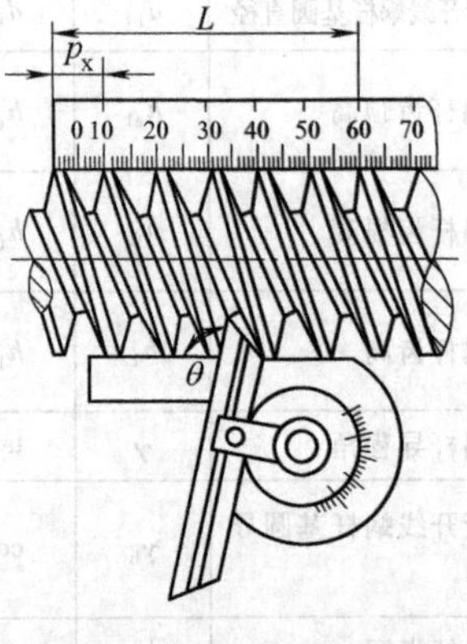

图 4-19　轴向齿距 p_x、齿形角 α_x 的测量

2）数出蜗轮的齿数 z_2，测出蜗轮的喉圆直径 d_{a2}。

3）测出蜗杆传动的中心距。普通圆柱蜗杆传动的中心距尺寸系列为：40、50、63、80、100、

125、160、(180)、200、(225)、250、(280)、315、(355)、400、(450)、500，单位为 mm，括号中的数值尽量不用。

4）判别蜗杆类型，测量齿形角 α。在蜗杆传动中，用得最多的是阿基米德圆柱蜗杆和法向直廓圆柱蜗杆两种。阿基米德圆柱蜗杆的齿面为阿基米德螺旋面，其端面齿廓为阿基米德螺旋线，如图4-20a所示，轴向齿廓为直线，法向齿廓为外凸曲线。法向直廓圆柱蜗杆的法向齿廓为直线，如图 4-20b 所示，轴向齿廓为外凸曲线，端面齿廓为延伸渐开线。

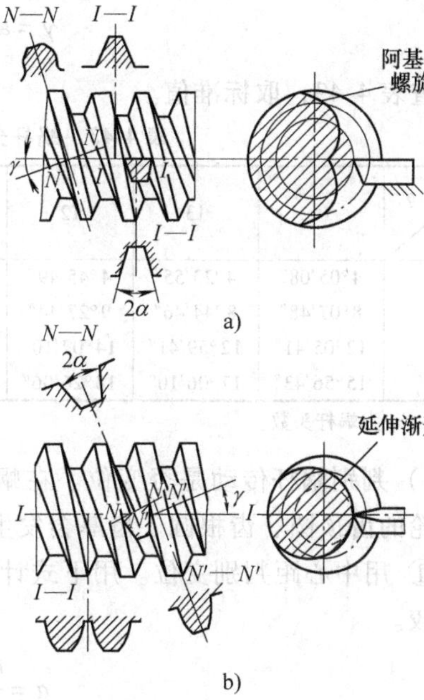

图 4-20　蜗杆齿形
a) 阿基米德圆柱蜗杆　b) 法向直廓圆柱蜗杆

在对蜗杆进行仔细了解、观察后，可用角度尺分别在轴向、法向与齿廓紧密贴合，如图 4-19 所示。若角度尺在轴向与齿廓贴合紧密，无缝隙时，则为阿基米德蜗杆；若角度尺在法向与齿廓贴合紧密，无缝隙时，则为法向直廓蜗杆。在判别蜗杆类型的同时，可测出齿面与齿顶圆素线的夹角 θ，用下式计算出齿形角 α_x，即

$$\alpha_x = \theta - 90°$$

5）确定蜗杆模数 m。用测得的轴向齿距 p'_x、齿高 h'_1 计算模数 m。

$$m = \frac{p'_x}{\pi}$$

或

$$m = \frac{h'_1}{2h_a^* + c^*}$$

一般取 $h_a^* = 1$，$c^* = 0.2$。查表 4-41 或蜗杆模数表，取标准值。

6）确定蜗杆的分度圆直径 d_1。用测得的蜗杆齿顶圆直径 d'_{a1} 计算分度圆直径 d_1。

$$d_1 = d'_{a1} - 2h_a^* m$$

查表 4-41 或蜗杆分度圆直径表，取标准值。

7）确定蜗杆的导程角 γ。

$$\gamma = \arctan \frac{z_1 m}{d_1}$$

查表4-43，取标准值。

表4-43　蜗杆分度圆上的导程角 γ

z_1 \ q	14	13	12	11	10	9	8
1	4°05′08″	4°23′55″	4°45′49″	5°11′40″	5°42′38″	6°20′25″	7°07′30″
2	8°07′48″	8°44′46″	9°27′44″	10°18′17″	11°18′36″	12°31′44″	14°02′10″
3	12°05′41″	12°59′41″	14°02′10″	15°15′18″	16°41′57″	18°26′06″	20°33′22″
4	15°56′43″	17°06′10″	18°26′06″	19°58′59″	21°48′05″	23°57′45″	26°33′54″

注：z_1 为蜗杆头数。

8）判别蜗杆传动是否变位。在蜗杆传动中，变位不影响蜗杆的几何尺寸，而蜗轮的齿顶圆、齿根圆、齿厚会发生变化，中心距也会发生变化。

① 用中心距判别变位。用下式计算理论中心距 a，并与测得的中心距 a' 进行比较。

$$a = \frac{d_{a1} + mz_2}{2}$$

当 $a = a'$ 时，为标准蜗杆传动。

当 $a \neq a'$ 时，为变位蜗杆传动。

② 用蜗轮喉圆直径判别变位。用下式计算出标准蜗轮喉圆直径，并与测得的喉圆直径 d'_{a2} 比较。

$$d_{a2} = mz_2 + 2h_a^* m$$

当 $d_{a2} = d'_{a2}$ 时，为标准蜗杆传动。

当 $d_{a2} \neq d'_{a2}$ 时，为变位蜗杆传动。

9）确定变位系数 x。

$$x = \frac{a'}{m} - \frac{d_1 + d_2}{2m}$$

$$x = \frac{d'_{a2}}{2m} - \frac{z_2}{2} - h_a^*$$

10）计算和校核蜗杆、蜗轮的几何尺寸。

11）确定蜗杆、蜗轮的精度。

① 确定精度等级。国家标准 GB/T 10089—1988 对蜗杆、蜗轮和蜗杆传动副规定了12个精度等级。其中，第1级的精度最高，第12级的精度最低。

确定精度等级时，可根据蜗杆传动的工作条件，参照表4-44、表4-45来确定。

表 4-44 蜗杆副精度等级及应用范围

序号	精度等级范围	应用范围
1	1~5 级	测量蜗杆
2	1~3 级	分度蜗轮母机的分度转动
3	3~5 级	齿轮机床的分度转动
4	1~4 级	高精度分度装置
5	3~5 级	一般分度装置
6	5~8 级	机床进给、操纵机构
7	5~8 级	化工机械调速传动
8	5~7 级	冶金机械升降机构
9	6~9 级	起重运输机械、电梯的曳引装置
10	6~8 级	通用减速器
11	6~8 级	纺织机械传动装置
12	9~12 级	舞台升降装置
13	9~12 级	煤气发生炉调速装置
14	9~12 级	塑料蜗杆、蜗轮

表 4-45 按蜗轮周速 v_2 选择精度等级

项目		蜗轮周速 v_2/(m/s)			
		>7.5	<7.5~3	<3	<1.5 或手动
精度等级		6	7	8	9
齿工作表面粗糙度 $Ra/\mu m$	蜗杆	0.8	1.6	3.2	6.3
	蜗轮	1.6	1.6	3.2	6.3

② 确定检验项目及公差。按照公差特性对传动性能的主要保证作用，标准将蜗杆、蜗轮和蜗杆传动的公差（或极限偏差）分成三个公差组、其公差组、项目名称、符号及适用情况见表 4-46。

表 4-46 蜗杆、蜗轮及其传动的公差组和检验项目

公差组	检验项目			符号	检验项目名称
	分类	符号	适用情况		
Ⅰ	蜗轮	$\Delta F'_i$	5~12 级,代替 F'_{ic}	$\Delta F'_i$	蜗轮切向综合误差
		$\Delta F_p, \Delta F_{pk}$	适用 5~12 级	ΔF_p	蜗轮齿距累积误差
		ΔF_p	适用 5~12 级	ΔF_{pk}	蜗轮 k 个齿距累积误差
		ΔF_r	适用 9~12 级	ΔF_r	蜗轮齿圈径向圆跳动
		$\Delta F''_i$	适用 7~12 级,大批生产,$m<10$mm	$\Delta F''_i$	蜗杆径向综合误差
	传动	F'_{ic}		F'_{ic}	蜗杆副切向综合公差

（续）

公差组	检验项目			符号	检验项目名称
	分类	符号	适用情况		
Ⅱ	蜗杆	Δf_h，Δf_{hL}	用于单头蜗杆	Δf_h	蜗杆一转螺旋线误差
		Δf_{px}，Δf_{hL}	用于多头蜗杆	Δf_{hL}	蜗杆螺旋线误差
		Δf_{px}，Δf_{pxL}，Δf_r	适用5～8级	Δf_{px}	蜗杆轴向齿距偏差
		Δf_{px}，Δf_{pxL}	适用7～9级	Δf_{pxL}	蜗杆轴向齿距累积误差
		Δf_{px}	适用10～12级	Δf_r	蜗杆齿槽径向圆跳动
	蜗轮	$\Delta f'_i$	适用5～12级，代替$\Delta f'_{ic}$	$\Delta f'_i$	蜗轮一齿切向综合误差
		$\Delta f''_i$	适用7～12级	$\Delta f''_i$	蜗轮一齿径向综合误差
		Δf_{pt}	适用5～12级	Δf_{pt}	蜗轮齿距偏差
	传动	$\Delta f'_{ic}$		$\Delta f'_{ic}$	蜗杆副的一齿切向综合误差
Ⅲ	蜗杆	Δf_{f1}	有接触斑点要求时，可不检查	Δf_{f1}	蜗杆齿形误差
	蜗轮	Δf_{f2}	有接触斑点要求时，可不检查	Δf_{f2}	蜗轮齿形误差
	传动	Δf_a		Δf_a	蜗杆副的中心距偏差
		Δf_x		Δf_x	蜗杆副的中间平面偏移
		Δf_Σ		Δf_Σ	蜗杆副的轴交角偏差
		接触斑点			

GB/T 10089—1988 规定：根据使用要求不同，允许各公差组选用不同的精度等级组合，但在同一公差组中，各项公差与极限偏差应保持相同的精度等级。蜗杆和配对蜗轮一般取用相同的精度等级。

蜗杆的公差和极限偏差见表4-47、表4-48。

蜗轮的公差和极限偏差见GB/T 10089—1988。

表4-47　蜗杆的公差和极限偏差 f_h、f_{hL}、f_{px}、f_{pxL}、f_{f1} 值

（摘自GB/T 10089—1988）　　（单位：μm）

代号	模数 m /mm	精度等级											
		1	2	3	4	5	6	7	8	9	10	11	12
f_h	1～3.5	1.0	1.7	2.8	4.5	7.1	11	14	—	—	—	—	—
	>3.5～6.3	1.3	2.0	3.4	5.6	9	14	20	—	—	—	—	—
	>6.3～10	1.7	2.8	4.5	7.1	11	18	25	—	—	—	—	—
	>10～16	2.2	3.6	5.6	9	15	24	32	—	—	—	—	—
	>16～25	—	—	—	—	—	32	45	—	—	—	—	—

（续）

代号	模数 m /mm	精度等级											
		1	2	3	4	5	6	7	8	9	10	11	12
f_{hL}	1～3.5	2	3.4	5.6	9	14	22	32	—	—	—	—	—
	>3.5～6.3	2.6	4.2	7.1	11	17	28	40	—	—	—	—	—
	>6.3～10	3.4	5.6	9	14	22	36	50	—	—	—	—	—
	>10～16	4.5	7.1	11	18	32	45	63	—	—	—	—	—
	>16～25	—	—	—	—	—	63	90	—	—	—	—	—
f_{px}	1～3.5	0.7	1.2	1.9	3.0	4.8	7.5	11	14	20	28	40	56
	>3.5～6.3	1.0	1.4	2.4	3.6	6.3	9	14	20	25	36	53	75
	>6.3～10	1.2	2.0	3.0	4.8	7.5	12	17	25	32	48	67	90
	>10～16	1.6	2.5	4	6.3	10	16	22	32	46	63	85	120
	>16～25	—	—	—	—	—	22	32	45	63	85	120	160
f_{pxL}	1～3.5	1.3	2.0	3.4	5.3	8.5	13	18	25	36	—	—	—
	>3.5～6.3	1.7	2.6	4	6.7	10	16	24	34	48	—	—	—
	>6.3～10	2.0	3.4	5.3	8.5	13	21	32	45	63	—	—	—
	>10～16	2.8	4.4	7.1	11	17	28	40	56	80	—	—	—
	>16～25	—	—	—	—	—	40	53	75	100	—	—	—
f_{f1}	1～3.5	1.1	1.8	2.8	4.5	7.1	11	16	22	32	45	60	85
	>3.5～6.3	1.6	2.4	3.6	5.6	9	14	22	32	45	60	80	120
	>6.3～10	2.0	3.0	4.8	7.5	12	19	28	40	53	75	110	150
	>10～16	2.6	4.0	6.7	11	16	25	36	53	75	100	140	200
	>16～25	—	—	—	—	—	36	53	75	100	140	190	270

注：f_{px}应为正、负值(±)。

表 4-48 蜗杆齿槽径向圆跳动公差 f_r 值（摘自 GB/T 10089—1988）

（单位：μm）

分度圆直径 d_1/mm	模数 m /mm	精度等级											
		1	2	3	4	5	6	7	8	9	10	11	12
≤10	1～3.5	1.1	1.8	2.8	4.5	7.1	11	14	20	28	40	56	75
>10～18	1～3.5	1.1	1.8	2.8	4.5	7.1	12	15	21	29	41	58	80

（续）

分度圆直径 d_1/mm	模数 m /mm	精度等级											
		1	2	3	4	5	6	7	8	9	10	11	12
>18～31.5	1～6.3	1.2	2.0	3.0	4.8	7.5	12	16	22	30	42	60	85
>31.5～50	1～10	1.2	2.0	3.2	5.0	8.0	13	17	23	32	45	63	90
>50～80	1～16	1.4	2.2	3.6	5.6	9.0	14	18	25	36	48	71	100
>80～125	1～16	1.6	2.5	4.0	6.3	10	16	20	28	40	56	80	110
>125～180	1～25	1.8	3.0	4.5	7.5	12	18	25	32	45	63	90	125
>180～250	1～25	2.2	3.4	5.3	8.5	14	22	28	40	53	75	105	150
>250～315	1～25	2.6	4.0	6.3	10	16	25	32	45	63	90	120	170
>315～400	1～25	2.8	4.5	7.5	11.5	18	28	36	53	71	100	140	200

③ 确定蜗杆传动侧隙种类及齿厚极限。GB/T 10088—1988 标准按蜗杆传动的最小法向侧隙大小，将侧隙种类分为八种，如图 4-21 所示。最小法向侧隙值以 a 为最大，其他依次减小，h 为零。

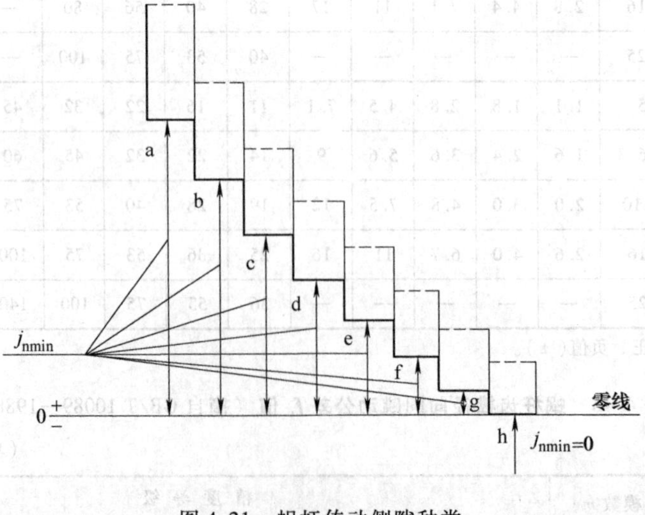

图 4-21　蜗杆传动侧隙种类

蜗杆传动的侧隙要求，应根据工作条件和使用要求用侧隙种类代号（字母）表示。各种侧隙的最小法向侧隙 j_{nmin} 值按表 4-49 规定。

表 4-49　蜗杆传动的最小法向侧隙 j_{nmin} 值（摘自 GB/T 10089—1988）

（单位：μm）

传动中心距 a /mm	侧隙种类							
	h	g	f	e	d	c	b	a
≤30	0	9	13	21	33	52	84	130
>30～50	0	11	16	25	39	62	100	160
>50～80	0	13	19	30	46	74	120	190
>80～120	0	15	22	35	54	87	140	220
>120～180	0	18	25	40	63	100	160	250
>180～250	0	20	29	46	72	115	185	290
>250～315	0	23	32	52	81	130	210	320
>315～400	0	25	36	57	89	140	230	360
>400～500	0	27	40	63	97	155	250	400
>500～630	0	30	44	70	110	175	280	440
>630～800	0	35	50	80	125	200	320	500
>800～1000	0	40	56	90	140	230	360	560

选择侧隙种类时，应首先考虑蜗杆传动的工作温度、润滑方式、蜗轮周速、蜗杆传动的起动次数、精度等级及转向变化的频率大小。推荐按表 4-50 选用。

表 4-50　侧隙选用表

侧隙种类	a、b	c	d	e、f、g、h
第Ⅰ公差组精度等级	5～12	3～9	3～8	1～6

蜗杆传动的最小法向侧隙由蜗杆齿厚的减薄量来保证，即取蜗杆齿厚上偏差 $E_{ss1} = -(j_{nmin}/\cos\alpha_n + E_{s\Delta})$，齿厚下偏差 $E_{si1} = E_{ss1} - T_{s1}$，$E_{s\Delta}$ 为制造误差的补偿部分。最大法向侧隙由蜗杆、蜗轮齿厚公差 T_{s1}、T_{s2} 确定。蜗轮齿厚上偏差 $E_{ss2} = 0$，下偏差 $E_{si2} = -T_{s2}$。各精度等级的 $E_{s\Delta}$、T_{s1} 见表 4-51 和表 4-52。

④ 蜗杆传动在图样中的标注。在蜗杆、蜗轮的零件图样中，应分别标注其精度等级、齿厚极限偏差或相应的侧隙种类代号和标准代号，标注示例如下：

表 4-51　蜗杆齿厚上偏差（E_{ss1}）中的误差补偿部分 $E_{s\Delta}$ 值（摘自 GB/T 10089—1988）　　（单位：μm）

精度等级	模数 m/mm	传动中心距 a/mm															
		≤30	>30~50	>50~80	>80~120	>120~180	>180~250	>250~315	>315~400	>400~500	>500~630	>630~800	>800~1000	>1000~1250	>1250~1600	>1600~2000	>2000~2500
4	1~3.5	15	16	18	20	22	25	28	30	32	36	40	46	53	63	75	90
	>3.5~6.3	16	18	19	22	24	26	30	32	36	38	42	48	56	63	75	90
	>6.3~10	19	20	22	24	25	28	30	32	36	38	45	50	56	65	80	90
	>10~16	—	—	—	28	30	32	32	36	38	40	45	50	56	65	80	90
5	1~3.5	25	25	28	32	36	40	45	48	51	56	63	71	85	100	115	140
	>3.5~6.3	28	28	30	36	38	40	45	50	53	58	65	75	85	100	120	140
	6.3~10	—	—	—	38	40	45	48	50	56	60	68	75	85	100	120	145
	>10~16	—	—	—	—	45	48	50	56	60	65	71	80	90	105	120	145
6	1~3.5	30	30	32	36	40	45	48	50	56	60	65	75	85	100	120	140
	>3.5~6.3	32	36	38	40	45	48	50	56	60	63	70	75	90	100	120	140
	>6.3~10	42	45	45	48	50	52	56	60	63	68	75	80	90	105	120	145
	>10~16	—	—	—	58	60	63	65	68	71	75	80	85	95	110	125	150
	>16~25	—	—	—	—	75	78	80	85	85	90	95	100	110	120	135	160
7	1~3.5	45	48	50	56	60	71	75	80	85	95	105	120	135	160	190	225
	>3.5~6.3	50	56	58	63	68	75	80	85	90	100	110	125	140	160	190	225
	>6.3~10	60	63	65	71	75	80	85	90	95	105	115	130	140	165	195	225

（续）

精度等级	模数 m/mm	传动中心距 a/mm															
		≤30	>30~50	>50~80	>80~120	>120~180	>180~250	>250~315	>315~400	>400~500	>500~630	>630~800	>800~1000	>1000~1250	>1250~1600	>1600~2000	>2000~2500
7	>10~16	—	—	—	80	85	90	95	100	105	110	125	135	150	170	200	230
	>16~25	—	—	—	—	115	120	120	125	130	135	145	155	165	185	210	240
8	1~3.5	50	56	58	63	68	75	80	85	90	100	110	125	140	160	190	225
	>3.5~6.3	68	71	75	78	80	85	90	95	100	110	120	130	145	170	195	230
	>6.3~10	80	85	90	90	95	100	100	105	110	120	130	140	150	175	200	235
	>10~16	—	—	—	110	115	115	120	125	130	135	140	155	165	185	210	240
	>16~25	—	—	—	—	150	155	155	160	160	170	175	180	190	210	230	260
9	1~3.5	75	80	90	95	100	110	120	130	140	155	170	190	220	260	310	360
	>3.5~6.3	90	95	100	105	110	120	130	140	150	160	180	200	225	260	310	360
	>6.3~10	110	115	120	125	130	140	145	155	160	170	190	210	235	270	320	370
	>10~16	—	—	—	160	165	170	180	185	190	200	220	230	255	290	335	380
	>16~25	—	—	—	—	215	220	225	230	235	245	255	270	290	320	360	400
10	1~3.5	100	105	110	115	120	130	140	145	155	165	185	200	230	270	310	360
	>3.5~6.3	120	125	130	135	140	145	155	160	170	180	200	210	240	280	320	370
	>6.3~10	155	160	165	170	175	180	185	190	200	205	220	240	260	290	340	380
	>10~16	—	—	—	210	215	220	225	230	235	240	260	270	290	320	360	400
	>16~25	—	—	—	—	280	285	290	295	300	305	310	320	340	370	400	440

表 4-52　蜗杆齿厚公差 T_{s1} 值（摘自 GB/T 10089—1988）（单位：μm）

模数 m/mm	精度等级											
	1	2	3	4	5	6	7	8	9	10	11	12
1～3.5	12	15	20	25	30	36	45	53	67	95	130	190
>3.5～6.3	15	20	25	32	38	45	56	71	90	130	180	240
>6.3～10	20	25	30	40	48	60	71	90	110	160	220	310
>10～16	25	30	40	50	60	80	95	120	150	210	290	400
>16～25	—	—	—	—	85	110	130	160	200	280	400	550

注：1. 精度等级按蜗杆第Ⅱ公差组确定。

2. 对传动最大法向侧隙 j_{nmax} 无要求时，允许蜗杆齿厚公差 T_{s1} 增大，最大不超过两倍。

蜗杆的第Ⅱ、Ⅲ公差组的精度等级为5级，齿厚极限偏差为标准值，相配的侧隙种类为f，标注为：

蜗杆　5　f　GB/T 10089—1988

标准代号

侧隙种类代号

第Ⅱ、Ⅲ公差组的精度等级

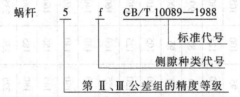

蜗轮的第Ⅰ公差组的精度为5级，第Ⅱ、Ⅲ公差组的精度等级为6级，齿厚极限偏差为标准值，相配的侧隙种类为f，标注为：

5 — 6 — 6　f　GB/T 10089—1988

标准代号

侧隙种类代号

第Ⅲ公差组的精度等级

第Ⅱ公差组的精度等级

第Ⅰ公差组的精度等级

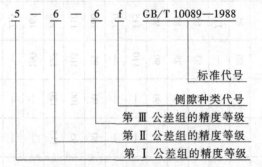

12）确定蜗杆、蜗轮的尺寸公差及几何公差。蜗杆、蜗轮的尺寸公差及几何公差是指在加工蜗杆、蜗轮之前，对加工、检验、安装蜗杆、蜗轮时用作径向、轴向基准面的那些孔、轴、端面的尺寸公差及几何公差。这些表面的尺寸公差和几何公差均应标注在蜗杆、蜗轮的零件图样上，且在加工蜗杆、蜗轮前已加工到零件图样上的要求，在标准中称为齿坯公差。蜗杆、蜗轮的齿坯公差按表4-53和表4-54确定。

表 4-53　蜗杆、蜗轮齿坯尺寸和形状公差（摘自 GB/T 10089—1988）

精度等级		1	2	3	4	5	6	7	8	9	10	11	12
孔	尺寸公差	IT4	IT4	IT4		IT5	IT6	IT7		IT8		IT8	
	形状公差	IT1	IT2	IT3		IT4	IT5	IT6		IT7		—	
轴	尺寸公差	IT4	IT4	IT4		IT5		IT6		IT7		IT8	
	形状公差	IT1	IT2	IT3		IT4		IT5		IT6		—	
齿顶圆直径公差		IT6		IT7			IT8			IT9		IT11	

注：1. 当三个公差组的精度等级不同时，按最高精度等级确定公差。

2. 当齿顶圆不作测量齿厚基准时，尺寸公差按 IT11 确定，但不得大于 0.1mm。

3. IT 为标准公差，按现行标准的规定确定。

表 4-54　蜗杆、蜗轮齿坯基准面径向和轴向圆跳动公差（摘自 GB/T 10089—1988）

（单位：μm）

基准面直径 d /mm	精度等级					
	1～2	3～4	5～6	7～8	9～10	11～12
≤31.5	1.2	2.8	4	7	10	10
>31.5～63	1.6	4	6	10	16	16
>63～125	2.2	5.5	8.5	14	22	22
>125～400	2.8	7	11	18	28	28
>400～800	3.6	9	14	22	36	36
>800～1600	5.0	12	20	32	50	50
>1600～2500	7.0	18	28	45	71	71
>2500～4000	10	25	40	63	100	100

注：1. 当三个公差组的精度等级不同时，按最高精度等级确定公差。

2. 当以齿顶圆作为测量基准时，也即为蜗杆、蜗轮的齿坯基准面。

13）确定蜗杆、蜗轮的表面粗糙度值。蜗杆、蜗轮的表面粗糙度值与材料、加工工艺、蜗轮的周速、蜗杆传动精度等级及其他使用要求有关。确定时可根据实物测量结果并参照表 4-45 确定。

14）确定蜗杆、蜗轮的材料及热处理。蜗轮常用有色金属和铸铁制造，如铸造锡青铜 ZCuSn10Pb1、ZCuSn5Pb5Zn5，铸造铝青铜 ZCuAl9Fe3、ZCuAl10Fe3Mn2，铸造锰黄铜 ZCuZn38MnZPb2，铸铁 HT150、HT200 等。

蜗杆常用材料及热处理见表 4-55。

表 4-55　蜗杆常用材料及热处理

材料型号	热处理方法	齿面硬度	齿面粗糙度 Ra/μm
45、35SiMn、40Cr、40CrNi、35CrMo、42CrMo	调质	≤350HBW	1.6～3.2
45、40Cr、40CrNi、35CrMo	表面淬火	45～55HRC	≤0.8
20Cr、20CrV、20CrMnTi、12CrNi3A、20CrMnMo	渗碳淬火	58～63HRC	≤0.8
38CrMoAl、42CrMo、50CrVA	氮化	63～69HRC	≤0.8

15）绘制蜗杆、蜗轮零件图样。

【例4-7】 测得一配对国产蜗杆、蜗轮的几何尺寸和参数为：$z_1=1$、$d'_{a1}=33\text{mm}$、$p_x'=7.8\text{mm}$、$h'_1=5.5\text{mm}$、$z_2=39$、$d'_{a2}=103\text{mm}$，且判定为阿基米德蜗杆传动，$\alpha=20°$。试确定蜗杆、蜗轮的参数和技术要求，并绘制零件图样。

解 1）确定蜗杆模数 m。用测得的蜗杆轴向齿距 p_x' 计算模数 m，即

$$m=\frac{p_x'}{\pi}=\frac{7.8\text{mm}}{\pi}=2.48\text{mm}$$

用测得的蜗杆齿高 h_1' 计算模数 m，即

$$m=\frac{h_1'}{2h_a^*+c^*}=\frac{5.5\text{mm}}{2\times1+0.2}=2.5\text{mm}$$

查表4-41或蜗杆传动模数表，取 $m=2.5\text{mm}$。

2）确定蜗杆分度圆直径 d_1。

$$d_1=d'_{a1}-2h_a^*m=33\text{mm}-2\times1\times2.5\text{mm}=28\text{mm}$$

查表4-41或蜗杆分度圆直径表，取 $d_1=28\text{mm}$。

3）确定蜗杆导程角 γ。

$$\gamma=\arctan\frac{z_1m}{d_1}=\arctan\frac{1\times2.5}{28}=5.10217°\ (5°06'08'')$$

查蜗杆基本尺寸和参数表，取 $\gamma=5°06'08''$。

4）判别蜗杆传动是否变位。计算蜗轮标准喉圆直径 d_{a2}，并与实测值 d'_{a2} 进行比较：

$$d_{a2}=(z_2+2h_a^*)m=(39+2\times1)\times2.5\text{mm}=102.5\text{mm}$$

因为 $d'_{a2}\neq d_{a2}$，所以该蜗杆传动为变位蜗杆传动。

5）确定变位系数 x。

$$x=\frac{d'_{a2}}{2m}-\frac{z_2}{2}-h_a^*=\frac{103}{2\times2.5}-\frac{39}{2}-1=0.1$$

6）计算和校核蜗杆、蜗轮的几何尺寸。

$$d_1=\frac{mz_1}{\tan\gamma}=\frac{2.5\text{mm}\times1}{\tan5°06'08''}=28\text{mm}$$

$$d_{a1}=d_1+2h_a^*m=28\text{mm}+2\times1\times2.5\text{mm}=33\text{mm}$$

$$d_2=mz_2=2.5\text{mm}\times39=97.5\text{mm}$$

$$d_{a2}=(z_2+2h_a^*+2x)m=(39+2\times1+2\times0.1)\times2.5\text{mm}$$
$$=103\text{mm}$$

$$a=\frac{d_1+d_2+2xm}{2}=\frac{28\text{mm}+97.5\text{mm}+2\times0.1\times2.5\text{mm}}{2}$$
$$=63\text{mm}$$

计算结果与测得数值和标准数值相符，所以确定的几何尺寸和参数正确。

7）确定蜗杆传动的精度。

① 确定精度等级。根据蜗杆传动工作条件，参照表 4-44、表4-45，将蜗杆传动精度等级定为 7 级，即蜗杆、蜗轮的三个公差组的精度等级均为 7 级。

② 确定检验项目及公差。参照表 4-46 选用如下：

蜗杆：第Ⅱ公差组检验一转螺旋线公差 f_h、螺旋线公差 f_{hL}，轴向齿距累积公差 f_{pxL}、齿槽径向圆跳动公差 f_r；第Ⅲ公差组检验蜗杆齿形公差 f_{f1}。各项目的公差（或极限偏差）选用如下：

查表 4-47 取：$f_h=14\mu m$，$f_{hL}=32\mu m$，$f_{pxL}=18\mu m$，$f_{f1}=16\mu m$。

查表 4-48 取：$f_r=16\mu m$。

蜗轮：第Ⅰ公差组检验切向综合公差 F'_i、齿距累积公差 F_p、齿圈径向圆跳动公差 F_r；第Ⅱ公差组检验一齿切向综合公差 f'_i、齿距极限偏差 f_{pt}；第Ⅲ公差组检验齿形公差 f_{f2}。各项目的公差（或极限偏差）选用查阅标准或有关资料。

③ 确定蜗杆传动侧隙种类及齿厚极限。根据该蜗杆传动的工作条件，参照表 4-50，确定侧隙种类为 c，齿厚极限选定如下：

蜗杆齿厚上偏差 $E_{ss1}=-(j_{nmin}/\cos\alpha_n+E_{s\Delta})$。

查表 4-49 得：$j_{nmin}=74\mu m$，查表 4-51 得：$E_{s\Delta}=50\mu m$，即

$$E_{ss1}=-(j_{nmin}/\cos\alpha_n+E_{s\Delta})=-(74\mu m/\cos20°+50\mu m)=-129\mu m$$

蜗杆齿厚下偏差 $E_{si1}=E_{ss1}-T_{s1}$。

查表 4-52 得：$T_{s1}=45\mu m$，即

$$E_{si1}=E_{ss1}-T_{s1}=-129\mu m-45\mu m=-174\mu m$$

蜗轮齿厚上偏差 $E_{ss2}=0$。

蜗轮齿厚下偏差 $E_{si2}=-T_{s2}$。

查蜗轮齿厚公差表（见蜗杆、蜗轮精度标准或有关资料）得 $T_{s2}=90\mu m$，即

$$E_{si2}=-90\mu m$$

④ 蜗杆、蜗轮图样标注：

蜗杆：7c GB/T 10089—1988。

蜗轮：7c GB/T 10089—1988。

8）确定蜗杆、蜗轮的尺寸公差及几何公差。参照表 4-53 和表 4-54 确定如下：

蜗杆齿顶圆直径公差定为 IT6，径向圆跳动定为 10μm，定位轴的公差定为 IT6。

蜗轮喉圆直径公差定为 IT6，径向圆跳动定为 14μm，孔径公差定为 IT7，轴向圆跳动定为 14μm。

9）确定蜗杆、蜗轮工作面的表面粗糙度。根据测量结果，参照表 4-45 和表 4-55，取蜗杆工作面表面粗糙度值 $Ra1.6\mu m$，取蜗轮工作面表面粗糙度值 $Ra1.6\mu m$。

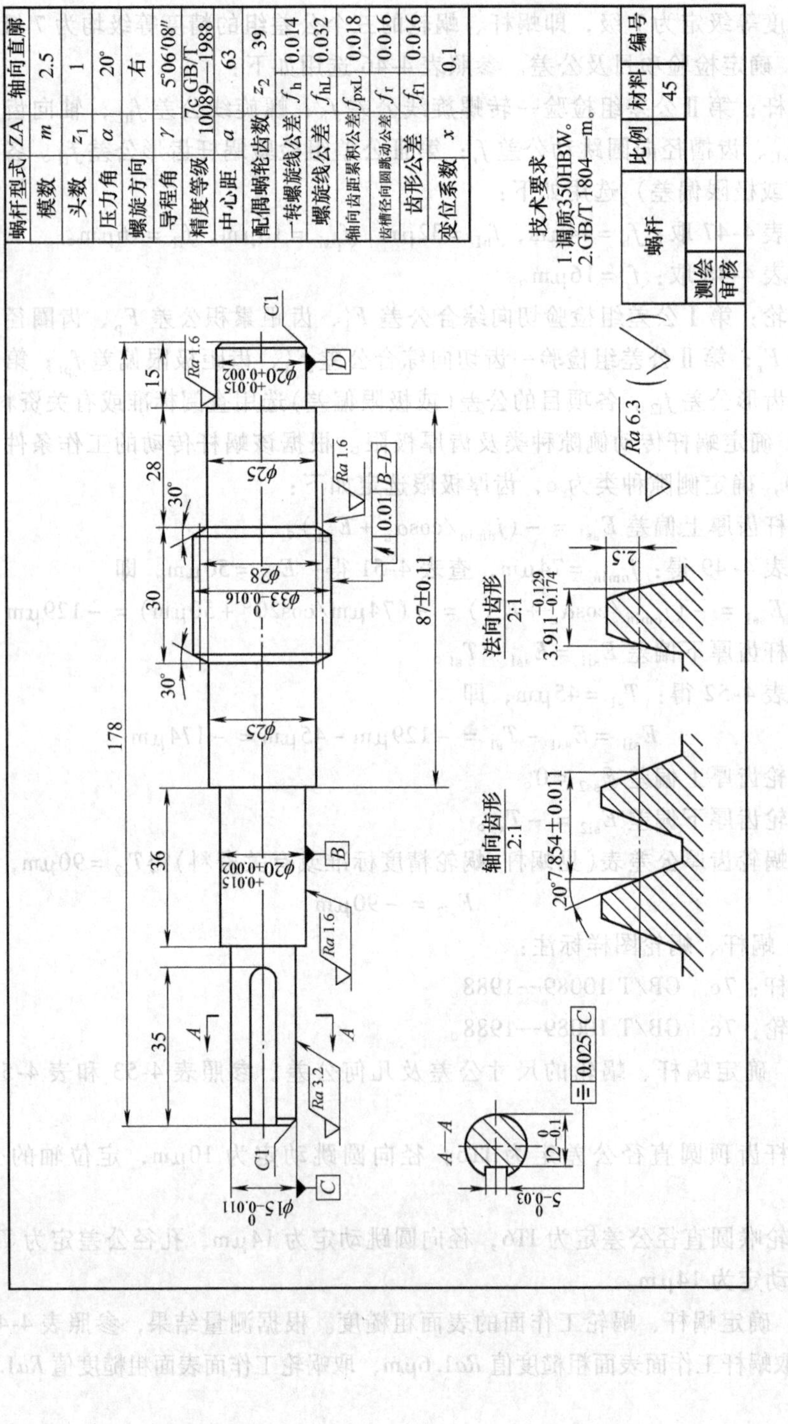

蜗杆型式 ZA 轴向直廓
模数 m 2.5
头数 z1 1
压力角 α 20°
螺旋方向 右
导程角 γ 5°06′08″
精度等级 7c GB/T 10089—1988
中心距 a 63
配偶蜗轮齿数 z2 39
一转螺旋线公差 fh 0.014
螺旋线公差 fhL 0.032
轴向齿距累积公差 fpxL 0.018
齿槽径向圆跳动公差 fr 0.016
齿形公差 ff1 0.016
变位系数 x 0.1
技术要求
1.调质350HBW。
2.GB/T 1804—m。
蜗杆
比例 材料 编号
45
测绘
审核
Ra 6.3
法向齿形
2:1
3.911−0.129−0.174
轴向齿形
2:1
20°
7.854±0.011
A—A
12−0.1 0
5−0.03 0
178
87±0.11
φ20+0.015+0.002
φ25
φ33−0.016 0
φ28
φ15−0.011 0
0.01 B−D
0.025 C
Ra 1.6
Ra 3.2
C1

图 4-22 蜗杆零件图样

10）确定蜗杆、蜗轮的材料及热处理。根据材料鉴定结果，参照表4-55及有关资料，蜗杆选用45钢，调质热处理，齿面硬度达350HBW。蜗轮选用HT150牌号铸铁，进行调质或正火热处理。

11）绘制蜗杆、蜗轮零件图样，如图4-22所示。

复习思考题

1. 怎样测量不完整圆柱齿轮的直径和齿数？
2. 测量齿轮公法线长度时，应注意哪些事项？
3. 测量直齿圆柱齿轮公法线长度时，怎样确定跨测齿数？
4. 怎样确定圆柱齿轮的模数或径节？
5. 确定圆柱齿轮的齿形角时，常用哪些方法？
6. 怎样识别变位圆柱齿轮？怎样确定变位系数？
7. 怎样确定圆柱齿轮的精度等级及偏差检验项目？
8. 怎样确定圆柱齿轮的尺寸公差和几何公差？
9. 用滚印法测量斜齿圆柱齿轮的螺旋角时，应怎样操作？在滚印图上测出的螺旋角是否为标准螺旋角β？应怎样处理？
10. 测量斜齿圆柱齿轮的公法线长度时，应怎样确定跨测齿数？测量时受何限制？
11. 怎样识别变位斜齿圆柱齿轮？
12. 怎样测量锥齿轮的分锥角δ和齿形角α_n？
13. 怎样识别变位锥齿轮？怎样确定变位系数？
14. 怎样确定锥齿轮的精度等级及偏差检验项目？
15. 锥齿轮的精度标注与圆柱齿轮有何不同？
16. 试述普通圆柱蜗杆、蜗轮的测绘步骤。
17. 试述判别普通圆柱蜗杆类型的方法。
18. 怎样测量蜗杆的齿形角？
19. 怎样确定蜗杆的导程角？
20. 怎样判别蜗杆传动是否变位？
21. 在变位蜗杆传动副中，哪些参数会发生变化？如何确定变位系数？
22. 怎样确定蜗杆蜗轮的精度等级及检验项目？
23. 蜗杆传动侧隙种类有哪几种？用什么方法来保证？
24. 怎样确定蜗杆齿厚的上、下偏差？蜗轮齿厚的上、下偏差是怎样规定的？

第五章

箱体类零件的测绘

培训学习目标 能正确分析箱体类零件的功能和结构，掌握测绘箱体类零件的技能。

第一节 箱体类零件测绘基础

一、箱体类零件的功能和结构特点

1. 箱体类零件的功能

箱体类零件是容纳、支承各种传动件、操纵件、控制件等有关零件，并使各零件之间保持正确的相对位置和运动轨迹的容器；是设置油路通道、容纳油液的容器；是保护机器零件的壳体；是机器或部件的基础件。

2. 箱体类零件的结构

箱体类零件种类较多，典型的箱体件有减速箱、液压阀体、机床的主轴箱、变速箱等。箱体类零件一般以铸造件为主（少数采用锻件或焊接件），其结构特点是：体积较大，形状较复杂，内部呈空腔形，壁厚较薄且不均匀；体壁上常设有轴孔、凸台、凹坑、凸缘、肋板、铸造圆角、斜面、沟槽、油孔、窗口等各种结构。

（1）凸台和凹坑 凸台和凹坑是箱体与其他零件相接触的表面，一般都要进行加工。为了减少加工表面、降低成本，并提高接触面的稳定性，常设计成图 5-1 所示的结构形式。

（2）凸缘 凸缘是箱体类零件上，轴孔、窗口、油标、安装操纵装置等需要加工的箱壁处加厚的凸出部分，以满足装配、加工尺寸和增加刚度的要求。常见的结构形式如图 5-2 所示。

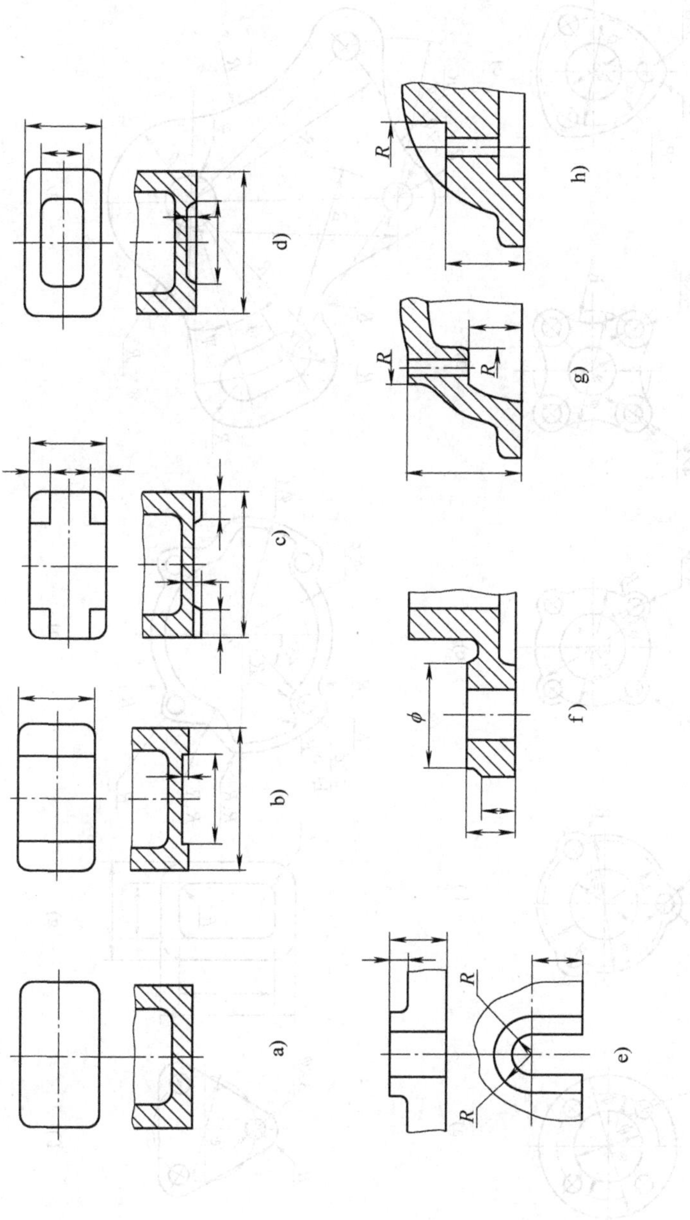

图 5-1 凸台、凹坑结构形式

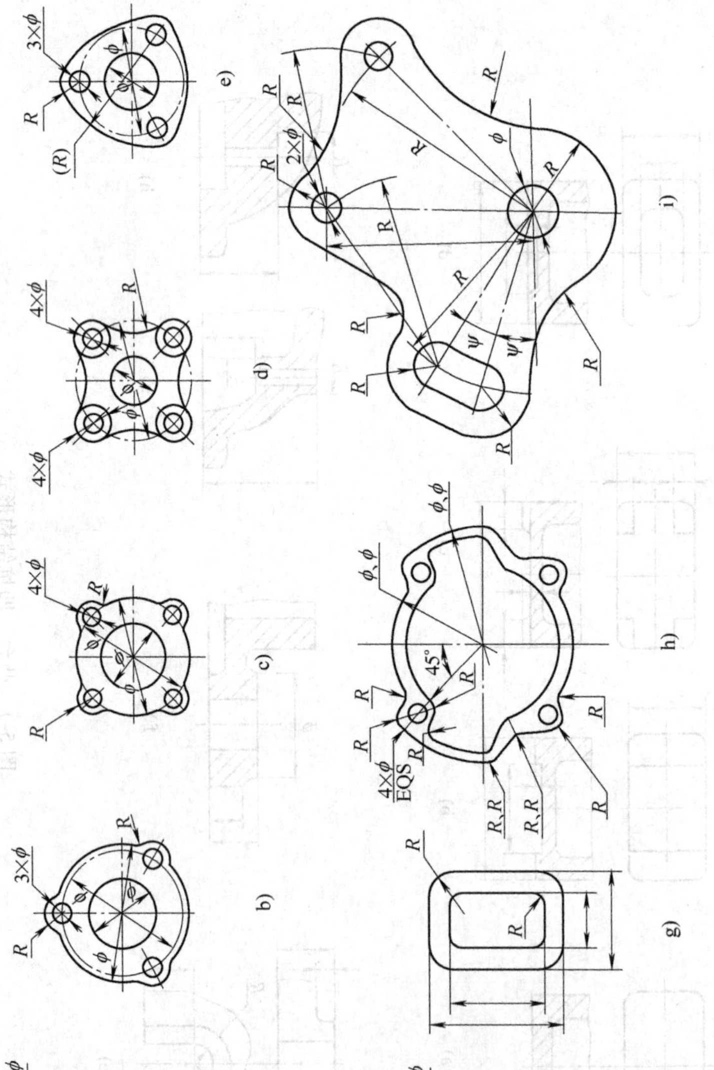

图 5-2　凸缘的结构形式

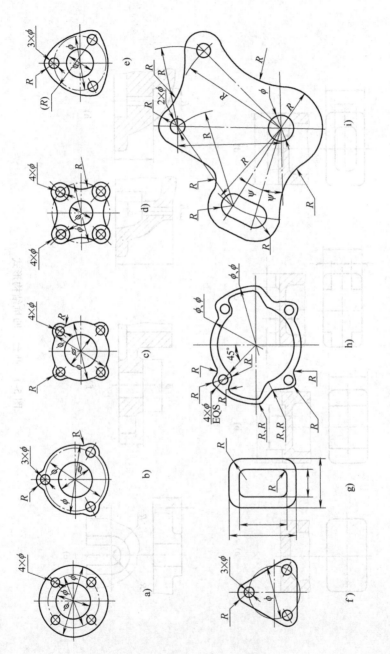

（3）铸造圆角　铸件上相邻两表面相交处应以圆角过渡，这样可以防止产生浇注裂纹。铸造圆角半径的大小应与相邻两壁夹角的大小和壁厚相适应。可参照表 5-1 和表 5-2。

（4）起模斜度　在造型时，为了便于把模型从砂型中取出，要在铸件沿起模方向上设计一定的斜度。起模斜度的大小取决于垂直壁的高度，角度一般有 30′、1°、3°、5°、30′、11°30′等。通常垂直壁越高，斜度越小，具体数值可参见表 5-3、表 5-4。

（5）铸件的外壁、内壁与肋的厚度　铸件的壁厚要合理，以保证铸件的力学性能和铸造工艺性。一般情况下，肋的厚度应比内壁的厚度小，内壁的厚度应比外壁的厚度小。各种类型铸造件的壁厚见表 5-5。

铸件的壁厚应尽可能均匀。厚、薄壁之间的连接应逐步过渡，常见的过渡形式见表 5-6。

二、箱体类零件的视图表达及尺寸标注

箱体类零件的视图表达及尺寸标注必须严格遵循“机械制图”的国家标准。

1. 箱体类零件的视图表达

1）箱体类零件的形状比较复杂，一般需要三个以上的基本视图来表达。

2）箱体类零件一般按工作位置放置，并以最能反映各部分形状和相对位置的一面作为主视图。

3）为了将内、外部的结构形状表达清楚，基本视图常采用各种剖视图。

4）采用单独的局部视图、局部剖视图、斜视图、断面图及局部放大图等进行补充表达。

表 5-1　铸造外圆角半径　　（单位：mm）

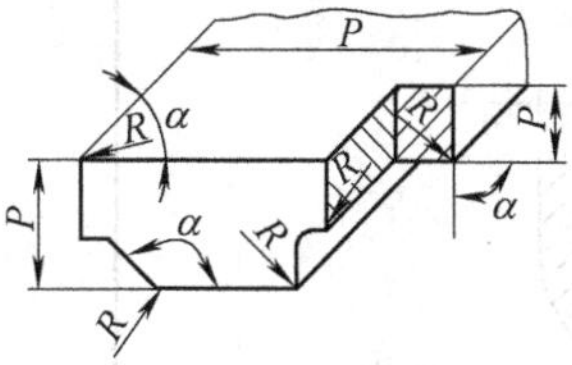

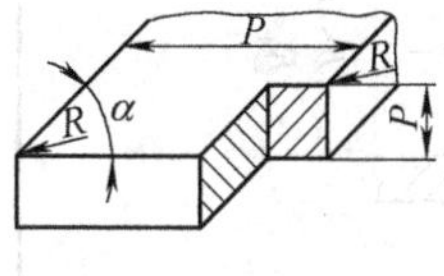

表面的最小边尺寸 P	外圆角半径 R 值 外圆角 α					
	≤50°	51°～75°	76°～105°	106°～135°	136°～165°	>165°
≤25	2	2	2	4	6	8
>25～60	2	4	4	6	10	16
>60～160	4	4	6	8	16	25
>160～250	4	6	8	12	20	30
>250～400	6	8	10	16	25	40
>400～600	6	8	12	20	30	50
>600～1000	8	12	16	25	40	60
>1000～1600	10	16	20	30	50	80
>1600～2500	12	20	25	40	60	100
>2500	16	25	30	50	80	120

注：如果铸件不同部位按上表可选出不同的圆角 R 数值时，应尽量减少或只取一适当的 R 数值，以求统一。

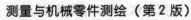

表 5-2　铸造内圆角半径　　（单位：mm）

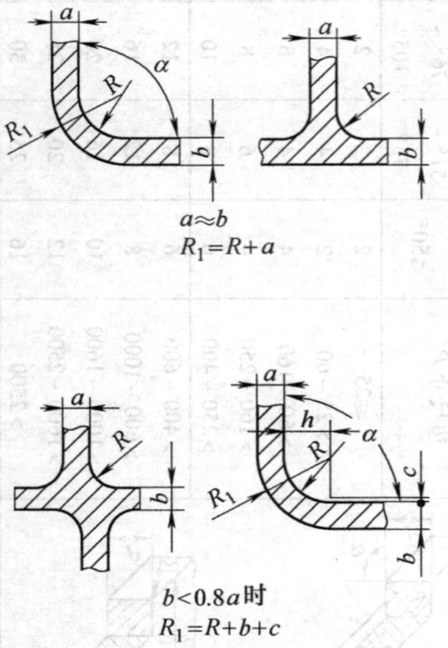

$\frac{a+b}{2}$	内圆角半径 R 值											
	内圆角 α											
	<50°		51°～75°		76°～105°		106°～135°		136°～165°		>165°	
	钢	铁	钢	铁	钢	铁	钢	铁	钢	铁	钢	铁
≤8	4	4	4	4	6	4	8	6	16	10	20	16
9～12	4	4	4	4	6	6	10	8	16	12	25	20
13～16	4	4	6	4	8	6	12	10	20	16	30	25
17～20	6	4	8	6	10	8	16	12	25	20	40	30
21～27	6	6	10	8	12	10	20	16	30	25	50	40
28～35	8	6	12	10	16	12	25	20	40	30	60	50
36～45	10	8	16	12	20	16	30	25	50	40	80	60
46～60	12	10	20	16	25	20	35	30	60	50	100	80
61～80	16	12	25	20	30	25	40	35	80	60	120	100
81～110	20	16	25	20	35	30	50	40	100	80	160	120
111～150	20	16	30	25	40	35	60	50	100	80	160	120
151～200	25	20	40	30	50	40	80	60	120	100	200	160
201～250	30	25	50	40	60	50	100	80	160	120	250	200
251～300	40	30	60	50	80	60	120	100	200	160	300	250
≥300	50	40	80	60	100	80	160	120	250	200	400	300

c 和 h 值					
b/a		<0.4	0.5～0.65	0.66～0.8	>0.8
c≈		0.7(a−b)	0.8(a−b)	a−b	—
h≈	钢	8c			
	铁	9c			

表 5-3 起模斜度

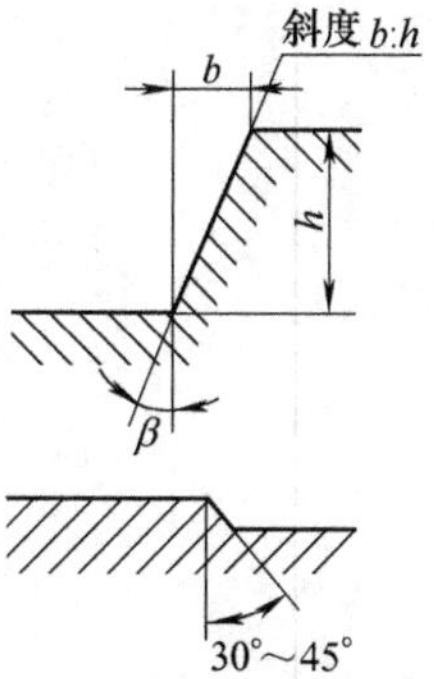

不同壁厚的铸件在转折点处的斜角最大可增大到 30°～45°

斜度 $b:h$	角度 β	使用范围
1:5	11°30′	$h<25$mm 的钢和铁铸件
1:10 1:20	5°30′ 3°	$h=25\sim500$mm 时的钢和铁铸件
1:50	1°	$h>500$mm 时的钢和铁铸件
1:100	30′	非铁金属铸件

表 5-4 铸造过渡斜度 （单位：mm）

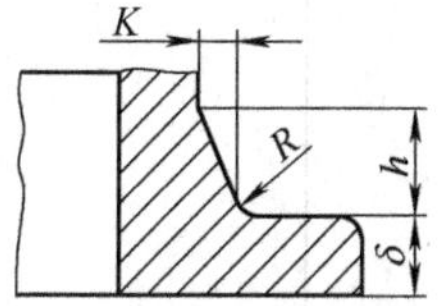

适用于减速器箱体、连接管、气缸及其他连接法兰的过渡处

铸铁和铸钢件的壁厚 δ	K	h	R
10～15	3	15	5
>15～20	4	20	
>20～25	5	25	
>25～30	6	30	8
>30～35	7	35	
>35～40	8	40	10
>40～45	9	45	
>45～50	10	50	
>50～55	11	55	
>55～60	12	60	15
>60～65	13	65	
>65～70	14	70	
>70～75	15	75	

表 5-5 外壁、内壁与肋的厚度

零件质量 /kg	零件最大外形尺寸	外壁厚度	内壁厚度	肋的厚度	零件举例
	mm				
～5	300	7	6	5	盖、拨叉、杠杆、端盖、轴套
6～10	500	8	7	5	盖、门、轴套、挡板、支架、箱体
11～60	750	10	8	6	盖、箱体、罩、电动机支架、溜板箱体、支架、托架、门
61～100	1250	12	10	8	盖、箱体、镗模架、液压缸体、支架、溜板箱体
101～500	1700	14	12	8	油盘、盖、床鞍箱体、带轮、镗模架
501～800	2500	16	14	10	镗模架、箱体、床身、轮缘、盖、滑座
801～1200	3000	18	16	12	小立柱、箱体、滑座、床身、床鞍、油盘

表 5-6　壁厚的过渡形式及尺寸　　　　（单位：mm）

<table>
<tr><th>图　例</th><th colspan="13">过 渡 尺 寸</th></tr>
<tr><td rowspan="3">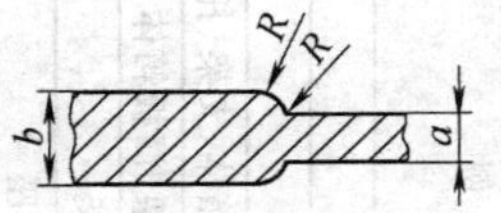</td><td rowspan="3">$b \leqslant 2a$</td><td>铸铁</td><td colspan="11">$R \geqslant \left(\frac{1}{3} \sim \frac{1}{2}\right)\left(\frac{a+b}{2}\right)$</td></tr>
<tr><td rowspan="2">铸钢
可锻铸铁
非铁合金</td><td>$\frac{a+b}{2}$</td><td><12</td><td>12～16</td><td>16～20</td><td>20～27</td><td>27～35</td><td>35～45</td><td>45～60</td><td>60～80</td><td>80～110</td><td>110～150</td></tr>
<tr><td>R</td><td>6</td><td>8</td><td>10</td><td>12</td><td>15</td><td>20</td><td>25</td><td>30</td><td>35</td><td>40</td></tr>
<tr><td rowspan="2">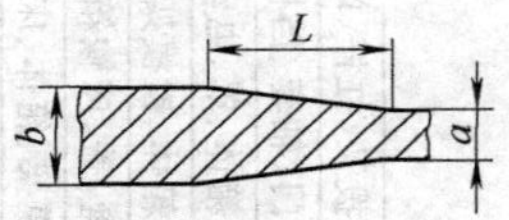</td><td rowspan="2">$b > 2a$</td><td>铸铁</td><td colspan="11">$L \geqslant 4(b-a)$</td></tr>
<tr><td>铸钢</td><td colspan="11">$L \geqslant 5(b-a)$</td></tr>
<tr><td>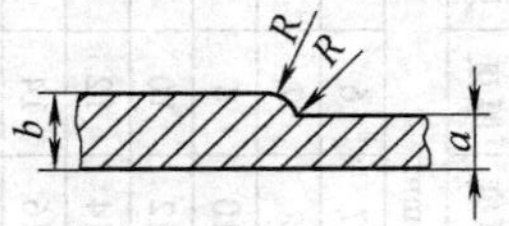</td><td colspan="2">$b \leqslant 1.5a$</td><td colspan="11">$R \geqslant \frac{2a+b}{2}$</td></tr>
<tr><td>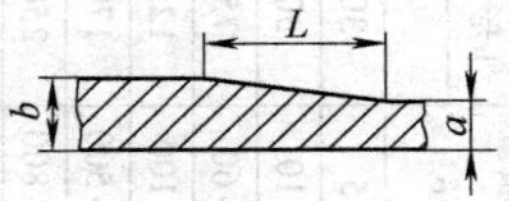</td><td colspan="2">$b > 1.5a$</td><td colspan="11">$L = 4(a+b)$</td></tr>
</table>

2. 箱体类零件的尺寸标注

1）合理选择尺寸基准。箱体类零件的底面和主要孔的轴心线一般都是设计基准、工艺基准。高度方向的尺寸一般以底面为基准，其他方向尺寸一般以主要孔的轴心线、对称平面和端面作为基准。

2）按照形体分析法标注尺寸。对于复杂的箱体类零件，标注尺寸时应将零件的结构划分成多个基本几何体，然后逐一标出定形尺寸和定位尺寸。

3）重要尺寸应直接标注。对于影响机器工作性能的尺寸，一定要直接标注出来，如支承齿轮传动、蜗杆传动轴的两孔中心线间的距离尺寸等。

4）应标注出总体尺寸和安装尺寸。

5）已有标准化的结构和尺寸系列，应按标准化结构和尺寸系列确定。

三、箱体类零件的技术要求

箱体类零件的主要表面为轴孔系和平面。

1）轴孔的尺寸精度、形状精度和表面粗糙度。箱体上主要轴孔（如主轴孔）的尺寸公差等级一般为 IT6，圆度一般为 0.006 ~ 0.008mm，表面粗糙度值一般为 $Ra0.8 \sim 0.4\mu m$。其他轴孔的尺寸公差等级一般为 IT6 ~ IT8，圆度一般为 0.01mm 左右，表面粗糙度值一般为 $Ra1.6 \sim 0.8\mu m$。（孔公差的确定可参考“各种基本偏差的应用表”及表 5-7。）

2）轴孔之间的相互位置精度。箱体上有轴传动关系的孔系之间，应有一定的孔距尺寸精度和平行度要求，否则会影响轴传动的精度，使工作时产生噪声和振动，并影响使用寿命。同一轴线的孔应有一定的同轴度要求，否则，不仅使轴的装配困难，并且使轴的运转情况不良，加剧轴承的磨损和发热，影响机器的精度和正常工作。轴孔间中心距公差一般为 ±0.01 ~ ±0.05mm；轴心线的平行度一般为 0.01 ~ 0.1mm；同轴线孔的同轴度一般为 0.008 ~ 0.06mm。（轴孔之间的位置公差可参考“几何公差值表”及表 5-8 ~ 表 5-10。）

3）主要平面的形状精度、相互位置精度和表面粗糙度。箱体的主要平面一般是设计基准或工艺基准，在装配或加工中往往作为定位基准面，主要平面常用的几何公差有平面度、平行度、垂直度等。一般箱体上主要平面的平面度在 0.01 ~ 0.06mm 范围内（主要平面之间的位置公差可参考“几何公差值表”），表面粗糙度值为 $Ra0.8 \sim 1.6\mu m$。在装配的主要结合平面需经刮研或磨削等精加工，以保证接触良好。（表面粗糙度的确定可参考表 5-11。）

4）轴孔与主要平面间的相互位置精度。箱体的主要轴孔与主要平面一般有平行度、垂直度要求，其值一般为 0.01 ~ 0.1mm。（轴孔与主要平面间的位置公差可参考“几何公差值表”。）

5）确定满足使用要求，且有较好加工工艺性的材料。提出必要的热处理要求、检验要求等技术要求。

表 5-7 安装滚动轴承的外壳孔公差带

外圈工作条件				应用举例	公差代号②
旋转状态	载荷	轴向位移的限度	其他情况		
外圈相对于载荷方向静止	轻、正常和重载荷	轴向容易移动	轴处于高温场合	烘干筒、有调心滚子轴承的大电动机	G7
			剖分式外壳	一般机械、铁路车辆轴箱	H7①
	冲击载荷	轴向能移动	整体式或剖分式外壳	铁路车辆轴箱轴承	J7①
载荷方向摆动	轻和正常载荷			电动机、泵、曲轴主轴承	
	正常和重载荷	轴向不移动	整体式外壳	电动机、泵、曲轴主轴承	K7①
	重冲击载荷			牵引电动机	M7①
外圈相对于载荷复杂旋转	轻载荷		薄壁、整体式外壳	张紧滑轮	M7①
	正常和重载荷			装用球轴承的轮毂	N7①
	重冲击载荷			装用滚子轴承的轮毂	P7①

① 凡对精度有较高要求的场合，应用 P6、N6、M6、K6、J6 和 H6 分别代替 P7、N7、M7、K7、J7 和 H7，并应同时选用整体式外壳。

② 对于轻铝合金外壳，应选择比钢或铸铁外壳较紧的配合。

表 5-8 机床圆柱齿轮箱体孔中心距极限偏差 $\pm F_a$ 值 （单位：μm）

齿轮第Ⅱ公差组精度等级		3~4 级		5~6 级		7~8 级		9~10 级	
F_a		$\frac{1}{2}$IT6	$\frac{1}{2}$IT6.5	$\frac{1}{2}$IT7	$\frac{1}{2}$IT7.5	$\frac{1}{2}$IT8	$\frac{1}{2}$IT8.5	$\frac{1}{2}$IT9	$\frac{1}{2}$IT9.5
箱体孔中心距/mm	~50	8	10	12	15	19	24	31	39
	>50~80	9.5	12	15	18	23	29	37	47
	>80~120	11	14	17	21	27	34	43	55
	>120~180	12.5	16	20	25	31	39	50	62
	>180~250	14.5	18.5	23	29	36	45	57	72
	>250~315	16	20.5	26	32	40	52	65	82
	>315~400	18	22.5	28	35	44	55	70	90
	>400~500	20	25	31	39	48	62	77	97
	>500~630	22	27.5	35	44	55	70	87	110
	>630~800	25	31.5	40	50	62	80	100	127
	>800~1000	28	35.5	45	55	70	90	115	145
	>1000~1250	33	41.5	52	65	82	102	130	165
	>1250~1600	39	49.5	62	77	97	122	155	197
	>1600~2000	46	57.5	75	92	115	145	185	235
	>2000~2500	55	70	87	110	140	175	220	227

注：对齿轮第Ⅱ公差组精度为 5 级和 6 级的，箱体孔距 F_a 值允许采用$\frac{1}{2}$IT8。精度为 7 级和 8 级，箱体孔距 F_a 值允许采用$\frac{1}{2}$IT9。

表 5-9 蜗杆传动中心距极限偏差（$\pm f_a$）的 f_a 值 （单位：μm）

传动中心距 a /mm	精度等级											
	1	2	3	4	5	6	7	8	9	10	11	12
≤30	3	5	7	11	17		26		42		65	
>30～50	3.5	6	8	13	20		31		50		80	
>50～80	4	7	10	15	23		37		60		90	
>80～120	5	8	11	18	27		44		70		110	
>120～180	6	9	13	20	32		50		80		125	
>180～250	7	10	15	23	36		58		92		145	
>250～315	8	12	16	26	40		65		105		160	
>315～400	9	13	18	28	45		70		115		180	
>400～500	10	14	20	32	50		78		125		200	
>500～630	11	15	22	35	55		87		140		220	
>630～800	13	18	25	40	62		100		160		250	
>800～1000	15	20	28	45	70		115		180		280	
>1000～1250	17	23	33	52	82		130		210		330	
>1250～1600	20	27	39	62	97		155		250		390	
>1600～2000	24	32	46	75	115		185		300		460	
>2000～2500	29	39	55	87	140		220		350		550	

表 5-10 机床圆柱齿轮箱体孔轴线平行度公差值 F_Φ （单位：μm）

轴承孔支承距 B /mm	轴线平行度公差等级							
	3	4	5	6	7	8	9	10
～63	9	11	14	18	22	28	35	43
>63～100	10	13	16	20	25	32	40	50
>100～160	12	16	20	24	30	38	48	60
>160～250	15	19	23	29	36	45	57	71
>250～400	18	22	28	35	44	54	68	85
>400～630	22	27	34	42	53	66	82	105
>630～1000	26	32	40	50	63	80	100	130
>1000～1600	32	40	50	63	80	100	125	160
>1600～2500	40	50	62	80	100	120	150	200

表 5-11 剖分式减速器箱体的表面粗糙度 （单位：μm）

加工表面	Ra	加工表面	Ra
减速器剖分面	3.2～1.6	减速器底面	12.5～6.3
轴承座孔面	3.2～1.6	轴承座孔外端面	6.3～3.2
圆锥销孔面	3.2～1.6	螺栓孔座面	12.5～6.3
嵌入盖凸缘槽面	6.3～3.2	油塞孔座面	12.5～6.3
视孔盖接触面	12.5	其他表面	>12.5

第二节　箱体类零件的测绘步骤及方法

一、了解和分析测绘的箱体类零件

了解该零件的作用，分析其结构及加工工艺，拟订表达方案。

二、绘制箱体类零件的草图

以目测比例详细地画出表达零件内、外形状较完整的草图。选择各方向的尺寸基准，尽可能合理、清晰地画出尺寸界线、尺寸线及箭头。

三、测量箱体类零件的尺寸

箱体类零件的体形较大，结构较复杂，且非加工面较多，所以常采用金属直尺，钢卷尺，内、外卡钳，游标卡尺，游标深度尺，游标高度尺，内、外径千分尺，游标万能角度尺，圆角规等量具，并借助检验平板、方箱、直角尺、千斤顶和检验心轴等辅助量具进行测量。

1. 孔位置尺寸的测量

孔轴线到基准面的距离常借助检验平板、等高垫块，用游标高度尺或量块和百分表进行测量。

如图5-3a所示，在检验平板上先测出心轴上素线在垂直方向上的高度 y_1'、y_2'，再减去等高垫块的厚度和心轴半径，即得各孔轴线在 y 方向上到基准面的距离 y_1、y_2；然后将箱体翻转90°，用同样的方法进行测量，并计算出各孔轴线在 x 方向上到基准面的距离。用这种方法还可以计算出两孔间的中心距 a，即

$$a=\sqrt{(x_1-x_2)^2+(y_1-y_2)^2}$$

图5-3b为大直径孔的测量方法：在检验平板上，用游标高度尺测出孔的下素线(或上素线)到基准面的距离 B_1、B_2，用下式计算出各孔轴线到基准面的距离 A_1、A_2 和两孔间的中心距 a，即

$$A_1=B_1+\frac{D_1}{2}$$

$$A_2=B_2+\frac{D_2}{2}$$

$$a=A_2-A_1$$

另外，两孔间的中心距可以用游标卡尺、心轴进行测量，如图5-4所示。

孔径较大时，直接用游标卡尺的下量爪测出孔壁间的最小距离 l，或用游标

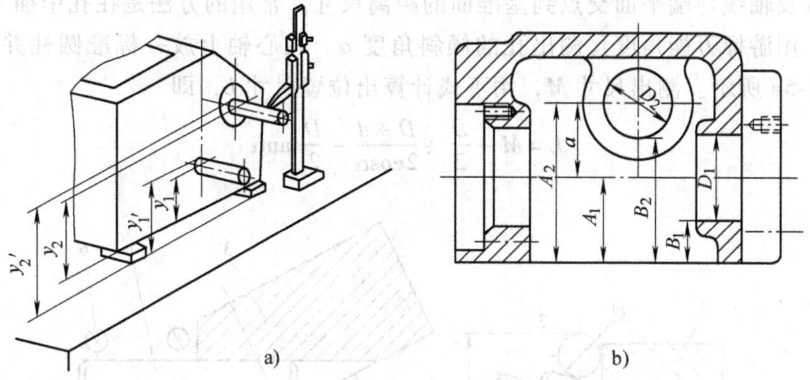

图 5-3　孔轴线到基准面距离的测量

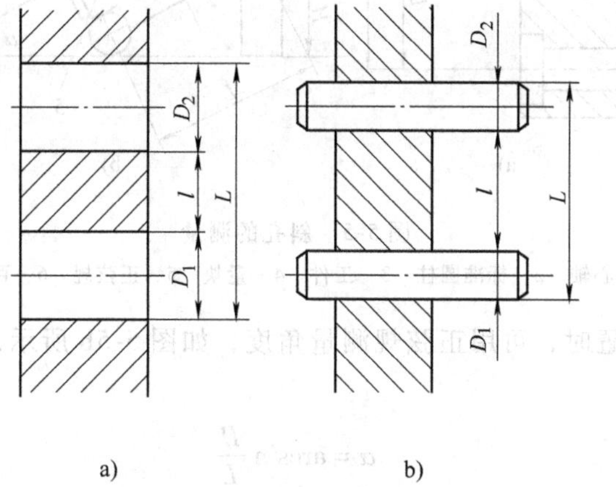

图 5-4　测量两孔间的中心距

卡尺的上量爪测出孔壁间的最大距离 L，如图 5-4a 所示。用下式计算出中心距 a，即

$$a = l + \frac{D_1}{2} + \frac{D_2}{2}$$

$$a = L - \frac{D_1}{2} - \frac{D_2}{2} \tag{5-1}$$

孔径较小时，可在孔中插入心轴，如图 5-4b 所示。用游标卡尺测出 l 或 L，用式(5-1)计算出两孔间的中心距 a。

值得注意的是：对于支承啮合传动副传动轴两孔间的中心距离，应符合啮合传动中心距的要求。

2. 斜孔的测量

在箱体、阀体上经常会出现各式各样的斜孔，测绘时需要测出孔的倾斜角度，以及轴线与端平面交点到基准面的距离尺寸。常用的方法是在孔中插一检验心轴，用游标万能角度尺测出孔的倾斜角度 α。在心轴上放一标准圆柱并校平，如图 5-5a 所示。测出尺寸 M，用下式计算出位置尺寸 L，即

$$L = M - \frac{D}{2} + \frac{D+d}{2\cos\alpha} - \frac{D}{2}\tan\alpha$$

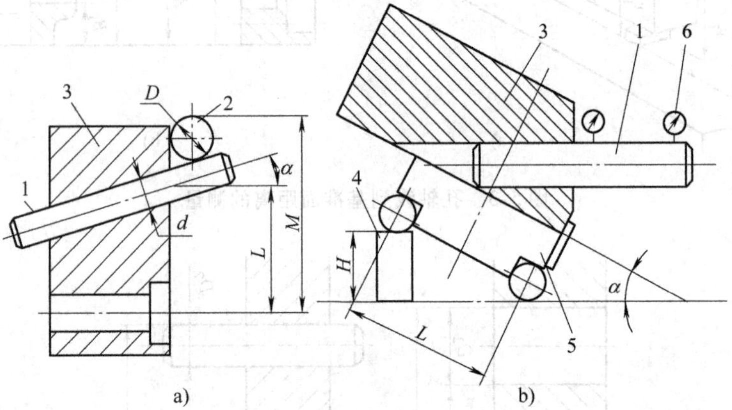

图 5-5　斜孔的测量

1—心轴　2—标准圆柱　3—工件　4—量块　5—正弦规　6—百分表

需要精确位置时，可用正弦规测量角度，如图 5-5b 所示，用下式计算出倾斜角 α，即

$$\alpha = \arcsin\frac{H}{L}$$

3. 凸缘的测量

凸缘的结构形式很多，有些极不规则，测绘时可采用以下几种方法：

（1）拓印法　将凸缘清洗干净，在其平面上涂一薄层红丹粉，将凸缘的内、外轮廓拓印在白纸上，然后按拓印的形状进行测绘。也可以用铅笔和硬纸板进行拓描，然后在拓描的硬纸板上进行测绘。

（2）软铅拓形法　将软铅紧压在凸缘的轮廓上，使软铅的形状与凸缘轮廓形状完全吻合。然后取出软铅，平放在白纸上，进行描绘和测量。

（3）借用配合零件测绘法　箱体零件上的凸缘形状与相配合零件的配合面形状有一定的对应关系。如凸缘上纸垫板（垫圈）和盖板，端盖的形状与凸缘的形状基本相同，可以通过对这些配合零件配合面的测绘来确定凸缘的形状和尺寸。

4. 内环形槽的测量

测量内环形槽直径时，可以用弹簧卡钳和带刻度卡钳来测量，如图 5-6a、b 所示。另外还可以用印模法，即把石膏、石蜡、橡皮泥等印模材料铸入或压入环

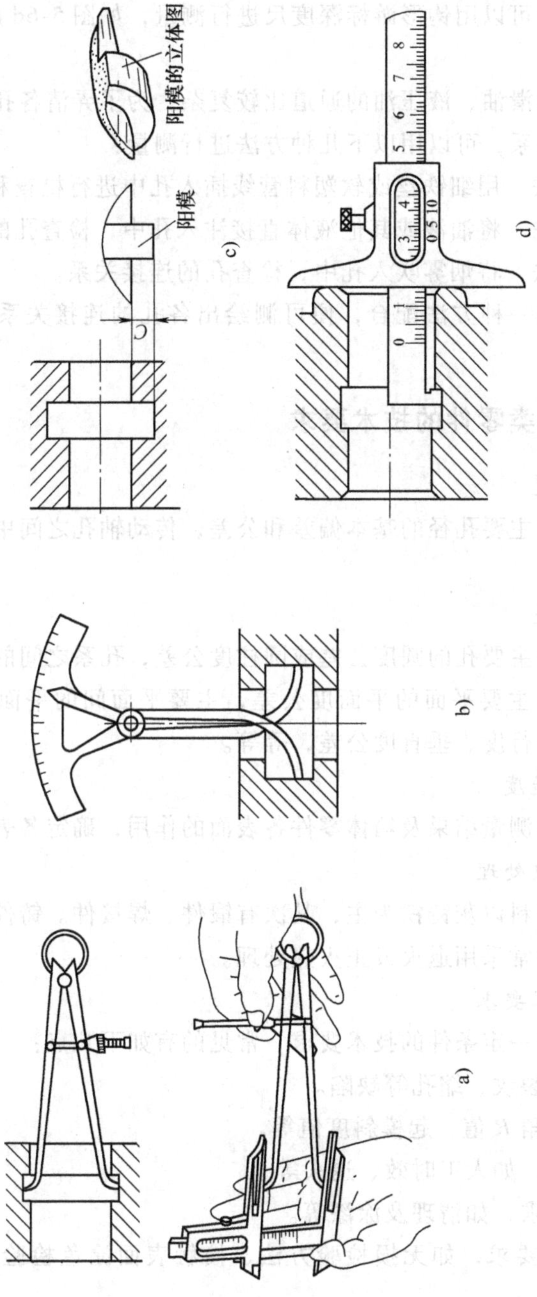

图 5-6 内环形槽的测量

形槽中，拓出阳模，如图5-6c所示。取出后测出凹槽深度 C，即可计算出环形槽的直径尺寸。对于短槽，还可以测出其长度尺寸。

内槽的长度尺寸可以用钩形游标深度尺进行测量，如图5-6d所示。

5. 油孔的测量

箱体类零件上润滑油、液压油的通道比较复杂，为了弄清各孔的方向、深浅和相互之间的连接关系，可以用以下几种方法进行测量：

（1）插入检查法　用细铁丝或软塑料管线插入孔中进行检查和测量。

（2）注液检查法　将油液或其他液体直接注入孔中，检查孔的连接关系。

（3）吹烟检查法　将烟雾吹入孔中，检查孔的连接关系。

后两种方法与第一种方法配合，便可测绘出各孔的连接关系、走向及深度尺寸。

四、确定箱体类零件的技术要求

1. 确定尺寸公差

确定箱体类零件主要孔径的基本偏差和公差，传动轴孔之间中心距的尺寸公差等。

2. 确定几何公差

确定箱体类零件主要孔的圆度公差或圆柱度公差，孔系之间的平行度、同轴度或垂直度的公差，主要平面的平面度公差，主要平面间的平面度、垂直度公差，孔对基准面的平行度、垂直度公差，等等。

3. 确定表面粗糙度

根据对箱体零件测量结果及箱体零件各表面的作用，确定各表面粗糙度值。

4. 确定材料及热处理

箱体类零件的材料以灰铸铁为主，其次有锻件、焊接件。铸件常采用时效热处理，锻件和焊接件常采用退火或正火热处理。

5. 确定其他技术要求

根据需要，提出一定条件的技术要求，常见的有如下几点：

1）铸件不得有裂纹、缩孔等缺陷。

2）未注铸造圆角 R 值、起模斜度值等。

3）热处理要求，如人工时效、退火等。

4）表面处理要求，如清理及涂漆等。

5）检验方法及要求，如无损检验方法、接触表面涂色检验及接触面积要求等。

【例5-1】　图5-7是一减速箱箱体的轴测图，测绘步骤如下：

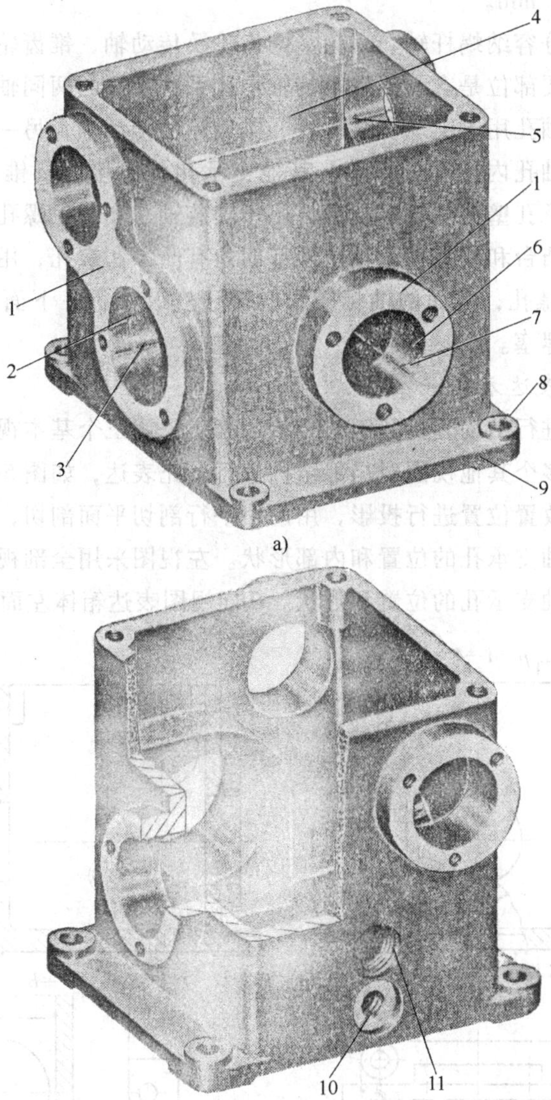

图 5-7 减速箱箱体轴测图

1—凸台 2—轴承套孔 3—锥齿轮轴安装位置 4—中空部分 5—蜗杆轴安装位置 6—轴承孔 7—蜗轮轴安装位置 8—安装孔 9—安装底板 10—放油螺塞螺纹孔 11—油标螺纹孔

1. 了解、分析箱体的功能和结构等

该箱体为一送料机构的减速箱箱体，动力由箱体外部的单槽 V 带轮输入，在箱体内，经蜗杆传动、直角锥齿轮传动，输出到箱体外部的直齿圆柱齿轮，输出转速为50～70r/min。

箱体中空部分容纳蜗杆轴、蜗轮、锥齿轮及传动轴、锥齿轮轴，底部存放润滑油。箱体的重要部位是支承传动轴的轴承孔系，上面的两同轴孔用于支承蜗杆轴，下面的两同轴孔用于支承安装蜗轮、锥齿轮的传动轴，另一单孔用于支承锥齿轮轴。锥齿轮轴孔内装有轴承套，其他支承孔均直接与圆锥滚子轴承外圈配合。在所有的支承孔壁处均铸有凸缘，用于安装轴承和加工螺孔。箱体底部有底板，底板四角有凸台和安装孔。箱体顶部四角有凸缘和螺孔，用于安装箱盖。图5-7b所示有两个螺孔，上面的油标螺纹孔用于安装油标，下面的放油螺塞螺纹孔用于安装放油螺塞。

2. 确定视图表达方案

通过对箱体进行结构分析和工艺分析，确定采用三个基本视图表达箱体的主体结构，并采用多个其他视图对局部结构进行补充表达，如图5-8所示。主视图以蜗轮轴线左右放置位置进行投影，用两个平行剖切平面剖切，分别表达锥齿轮轴支承孔和蜗杆轴支承孔的位置和内部形状。左视图采用全剖视图，用以表达蜗轮、锥齿轮传动轴支承孔的位置和形状。*C*向视图表达箱体左面箱壁凸缘的形状

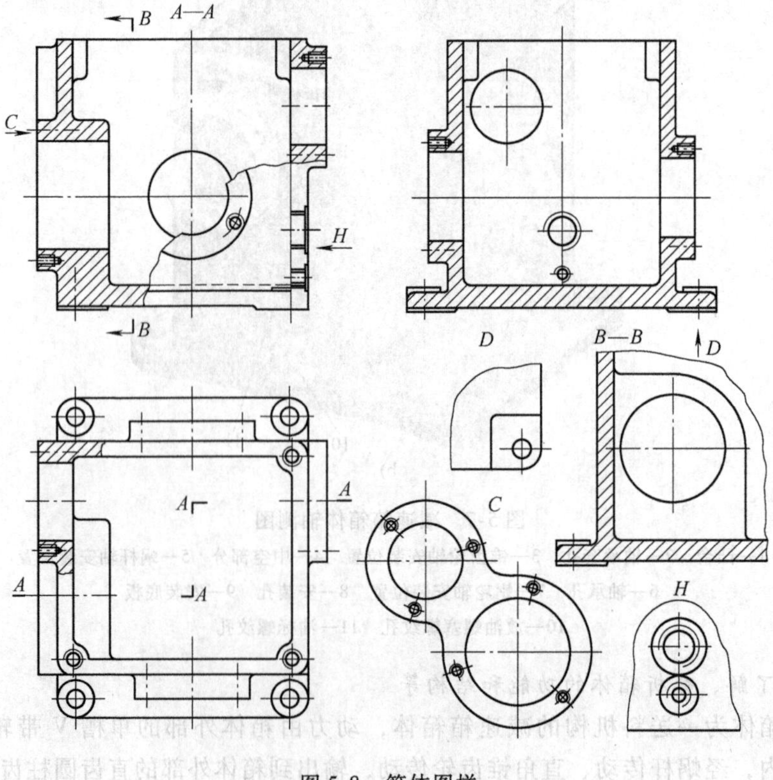

图5-8　箱体图样

和螺孔位置。*D* 向视图表达箱体底板底面的凸台形状。*B*—*B* 局部剖视图表达锥齿轮轴支承孔内部凸缘圆弧的形状。*H* 向视图表达油标螺纹孔和放油螺塞螺纹孔的形状和位置。

3. 箱体尺寸标注

（1）确定基准 该箱体的底面既是安装基准面，又是加工的工艺基准面，所以以底面作为箱体高度方向上的设计基准。长度方向上以蜗轮轴线为基准，宽度方向上以前后对称面作为基准，如图 5-9 所示。

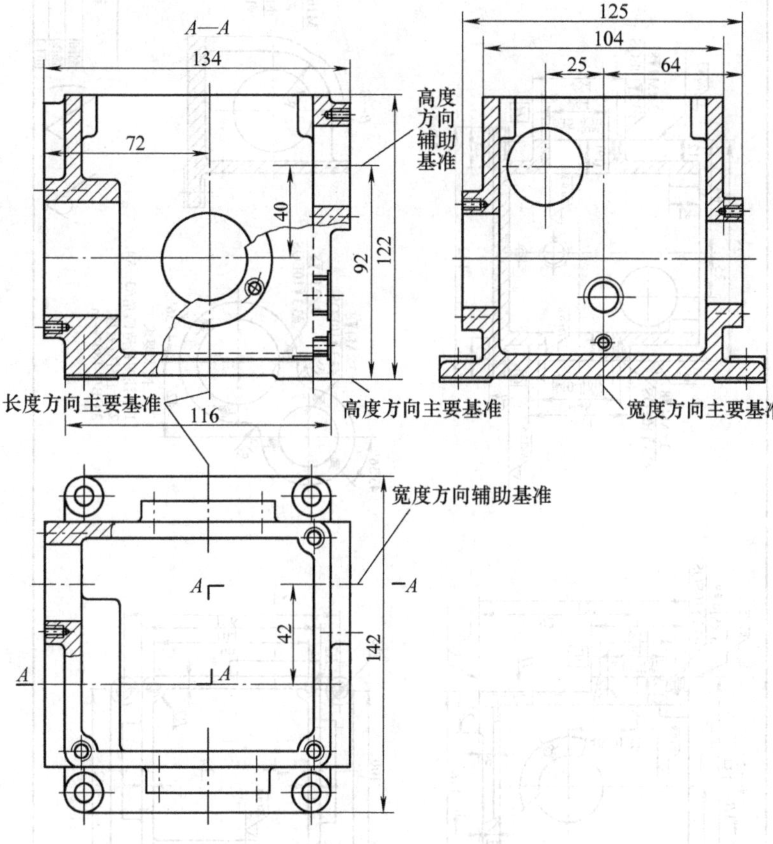

图 5-9 箱体基准和主要尺寸

（2）轴孔的定位尺寸 传动轴支承孔位置尺寸直接影响传动件啮合的正确性，因此这些定位尺寸极为重要。在图 5-9 中，蜗杆轴支承孔高度方向的定位尺寸为 92，宽度方向的定位尺寸为 25。蜗轮轴支承孔高度方向的定位尺寸为 40，它是按蜗杆传动设计的中心距确定的，必须直接标注出来。锥齿轮轴支承孔的轴线应与锥齿轮传动轴支承孔轴线在同一高度位置上，故不另注高度方向上的定位尺寸，锥齿轮轴支承孔宽度方向上的定位尺寸为 42。

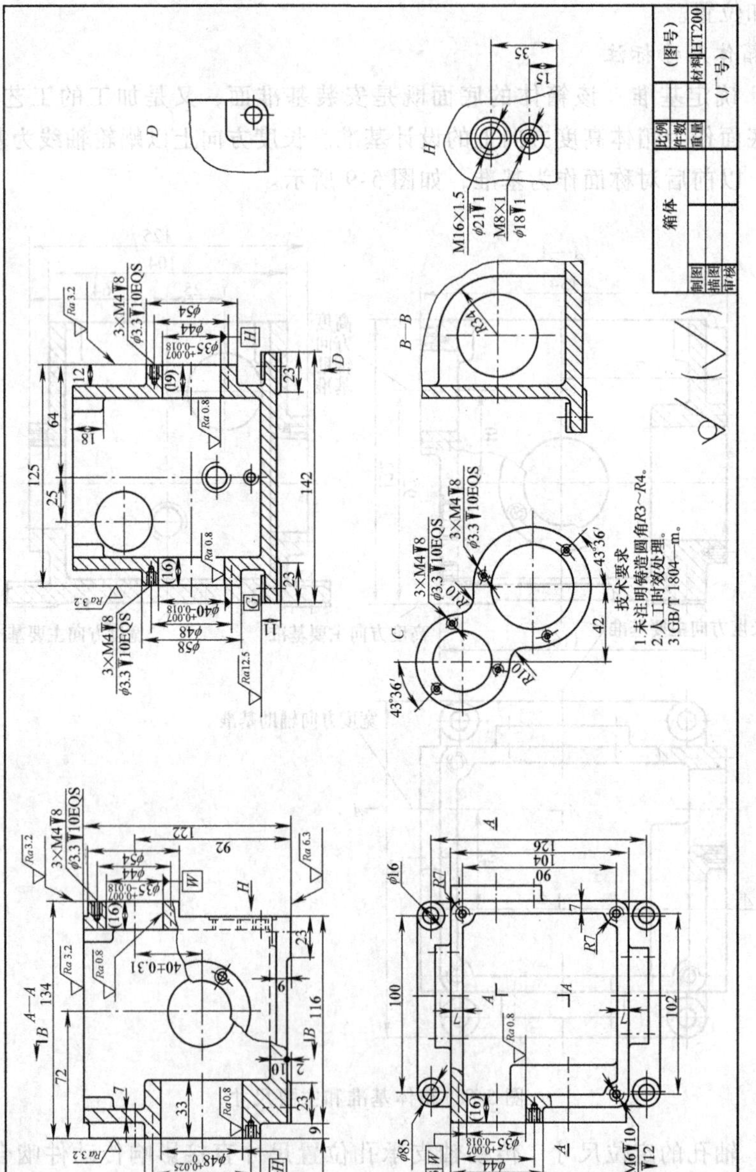
箱体
比例
件数
重量
材料 HT200
(图号)
(厂号)
制图
描图
审核
技术要求
1.未注明铸造圆角R3~R4。
2.人工时效处理。
3.GB/T 1804—m。
A—A
B—B
C
D
H

图 5-10 箱体零件图样

(3) 其他重要尺寸 箱体上与其他零件有配合关系或装配关系的尺寸应一致，如支承孔的直径尺寸应与配合的滚动轴承外径一致；箱壁上凸缘的直径尺寸和螺孔的定位尺寸应与配合的轴承盖相一致；箱体顶部四个螺孔的中心距尺寸，箱体底板上安装孔的中心距等尺寸，都应与装配零件的相应尺寸对应。箱体的外轮廓尺寸 134 × 142 × 122 等都是比较重要的尺寸。

箱体完整的尺寸标注如图 5-10 所示。

4. 确定技术要求

(1) 确定尺寸公差 箱体类零件图样中，需要标注公差的尺寸主要有支承传动轴的孔径公差，有啮合传动关系的支承孔间的中心距公差等。本箱体中，两个蜗杆支承孔均为 $\phi35$，两个蜗轮传动轴支承孔分别为 $\phi35$ 和 $\phi40$，它们都与滚动轴承外圈配合，参照表 5-7，均取 K7($^{+0.007}_{-0.018}$)。支承锥齿轮轴的支承孔径为 $\phi48$，它与轴承套配合，参考“各种基本偏差的应用表”取 H7($^{+0.025}_{0}$)。蜗杆、蜗轮传动轴支承孔间的中心距尺寸为 40，参照表 5-9，取 $f_a = \pm 0.031$。

(2) 确定几何公差 根据箱体的工作条件，本箱体中，对蜗杆支承孔给定了同轴度公差，对锥齿轮支承孔给定了垂直度公差。公差值及标注如图 5-10 所示。

(3) 确定表面粗糙度值 根据鉴定结果和各加工面的功能及加工工艺方法，确定各表面的粗糙度值 Ra，如图 5-10 所示。

(4) 确定材料及热处理 根据箱体的功能及结构特点，选用灰铸铁铸造工艺，铸铁牌号选为 HT200。铸件采用人工时效热处理。

(5) 确定其他技术要求 如图 5-10 所示。

(6) 绘制箱体类零件图样，如图 5-10 所示。

复习思考题

1. 试述箱体类零件上孔到基准平面距离的测量方法，并画出测量简图。
2. 箱体类零件上的起模斜度与垂直壁高有无关系？应怎样选取？
3. 箱体类零件上的外壁、内壁、肋的厚度之间一般是什么关系？
4. 试述箱体类零件上两孔间中心距的测量方法，并画出测量简图。如何选择两孔中心距的公差？
5. 试述斜孔的测量方法，并画出测量简图。
6. 测量箱体类零件上的油孔时，可采用哪些方法？
7. 怎样确定箱体类零件上孔的公差？
8. 箱体类零件上，对孔系有哪些几何公差要求？应怎样选取？

第六章

轮盘类零件和叉架类零件的测绘

培训学习目标 能正确分析轮盘类零件和叉架类零件的结构特点及功能。掌握轮盘类零件和叉架类零件的测绘技能。

第一节 轮盘类零件测绘基础

一、轮盘类零件的功能和结构特点

轮类零件包括手轮、飞轮、凸轮、带轮等，其主要功能是传递运动和动力。

盘类零件包括法兰盘、盘座、轴承盖、泵盖、阀盖等，其主要功能是起支承、轴向定位、密封等作用。

轮盘类零件的主体部分多为轴向尺寸较小的回转体，如图 6-1 所示。轮类零件常具有轮辐或辐板、轮毂和轮缘。轮毂多为带键槽或花键的圆孔，手轮的轮毂多为方孔。轮辐多沿垂直于轮毂轴线方向径向辐射至轮缘，而手轮的轮辐常与轮毂轴线倾斜一定的角度，径向辐射至轮缘。轮辐的剖面形状有矩形、圆形、扁圆形等各种结构形式。辐板上常有圆周均布的圆形、扇形或三角形的镂空结构，以减少轮的质量。轮缘的结构取决于轮的功能，如齿轮的轮缘为各种形状的轮齿，带轮的轮缘为各种形状的轮槽，手轮的轮缘形状多为圆形。

盘类零件多为同轴线的内、外圆柱形或圆锥形结构，常带有沿圆周均布的各种形状的凸缘、凸台，圆周均布的孔，内沟槽、端面槽等结构。

二、轮盘类零件的视图表达及尺寸标注

（1）轮盘类零件的视图表达

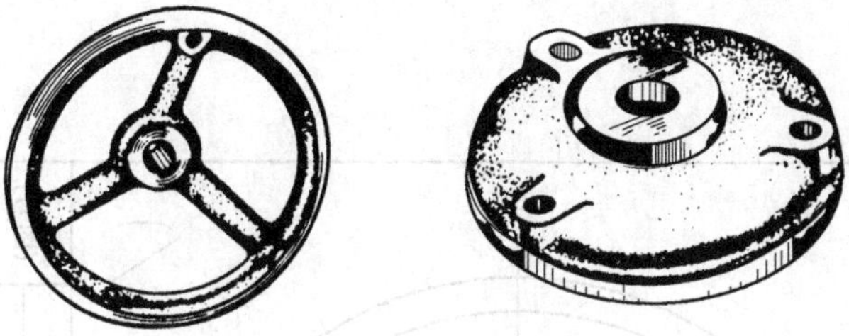

a)　　　　　　　　　　b)

图 6-1　典型轮盘类零件

a）手轮　b）端盖

1）轮盘类零件常在车床上加工，一般将其轴线水平放置，用两个基本视图——主视图和右视图来表达主体结构。

2）径向投影的视图常采用全剖视图，以表达轮盘内部的形状和相对位置。

3）轴向投影的视图表达轮辐或辐板、键槽、外形及其他结构。

4）采用局部放大图、局部剖视图、剖面图等对某些具体结构进行补充表达。

5）轮盘类零件多为铸造和锻造毛坯，零件上常有铸(锻)造圆角和过渡线，应注意圆角和过渡线的表达方法。

轮盘类零件的视图表达举例如图 6-2、图 6-3 所示。

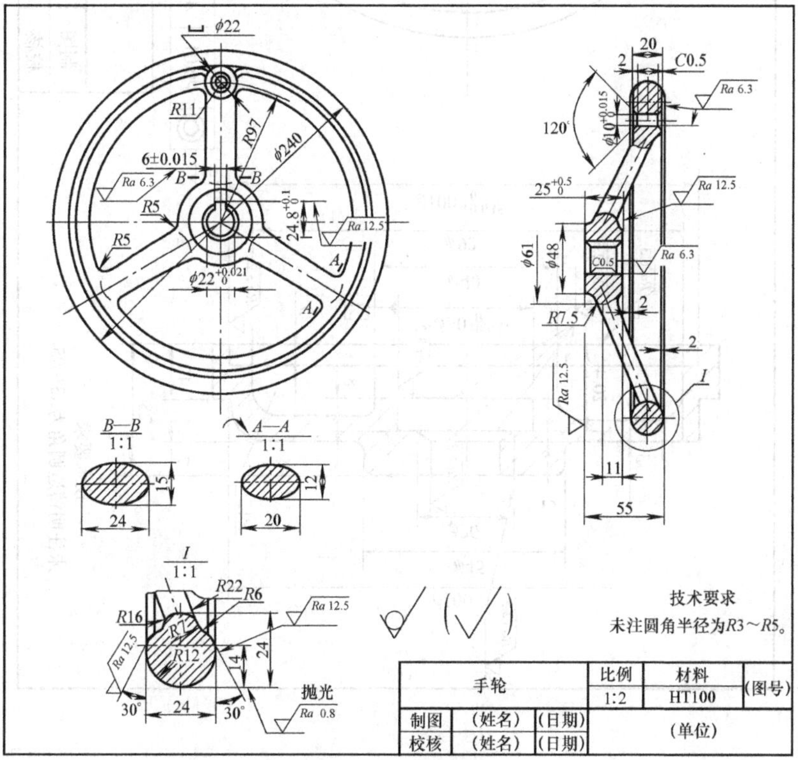

图 6-2　手轮零件图样

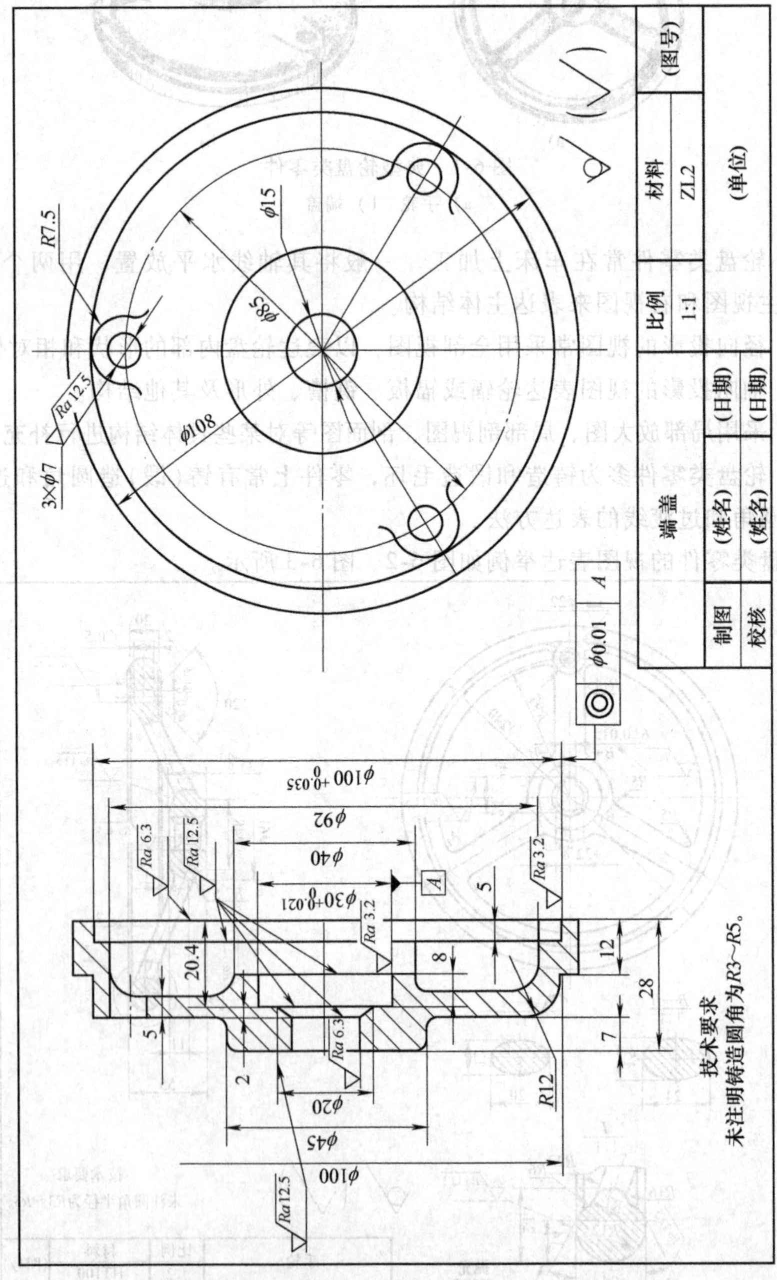
R7.5
ϕ15
ϕ85
ϕ108
3×ϕ7
Ra 12.5
ϕ0.01 A
端盖
比例
1:1
材料
ZL2
(图号)
制图
校核
(姓名)
(日期)
(单位)
ϕ100
ϕ92
ϕ40
ϕ20
ϕ45
20.4
12
28
R12
技术要求
未注明铸造圆角为R3~R5。

图 6-3 端盖零件图样

（2）轮盘类零件的尺寸标注

1）轮盘类零件的回转轴线一般为宽度和高度方向上的主要基准，长度方向上的尺寸基准多为加工过的大端面。

2）轮盘类零件的定形尺寸和定位尺寸都比较明显，容易标注，但应注意圆周均布的孔的定位圆是一个典型的定位尺寸，不能标错。

3）标注有圆弧过渡部分的尺寸时，应用细实线将轮廓线延长，从其交点处引出尺寸界线。

轮盘类零件的尺寸标注实例如图 6-2、图 6-3 所示。

三、轮盘类零件的技术要求

1）凡是有配合要求的内外圆表面，都应有尺寸公差，一般轴孔取 IT7，外圆取 IT6。

2）内外都有配合要求的圆柱表面应有几何公差要求，一般给定同轴度要求。有配合或定位的端面一般应有垂直度或轴向圆跳动要求。

3）凡有配合的表面应有表面粗糙度要求。一般取 Ra 值为 1.6 ~ 6.3μm，对于人手经常接触，并要求美观或精度较高的表面可取 $Ra = 0.8$μm，这时甚至要求抛光、研磨或镀层。

4）轮盘类零件的取材方法、热处理及其他技术要求。轮盘类零件常用的毛坯有铸件和锻件，铸件以灰铸铁居多，一般为 HT100 ~ HT200，也有采用有色金属材料的，常用的为铝合金。对于铸造毛坯，一般应进行时效热处理，以消除内应力，并要求铸件不得有气孔、缩孔、裂纹等缺陷；对于锻件，则应进行正火或退火热处理，并不得有锻造缺陷。

第二节　轮盘类零件的测绘

一、带轮的测绘

1. *带轮测绘基础*

（1）带传动的种类及带轮结构　根据带的形状不同，将带传动划分为圆带传动、平带传动、V 带传动、多楔带传动、同步带传动等。其中以 V 带传动最为常见。随着工业的不断发展，多楔带和同步带的应用也已逐渐增多。

在 V 带传动中，带的类型、宽度及型号见表 6-1。

带轮按轮辐的结构型式不同可分为以下几种类型：

1）S 型——实心带轮，如图 6-4a 所示。

表 6-1　V 带的类型、宽度及型号

名　称	宽　度　制	带及轮槽型号
普通 V 带	基准宽度制	Y、Z、A、B、C、D、E
窄 V 带	基准宽度制	SPZ、SPA、SPB、SPC
	有效宽度制	9N、15N、25N
联组窄 V 带	有效宽度制	9J、15J、25J
双面 V 带(深槽带轮)		HAA、HBB、HCC、HDD
汽车 V 带		AV10、AV13、AV17、AV20

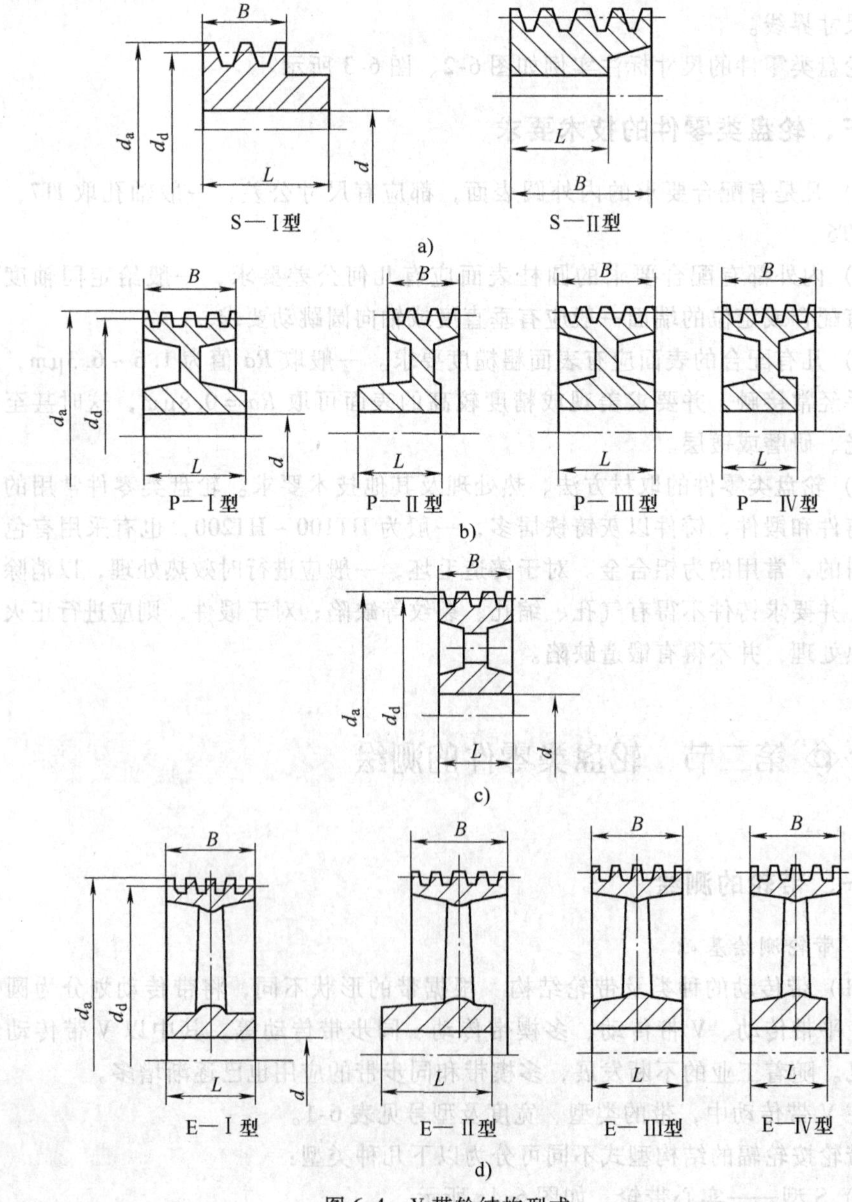

图 6-4　V 带轮结构型式

2）P 型——辐板带轮，如图 6-4b 所示。

3）H 型——孔板带轮，如图 6-4c 所示。

4）E 型——椭圆轮辐带轮，如图 6-4d 所示。

图 6-4 中的 d 和 L 均有标准尺寸，具体见有关标准。

（2）常见 V 带轮的结构尺寸和技术要求

1）基准宽度制 V 带轮。

① 基准宽度制 V 带轮的轮缘尺寸见表 6-2。

表 6-2　基准宽度制 V 带轮的轮缘尺寸（摘自 GB/T 10412—2002）

（单位：mm）

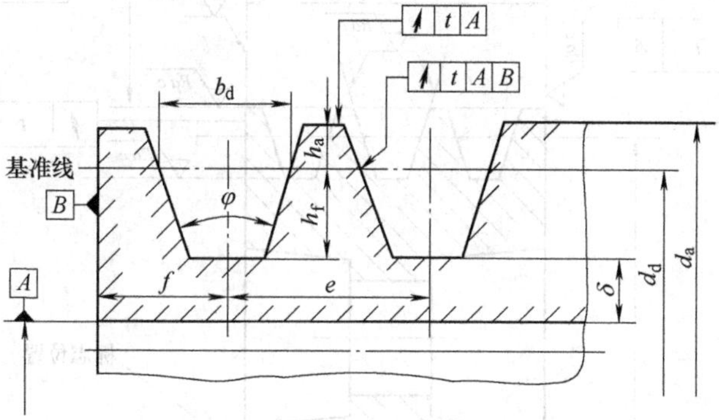

项目		符号	Y	Z SPZ	A SPA	B SPB	C SPC	D	E
基准宽度		b_d	5.3	8.5	11.0	14.0	19.0	27.0	32.0
基准线上槽深		h_{amin}	1.6	2.0	2.75	3.5	4.8	8.1	9.6
基准线下槽深		h_{fmin}	4.7	7.0 9.0	8.7 11.0	10.8 14.0	14.3 19.0	19.9	23.4
槽间距		e	8 ± 0.3	12 ± 0.3	15 ± 0.3	19 ± 0.4	25.5 ± 0.5	37 ± 0.6	44.5 ± 0.7
第一槽对称面至端面的最小距离		f_{min}	6	7	9	11.5	16	23	28
最小轮缘厚		δ_{min}	5	5.5	6	7.5	10	12	15
带轮宽		B	$B=(z-1)e+2f$　z—带轮槽数						
外径		d_a	$d_a=d_d+2h_a$						
带轮槽角 φ	32°	相应的基准直径 d_d	≤60	—	—	—	—	—	—
	34°		—	≤80	≤118	≤190	≤315	—	—
	36°		>60	—	—	—	—	≤475	≤600
	38°		—	>80	>118	>190	>315	>475	>600
	极限偏差		±1°				±30′		

② 基准宽度制 V 带轮的轮缘宽、轮毂孔径及轮毂长度可按表 6-2 中有关参数进行计算确定。

③ 基准宽度制 V 带轮的技术要求。

a. 带轮材料一般选用符合 GB/T 9439—2010 规定的 HT150 或 HT200，也可选用符合 GB/T 11357—2008 规定的其他材料。

b. 轮槽工作面不应有砂眼、气孔，辐板及轮毂不应有缩孔和较大凹陷。带轮外缘棱角要倒圆或倒钝。

c. 轮毂孔的公差取为 H7 或 H8，轮毂长度尺寸的上极限偏差为 IT14，下极限偏差为零。

d. 带轮的表面粗糙度和几何公差按图 6-5 标注，按表 6-3 选取。

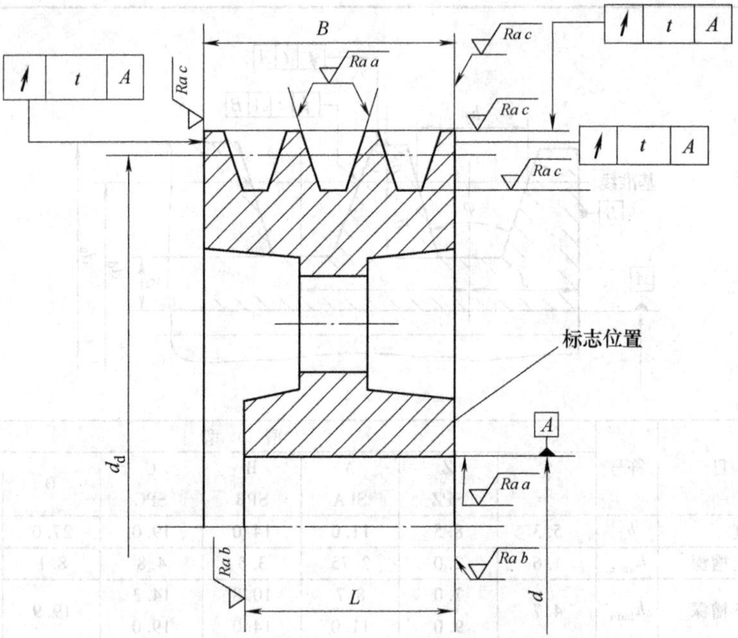

图 6-5　V 带轮表面粗糙度和几何公差标注

表 6-3　V 带轮表面粗糙度和几何公差　（单位：mm）

d_e	t	a	b	c
有效直径	圆跳动	$Ra/\mu m$		
>50～120	0.25			
>120～250	0.30			
>250～500	0.40			
>500～800	0.50	3.2	6.3	12.5
>800～1250	0.60			
>1250～2000	0.80			
>2000～2500	1.00			

注：1. 轮槽槽形的检验按 GB/T 11356.1—2008 的规定。

2. 带轮的平衡要求按 GB/T 11357—2008 的规定。

④ 基准宽度制 V 带轮的标记。带轮的标记由名称、带轮槽型、带轮槽数、基准直径、带轮结构形式代号和标准编号组成，形式如下：

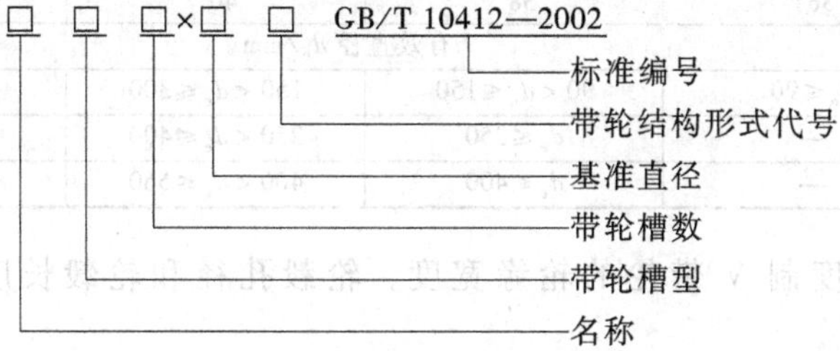

标记示例：A 型槽，4 轮槽，基准直径为 200mm，Ⅱ型辐板普通 V 带轮标记为：

带轮　A4×200P-Ⅱ　GB/T 10412—2002

2）有效宽度制 V 带轮。

① 有效宽度制 V 带轮的轮缘尺寸见表 6-4。

表 6-4　有效宽度制 V 带轮的轮缘尺寸（摘自 GB/T 10413—2002）

（单位：mm）

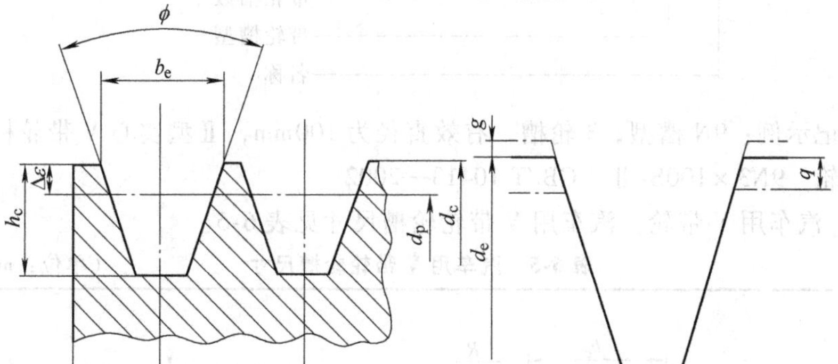

槽型	有效宽度 b_e	槽顶最大增量 g	槽顶弧最大深度 q	有效线差 Δ_e①	槽深 h_c④ min	槽间距 e 基本值	槽间距 e 极限偏差②	槽间距 e 累积极限偏差③	轮槽与端面距离 f min
9N/J	8.9	0.2	0.3	0.6	8.9	10.3	±0.25	±0.5	9
15N/J	15.2	0.25	0.4	1.3	15.2	17.5	±0.25	±0.5	13
25N/J	25.4	0.3	0.5	2.5	25.4	28.6	±0.4	±0.8	19

① 能够趋近于零。

② 槽间距（两相邻轮槽截面中线距离）e 的极限偏差。

③ 同一带轮所有轮槽相对槽间距 e 基本值的累计偏差不应超出表中规定值。

④ 轮槽截面直边尺寸应不小于 d_e-2q（参见上图右）。

（续）

槽型	带轮槽角 φ, ±0.5°			
	36°	38°	40°	42°
	有效直径 d_e/mm			
9N/J	$d_e \leqslant 90$	$90 < d_e \leqslant 150$	$150 < d_e \leqslant 300$	$d_e > 300$
15N/J	—	$d_e \leqslant 250$	$250 < d_e \leqslant 400$	$d_e > 400$
25N/J	—	$d_e \leqslant 400$	$400 < d_e \leqslant 560$	$d_e > 560$

② 有效宽度制 V 带轮的轮缘宽度、轮毂孔径和轮毂长度见标准 GB/T 10413—2002。

③ 有效宽度制 V 带轮的技术要求。其技术要求与基准宽度制 V 带轮的技术要求基本相同。

④ 有效宽度制 V 带轮的标记。带轮标记由名称、带轮槽型、带轮槽数、有效直径、带轮结构形式代号和标准编号组成。形式如下：

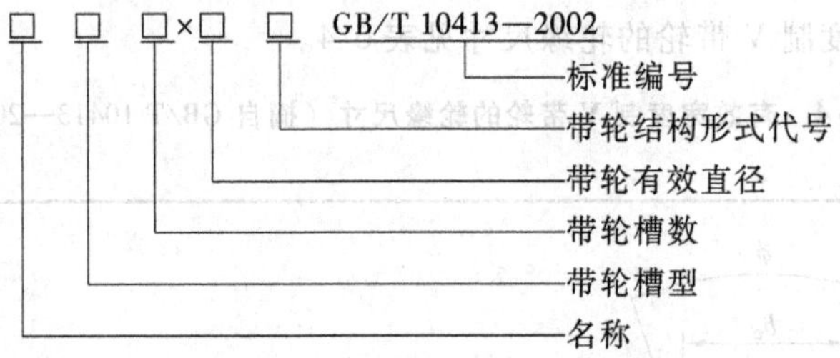

标记示例：9N 槽型，3 轮槽，有效直径为 100mm，Ⅱ型实心 V 带轮标记为：

带轮 9N3×100S-Ⅱ GB/T 10413—2002

3）汽车用 V 带轮。汽车用 V 带轮轮槽尺寸见表 6-5。

表 6-5 汽车用 V 带轮轮槽尺寸 （单位：mm）

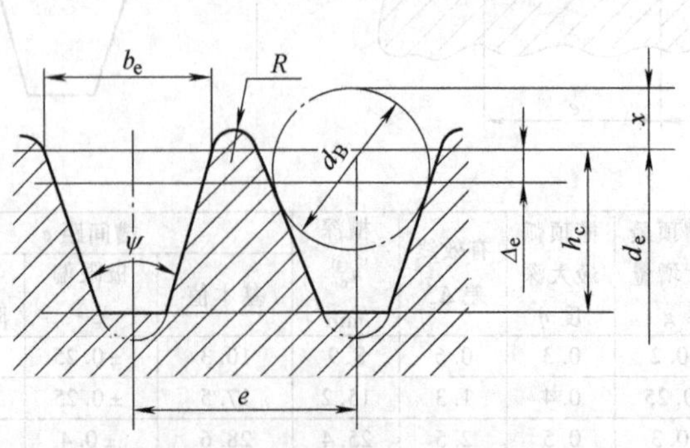

槽型	b_e	d_e	ψ/(°)	h_{cmin}	R	d_B	$2\Delta_e$	$2x$	e
AV10	9.7	≥61	36±0.5	11	0.8	$7.95_{-0.025}^{0}$	1.5	3.8	13.5±0.35
AV13	12.7	≥76	34±0.5	13.75	0.8	$11.124_{-0.025}^{0}$	2.0	8.0	16.5±0.36
			36±0.5						

（续）

槽型	b_e	d_e	$\psi/(°)$	h_{cmin}	R	d_B	$2\Delta_e$	$2x$	e
AV15	15.2	>76	34 ±0.5	14	0.8	$12.7_{-0.025}^{0}$	0	6.4	19.5 ±0.35
		>102	36 ±0.5					7.0	
		>152	38 ±0.5					7.6	
AV17	16.8	>70	34 ±0.5	15	0.8	$14.29_{-0.025}^{0}$	0.5	8.2	21.5 ±0.42
		>102	36 ±0.5					8.8	
		>152	38 ±0.5					9.4	
AV20	20.0	>89	34 ±0.5	18	0.8	$17.46_{-0.025}^{0}$	1.0	11.8	24.5 ±0.42
		>102	36 ±0.5					12.4	
		>152	38 ±0.5					13.0	

注：1. 槽间距 e 值的极限偏差适用于任何两个轮槽对称中心面的距离，无论相邻或不相邻。

2. 如果采用圆弧形槽底（见图中双点画线所示），圆弧应在轮槽最小深度 h_{cmin} 以下。

3. d_B 为量棒（或球）的直径。

4）深槽 V 带轮。在多从动轮带传动中，用于非开口传动时，应采用深槽 V 带轮，其轮缘尺寸见表 6-6。

表 6-6　深槽 V 带轮轮缘尺寸　　　　（单位：mm）

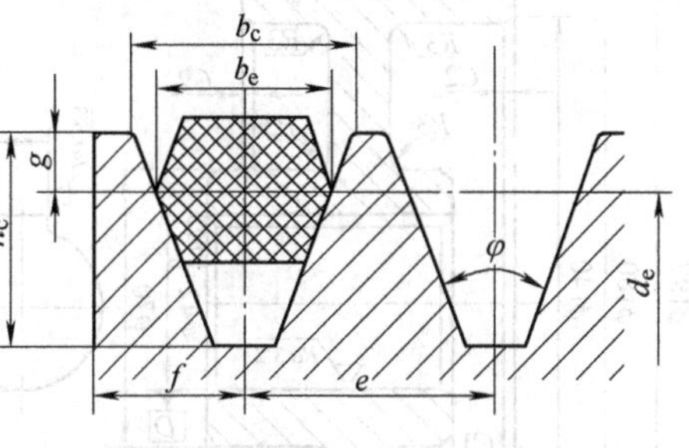

槽型	d_e	φ	b_e	b_c	h_c	g_{min}	e	f
HAA	≤118 >118	34° 38°	12.6	15.2 15.6	15.8	4.3	19.0 ±0.4	11.0_{-1}^{+2}
HBB	≤190 >190	34° 38°	16.2	19.4 19.8	19.6	5.3	22.0 ±0.4	14.0_{-1}^{+2}
HCC	≤315 >315	34° 38°	22.3	27.2 27.8	27.1	7.8	32.0 ±0.5	21.0_{-1}^{+2}
HDD	≤475 >475	36° 38°	32.0	39.3 39.7	39.2	11.2	44.0 ±0.6	27.0_{-1}^{+3}

2. V 带轮的测绘步骤及方法

通过对 V 带轮结构尺寸的介绍可知，其结构形状基本相同，但也存在细微差别。所以在测绘 V 带轮时，应认真测量，仔细分析，才能测绘出 V 带轮的原始设计形状。一般应按以下步骤和方法进行测绘：

1）了解V带传动的使用场所，了解配用V带的型号及长度等。

2）数出轮槽数。

3）用游标卡尺测量V带轮的外径、外径上的槽宽、轮槽深度、轮槽与端面的距离、槽间距以及轮缘宽度等尺寸。

4）测量轮槽角。轮槽角是V带轮的一个重要参数，它直接影响到V带传动的性能和寿命。一般可用万能游标角度尺对其进行测量，也可以用角度样板进行测量。

5）把测量结果与各种类型及型号的标准轮缘尺寸进行比较，选择相同或最为接近的标准V带轮的类型及型号。

6）按标准V带轮结构尺寸绘制带轮零件图样。图6-6为带轮B3×180P-Ⅱ GB/T 10412—2002的零件图样。

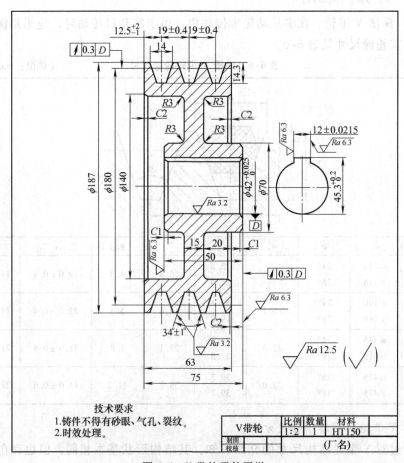

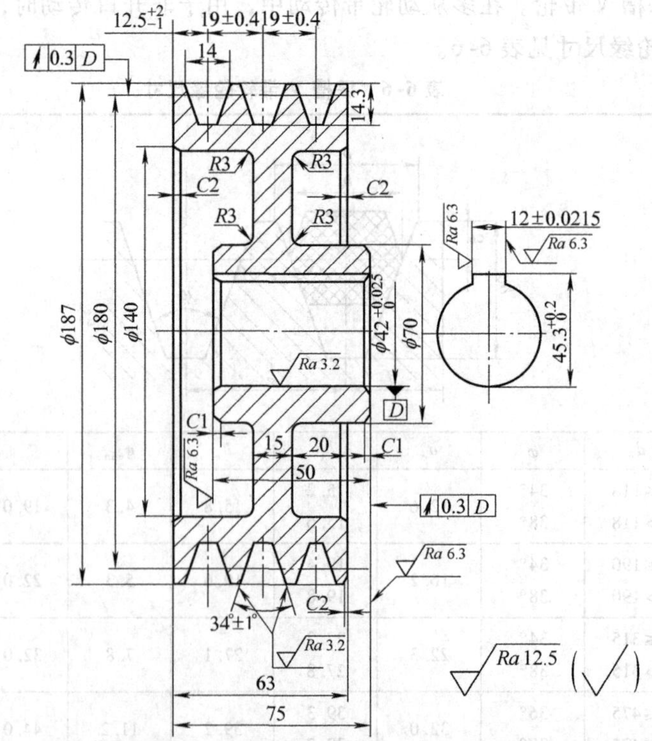

技术要求
1.铸件不得有砂眼、气孔、裂纹。
2.时效处理。

V带轮	比例	数量	材料
	1:2	1	HT150
制图			
校核	(厂名)		

图6-6　V带轮零件图样

7）确定 V 带轮的技术要求。一般按前述要求确定。

轮盘类零件的形状比较规范，结构也比较相似，好多已有国家标准或行业标准。测绘时可采用前述零件的测绘步骤和方法进行，并尽量采用国家标准。

二、凸轮的测绘

轴套类零件上的凸轮结构分为圆盘凸轮和圆柱凸轮，如图 6-7 所示。当圆盘凸轮的尺寸较小时，一般制造在轴套上，如内燃机中的凸轮轴；当其径向尺寸较大时，常把凸轮分开制造在圆盘上，再装配到轴上，如自动车床分配轴上的分配凸轮。圆柱凸轮一般制造在轴的圆柱、圆锥体表面上或端面上。

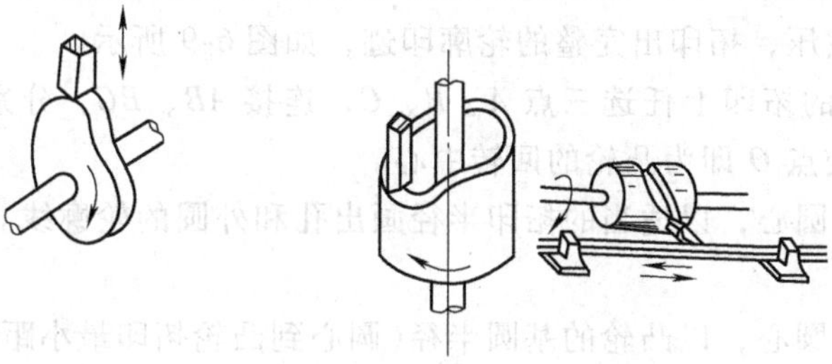

图 6-7　轴套类零件上的凸轮结构
a）圆盘凸轮　b）圆柱凸轮

1. 圆盘凸轮的测绘

（1）分度头测绘法

1）将凸轮装在心轴上，用分度头夹持心轴并进行分度，在凸轮端面上划出若干径向射线，如图 6-8 所示。

对于简单凸轮，可采用分段分度法划线。即，架一百分表，使表头触及凸轮工作表面，转动分度头，找出凸轮轮廓的最低圆弧部分（基圆部分）和最高圆弧部分所占的圆周范围，并划出径向线。这两部分的曲线均为定半径圆弧，不必再分度，如图 6-8 中的圆弧$\overset{\frown}{AB}$、$\overset{\frown}{CD}$。其余部分则为非定径曲线工作面，应进行细分度。

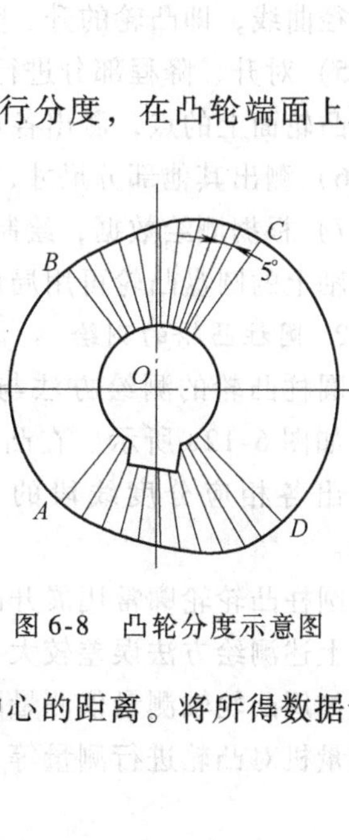

图 6-8　凸轮分度示意图

2）用游标卡尺测出各射线的长度，再加上孔的半径值，即为凸轮工作面上对应点到凸轮轴中心的距离。将所得数据记录在草图上。

也可以不划射线，在对凸轮进行分段后，将百分表头放置在凸轮曲线变化的交界点(图 6-8 中的 A、B、C、D 点)，并将表盘指针调到零位。然后根据曲线的陡直程度进行适当分度，并用增量法进行测量，即每测一点后都将表盘指针调到零位，依次测量下去。再根据孔径、基圆直径计算出各点到凸轮中心的距离，并记录在草图上。用这种方法测绘既可省时，又可提高测量精度。

3）根据草图，按比例绘出凸轮上各点的位置并光滑连接，即得凸轮的实际轮廓图样。

（2）拓印法　在不具备用分度头测绘的条件下，可以用拓印法进行测绘，其方法如下：

1）把凸轮清洗干净，在其端面涂上红丹粉(特别是轮廓部分)，然后放上一张白纸并用手按压，拓印出完整的轮廓印迹，如图 6-9 所示。

2）在内孔的拓印上任选三点 A、B、C，连接 AB、BC，分别作 AB、BC 的垂直平分线，交点 O 即为凸轮的回转中心。

3）以 O 为圆心，以适当的拓印半径画出孔和外圆的轮廓线。孔和外圆直径可以测出。

4）以 O 为圆心，以凸轮的基圆半径(圆心到凸轮拓印最小距离)画弧，弧线与凸轮拓印重合的部分 E 到 F 为定半径圆弧 $\overset{\frown}{EF}$。作射线 OE、OF，测出 $\angle EOF$ 的值并记录。再以圆心到凸轮拓印最大距离画弧，弧线与凸轮拓印重合的部分 G 到 H 为定半径圆弧 $\overset{\frown}{GH}$。作射线 OG、OH，测出 $\angle GOH$ 的值并记录。其余部分为非定径曲线，即凸轮的升、降程曲线，测出角度值并记录。

5）对升、降程部分进行适当分度，并作径向射线与凸轮拓印相交，各交点即为凸轮面上的点，测出各点到圆心的距离并记录在拓印图的对应点上。

6）测出其他部分尺寸，并记录在草图上。

7）根据测绘数据，绘制凸轮零件图样，如图 6-10 所示。

轴上的圆盘凸轮可用局部视图表达，如图 6-11 所示。

2. 圆柱凸轮的测绘

圆柱凸轮的测绘方法与圆盘凸轮基本相同。测绘时将凸轮安装在分度头上，如图 6-12a 所示。在凸轮轴线方向划出若干分度线，然后用高度游标卡尺测量出各相应分度线段的长度，如图 6-12b 所示。根据测量结果绘制凸轮曲线。

圆柱凸轮轮廓常用展开图表达，如图 6-13 所示。

上述测绘方法误差较大，只能测绘低精度凸轮。高精度凸轮常用仪器进行测量，如用凸轮轴测量仪测量圆盘凸轮，用万能工具显微镜测量圆柱凸轮，用三坐标测量机对凸轮进行测量等。

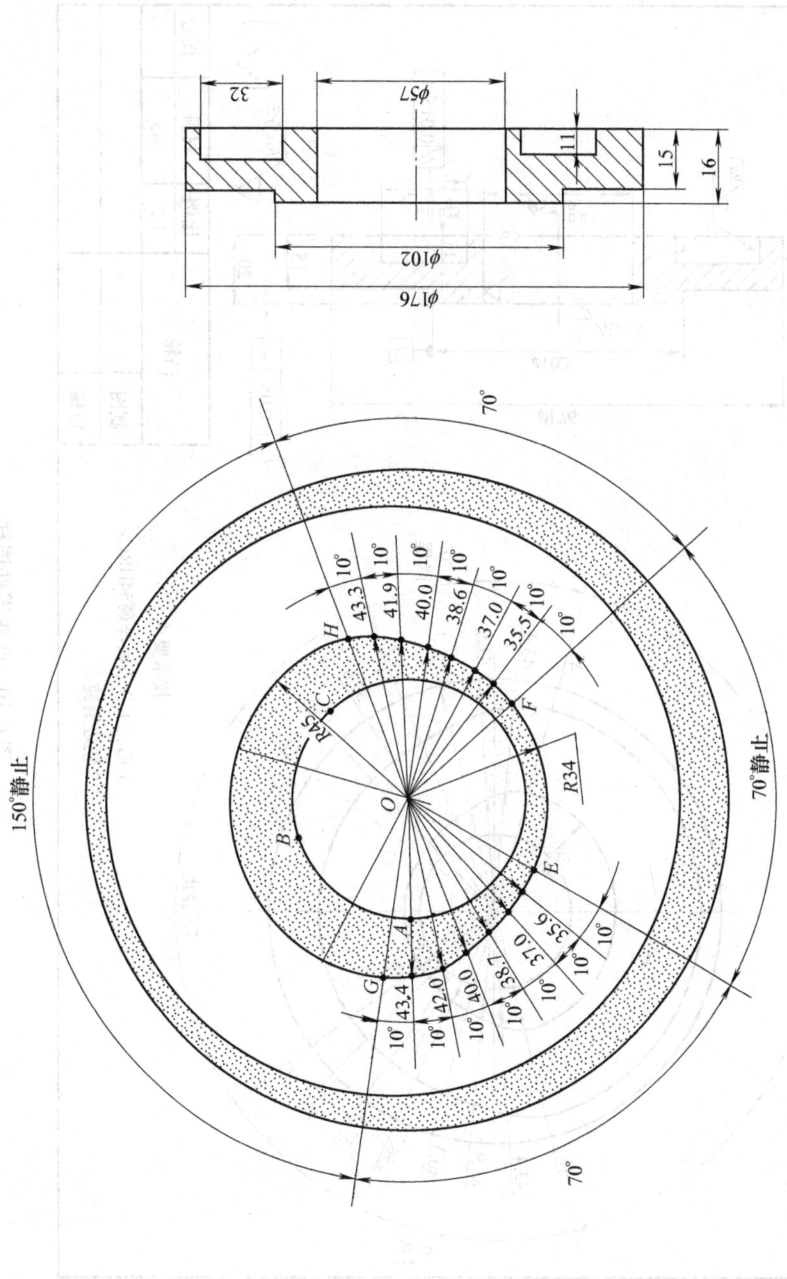
32
φ57
11
15
16
φ102
φ176
70°
150°静止
70°静止
70°
R45
R34
O
A
B
C
E
F
G
H
43.3
41.9
40.0
38.6
37.0
35.5
43.4
42.0
40.0
38.7
37.0
35.6
10°

图 6-9　凸轮拓印测绘图

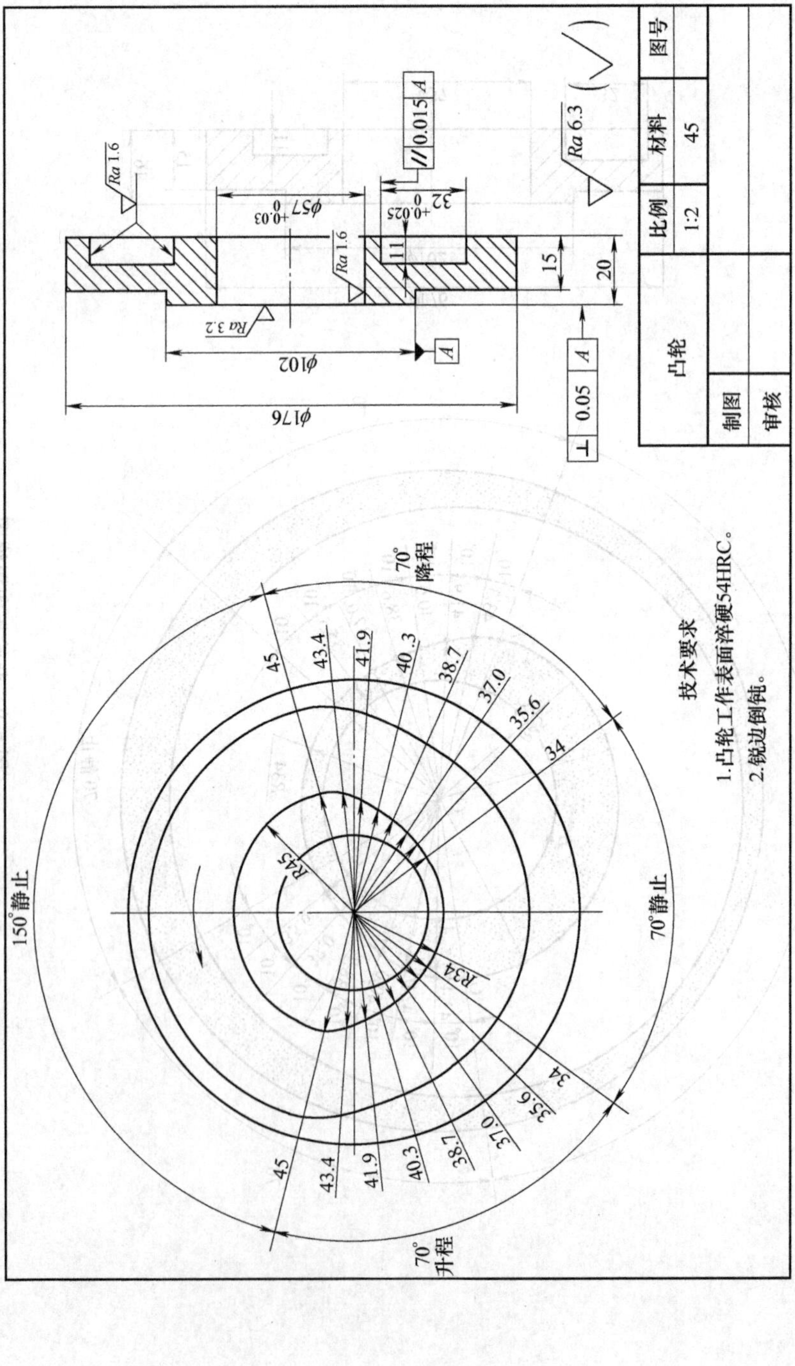
技术要求
1.凸轮工作表面淬硬54HRC。
2.锐边倒钝。
150°静止
70° 降程
70°静止
70° 升程
R45
R34
45
43.4
41.9
40.3
38.7
37.0
35.6
34
ϕ176
ϕ102
ϕ57
+0.03
0
32
+0.025
0
11
15
20
Ra 1.6
Ra 3.2
Ra 6.3
0.015 A
0.05 A
A
凸轮
比例 1:2
材料 45
图号
制图
审核

图 6-10　凸轮零件图样

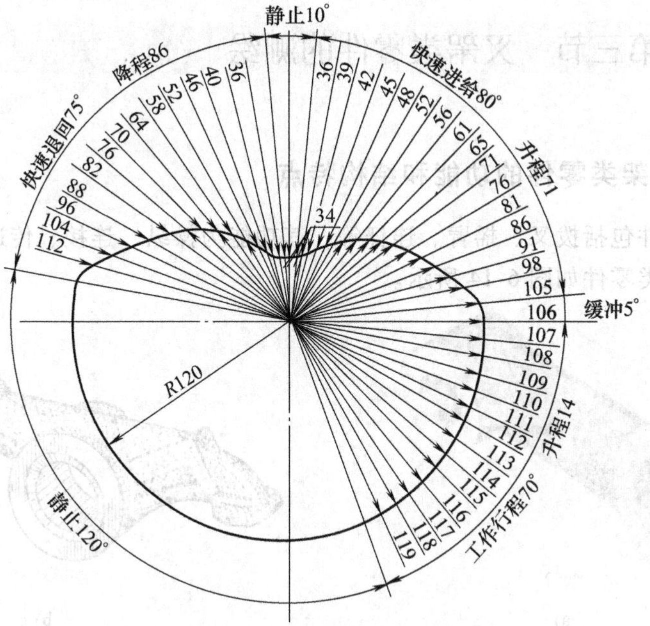

图 6-11　圆盘凸轮的局部视图

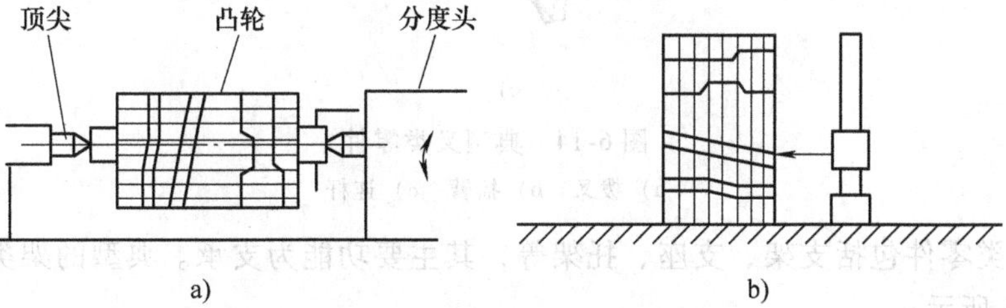

图 6-12　圆柱凸轮测绘方法

a）圆柱凸轮测量安装示意图　b）圆柱凸轮测量示意图

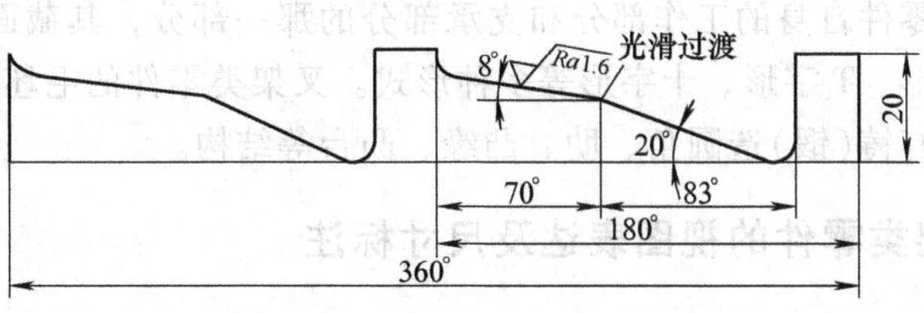

图 6-13　套筒端面凸轮展开图

第三节　叉架类零件的测绘

一、叉架类零件的功能和结构特点

叉类零件包括拨叉、摇臂、连杆等，其功能为操纵、连接、传递运动或支承等。典型叉类零件如图6-14所示。

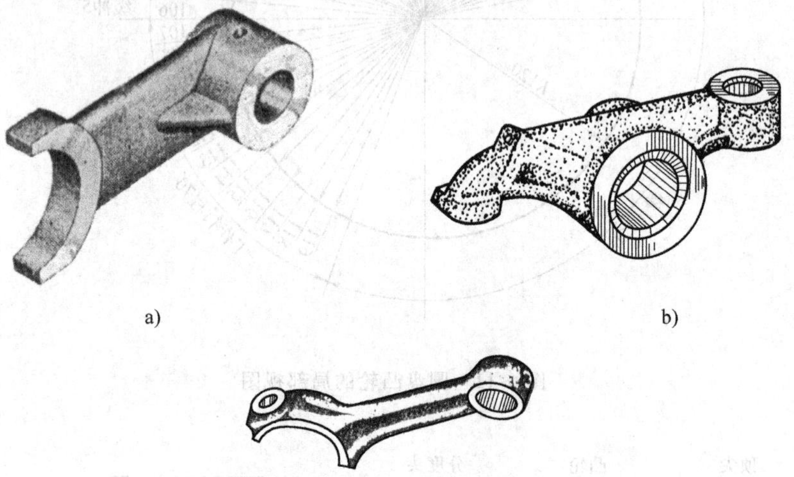

a)　　b)

c)

图6-14　典型叉类零件

a）拨叉　b）摇臂　c）连杆

架类零件包括支架、支座、托架等，其主要功能为支承。典型的架类零件如图6-15所示。

叉架类零件的结构比较复杂，形状不规则，一般由工作部分、支承部分和连接部分组成。工作部分为支撑或带动其他零件运动的部分，一般为孔、平面、各种槽面或圆弧面等。支承部分是支撑和安装自身的部分，一般为平面或孔等。连接部分为连接零件自身的工作部分和支承部分的那一部分，其截面形状有矩形、椭圆形、工字形、T字形、十字形等多种形式。叉架类零件的毛坯多为铸件或锻件，零件上常有铸(锻)造圆角、肋、凸缘、凸台等结构。

二、叉架类零件的视图表达及尺寸标注

1. 叉架类零件的视图表达

叉架类零件的结构比较复杂，形状奇特、不规则，有些零件甚至无法自然平

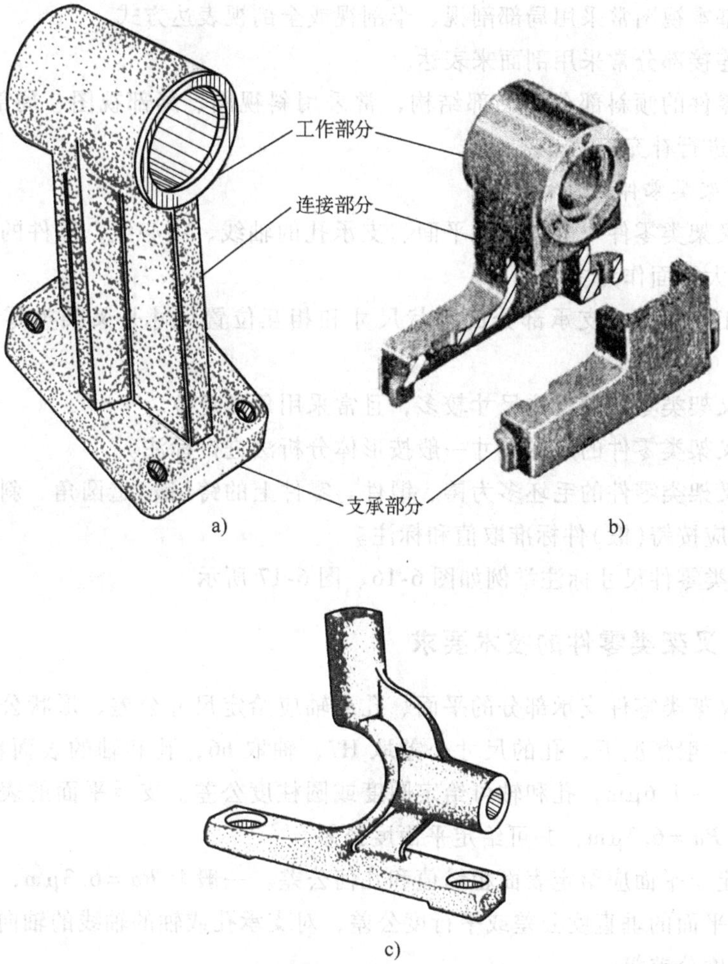

图 6-15　典型架类零件

a）支架　b）轴承座　c）跟刀架

稳放置，所以零件的视图表达差异较大。一般可采用下述方案：

1）将零件按自然位置或工作位置放置，从最能反映零件工作部分和支架部分结构形状和相互位置关系的方向投影，画出主视图。图 6-14b 摇臂的视图表达如图 6-16 所示。摇臂按工作位置放置，主视图表达出摇臂支承孔 $\phi35^{+0.025}_{0}$ 和工作部分 $R18$ 及 M12×1.25 的结构形状和相互位置关系。图 6-15c 跟刀架的视图表达如图 6-17 所示。跟刀架按自然位置（亦工作位置）放置，主视图表达出支承底座和两个工作圆柱及孔的结构形状和相互位置关系。

2）根据零件结构特点，可以再选用 1～2 个基本视图，或不再选用基本视图。如上述摇臂，采用一个俯视图，而跟刀架则未再选用基本视图。

3）基本视图常采用局部剖视、半剖视或全剖视表达方式。

4）连接部分常采用剖面来表达。

5）零件的倾斜部分和局部结构，常采用斜视图、局部视图、局部剖视图、剖面图等进行补充表达。

2. 叉架类零件的尺寸标注

1）叉架类零件一般以支承平面、支承孔的轴线、中心线，零件的对称平面和加工的大平面作为主要基准。

2）工作部分、支承部分的形状尺寸和相互位置尺寸是叉架类零件的主要尺寸。

3）叉架类零件的定位尺寸较多，且常采用角度定位。

4）叉架类零件的定形尺寸一般按形体分析法进行标注。

5）叉架类零件的毛坯多为铸、锻件。零件上的铸(锻)造圆角、斜度、过渡尺寸一般应按铸(锻)件标准取值和标注。

叉架类零件尺寸标注举例如图6-16、图6-17所示。

三、叉架类零件的技术要求

1）叉架类零件支承部分的平面、孔或轴应给定尺寸公差、形状公差及表面粗糙度。一般情况下，孔的尺寸公差取H7，轴取h6，孔和轴的表面粗糙度 Ra 值取为6.3～1.6μm，孔和轴可给定圆度或圆柱度公差。支承平面的表面粗糙度值一般取 $Ra=6.3\mu m$，并可给定平面度公差。

2）定位平面应给定表面粗糙值和几何公差。一般取 $Ra=6.3\mu m$，几何公差有对支承平面的垂直度公差或平行度公差，对支承孔或轴的轴线的轴向圆跳动公差或垂直度公差等。

3）叉架类零件工作部分的结构形状比较多样，常见的有孔、圆柱、圆弧、平面等，有些甚至是曲面或奇特形状结构。一般情况下，对工作部分的结构尺寸、位置尺寸应给定适当的公差，如孔径公差、孔到基准平面或基准孔的距离尺寸公差、孔或平面与基准面或基准孔之间的夹角公差等。另外还应给定必要的几何公差及表面粗糙度值，如圆度、圆柱度、平面度、平行度、垂直度、倾斜度等。

4）叉架类零件常用毛坯为铸件和锻件。铸件一般应进行时效热处理，锻件应进行正火或退火热处理。毛坯不应有砂眼、缩孔等缺陷，应按规定标注出铸(锻)造圆角和斜度。根据使用要求提出必需的最终热处理方法及所达到的硬度及其他要求。

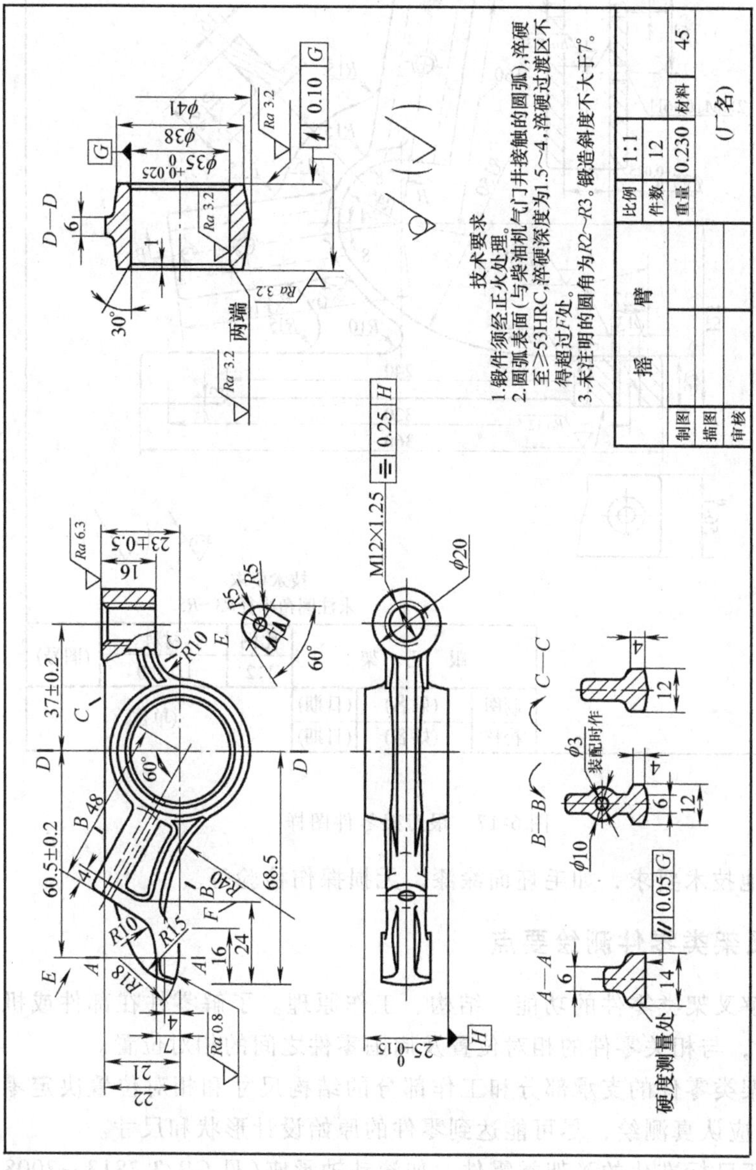
技术要求
1.锻件须经正火处理。
2.圆弧表面(与柴油机气门并接触的圆弧),淬硬至≥53HRC,淬硬深度为1.5~4,淬硬过渡区不得超过F处。
3.未注明的圆角为R2~R3。锻造斜度不大于7°。
摇臂
比例 1:1
件数 12
重量 0.230
材料 45
制图
描图
审核
(厂名)
硬度测量处
两端

图 6-16　摇臂零件图样

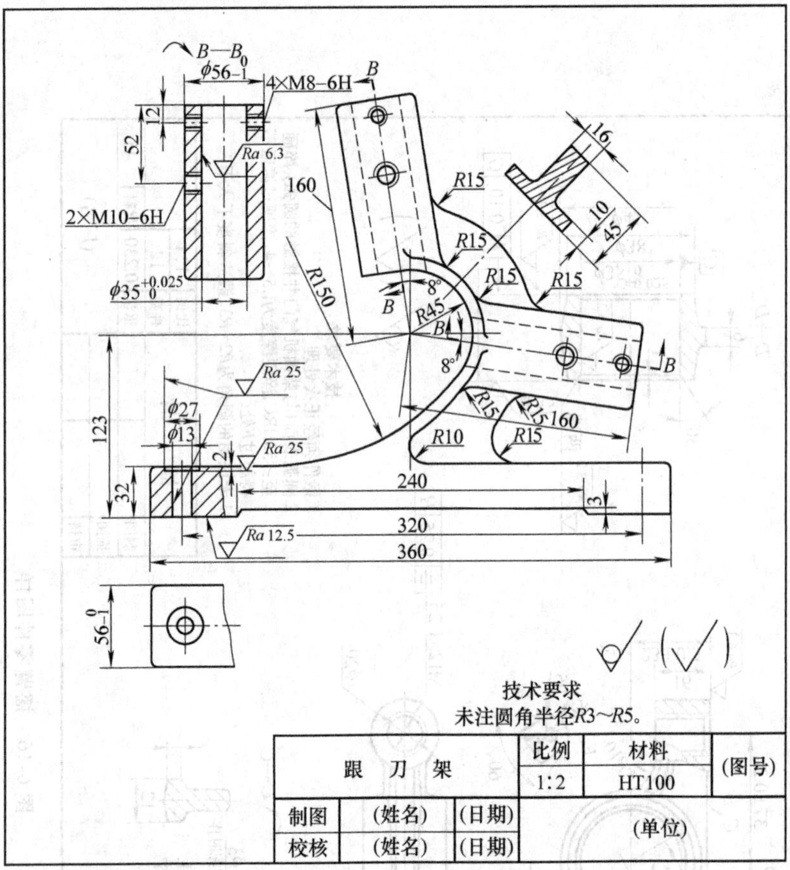

图 6-17　跟刀架零件图样

5）其他技术要求，如毛坯面涂漆、无损探伤检验等。

四、叉架类零件测绘要点

1）了解叉架类零件的功能、结构、工作原理。了解零件在部件或机器中的安装位置，与相关零件的相对位置及周围零件之间的相对位置。

2）叉架类零件的支承部分和工作部分的结构尺寸和相对位置决定零件的工作性能，应认真测绘，尽可能达到零件的原始设计形状和尺寸。

3）对于已标准化的叉架类零件，如滚动轴承座（见 GB/T 7813—2008）等，测绘时应与标准对照，尽量取标准化的结构尺寸。

4）对于连接部分，在不影响强度、刚度和使用性能的前提下，可进行合理修整。

复习思考题

1. 轮盘类零件上，圆周均布的孔，一般标注哪些定位尺寸？
2. V带传动有哪几种类型？
3. V带轮有哪些基本技术要求？
4. V带轮的轮槽角的大小与什么有关？怎样测量和确定？
5. 叉架类零件由哪几个基本部分组成？
6. 试述叉架类零件常见视图表达方法。
7. 叉架类零件常见尺寸基准有哪些？
8. 什么尺寸是叉架类零件的主要尺寸？
9. 试述叉架类零件的测绘要点。
10. 圆盘凸轮有哪几种测绘方法？
11. 怎样用拓印法测绘圆盘凸轮？
12. 怎样测绘圆柱凸轮？

试题库

◈◈◈ 知识要求试题

一、判断题（对画√，错画×）

1. 技术测量是研究空间位置、形状和大小几何量的测量工作的。（ ）
2. 检验是确定被测量值真值的方法。（ ）
3. 中华人民共和国法定计量单位就是国际计量单位。（ ）
4. 中华人民共和国计量法把计量器具分为计量基准器具、计量标准器具和工作计量器具。（ ）
5. 计量器具的测量范围一定小于标尺范围。（ ）
6. 使测量器具的误差在规定范围内的被测量值范围称为测量范围。（ ）
7. 内缩验收极限是从零件的最大实体尺寸和最小实体尺寸分别向公差带内移一个安全裕度 A。（ ）
8. 测量器具的不确定度一般约为安全裕度 A 的 0.9 倍。（ ）
9. 确定安全裕度 A 值时，应从技术和经济两方面综合考虑。（ ）
10. 若安全裕度 A 值大，则零件的公差范围大，加工的经济性好。（ ）
11. 孔的上验收极限 = 最小实体尺寸 $-A$ = 最大实体尺寸 + 公差 $-A$。（ ）
12. 孔的下验收极限 = 最大实体尺寸 $-A$。（ ）
13. $\phi250_{-0.46}^{\ 0}$ mm 轴径的上验收极限为 $\phi249.968$mm，下验收极限为 $\phi249.572$mm。（ ）
14. 直径为 $\phi150_{\ 0}^{+0.16}$ mm 孔的上验收极限为 $\phi150.16$mm，下验收极限为 $\phi150$mm。（ ）
15. 测量尺寸为 $\phi150_{\ 0}^{+0.16}$ mm 孔时，应选用分度值为 0.01mm 的内径千分尺。（ ）
16. 根据测量方法极限误差选用测量器具时，精度系数 K 的取值一般在 1/10 ~ 1/3 范围内，高精度零件取 1/3，低精度零件取1/10，一般零件取 1/5。（ ）

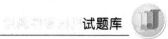

17. 用测量方法极限误差测量尺寸为 $\phi100_{-0.087}^{\ 0}$ mm 的孔时，通过查表，应选用分度值为0.05mm 的两点内径千分尺进行测量。（ ）

18. 零件加工过程进行的测量称为主动测量。（ ）

19. 零件加工完毕后进行的测量称为静态测量。（ ）

20. 用指示表测量零件的平面度属于动态测量。（ ）

21. 测量的标准温度为20℃，而且应使被测件的温度和测量器具本身的温度保持一致。（ ）

22. 在进行长度测量时，应将标准长度量安放在被测长度量的延长线上。（ ）

23. 测量误差一般分为定值误差、变值误差和粗大误差三类。（ ）

24. 系统误差是可以预知的，而随机误差是不可预计的。（ ）

25. 系统误差符合正态分布规律。（ ）

26. 零件有限次测量结果的算术平均值可接近其真值。（ ）

27. 量块按级使用时，用量块的标称尺寸作为工作尺寸；按级使用时，用量块的实际检测值作为工作尺寸。（ ）

28. 使用等别的量块，测量的精度较低。（ ）

29. 平面平晶只有一个工作面，而平行平晶有两个工作面。（ ）

30. 用平行平晶可以测量千分尺等计量器具测量平面的平面度和平行度。（ ）

31. 平板分为6个级别，3级平板用于划线，其余用于检验。（ ）

32. 刀口形直尺分为刀口尺、三棱尺和四棱尺。精度分为0级和1级。（ ）

33. 表面粗糙度比较样块主要用于检验计量器具。（ ）

34. 用于检验机械加工表面的表面粗糙度比较样块，应给定加工方法、表面形状与纹理等要求。（ ）

35. 游标量具利用尺身刻线间距与游标刻线间距之差来读取毫米的小数数值。（ ）

36. 游标量具适用于测量公差等级高于IT9的零件。（ ）

37. 指示表是利用齿轮、杠杆、弹簧等传动机构，把测量杆的微量移动转换为指针的转动，从而指示出示值的量具。（ ）

38. 杠杆百分表测量杆与扇形齿轮杠杆臂之间是靠摩擦力联结在一起的，使用时不许扳动测量杆改变其角度位置和测量方向。（ ）

39. 内径指示表是用指示表作为读数机构，由杠杆、弹簧、钢球等传动系统组合而成的测量器具。（ ）

40. 杠杆齿轮比较仪是专门用于测量齿轮的比较仪器。（ ）

41. 从焦平面分划板上透出的光，经物镜折射后形成的平行光束，碰到垂直于光轴的反射镜反射回来，成像在分划板的透光位置上，这一现象称为“自准直”现象。 （ ）

42. 使用光学计测量零件时，应根据零件的形状，选择与零件接触面尽量大的工作台和测帽。 （ ）

43. 光学计平面工作台应是一个中心高出 1μm 左右的微凸形球面。 （ ）

44. 卧式测长仪的测量装置符合阿贝原则。 （ ）

45. 万能工具显微镜的主显微镜可以上下移动和左右摆动。 （ ）

46. 万能工具显微镜配有多种可换镜头，以适应不同零件的测量要求。 （ ）

47. 用投影仪进行相对测量时，应按被测件的尺寸和公差选一适当的放大比例绘出零件的标准图形。 （ ）

48. 用干涉显微镜测量表面粗糙度时，应将被测表面向上放在工作台上。 （ ）

49. 电动测量仪器主要由传感器、测量电路和显示执行机构组成。 （ ）

50. BJ2 型电感式轮廓仪能把驱动箱放在被测件表面上进行测量。 （ ）

51. 转轴式圆度仪是以工作台转轴的回转形成标准运动的。 （ ）

52. 现代圆度仪不仅可以测量圆度、圆柱度，而且可以测量直线度、平行度、垂直度等。 （ ）

53. 若在激光测量仪测量过程中出现断光，则说明光束未调准或操作有误。 （ ）

54. 三坐标测量机是精密仪器，绝不允许用作划线。 （ ）

55. 三坐标测量机校准探针的目的是把每个探针调整到一个设定的固定位置上。 （ ）

56. 选用三坐标测量机的测头组件时，应有一定的长度和质量限制。 （ ）

57. 当圆柱体 $\phi 60^{\ 0}_{-0.03}$ Ⓔ的实际尺寸小于 ϕ60mm 时，允许其轴线或素线存在直线度误差。 （ ）

58. 形状误差是指被测提取要素对拟合要素的变动量。 （ ）

59. 形状误差值是用最小包容区域的宽度或直径表示的。 （ ）

60. 位置误差分为定向、定位和轮廓度三类。 （ ）

61. 由基准目标建立基准时，基准点目标可以用球端支承来体现。 （ ）

62. 几何误差测量不确定度与被测要素的公差等级有关，被测要素的公差等级越高，测量不确定度占几何公差的百分比越大。 （ ）

63. 槽形综合量规不适用检测细长轴轴线的直线度。 （ ）

64. 检测奇数棱形圆柱体的圆度时，可采用两点法，检测偶数棱形圆柱体的

圆度时，可采用三点法。（ ）

65. 用平板、带指示表的测量架、V形架或直角座测量圆柱度时，应测量若干个横截面，并取所有示值中的最大值与最小值的差值之半作为圆柱度误差。（ ）

66. 在测量轴肩面或轴端面对轴线的垂直度误差时，可以用导向块模拟基准轴线。（ ）

67. 在测量两孔轴线的平行度或垂直度误差时，都可以用心轴来模拟基准轴线和被测孔轴线。（ ）

68. 测量倾斜角时，一般应配用适当的定角器具。（ ）

69. 测绘零件时，对有配合关系的尺寸，应测出其尺寸公差和几何公差。（ ）

70. 测绘零件时，对齿轮、螺纹、带轮、键等标准化结构，一般应采用标准结构尺寸。（ ）

71. 用测绘圆整法圆整尺寸时，孔（轴）的公称尺寸只要满足小于孔的实测尺寸或大于轴的实测尺寸的条件，就可以确定其大小。（ ）

72. 用测绘圆整法圆整尺寸时，基准孔的公差 T_h 应等于孔的实测尺寸减去公称尺寸。（ ）

73. 用测绘圆整法圆整尺寸时，孔和轴的公差应采用计算值。（ ）

74. 确定相配件的公差等级时，应根据基准件的公差等级和工艺等价性进行选择。（ ）

75. 用测绘圆整法圆整尺寸时，配合轴孔的配合类型应根据其平均公差查表确定。（ ）

76. 测绘中，碰到不加工或极少加工的冷拔圆钢件时，可选择该件为基准轴。（ ）

77. 配合件有较高的定心精度要求时，应选用过盈配合。（ ）

78. 设计圆整尺寸法是以实测尺寸为依据，按设计程序确定公称尺寸和极限的。（ ）

79. 在对常规设计的零件进行尺寸圆整时，应使其公称尺寸、公差与配合符合有关国家标准。（ ）

80. 圆整非功能尺寸时，应使实测尺寸在圆整后尺寸的公差范围内。（ ）

81. 在确定被测件的几何公差时，同一平面上给出的形状公差值一般应大于位置公差值。（ ）

82. 在确定被测件的几何公差时，圆柱形零件的尺寸公差一般应小于位置公差。（ ）

83. 在确定被测件的几何公差时，形状公差值一般应大于表面粗糙度值。 ( )

84. 在确定被测件的几何公差时，在满足功能要求的前提下，线对线和线对面，相对于面对面的平行度或垂直度可适当提高 1 ~2 级。 ( )

85. 在确定齿轮、蜗杆、花键、带轮等标准件的几何公差时，应符合 GB/T 1184—1996 标准。 ( )

86. 在确定被测件表面粗糙度时，摩擦表面的粗糙度值应大于非摩擦表面，滚动摩擦表面的粗糙度值应大于滑动摩擦表面。 ( )

87. 确定被测件上与滚动轴承配合的轴颈和孔、齿轮、带轮等标准件的表面粗糙度时，应按有关标准规定来确定。 ( )

88. 光谱分析法不但可以鉴定材料的化学成分，而且可以鉴定其化学成分的含量。 ( )

89. 零件在砂轮上打磨时，几乎无火花，仅在尾部略有极少的三四处分叉爆裂，该材料应为高速工具钢。 ( )

90. 一般机床主轴常采用中碳钢及中碳合金钢，并进行正火、调质或淬火等热处理。 ( )

91. 高速重载机床主轴常采用低碳钢，并进行正火或淬火热处理。 ( )

92. 精度在 7 级以上的高硬度丝杠，一般采用碳素工具钢制造。 ( )

93. 不能选用铸铁作为齿轮材料。 ( )

94. 中速、中载，要求较高的齿轮应采用中碳合金钢制造，并进行调质及表面淬火热处理。 ( )

95. 冶金、矿山机械用的重型齿轮，常用含 Si-Mn 的钢材制造，一般只进行正火或调质热处理，制成软齿面齿轮。 ( )

96. 轴套类零件上的倒角没有标准，可以自定。 ( )

97. 回转轴线是轴套类零件宽度、高度方向上的主要基准，端面是长度方向上的基准。 ( )

98. GB/T 1144—2001 将矩形花键分为轻、中、重 3 个系列。 ( )

99. 在平行于花键轴线的投影面的视图中，外花键的大径应用粗实线表示，小径应用细实线表示，中径用中心线表示。 ( )

100. 测量齿轮公法线长度时，应在相同的几个齿内完成 w_k、w_{k+1}（w_{k-1}）的测量工作。 ( )

101. 与模数齿轮相比，径节齿轮的齿形较为平直，齿槽根部宽平且圆孤小。 ( )

102. 齿轮轮齿曲线上的齿形角处处相等。 ( )

103. 两变位齿轮啮合的中心距与变位前不同时，该啮合齿轮称为高度变位

齿轮。（　）

104. 用量角器从滚印纸上量出的螺旋角，就是斜齿轮的定义螺旋角 β。（　）

105. 在绘制斜齿圆柱齿轮图样时，应用 3 条与齿线方向一致的细实线表示出齿轮的螺旋方向。（　）

106. 锥齿轮的轴交角可成任意角度。（　）

107. 蜗杆的类型很多，常用的为阿基米德螺旋线蜗杆和轴向直廓蜗杆。（　）

108. 铸件箱体上的铸造斜度与垂直壁高有关，垂直壁越高，铸造斜度越大。（　）

109. 箱体上支承啮合传动副的传动轴的两孔间的中心距，应符合啮合传动副中心距的要求。（　）

110. 箱体上安装滚动轴承外圈孔的公差应按滚动轴承配合要求来选择。（　）

111. 常见的 V 带轮有基准宽度制 V 带轮、有效宽度制 V 带轮、汽车 V 带轮及深槽 V 带轮。（　）

112. 叉架类零件一般由工作部分、支承部分和连接部分组成。（　）

113. 直齿锥齿轮的模数是指大端模数。（　）

114. 标准直齿锥齿轮的齿面宽度是节锥半径的 1/3。（　）

115. 检测圆柱齿轮的公法线长度时，齿顶圆的变动量影响测量精度。（　）

116. 柴油机的连杆测绘属于叉架类零件测绘内容。（　）

117. 有规律的阿基米德螺旋线圆盘凸轮测绘时需要确定基圆、升高率等主要参数。（　）

118. 圆柱凸轮的测绘与圆盘凸轮测绘的方法是完全相同的。（　）

119. 圆柱凸轮常用展开图表达凸轮的曲线。（　）

120. 圆盘凸轮曲线的测绘还应考虑从动件与凸轮的相对位置。（　）

121. 齿轮测绘中，齿廓的形状与齿轮的压力角有关系，汽车变速器的齿轮压力角比较大，标准齿轮的压力角为 20°。（　）

122. 蜗轮的螺旋角应与蜗杆的螺旋角相等。（　）

123. 箱体零件的孔系测量包括同轴孔系、平行孔系等，测绘应全部采用直角坐标法确定孔系的位置尺寸。（　）

124. 应用 AutoCAD 绘制零件图样，应掌握绘图方法、修改方法和标注方法。（　）

二、选择题（将正确答案的序号填入括号内）

1. 法定计量单位中，长度的基本单位为（　　）。

A. mm　　B. m　　C. cm

2. 法定计量单位中，平面角的基本单位为（　　）。

A. 弧度　　B. 度　　C. 冈

3. 对于刚性差、硬度低的软金属或薄型、微型零件，应选用（　　）测量器具测量。

A. 接触　　B. 非接触　　C. 光学

4. 按照内缩验收极限检验零件时，用于生产的公差应比零件规定的公差（　　）安全裕度 A。

A. 缩小一个　　B. 增大一个　　C. 缩小两个

5. 测量过程中，因温度、压陷效应及零件形状误差引起的不确定度约为安全裕度 A 的（　　）倍。

A. 0.1　　B. 0.45　　C. 0.9

6. 轴的上验收极限 = 最大实体尺寸（　　）。

A. $-A$　　B. $+A$　　C. $-$公差$+A$

7. 轴的下验收极限 = 最大实体尺寸（　　）。

A. $-A$　　B. $+A$　　C. $-$公差$+A$

8. 某轴的尺寸为 $\phi250_{-0.46}^{\ 0}$ mm，检验时应选用不确定度≤(　　)mm 的测量器具。

A. 0.29　　B. 0.414　　C. 0.029

9. 某孔的尺寸为 $\phi150_{\ 0}^{+0.16}$ mm，合理的安全裕度 A 值应为(　　) mm。

A. 0.010　　B. 0.144　　C. 0.100

10. 用测量方法极限误差测量尺寸为 $\phi25_{-0.013}^{\ 0}$ mm 的轴径时，其精度系数 K 应选为（　　）。

A. 1/3　　B. 1/5　　C. 1/10

11. 用正弦规测量角度值属于（　　）测量。

A. 直接　　B. 间接　　C. 相对

12. 用完整牙型螺纹量规检验螺纹属于（　　）测量。

A. 综合　　B. 单项　　C. 动态

13. 对精密零件进行多次测量时，其测量次数（　　）次为宜。

A. <5　　B. 5 ~ 15　　C. >15

14. 判别粗大误差的准则是（　　）标准和肖维勒标准。

A. δ　　B. 2δ　　C. 3δ

15. 使用量块时，所选量块的数量一般不超过（　）块。

A. 6　　B. 5　　C. 4

16. 在角度标准量具中，分度精度由高到低的次序为（　）。

A. 角度量块、正多面棱体、多齿分度盘

B. 多齿分度盘、正多面棱体、角度量块

C. 正多面棱体、角度量块、多齿分度盘

17. 平行平晶的每个系列中，（　）组成为一套。

A. 相邻的任意三块　　B. 任意四块　　C. 相邻的任意四块

18. 从外径千分尺固定套筒上，可以读取毫米及（　）毫米的数值。

A. 0.1　　B. 0.2　　C. 0.5

19. 下列量具中，既能作绝对测量，又能作相对测量的量具是（　）。

A. 直径千分尺　B. 杠杆千分尺　C. 杠杆卡规

20. 百分表的测量范围一般为 0～3mm、0～5mm、0～10mm，大量程百分表的测量范围可达（　）mm。

A. 20　　B. 50　　C. 100

21. 杠杆千分尺的量程不超过（　）mm。

A. 0.3　　B. 0.5　　C. 1

22. 安装内径指示表可换测头时，应使被测尺寸处于活动测头移动范围的（　）位置上。

A. 上限　　B. 下限　　C. 中间

23. 采用立方直角棱镜分光的自准直仪光路系统为（　）型光路系统。

A. 高斯　　B. 阿贝　　C. 双分划板

24. 自准直仪是测量（　）的光学量仪。

A. 微小倾角　　B. 直线度　　C. 垂直度

25. 用卧式测长仪进行绝对测量时，应先使测座的测量主轴与尾管前的测头接触，然后（　）。

A. 读取示值　　B. 将示值调为零　　C. 将示值调为被测尺寸

26. 高精度光学分度头的最小分度值不大于（　）。

A. 10″　　B. 5″　　C. 2″

27. 万能工具显微镜的纵横滑台（　）读取示值。

A. 各用一个读数器　　B. 合用一个读数器　　C. 由主显微镜

28. 投影仪两套照明系统（　）使用。

A. 不能单独　B. 不能同时　C. 能单独或同时

29. 用光切显微镜测量表面粗糙度时，零件表面加工纹路与光带方向（　）。

A. 应垂直　　B. 应平行　　C. 不限制

30. 用干涉显微镜测量精加工机械零件时，干涉条纹为（　）。

A. 平行直纹　　B. 弯曲条纹　　C. 杂纹

31. 调整 DGS-20 型电感测微仪的放大倍率时，应先调整（　）精度挡。

A. 高　　B. 中　　C. 低

32. 电感式轮廓仪是测量（　　）的电动量仪。

A. 样板轮廓　　B. 刀量具形状　　C. 表面粗糙度

33. 校验电动式轮廓仪的指零表时，应采用（　）刻线标准样板。

A. 单　　B. 双　　C. 多

34. 尺寸极限偏差或公差带代号后加注“Ⓔ”时，表示该尺寸公差与几何公差之间存在（　　）要求。

A. 包容　　B. 最大实体　　C. 可逆

35. 尺寸公差与几何公差之间存在最小实体要求时，应在几何公差后加注（　）符号。

A. Ⓔ　　B. Ⓛ　　C. Ⓡ

36. 尺寸公差与几何公差之间有最大（最小）实体要求时，尺寸公差（　　）。

A. 限制几何公差　　B. 可补偿给几何公差

C. 和几何公差可以互补

37. $\phi60_{-0.03}^{\ 0}$ mm 圆柱体轴线的直线度要求为 $\phi0.02$ ⓂⓇ时，该圆柱体的最大实体尺寸可达（　　）mm。

A. $\phi59.95$　　B. $\phi60.05$　　C. $\phi60.02$

38. 公差原则规定，可逆要求仅适用于（　　）。

A. 独立原则　　B. 包容要求　　C. 最大（最小）实体要求

39.《形状和位置公差检测规定》中规定了（　　）种几何误差检测原则。

A. 3　　B. 4　　C. 5

40. 评定形状误差时，应使被测提取要素对其拟合要素的变动量为（　　）。

A. 最大　　B. 最小　　C. 均值

41. 评定同轴度和对称度时，拟合要素的理论正确尺寸为（　）。

A. 正值　　B. 负值　　C. 零

42. 基准是用以确定被测提取要素的方向或（和）位置的依据，基准体现的方法有（　　）种。

A. 2　　B. 4　　C. 6

43. 用综合量块检测轴或孔轴线的直线度时，综合量规（　　）被测孔或轴。

A. 必须通过　　B. 不能通过　　C. 一端通过一端不通过

44. 用仿形测量装置、指示表、固定和可调支承、轮廓样板测量轮廓度时，应取指示表（　）作为轮廓度误差。

A. 最大示值　　B. 最大示值的两倍　　C. 平均示值的两倍

45. 激光测长仪的测量距离可达（　）m。

A. 10　　B. 50　　C. 100

46. 用三坐标测量机测量时，被测要素的测点数目一般不超过（　）点。

A. 50　　B. 100　　C. 1000

47. 尺寸圆整不包括确定（　）。

A. 公称尺寸及尺寸公差　　B. 极限与配合性质

C. 几何公差及表面粗糙度

48. 用测绘圆整法圆整尺寸时，公称尺寸一般应（　）。

A. 不含小数　　B. 含小数

C. 按尺寸段和实测值中第一位小数的大小确定是否含小数

49. 用测绘圆整法圆整尺寸时，孔（轴）的公称尺寸应（　）孔的实测尺寸。

A. 小于　　B. 大于　　C. 等于

50. 测得一基准孔的尺寸为 $\phi63.52$mm，用测绘圆整法圆整时，该孔的公称尺寸应为（　）mm。

A. $\phi63$　　B. $\phi63.5$　　C. $\phi63.52$

51. 用测绘圆整法圆整尺寸时，基准孔的公差 $T_h=$（　）。

A. $L_{测}-L_{基}$　　B. $L_{基}-L_{测}$　　C. $2L_{测}-2L_{基}$

52. 测绘中碰到一轴与多孔配合时，应选择（　）制配合。

A. 基孔　　B. 基轴　　C. 混合

53. 根据轴、孔工艺的等价性，当精度较低或公称尺寸 >500mm 的配合件，应选用（　）公差等级。

A. 同一　　B. 孔比轴高一级　C. 孔比轴低一级

54. 尺寸 35.956mm 保留一位小数时，应圆整为（　）mm。

A. 35.9　　B. 36　　C. 36.0

55. 尺寸 24.59mm 保留整数位时，应圆整为（　）mm。

A. 24　　B. 25　　C. 24.0

56. 尺寸 75.349mm 保留一位小数时，应圆整为（　）mm。

A. 75.4　　B. 75.3　　C. 75

57. 尺寸 45.351mm 保留一位小数时，应圆整为（　）mm。

A. 45.3　　B. 45.4　　C. 45.3 或 45.4

58. 单件小批生产时，零件的实际尺寸大多靠近（　）尺寸。

A. 公差中部　B. 最小实体　C. 最大实体

59. 在确定被测件的几何公差时，同一平面上给出的形状公差一般应(　)位置公差值。

A. 大于　B. 等于　C. 小于

60. 在确定被测件的几何公差时，表面粗糙度值一般应（　）形状公差。

A. 大于　B. 等于　C. 小于

61. 确定被测件的几何公差时，在满足功能要求的前提下，轴的几何公差应比孔（　）。

A. 高1~2级　B. 低1~2级　C. 相等

62. 在确定被测件表面粗糙度时，其 Ra 值一般不超过尺寸公差的(　)%。

A. 1　B. 5　C. 10

63. 测量 Ra 小于 0.01μm 的表面粗糙度值时，应选用（　）仪器。

A. 电动轮廓　B. 光切显微镜　C. 干涉显微镜

64. 用比较法确定零件表面粗糙度时，应具备（　）。

A. 表面粗糙度标准样块　B. 表面粗糙度比较样块

C. 经验统计资料

65. 用火花鉴定法鉴定被测件时，火花呈一次花，爆花为四根分叉一次花，此零件的材料应为（　）碳钢。

A. 低　B. 中　C. 高

66. 精度在7级以下的丝杠，一般不采用（　）钢。

A. 45　B. Y40Mn　C. 9Mn2V

67. 轴套类零件常用（　）个基本视图来表达。

A. 1　B. 2　C. 3

68. 平键有3种类型，与其配合的键槽剖面尺寸有（　）个标准。

A. 1　B. 2　C. 3

69. GB/T 1144—2001 规定，矩形花键是以（　）定心的。

A. 大径　B. 小径　C. 侧面

70. 在外花键径向视图中，尾部应用细实线绘制为与轴线成(　)的斜线。

A. 30°　B. 45°　C. 60°

71. 花键长度的标注形式有（　）种。

A. 1　B. 2　C. 3

72. 花键联接均采用（　）配合。

A. 基孔制　B. 基轴制　C. 非基准制

73. 渐开线花键齿根结构形式分为（　　）种。

A. 1　　B. 2　　C. 3

74. 在绘制齿轮图样时，（　　）线可省略不画。

A. 齿顶　　B. 齿根　　C. 分度

75. 测量齿轮公法线长度时，应使卡尺两卡脚工作面切于(　　)圆附近。

A. 齿顶　　B. 齿根　　C. 分度

76. 测量齿轮公法线长度时，跨测齿数的确定与（　　）无关。

A. 齿数　　B. 齿形角　　C. 模数

77. 两变位齿轮啮合的中心距 a' 大于变位前的中心距 a 时，该啮合齿轮称为（　　）变位啮合齿轮。

A. 正角度　　B. 负角度　　C. 高度

78. 国家标准规定，锥齿轮是以（　　）上的参数作为基本参数和计算依据的。

A. 大端　　B. 小端　　C. 中部

79. 标准渐开线锥齿轮有（　　）模数标准。

A. 专用　　B. 用直齿圆柱齿轮　　C. 用斜齿圆柱齿轮

80. 直角尺在轴向与蜗杆齿廓贴合紧密、无缝隙时，该蜗杆一般应为(　　)蜗杆。

A. 轴向直廓　　B. 渐开线　　C. 阿基米德

81. 在蜗杆传动副中，变位会影响（　　）的几何尺寸。

A. 蜗杆　　B. 蜗轮　　C. 蜗杆和蜗轮

82. 一般情况下，铸件上外壁、内壁、肋的厚度为（　　）。

A. 外壁 > 内壁 > 肋　　B. 外壁 < 内壁 < 肋　　C. 三者相等

83. V 带轮的槽型角与（　　）有关。

A. 带的型号　　B. 带的长度　　C. 带轮的直径

84. 圆盘凸轮的工作曲面在工件的圆柱面上，曲线是沿（　　）变动的。

A. 径向　　B. 轴向　　C. 法向

85. 等速圆柱端面凸轮的曲面是以（　　）曲线为导线的直线成形面。

A. 简谐　　B. 阿基米德　　C. 偏心

86. 沿直齿锥齿轮的外形圆锥面测出的圆锥角是（　　）。

A. 分锥角　　B. 根锥角　　C. 顶锥角

87. 与斜齿轮的公法线长度检测直接有关的检测用数据是（　　）。

A. 齿数　　B. 跨测齿数　　C. 当量齿数

88. 应用 AutoCAD 绘制零件图样时，“线段延伸”属于（　　）工具。

A. 修改　　B. 绘图　　C. 标注

三、计算题

1. Z5040 型钻床轴承套的外圆直径为 $\phi100^{+0.045}_{+0.023}$mm，孔径为 $\phi90^{+0.035}_{0}$mm，根据安全裕度选择测量内、外直径的器具和验收极限。

2. 已知某轴径的尺寸为 $\phi50h6\left(^{0}_{-0.016}\right)$，试根据测量方法极限误差选用测量器具。

3. 测得某轴径 d 的 10 次尺寸分别为 20.000mm、20.005mm、19.998mm、19.994mm、20.003mm、20.006mm、19.990mm、19.995mm、20.010mm、19.999mm。求多次测量结果（用算术平均值和极限误差表示）。

4. 试用 83 块套别和 38 块套别的量块分别组合 44.54mm 的尺寸。

5. 测得相互配合的孔和轴的实际尺寸分别为 $\phi30.02$mm 和 $\phi29.99$mm。用测绘圆整法确定孔和轴的公称尺寸和公差配合。

6. 用游标卡尺测得一残缺 V 带轮的弦长为 120mm，该弦长上的弦高为 20mm，试计算该 V 带轮的直径。

7. 有一残缺齿圈，欲用检验棒和游标深度尺测量其孔径，试用简图表示测量方法；若检验棒的直径均为 20mm，游标深度尺的示值为 2mm，试求齿圈的孔径 D。

8. 试画出用钢球和游标深度尺测量锥孔圆锥角 α 的示意图。若钢球直径分别为 25mm 和 16mm，小钢球顶点低于锥孔大端端面 40mm，大钢球顶点高于锥孔大端端面 9mm，求锥孔的锥度 c；若大钢球的顶点低于锥孔大端端面 9mm，则锥孔的锥度 c 为多少？

9. 测得一国产直齿圆柱齿轮的齿数 $z=17$，齿顶圆直径 $d'_a=38$mm，全齿高 $h'=4.5$mm，公法线长度 $w'_2=9.3$mm、$w'_3=15.2$mm，试确定该齿轮的基本尺寸及参数。

10. 测得某国产斜齿圆柱齿轮的齿数 $z=21$，齿顶圆直径 $d'_a=73.41$mm，齿根圆直径 $d'_f=59.9$mm，公法线长度 $w'_{3n}=24.1$mm、$w'_{4n}=32.96$mm，试确定该齿轮的基本尺寸及参数。

11. 测得一普通圆柱蜗杆的头数 $z=1$、齿顶圆直径 $d'_a=33$mm、齿距 $p'_x=7.8$mm、齿高 $h'=5.48$mm，试确定该蜗杆的基本尺寸及参数。

四、简答题

1. 合理选用测量器具的一般原则是什么？

2. 试述按安全裕度选择测量器具的基本方法。

3. 根据测量方法极限误差选用测量器具时，怎样确定精度系数？

4. 常用的测量方法分为哪几个类型？
5. 系统误差的处理方法有哪几种？
6. 随机误差有何特性？
7. 使用量块的一般原则是什么？
8. 怎样使用和维护保养外径千分尺？
9. 试述杠杆百分表的使用和维护保养方法。
10. 试述内径指示表的正确使用方法。
11. 试述用自准直仪测量机床导轨直线度的操作方法。
12. 万能工具显微镜常配有哪些主要可换镜头？
13. 在万能工具显微镜上，用影像法如何测量螺纹中径？
14. 三坐标测量机有哪几个主要组成部分？
15. 试述三坐标测量机的工作原理。
16. 三坐标测量机的电动测头有哪几个组成部分？选择探针时，应考虑哪些问题？
17. 如何用平板、固定和可调支承、带指示表的测量架测量圆锥体素线的直线度误差？
18. 如何用平板、顶尖架、带指示表的测量架测量圆柱体轴线的直线度误差？
19. 如何用平板、V 形块、带指示表的测量架测量圆柱度误差？
20. 测绘零件时，应注意哪些事项？
21. 测绘中选择基准时，在哪些情况下应选用基轴制？
22. 用类比法圆整尺寸时，选择配合过程中应考虑哪些问题？
23. 非常规设计尺寸圆整的基本原则是什么？
24. 鉴定被测件材料的方法有哪几种？
25. 试述用拓印法测绘圆盘凸轮的步骤及方法。
26. 测量齿轮公法线长度时，应注意哪些事项？
27. 确定齿轮齿形角的常用方法有哪几种？
28. 怎样识别直齿圆柱齿轮是否变位？
29. 能否用蜗杆判断出蜗杆传动副是否变位？为什么？
30. 画简图说明检验箱体上同一平面内垂直孔系垂直度的检验方法。
31. 画简图说明检验箱体上同轴孔系同轴度的检验方法。
32. 画简图说明检验轴承架孔与底面距离及平行度的检验方法。
33. 什么是技术测量？技术测量的基本任务是什么？
34. 简述汽车渐开线外花键的基本参数。
35. 简述内、外圆锥体锥度的测量方法。

36. 怎样用分度法检测圆柱螺旋槽凸轮？
37. 怎样测量锥齿轮的分锥角和齿形角？
38. 怎样确定蜗杆的齿形角和导程角？
39. 简述叉架类零件的测绘要点。
40. 简述大尺寸或不完整孔、轴直径的测量方法。

◆◆◆ 技能要求试题

一、蜗杆轴测绘

1. 考件

蜗杆轴，其实物轴测图如图1所示。

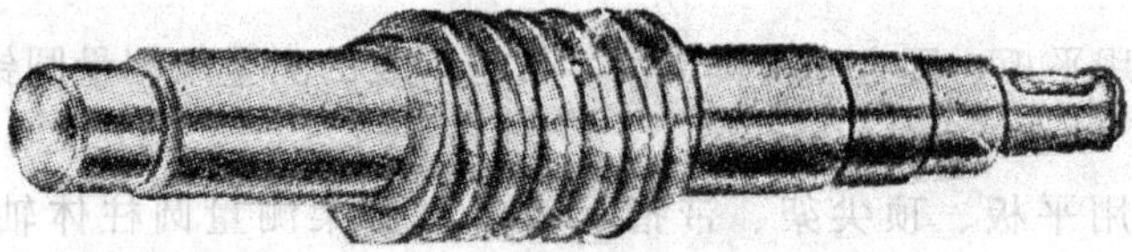

图1　蜗杆轴轴测图

2. 准备要求

1）分析零件结构，了解使用场所及要求。
2）准备测绘量具、工具等。

3. 考核内容

（1）考核要求

1）绘制零件草图。
2）确定蜗杆的头数、旋向。
3）确定蜗杆的模数。
4）确定蜗杆其他主要尺寸及参数。
5）确定蜗杆的精度等级。
6）确定蜗杆的检验项目及公差值。
7）测量其他部分尺寸及参数。
8）确定几何公差值。
9）确定各表面的表面粗糙度值。
10）确定基准。
11）确定蜗杆轴材料及热处理要求。

12）确定其他技术要求。

（2）工时定额　180min。

（3）安全文明生产要求

1）正确执行安全技术操作规程。

2）按企业有关文明生产规定，做到工作场地整洁，工件、工具、量具等摆放整齐、安全。

4. 配分、评分标准

蜗杆轴测绘、配分、评分见表1。

表1　蜗杆轴测绘、配分、评分

序号	考核内容	配分	评分标准	考核记录	扣分	得分
1	视图表达合理、规范、完整	16	酌情扣分，至不得分			
2	蜗杆头数、模数确定正确	10	线数、模数错，该项及主要尺寸、参数项皆不得分			
3	蜗杆其他尺寸及参数确定正确	12	错一项扣3分			
4	蜗杆精度等级、检验项目及公差确定正确	12	一项不合理扣2分			
5	尺寸圆整合理	14	轴颈尺寸圆整不合理扣5分，其他尺寸圆整不合理酌情扣分			
6	几何公差选用合理，标注正确	12	几何公差选用不合理酌情扣分，标注不正确每处扣3分			
7	表面粗糙度选用合理，标注正确	10	表面粗糙度选用不合理酌情扣分，标注不正确每处扣3分			
8	材料及热处理选用合理	8	酌情扣分			
9	其他技术要求选用合理	6	酌情扣分			
10	安全文明生产：遵守安全操作规程，正确使用工、量具，操作现场整洁，安全用电，防火，防人身、设备事故		违反安全文明生产规程酌情扣分，危及人身、设备安全者可停止作业，并按零分处理			
11	分数合计	100				

二、铣床主轴测绘

1. 考件

铣床主轴及视图。

2. 准备要求

1）分析铣床主轴及视图，了解使用要求。

2）准备测量器具等。

3. 考核内容

（1）考核要求

1）绘制铣床主轴草图。

2）测量并圆整全部尺寸。

3）确定设计基准。

4）确定必要的几何公差。

5）确定各表面的表面粗糙值。

6）用钢球和游标深度尺测量主轴锥孔的锥度。

7）确定主轴的材料及热处理要求。

8）确定其他必要的技术要求。

（2）工时定额　180min。

（3）安全文明生产

1）正确执行安全技术操作规程。

2）按企业有关文明生产规定，做到工作场地整洁，工件、工具、量具等摆放整齐、安全。

三、车床尾座套筒测绘

1. 考件

车床尾座套筒。

2. 准备要求

1）分析车床尾座结构，了解使用要求。

2）准备测绘量具、工具等。

3. 考核内容

（1）考核要求

1）绘制车床尾座套筒草图。

2）测量并圆整全部尺寸。

3）确定锥孔锥度。

4）确定尾座套筒设计基准。

5）确定必要的几何公差。

6）确定各表面的表面粗糙度值。

7）确定尾座套筒的材料及热处理要求。

8）确定其他必要的技术要求。

（2）工时定额　180min。

（3）安全文明生产

1）正确执行安全技术操作规程。

2）按企业有关文明生产规定，做到工作场地整洁，工件、工具、量具等摆放整齐、安全。

四、车床主轴箱离合器双联齿轮套测绘

1. 考件

离合器双联齿轮套。

2. 准备要求

1）分析离合器双联齿轮套的结构，了解使用要求。

2）准备测绘量具、工具等。

3. 考核内容

（1）考核要求

1）绘制离合器双联齿轮套草图。

2）测算出齿轮的模数、齿顶圆直径等主要尺寸和参数。

3）确定齿轮的精度等级、检验项目及公差值。

4）测量并圆整其他全部尺寸。

5）确定设计基准。

6）确定必要的几何公差。

7）确定各表面的表面粗糙度值。

8）确定离合器双联齿轮套的材料及热处理要求。

9）确定其他必要的技术要求。

（2）工时定额　180min。

（3）安全文明生产

1）正确执行安全技术操作规程。

2）按企业有关文明生产规定，做到工作场地整洁，工件、工具、量具等摆放整齐、安全。

五、残缺直齿圆柱齿轮测绘

1. 考件

三分之一左右残缺齿轮。

2. 准备要求

1）分析残缺齿轮的结构，了解使用场合和使用要求。

2）准备测绘量具、工具等。

3. 考核内容

（1）考核要求

1）测算齿轮的齿数、模数等主要尺寸及参数。

2）确定齿轮的精度等级、检验项目及公差。

3）用等径圆棒和游标深度尺测算出孔径。

4）测算并圆整全部尺寸。

5）确定齿轮设计基准。

6）确定必要的几何公差。

7）确定各表面的表面粗糙度值。

8）绘制齿轮草图。

9）确定齿轮的材料及热处理要求。

10）确定其他技术要求。

（2）工时定额　180min。

（3）安全文明生产

1）正确执行安全技术操作规程。

2）按企业有关文明生产规定，做到工作场地整洁，工件、工具、量具等摆放整齐、安全。

六、斜齿圆柱齿轮测绘

1. 考件

斜齿圆柱齿轮。

2. 准备要求

1）分析斜齿圆柱齿轮的结构，了解使用要求。

2）准备测绘量具、工具等。

3. 考核内容

（1）考核要求

1）绘制斜齿圆柱齿轮草图。

2）测算斜齿圆柱齿轮的模数、螺旋角等主要尺寸及参数。

3）确定斜齿圆柱齿轮的精度等级、检验项目及公差。

4）测量并圆整其他尺寸。

5）确定斜齿圆柱齿轮的设计基准。

6）确定必要的几何公差。

7）确定各表面的表面粗糙度值。

8）确定斜齿圆柱齿轮的材料及热处理要求。

9）确定其他技术要求。

（2）工时定额　180min。

（3）安全文明生产

1）正确执行安全技术操作规程。

2）按企业有关文明生产规定，做到工作场地整洁，工件、工具、量具等摆放整齐、安全。

七、圆盘凸轮测绘

1. 考件

圆盘凸轮。

2. 准备要求

1）分析圆盘凸轮的结构，了解使用场所和要求。

2）准备测绘量具、工具等。

3. 考核内容

（1）考核要求

1）对凸轮进行正确分段。

2）正确确定凸轮的回转中心。

3）正确确定凸轮基圆半径及基圆弧段圆心角。

4）正确确定凸轮最大圆弧半径及其圆心角。

5）对凸轮升、降程曲线段合理分段、取点。

6）测量并圆整其他尺寸。

7）绘制凸轮草图。

8）确定凸轮设计基准。

9）确定必要的几何公差。

10）确定各表面的表面粗糙度。

11）确定凸轮的材料及热处理要求。

12）确定其他必要的技术要求。

（2）工时定额　180min。

（3）安全文明生产

1）正确执行安全技术操作规程。

2）按企业有关文明生产规定，做到工作场地整洁，工件、工具、量具等摆放整齐、安全。

八、残缺V带轮测绘

1. 考件

三分之一左右残缺V带轮。

2. 准备要求

1）分析V带轮的结构，了解其使用场所和要求。

2）准备测绘量具、工具等。

3. 考核内容

（1）考核要求

1）正确判别V带轮的类型。

2）正确测算出V带轮的直径、轮槽角等主要尺寸和参数。

3）绘制V带轮草图。

4）确定V带轮设计基准。

5）确定必要的几何公差。

6）确定各表面的表面粗糙度。

7）确定V带轮的材料及热处理要求。

8）确定必要的技术要求。

（2）工时定额　180min。

（3）安全文明生产

1）正确执行安全技术操作规程。

2）按企业有关文明生产规定，做到工作场地整洁，工件、工具、量具等摆放整齐、安全。

九、车床中滑板丝杠座测绘

1. 考件

车床中滑板丝杠座。

2. 准备要求

1）分析丝杠座的结构，了解使用要求。

2）准备测绘量具、工具等。

3. 考核内容

（1）考核要求

1）绘制丝杠座草图。

2）测量并圆整全部尺寸。

3）确定丝杠座设计基准。

4）确定必要的几何公差。

5）确定各表面的表面粗糙度。

6）确定丝杠座的材料及热处理要求。

7）确定其他必要的技术要求。

（2）工时定额　180min。

（3）安全文明生产

1）正确执行安全技术操作规程。

2）按企业有关文明生产规定，做到工作场地整洁，工件、工具、量具等摆放整齐、安全。

十、镗床减速箱箱体测绘

1. 考件

镗床减速箱箱体。

2. 准备要求

1）分析减速箱箱体的结构，了解使用要求。

2）准备测绘量具、工具等。

3. 考核内容

（1）考核要求

1）绘制减速箱箱体草图。

2）测量并圆整全部尺寸。

3）确定减速箱箱体设计基准。

4）确定必要的几何公差。

5）确定各表面的表面粗糙度。

6）确定减速箱箱体的材料及热处理要求。

7）确定其他必要的技术要求。

（2）工时定额　180min。

（3）安全文明生产

1）正确执行安全技术操作规程。

2）按企业有关文明生产规定，做到工作场地整洁，工件、工具、量具等摆放整齐、安全。

答案部分

一、判断题

1. √　2. ×　3. ×　4. √　5. ×　6. √　7. √　8. √
9. √　10. ×　11. √　12. ×　13. √　14. ×　15. √　16. √
17. ×　18. √　19. ×　20. √　21. √　22. √　23. ×　24. √
25. ×　26. √　27. √　28. ×　29. ×　30. √　31. √　32. √
33. ×　34. √　35. √　36. ×　37. √　38. ×　39. √　40. ×
41. √　42. ×　43. √　44. √　45. √　46. √　47. √　48. ×
49. √　50. √　51. ×　52. √　53. √　54. ×　55. ×　56. √
57. √　58. √　59. √　60. ×　61. √　62. √　63. ×　64. ×
65. √　66. √　67. √　68. √　69. ×　70. √　71. ×　72. ×
73. ×　74. √　75. √　76. √　77. ×　78. √　79. √　80. √
81. ×　82. ×　83. √　84. ×　85. ×　86. ×　87. √　88. ×
89. √　90. √　91. ×　92. ×　93. ×　94. √　95. √　96. ×
97. √　98. ×　99. ×　100. √　101. √　102. ×　103. ×　104. ×
105. √　106. √　107. ×　108. ×　109. √　110. √　111. √　112. √
113. √　114. √　115. ×　116. √　117. √　118. ×　119. √　120. √
121. √　122. ×　123. ×　124. √

二、选择题

1. B　2. A　3. B　4. C　5. B　6. A　7. C　8. B
9. A　10. A　11. B　12. A　13. B　14. C　15. C　16. B
17. C　18. C　19. B　20. C　21. A　22. C　23. C　24. A
25. A　26. C　27. A　28. C　29. A　30. B　31. A　32. C
33. A　34. A　35. B　36. B　37. C　38. C　39. C　40. B
41. C　42. B　43. A　44. B　45. C　46. B　47. C　48. C
49. A　50. B　51. C　52. B　53. A　54. C　55. A　56. B
57. B　58. C　59. C　60. C　61. A　62. B　63. C　64. B
65. A　66. C　67. A　68. B　69. B　70. A　71. C　72. A
73. C　74. B　75. C　76. C　77. A　78. A　79. A　80. C

81. B　82. A　83. C　84. A　85. B　86. C　87. B　88. A

三、计算题

1. **解**　对于 $\phi100^{+0.045}_{+0.023}$mm，其公差 $T=0.022$mm。

查表 1-1 得：$A=0.0022$mm，$\mu_1=0.0020$mm。

查表 1-2 及表 1-3，选用分度值为 0.001mm、放大倍数为 1000 倍的比较仪。

外圆的上验收极限 $=100.045\text{mm}-0.0022\text{mm}$

$=100.0428\text{mm}$

外圆的下验收极限 $=100.023\text{mm}+0.0022\text{mm}$

$=100.0252\text{mm}$

对于 $\phi90^{+0.035}_{0}$ mm，其公差 $T=0.035$mm。

查表 1-1 得：$A=0.0035$mm、$\mu_1=0.0032$mm。

查表 1-2 及表 1-3，选用分度值为 0.002mm、放大倍数为 400 倍的比较仪。

孔的上验收极限 $=90.035\text{mm}-0.0035\text{mm}$

$=90.0315\text{mm}$

孔的下验收极限 $=90\text{mm}+0.0035\text{mm}$

$=90.0035\text{mm}$。

答　外圆的测量器具选用分度值为 0.001mm、放大倍数为 1000 倍的比较仪。外圆的上验收极限为 $\phi100.043$mm，下验收极限为 $\phi100.025$mm。

孔的测量器具选用分度值为 0.002mm、放大倍数为 400 倍的比较仪。孔的上验收极限为 $\phi90.032$mm，下验收极限为 $\phi90.003$mm。

2. **解**　根据轴径的公差等级，查表 1-4 得 $K=30\%$。

$\Delta_{允许}=KT=30\%\times0.016\text{mm}=0.0048\text{mm}$

查表 1-5，选分度值为 0.002mm 的杠杆千分尺。

答　选用分度值为 0.002mm 的杠杆千分尺作为测量器具。

3. **解**　$\bar{x}=\sum_{i=1}^{10}x_i=(20.000\text{mm}+20.005\text{mm}+19.998\text{mm}+19.994\text{mm}+20.003\text{mm}+20.006\text{mm}+19.990\text{mm}+19.995\text{mm}+20.010\text{mm}+19.999\text{mm})/10=20.000\text{mm}$

$v_1=x_1-\bar{x}=20.000\text{mm}-20.000\text{mm}=0$

$v_2=x_2-\bar{x}=20.005\text{mm}-20.000\text{mm}=0.005\text{mm}$

$v_3=x_3-\bar{x}=19.998\text{mm}-20.000\text{mm}=-0.002\text{mm}$

$v_4=x_4-\bar{x}=19.994\text{mm}-20.000\text{mm}=-0.006\text{mm}$

$v_5=x_5-\bar{x}=20.003\text{mm}-20.000\text{mm}=0.003\text{mm}$

$v_6=x_6-\bar{x}=20.006\text{mm}-20.000\text{mm}=0.006\text{mm}$

$v_7 = x_7 - \bar{x} = 19.990\text{mm} - 20.000\text{mm} = -0.010\text{mm}$

$v_8 = x_8 - \bar{x} = 19.995\text{mm} - 20.000\text{mm} = -0.005\text{mm}$

$v_9 = x_9 - \bar{x} = 20.010\text{mm} - 20.000\text{mm} = 0.010\text{mm}$

$v_{10} = x_{10} - \bar{x} = 19.999\text{mm} - 20.000\text{mm} = -0.001\text{mm}$

$\sum_{i=1}^{10} v_i^2 = 0^2 + 0.005^2\text{mm}^2 + (-0.002)^2\text{mm}^2 + (-0.006)^2\text{mm}^2 + 0.003^2\text{mm}^2 + 0.006^2\text{mm}^2 + (-0.010)^2\text{mm}^2 + (-0.005)^2\text{mm}^2 + 0.010^2\text{mm}^2 + (-0.001)^2\text{mm}^2 = 0.000336\text{mm}^2$

$$\sigma = \sqrt{\frac{\sum_{i=1}^{10} v_i^2}{n-1}} = \sqrt{\frac{0.000336\text{mm}^2}{10-1}} = 0.0061\text{mm}$$

$$\sigma_{\bar{x}} = \frac{\sigma}{\sqrt{n}} = \frac{0.0061\text{mm}}{\sqrt{10}} = 0.0019\text{mm}$$

$$d = \bar{x} \pm 3\sigma_{\bar{x}} = 20.000\text{mm} \pm 3 \times 0.0019\text{mm} = 20\text{mm} \pm 0.0057\text{mm}$$

答　该轴多次测量的结果为 (20 ± 0.0057)mm。

4. **解**　用83块套别的量块组合为：

量块组尺寸	44.54mm
第一块量块尺寸	1.04mm
剩余尺寸	43.5mm
第二块量块尺寸	3.5mm
剩余尺寸（第三块量块尺寸）	40mm

用38块套别的量块组合为：

量块组尺寸	44.54mm
第一块量块尺寸	1.04mm
剩余尺寸	43.5mm
第二块量块尺寸	1.5mm
剩余尺寸	42mm
第三块量块尺寸	2mm
剩余尺寸（第四块量块尺寸）	40mm

答　用83块套别的量块组合时需要三块量块，其尺寸分别为：1.04mm、3.5mm、40mm。用38块套别的量块组合时需要四块量块，其尺寸分别为：1.04mm、1.5mm、2mm、40mm。

5. **解**　(1) 确定配合基准制　通过结构分析确定该配合为基孔制配合。

(2) 确定公称尺寸　查表2-1，取孔的公称尺寸为 $\phi30$mm。

验算：30mm < 30.02mm

$30.02\text{mm}-30\text{mm}<\dfrac{0.13\text{mm}}{2}$（0.13mm 为 ϕ30mm 孔的 IT11 值）

故确定该配合孔、轴的公称尺寸为 ϕ30mm。

（3）确定公差

$T_h=(L_{测}-L_{基})\times 2=(30.02\text{mm}-30\text{mm})\times 2=0.04\text{mm}$，查标准公差表，取孔的公差为 IT8。

$T_s=(L_{基}-L_{测})\times 2=(30\text{mm}-29.99\text{mm})\times 2=0.02\text{mm}$，查标准公差表，取轴的公差为 IT7。

（4）确定配合类别

实际间隙 = 30.02mm − 29.99mm = 0.03mm

平均公差 = (0.033mm + 0.021mm)/2 = 0.027mm

查表 2-2，轴的基本偏差 = 0.03mm − 0.027mm = 0.003mm，且为上极限偏差，查轴的基本偏差表，取轴的基本偏差为 h。

（5）确定孔、轴的上、下极限偏差

基准孔的上极限偏差 ES = +0.033mm，下极限偏差 EI = 0

轴的上极限偏差 es = 0，下极限偏差 ei = es − IT = 0 − 0.021mm = −0.021mm

（6）校核　$\phi 30\dfrac{\text{H8}}{\text{h7}}$为优先配合，故圆整合理。

答　该配合孔、轴的公称尺寸及配合为 $\phi 30\dfrac{\text{H8}}{\text{h7}}$。

6. **解**　已知 $L=120\text{mm}$，$H=20\text{mm}$，则

$$D=\frac{L^2}{4H}+H=\frac{120^2\text{mm}^2}{4\times 20\text{mm}}+20\text{mm}=200\text{mm}$$

答　V 带轮的直径为 200mm。

7. **解**　测量方法简图如图 2 所示。

已知 $d=20\text{mm}$，$H=2\text{mm}$，则

$$D=\frac{d(d+H)}{H}=\frac{20\text{mm}\times(20\text{mm}+2\text{mm})}{2\text{mm}}=220\text{mm}$$

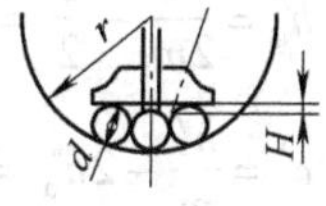

图 2　用检验棒和游标深度尺测量孔径

答　齿圈孔的直径为 ϕ220mm。

8. **解**　用钢球和游标深度尺测量锥孔锥度的示意图如图 3 所示。

（1）大钢球顶点高出锥孔大端面时：

$$\frac{\alpha}{2}=\arcsin\frac{D-d}{2(H+h)+d-D}=\arcsin\frac{25\text{mm}-16\text{mm}}{2\times(40\text{mm}+9\text{mm})+16\text{mm}-25\text{mm}}\approx 5.8°$$

$$c=1:\frac{1}{2}\cot\frac{\alpha}{2}=1:\frac{1}{2}\cot 5.8°\approx 1:5$$

（2）大钢球顶点低于锥孔大端面时：

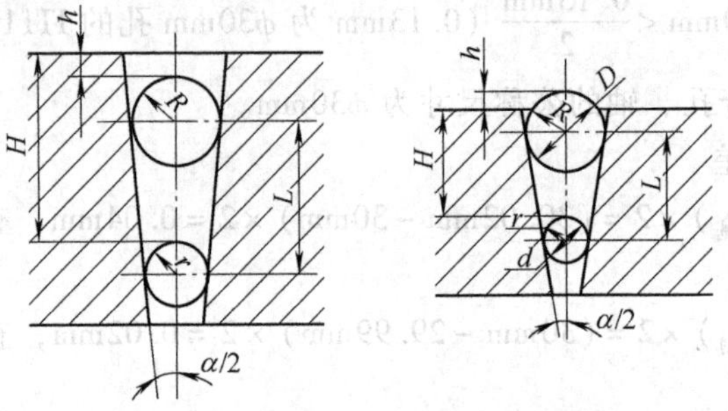

图3　用钢球和游标深度尺测量锥孔锥度示意图

$$\frac{\alpha}{2}=\arcsin\frac{D-d}{2(H-h)+d-D}=\arcsin\frac{25\text{mm}-16\text{mm}}{2\times(40\text{mm}-9\text{mm})+16\text{mm}-25\text{mm}}\approx 9.8°$$

$$c=1:\frac{1}{2}\cot\frac{\alpha}{2}=1:\frac{1}{2}\cot 9.8°\approx 1:2.9$$

答　当大钢球顶点高出锥孔大端面时，锥孔的锥度约为1∶5；当大钢球顶点低于锥孔大端面时，锥孔的锥度约为1∶2.9。

9. **解**　因为已知是国产齿轮，可初定为模数齿轮，且 $\alpha=20°$、$h_a^*=1$。

（1）确定模数

$$m'=\frac{d_a'}{z+2h_a^*}=\frac{38\text{mm}}{17+2\times 1}=2\text{mm}$$

$$p_b=w_3'-w_2'=15.2\text{mm}-9.3\text{mm}=5.9\text{mm}$$

查表4-8，确定 $m=2\text{mm}$，$\alpha=20°$。

（2）计算齿顶高系数和顶隙系数

$$h_a^*=\frac{d_a'}{2m}-\frac{z}{2}=\frac{38}{2\times 2}-\frac{17}{2}=1$$

$$c^*=\frac{h'}{m}-2h_a^*=\frac{4.5}{2}-2\times 1=0.25$$

确定该齿轮为标准直齿圆柱齿轮。

（3）确定其他基本尺寸及参数

$$d=mz=2\text{mm}\times 17=34\text{mm}$$

$$d_a=m(z+2)=2\text{mm}\times(17+2)=38\text{mm}$$

$$d_f=m(z-2.5)=2\text{mm}\times(17-2.5)=29\text{mm}$$

查表4-9，取 $k=3$、$w_3=15.236\text{mm}$。

答　该齿轮的模数 $m=2\text{mm}$，分度圆直径 $d=34\text{mm}$，齿顶高系数 $h_a^*=1$，顶隙系数 $c^*=0.25$，齿顶圆直径 $d_a=38\text{mm}$，齿根圆直径 $d_f=29\text{mm}$，跨测齿数 $k=3$，公法线长度 $w_3=15.236\text{mm}$。

10. **解** 因为该齿轮为国产齿轮，可初定为模数齿轮，且 $\alpha=20°$、$h_a^*=1$。

(1) 确定模数

$$m_n=\frac{d_a'-d_f'}{4.5}=\frac{73.41\text{mm}-59.9\text{mm}}{4.5}\approx 3\text{mm}$$

$$p_{bn}=w_{4n}'-w_{3n}'=32.96\text{mm}-24.1\text{mm}=8.86\text{mm}$$

查表4-8，确定 $m_n=3\text{mm}$、$\alpha=20°$。

(2) 计算螺旋角

$$\beta=\cos^{-1}\frac{m_n z}{d_a'-2h_{an}^* m_n}=\cos^{-1}\frac{3\text{mm}\times 21}{73.41\text{mm}-2\times 1\times 3\text{mm}}=20.84°(20°50'23'')$$

(3) 确定其他尺寸及参数

$$d=\frac{z\cdot m_n}{\cos\beta}=\frac{21\times 3\text{mm}}{\cos 20.84}=67.41\text{mm}$$

$$d_a=d+2m_n=67.41\text{mm}+2\times 3\text{mm}=73.41\text{mm}$$

$$d_f=d-2.5m_n=67.41\text{mm}-2.5\times 3\text{mm}=59.91\text{mm}$$

根据 $z'=z\dfrac{\text{inv}\alpha_t}{\text{inv}\alpha_n}$，查表4-11，得 $\dfrac{\text{inv}\alpha_t}{\text{inv}\alpha_n}=1.2084+\dfrac{10}{20}\times 0.0076=1.2122$

$$z'=z\frac{\text{inv}\alpha_t}{\text{inv}\alpha_n}=21\times 1.2122=25.46$$

查表4-9，取 $k=3$。

查表4-9、表4-12，得

$$w_{3n}=(7.730+0.0064)\times 3\text{mm}=23.21\text{mm}$$

答 该齿轮的模数 $m_n=3\text{mm}$，螺旋角 $\beta=20°50'23''$，分度圆直径 $d=67.41\text{mm}$，齿顶圆直径 $d_a=73.41\text{mm}$，齿根圆直径 $d_f=59.91\text{mm}$，跨测齿数 $k=3$，法向公法线长度 $w_{3n}=23.21\text{mm}$。

11. **解** (1) 确定模数

$$m'=\frac{p_x'}{\pi}=\frac{7.8\text{mm}}{\pi}\approx 2.48\text{mm}$$

$$m'=\frac{h'}{2h_a^*+c^*}=\frac{5.48\text{mm}}{2\times 1+0.2}\approx 2.49\text{mm}$$

查表4-41，取 $m=2.5\text{mm}$。

(2) 确定分度圆直径

$$d'=d_a'-2h_a^* m=33\text{mm}-2\times 1\times 2.5\text{mm}=28\text{mm}$$

查表4-41，取 $d=28\text{mm}$。

(3) 确定导程角

$$\gamma=\tan^{-1}\frac{zm}{d}=\tan^{-1}\frac{1\times 2.5\text{mm}}{28\text{mm}}=5.10217°(5°06'08'')$$

查蜗杆基本尺寸和参数表，取 $\gamma=5°06'08''$

（4）确定其他尺寸

$d_a=d+2h_a^*m=28mm+2\times1\times2.5mm=33mm$

$d_f=d-2(h_a^*+c^*)m=28mm-2\times(1+0.2)\times2.5mm=22mm$

答　该蜗杆的模数 $m=2.5mm$，分度圆直径 $d=28mm$，齿顶圆直径 $d_a=33mm$，齿根圆直径 $d_f=22mm$，导程角 $\gamma=5°06'08''$。

四、简答题

1. 答　合理选用测量器具的一般原则是：

1）测量器具的类型应与生产类型相适应。

2）测量器具的使用性能应与被测件的结构、材质、表面特性相适应。

3）测量器具的度量指标应能满足测量要求。

2. 答　按安全裕度选择测量器具的基本方法是：

1）根据零件的公差值，查出安全裕度 A 和测量器具不确定度的允许值 u_1。

2）根据被测零件的尺寸范围，选用不确定度等于或小于 u_1 的测量器具。

3. 答　根据测量方法极限误差选用测量器具时，精度系数 K 的取值一般在零件公差 T 的 1/10～1/3 范围内，高精度零件取 1/3，低精度零件取 1/10，一般零件取 1/5，也可以参考有关测量方法的精度系数表选取。

4. 答　常用的测量方法可以分为以下几类：

1）直接测量和间接测量。

2）接触测量和非接触测量。

3）单项测量和综合测量。

4）主动测量和被动测量。

5）静态测量和动态测量。

5. 答　系统误差的处理方法有：消除法、修正法、对称法、半周期法等。

6. 答　随机误差有以下主要特点：

1）绝对值相等的正负随机误差出现的概率相等，并随测量次数的增多而越加明显。

2）绝对值小的随机误差比绝对值大的随机误差出现的概率大。

3）在一定的测量条件下，随机误差的绝对值不会超出一定的界限。

7. 答　使用量块的一般原则是尽量选用最少数量的量块组合成所需的尺寸量块组，一般情况下，所选量块的数量不超过四块。另外，要避免多次重复使用某些量块。

8. 答　外径千分尺的使用及维护保养方法如下：

1）测量前必须校对零位。转动棘轮，使两测量面合拢或与检验棒接触。检查测量面是否密合，微分筒的零线与固定套筒的轴向中线是否对齐，如有偏差，应先使两测量面合拢，然后利用锁紧装置将测微螺杆锁紧，再用专用扳手插入固定套管的小孔中，松开固定套管紧固螺钉，转动固定套管，使其中线对准微分筒的零线，拧紧紧固螺钉，最后松开测微螺杆的锁紧装置。

2）测量时，应握住千分尺的绝热板。测微螺杆的轴线应垂直于零件被测表面。然后转动微分筒，待测微螺杆测量面接近零件被测表面时再转动棘轮，使测微螺杆测量面接触零件表面，当听到2~3声“咔、咔”声后停止转动，读取示值。读数时最好不取下千分尺，若需取下，应先锁紧测微螺杆，再轻轻取下。读数应细心，不要错读0.5mm。

3）不能在零件转动中测量，也不能测量粗糙的表面。

4）千分尺应轻拿轻放，不可摔碰。用毕应用软布、棉纱等擦净，并平放在盒中。

9. **答** 杠杆百分表的使用和维护方法如下：

1）使用前应进行外观检查，不得有影响使用性能的外部缺陷，如表面破损、指针松动、测量杆球形头面磨损等。另外，还要检查测量杆机构及各传动元件之间的配合情况及灵敏度，如用手捏测量杆，上下、左右轻移，指针摆动不应超过半格；轻推测头，测量杆和指针转动应平稳、灵活、无卡滞和松动现象；测量杆从自由位置移动时，指针均应按顺时针方向转动。

2）测量时，应将杠杆百分表可靠地固定在表架上，测量杆的轴线应与测量线垂直，否则应对测量结果进行修正。

3）测量杆应有0.3~0.5mm的预先压缩量。

4）不可撞击和振动，不可测量毛坯表面和极其粗糙的表面。

5）不可随意加油。用后应清理干净，并放入盒中妥善保管。

10. **答** 内径指示表的正确使用方法如下：

1）正确安装指示表。把测头、测量杆套筒表面清理干净，并装进直管上端的弹簧夹头中，使表的指针转过一圈后用锁紧装置锁紧。

2）正确选用和安装测头。调整可换测头的伸出长度时，要使被测尺寸处于活动测头移动范围的中间位置上；测量上限大于35mm的活动测头上的环状标线应与端面对齐。

3）正确调整零位。选择与被测件公称尺寸相同的标准环规，一手握住隔热手柄，一手按定位护桥，将活动测头先放入标准环规内，再放入可换测头，然后轻摇手柄，使直管在环规轴线截面内径向摆动。找出指示表指针的拐点位置，然后转动表盘，使零线与指针对齐。最后再摆动几次，检查零位是否稳定。

4）正确测量与读数。测量方法与调零方法相同，指示表的最小读数即为被测尺寸的偏差值。但应特别注意，指针按顺时针方向偏离“0”位的读数为负偏差，表示被测尺寸小于公称尺寸；反之读数为正值，表示被测尺寸大于公称尺寸。

5）内径指示表属于细长形测量器具，应避免冲击、摔碰和受压；要防止水、油、尘污物进入直管或锈污表体等。

11. 答　用自准直仪测量机床导轨的直线度时，先将自准直仪稳固在调整平台上或导轨的一端，把桥板放在靠近自准仪的导轨端部。桥板支承间的跨距 L 应与导轨长度和所要求的精度来选择，一般取被测长度的 1/15 ~ 1/10。再将反射镜放置在桥板上。调整平台、自准直仪和反射镜，使反射回来的十字线像位于目镜视场的中心，然后将桥板连同反射镜一起移到导轨的另一端。这时十字线像应仍在目镜视场中心，否则应重新调整，直到导轨两端的十字线像均在视场中心，且成像清晰为止。

测量时，先把桥板和反射镜放在靠近自准直仪的导轨端部，然后由近到远依次移动一个桥板跨距 L，并首尾衔接。每移到一个位置，转动测微鼓轮，使目镜视场中的长刻线处于十字线像的中间，读取测微鼓轮上的刻度值，直到导轨的另一端。为了减小测量误差，常将桥板连同反射镜一起返回移动，重新测量一次，取每个测量位置上两个读数的平均值作为测量结果，然后通过数据处理，求出导轨的直线度误差。

12. 答　万能工具显微镜常配有轮廓目镜头、角度目镜头和双像目镜头等。

13. 答　在万能工具显微镜上，用影像法测量螺纹中径时，将被测螺纹件装夹在两顶尖上，按螺纹中径选择合适的可变光阑孔径。移动纵、横向滑台，使被测螺纹的影像出现在目镜视场中。将立柱顺着螺旋面方向倾斜一个螺旋升角，调节显微镜焦距，使螺纹轮廓影像清晰。转动纵、横向微动装置鼓轮，使中央目镜米字线中心虚线 A-A 与螺纹牙型影像重合，且使米字线中心大致位于牙型中部。调整到位后，从横向投影读数器读取数值，然后移动显微镜横向滑台到另一边相对点，用同样的方法调整到位后再次读取数值，两次读数之差即为被测螺纹的中径值。为了减少被测螺纹安装误差对测量结果的影响，可在螺纹牙型的左、右侧各测一次，取其平均值作为实际中径值。

14. 答　三坐标测量机的主要组成部分有主机、测头和电子电气系统等。

15. 答　三坐标测量机通过 X、Y、Z 三个相互垂直的坐标导轨的相对移动或转动，用测头对固定在工作台上的被测件进行定点采样或扫描，经计算机进行数据处理得出测量结果，并将测量结果进行显示、打印或绘出轮廓图样及编制出加工程序。

16. 答　三坐标测量机的电动测头主要由测头、加长杆、探头、探针及探头自动更换架等部分组成。选择探针时，应根据被测量项目的多少、零件的几何形状和结构，确定探针直径的大小和探针的数量，对于复杂零件，可考虑应用多个探针组合。为保证测量精度，应限制探针组合的长度和质量。一般情况下，三维探头的探针组合长度不超过300mm，质量不超过600g；触头式探头的组合长度不超过200mm，质量不超过300g。使用时应参阅随机相关说明资料，不能死套。

17. 答　用平板、固定和可调支承、带指示表的测量架测量圆锥体素线的直线度时，先将被测素线的两端点调整到与平板等高。将指示表测头触及被测素线，在全长范围内测量，记录示值，并计算出直线度误差。要求测量若干条素线，取其中最大误差值作为被测圆锥体素线的直线度误差。

18. 答　用平板、顶尖架、带指示表的测量架测量圆柱体轴线直线度时，先将被测件安装在平行于平板的两顶尖之间。然后用两个指示表，使其测头分别触及铅垂轴截面上的两条素线。同时，分别记录两指示表的示值 M_a 和 M_b，取各测点示值差之半（$M_a - M_b$）/2 中的最大差值作为该截面上的轴线的直线度误差。按上述方法测量若干个截面，取其中最大的误差值作为被测件轴线的直线度误差。

19. 答　用平板、V形架、带指示表的测量架测量圆柱度时，将长度大于被测件长度的V形架放在平板上，将被测件放在V形架内，指示表测头触及被测件顶点。在被测件回转一周的过程中，测量出一个横截面上的最大、最小示值。按上述方法测量若干个横截面，取各截面内所有示值中最大与最小示值差之半作为被测件的圆柱度误差。为了测量准确，常使用夹角为90°和120°的两个V形架分别测量。本方法适用于测量奇数棱形状的外圆柱表面。

20. 答　测绘零件时应注意以下事项：

1）零件上的缺陷以及长期使用所造成的磨损不应画出。

2）零件上因制造、装配需要的工艺结构必须画出。

3）有配合关系尺寸的配合性质及公差值，应经过分析、计算后再查阅有关标准来确定。

4）没有配合关系的尺寸或不重要的尺寸允许适当圆整，但应按照标准圆整成整数值。

5）对于螺纹、齿轮、蜗杆蜗轮、带轮、键槽等标准化结构尺寸，应把测量结果与标准值比较、核对，一般要采用标准的结构尺寸。

21. 答　在下列情况下，应选择基轴制：

1）用冷拔圆钢、型材不加工或极少加工，且已达到零件使用精度要求时应选用基轴制。

2）基准制的选择受标准件要求制约时，应服从标准件既定的基准制。

3）机械结构或工艺上必须采用基轴制时，应采用基轴制。

4）一轴多孔配合时，宜采用基轴制。

5）特大件与特小件可考虑采用基轴制。

22. 答　用类比法圆整尺寸时，选择配合过程中应考虑以下几个方面的问题：

1）配合件的相对运动情况。

2）配合件的受力情况。

3）配合件的定心精度要求。

4）配合件的装拆情况。

5）配合件的工作温度情况。

6）配合件的生产类型。

23. 答　非常规设计尺寸圆整的基本原则是：

1）功能尺寸、配合尺寸、定位尺寸允许保留一位小数，个别重要尺寸可保留两位小数，其他尺寸应圆整为整数。

2）将实测尺寸圆整为整数或须保留的小数位时，尾数删除应采用四舍六进五单双法。

3）删除尾数时，应只考虑删除的本位数值，不得逐位删除。

4）尽量使圆整后的尺寸符合国家标准推荐的尺寸系列值。

24. 答　鉴定被测件材料的方法有化学分析法、光谱分析法、外观判断法、硬度鉴定法、火花鉴定法等。

25. 答　用拓印法测绘圆盘凸轮的步骤及方法如下：

1）把凸轮清洗干净，在其端面涂上红丹粉，特别是轮廓边缘。然后放上白纸，用手按压，拓印出完整清晰的轮廓印迹。

2）在内孔的拓印上任选三点，连接成两段直线。作两段直线的垂直平分线，两垂直平分线的交点即为凸轮的回转中心（孔的圆心）。

3）画出孔和外圆的轮廓线。

4）以圆心到凸轮拓印最小距离为半径画弧，弧线与凸轮拓印重合的部分为定半径圆弧（基圆），过圆心和该段圆弧两端点作射线，并测出两射线间的最小夹角；以圆心到凸轮拓印最大距离为半径画弧，以同样方法作出凸轮上最大定半径圆弧部分。

5）对非定径曲线部分（凸轮升、降程部分）进行适当分度，并作径向射线与凸轮拓印相交，测出各交点到圆心的距离，并记录在拓印图的对应点。

6）测出其他部分尺寸，并记录在草图上。

7）根据测绘数据，绘制凸轮工作图样。

26. 答　测量齿轮公法线长度时，应使卡尺的两卡脚工作面切于分度圆附近。应在相同的几个齿内完成 w_k、w_{k+1}（或 w_{k-1}）的测量。

27. 答　确定齿轮齿形角的常用方法有齿形样板对比法、齿轮滚刀试滚法及公法线长度法等。

28. 答　可以通过以下方法识别直齿圆柱齿轮是否变位：

(1) 比较中心距　将测得的中心距 a' 与标准中心距 a 比较，若 $a' \neq a$，则为角度变位齿轮；若 $a' = a$，则需进行下一步比较。

(2) 比较齿顶圆直径　将测得的齿顶圆直径 d'_a 与标准值 d_a 比较，若 $d'_a = d_a$，则为标准齿轮；若 $d'_a \neq d_a$，则为高度变位齿轮。

(3) 比较公法线长度　将测得的公法线长度 w'_k 与标准公法线长度比较，若 $w'_k \neq w_k$，则为变位齿轮。比较时应在测得的公法线长度 w'_k 上加 0.1～0.25mm 的减薄量。

29. 答　不能用蜗杆判断出蜗杆传动副是否变位。因为在蜗杆传动中，变位不影响蜗杆的几何尺寸。

30. 答　检验箱体上同一平面内垂直孔系垂直度如图 4 所示。

检验时，分别在垂直孔中配入检验套，并插入检验心轴 1、2。将百分表固定在心轴 1 上，使百分表测头触及心轴 2 的一端。转动心轴 1，百分表在 180° 两个位置上的读数差 δ 即为两垂直轴线在 l 长度上的垂直度误差，箱壁长度上的垂直度误差为 $\Delta = \frac{\delta}{l}L$。

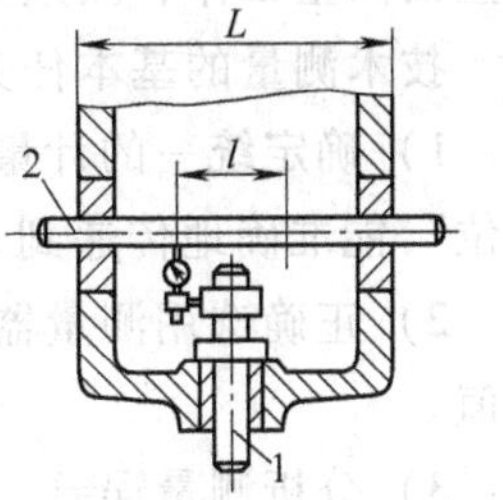

图 4　简答题 30 答案图

1、2—检验心轴

31. 答　检验箱体上同轴孔系同轴度如图 5 所示。

检验两孔同轴度时，按图 5a 所示在两孔中分别配入检验心轴，将百分表固定在一心轴上，使其测头触及另一心轴表面。转动固定百分表的心轴一周，百分表示值的最大差值即为两孔的同轴度误差。

检验三孔同轴度时，按图 5b 所示在两端孔中压入专配的检验套，再将标准心轴推入检验套中，把百分表固定在心轴上，使测头触及中间孔表面并校准零位，然后转动心轴一周，读取最大示值。如此在被测孔两端的多个径向读取最大示值，其中最大的最大示值即为中间孔对两端孔公共轴线的同轴度误差。

当同轴度有最大实体要求时，应用综合量规进行检验，综合量规应通过被测孔。

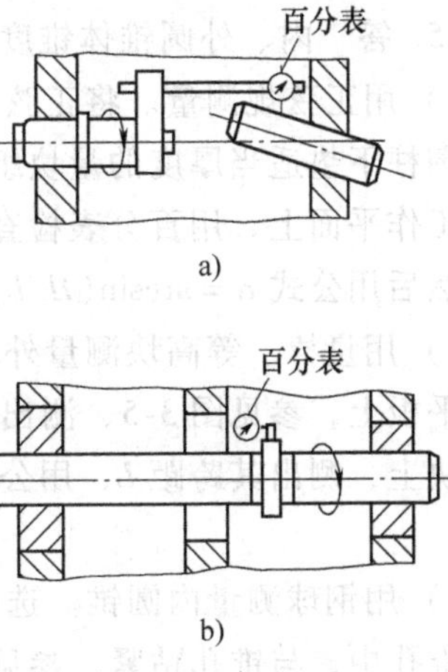

图 5　简答题 31 答案图

32. 答　检验轴承架孔与底面的距离及平行度如图 6 所示。

检验时，将轴承架放在平板上，在支承孔中配一心轴，测出支承孔两端心轴顶点的高度 h_1 和 h_2。孔到底面的距离尺寸为

$$h=\frac{h_1+h_2}{2}-\frac{d}{2}$$

孔与底面的平行度误差为

$$\Delta=|h_1-h_2|$$

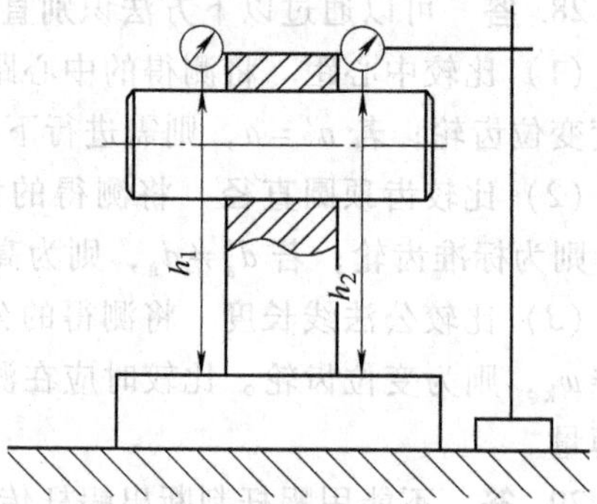

图6　简答题32答案图

33. **答**　在机械制造业中，技术测量是研究空间位置、形状和大小等几何量的测量工作，测量是为确定量值进行的一组操作。

技术测量的基本任务是：

1）确定统一的计量单位、测量基准，以及严格的传递系统，以确保“标准单位”能准确地传递到每一个使用单位中。

2）正确选用测量器具，拟订合理的测量方法，以便准确地测量出被测量的量值。

3）分析测量误差，正确处理测量数据，提高测量精度。

4）研究新的测量器具和测量方法，不断满足生产发展对技术测量的新要求。

34. **答**　渐开线外花键包括以下主要参数：外花键起始圆直径、外花键小径公称尺寸、外花键小径公差、基本齿厚、作用齿厚、实际齿厚、齿形裕度、齿根圆弧曲率半径等。

35. **答**　内、外圆锥体锥度的测量可采用以下方法：

1）用正弦规测量。将正弦规放置在标准平板上，一个圆柱与平板接触，另一个圆柱下垫适当厚度的量块组，参见图3-4，将外圆锥零件圆锥部分放置在正弦规工作平面上，用百分表检查圆锥上素线，调整量块组，直至上素线与平板平行，然后用公式 $\alpha=\arcsin(H/L)$ 计算外圆锥的圆锥角 α。

2）用量棒、等高块测量外圆锥。先将外圆锥零件和两个等直径量棒放置在标准平板上，参见图3-5，测出量棒两外侧跨距尺寸 l，然后将两量棒放置在两等高块上，测出其跨距 L，用公式 $\alpha=2\arctan[(L-l)/(2H)]$ 计算外圆锥的圆锥角 α。

3）用钢球测量内圆锥。选两个直径不同的精密钢球 D 和 d。先将小钢球 d 放入锥孔中，与锥孔贴紧，参见图3-6，用深度尺测出小钢球 d 的顶点到锥孔端面的深度 H，然后取出小钢球，将大钢球 D 放入锥孔，并与锥孔贴紧。若大钢球

顶点沉入锥孔端而之下，则测出其顶点到锥孔端面的深度 h；若大钢球顶点露在锥孔端面之上，则测出大钢球顶点到锥孔端面的高度 h。随后计算出锥孔的圆锥半角，换算成圆锥锥度的比例式。

测出锥度之后，可按有关国家标准选用标准锥度。

36. **答** 测绘圆柱凸轮时，将凸轮装夹在分度头上，在凸轮轴线方向划出若干分度线，参见图 6-12。然后用高度游标卡尺测量出各相应分度线段的长度，根据测量结果绘制出凸轮的曲线，并用圆周展开图表达，参见图 6-13。

37. **答** （1）测定分锥角　对于单个齿轮，用游标万能角度尺测出角度 τ，参见图 4-15，然后按公式 $\delta = 180° - \tau$ 计算分锥角 δ，或测出角度 ψ 和齿顶角 δ_a，参见图 4-15，然后按式 $\delta = \delta_a + \psi - 90°$ 计算分锥角 δ。对于一对啮合齿轮，应测出轴交角，数出齿数，然后按公式 $\delta_1 = \arctan \dfrac{z_1}{z_2}$（轴交角为 90°）、$\delta_2 = \Sigma - \delta_1$ 计算出分锥角。轴交角不等于 90°的啮合齿轮的分锥角测定与上述方法相同，按齿数比计算分锥角的公式有所不同。

（2）确定齿形角

1）拓印作图法。在齿轮背锥面上涂上一薄层红丹粉，贴上白纸，用手按压，拓出齿廓印迹，参见图 4-16，在印迹上作齿廓对称中心线，按 $\bar{h}_c = 0.78m$ 从齿顶量取固定弦齿高 $\bar{h}_c$，并作齿廓对称中心线的垂线 OA、OB，两切线的夹角即为 $2\alpha_n$。

2）公法线测算法。测出大端公法线长度 w'_{k+1} 和 w'_k，测量方法与直齿轮相同，跨测齿数按当量齿数计算，可用游标卡尺在拓印上测量。然后按公式 $p_b = w'_{k+1} - w'_k$、$\alpha_n = \arccos \dfrac{p_b}{\pi m}$ 计算出齿形角 α_n。

38. **答** （1）测定蜗杆的齿形角　常用的蜗杆有阿基米德螺旋面和法向直廓螺旋面。根据齿形特点，阿基米德螺旋面蜗杆的轴向齿廓为直线，法向齿廓为外凸曲线，端面齿廓为阿基米德螺旋线；法向直廓螺旋面圆柱蜗杆的法向齿廓为直线，轴向齿廓为外凸曲线，端面齿廓为延伸渐开线。测定时可用角度尺分别在轴向、法向与齿廓紧密贴合，参见图 4-19。若角度尺在轴向与齿廓紧密贴合无缝隙时，可测定为阿基米德蜗杆；若角度尺在法向与齿廓紧密贴合无缝隙时，可测定为法向直廓蜗杆。在检测时，可测出齿面与齿顶圆素线的夹角，然后用公式 $\alpha_x = \theta - 90°$ 计算出齿形角 α_x。

（2）测定蜗杆的导程角　在测定蜗杆的分度圆直径和模数后，可按公式 $\gamma = \arctan \dfrac{z_1 m}{d_1}$ 计算蜗杆的导程角 γ。计算得出的导程角应按有关标准，选取标准值。

39. **答**　叉架类零件的测绘要点如下：

1）了解叉架类零件的功能、结构、工作原理；零件在部件或机器中的安装位置，与相关零件的相对位置及周围零件之间的相对位置。

2）叉架类零件的支承部分和工作部分的结构尺寸和相对位置决定零件的工作性能，应认真测绘，尽可能达到零件的原始设计形状和尺寸。

3）对于已标准化的叉架类零件，如滚动轴承座等，测绘时应与标准对照，尽量取标准化的结构尺寸。

4）在不影响结构强度、刚度和使用性能的前提下，可对连接部分进行合理的修整。

40. 答　大尺寸或不完整孔、轴直径的测量方法如下：

（1）弦长弓高法　用游标卡尺测出弦长 L 和弓高 H，参见图 3-1，然后用公式 $R=\frac{L^2}{8H}+\frac{H}{2}$、$D=\frac{L^2}{4H}+H$ 计算出半径 R 或直径值 D。

（2）量棒测量法

1）将三个等直径量棒放置在大直径孔内壁，参见图 3-2，用游标卡尺测出三量棒上素线间的高度差 H，用公式 $D=\frac{d(d+H)}{H}$、$R=\frac{d(d+H)}{2H}$ 计算孔的直径或内圆弧的半径。

2）将两个等直径量棒放置在被测大直径轴两侧，参见图 3-3，用游标卡尺测出两量棒的外侧跨距 L，用公式 $D=\frac{(L-d)^2}{4d}$、$R=\frac{(L-d)^2}{8d}$ 计算轴颈和外圆弧的半径。

参 考 文 献

[1] 本手册第3版编委会. 机修手册 [M]. 3版. 北京：机械工业出版社，1993.

[2] 王浩清. 机械制图 [M]. 北京：中国劳动出版社，1997.

[3] 上海纺织工学院制图教研组，等. 机械制图 [M]. 上海：上海科学技术出版社，1978.

[4] 郑建中. 机器测绘技术 [M]. 北京：机械工业出版社，2001.

[5] 何频，郭连湘. 计量仪器与检测 [M]. 北京：化学工业出版社，2006.

[6] 徐英南. 公差配合与技术测量 [M]. 北京：中国劳动出版社，1988.

[7] 吴宗泽. 机械零件设计手册 [M]. 北京：机械工业出版社，2003.

[8] 杨叔子. 机械加工工艺师手册 [M]. 北京：机械工业出版社，2003.

[9] 董树信，何家聪，阎荫棠，等. 公差与技术测量 [M]. 沈阳：辽宁人民出版社，1980.

[10] 王欣玲，陈月祥，崔瑞志，等. GB/T 1958—2004 产品几何量技术规范（GPS）形状和位置公差 检测规定[S]. 北京：中国标准出版社，2005.

[11] 北京铣床研究所. 数控立式升降台铣床. 北京：机械工业部机械标准化研究所，1999.

[12] 曹琰. 数控机床应用与维修 [M]. 北京：电子工业出版社，1994.

[13] 范崇洛、谢黎明. 机械加工工艺学 [M]. 南京：东南大学出版社，2002.

《测量与机械零件测绘》适用于下列职业

高级工及以上各等级：车工、铣工、磨工、钳工、机修钳工、模具工、冷作钣金工、数控车工、数控铣工/加工中心操作工、数控机床维修工

国家职业资格培训教材

丛书介绍：深受读者喜爱的经典培训教材，依据最新国家职业标准，按初级、中级、高级、技师（含高级技师）分册编写，以技能培训为主线，理论与技能有机结合，书末有配套的试题库和答案。所有教材均免费提供 PPT 电子教案，部分教材配有 VCD 实景操作光盘（注：标注★的图书配有 VCD 实景操作光盘）。

读者对象：本套教材是各级职业技能鉴定培训机构、企业培训部门、再就业和农民工培训机构的理想教材，也可作为技工学校、职业高中、各种短训班的专业课教材。

- ◆ 机械识图
- ◆ 机械制图
- ◆ 金属材料及热处理知识
- ◆ 公差配合与测量
- ◆ 机械基础（实级、中级、高级）
- ◆ 液气压传动
- ◆ 数控技术与 AutoCAD 应用
- ◆ 机床夹具设计与制造
- ◆ 测量与机械零件测绘
- ◆ 管理与论文写作
- ◆ 钳工常识
- ◆ 电工常识
- ◆ 电工识图
- ◆ 电工基础
- ◆ 电子技术基础
- ◆ 建筑识图
- ◆ 建筑装饰材料
- ◆ 车工（初级★、中级、高级、技师和高级技师）
- ◆ 铣工（初级★、中级、高级、技师和高级技师）
- ◆ 磨工（初级、中级、高级、技师和高级技师）
- ◆ 钳工（初级★、中级、高级、技师和高级技师）
- ◆ 机修钳工（初级、中级、高级、技师和高级技师）
- ◆ 锻造工（初级、中级、高级、技师和高级技师）
- ◆ 模具工（中级、高级、技师和高级技师）
- ◆ 数控车工（中级★、高级★、技师和高级技师）
- ◆ 数控铣工/加工中心操作工（中级★、高级★、技师和高级技师）
- ◆ 铸造工（初级、中级、高级、技师和高级技师）
- ◆ 冷作钣金工（初级、中级、高级、

技师和高级技师）
- ◆ 焊工（初级★、中级★、高级★、技师和高级技师★）
- ◆ 热处理工（初级、中级、高级、技师和高级技师）
- ◆ 涂装工（初级、中级、高级、技师和高级技师）
- ◆ 电镀工（初级、中级、高级、技师和高级技师）
- ◆ 锅炉操作工（初级、中级、高级、技师和高级技师）
- ◆ 数控机床维修工（中级、高级和技师）
- ◆ 汽车驾驶员（初级、中级、高级、技师）
- ◆ 汽车修理工（初级★、中级、高级、技师和高级技师）
- ◆ 摩托车维修工（初级、中级、高级）
- ◆ 制冷设备维修工（初级、中级、高级、技师和高级技师）
- ◆ 电气设备安装工（初级、中级、高级、技师和高级技师）
- ◆ 值班电工（初级、中级、高级、技师和高级技师）
- ◆ 维修电工（初级★、中级★、高级、技师和高级技师）
- ◆ 家用电器产品维修工（初级、中级、高级）
- ◆ 家用电子产品维修工（初级、中级、高级、技师和高级技师）
- ◆ 可编程序控制系统设计师（一级、二级、三级、四级）
- ◆ 无损检测员（基础知识、超声波探伤、射线探伤、磁粉探伤）
- ◆ 化学检验工（初级、中级、高级、技师和高级技师）
- ◆ 食品检验工（初级、中级、高级、技师和高级技师）
- ◆ 制图员（土建）
- ◆ 起重工（初级、中级、高级、技师）
- ◆ 测量放线工（初级、中级、高级、技师和高级技师）
- ◆ 架子工（初级、中级、高级）
- ◆ 混凝土工（初级、中级、高级）
- ◆ 钢筋工（初级、中级、高级、技师）
- ◆ 管工（初级、中级、高级、技师和高级技师）
- ◆ 木工（初级、中级、高级、技师）
- ◆ 砌筑工（初级、中级、高级、技师）
- ◆ 中央空调系统操作员（初级、中级、高级、技师）
- ◆ 物业管理员（物业管理基础、物业管理员、助理物业管理师、物业管理师）
- ◆ 物流师（助理物流师、物流师、高级物流师）
- ◆ 室内装饰设计员（室内装饰设计员、室内装饰设计师、高级室内装饰设计师）
- ◆ 电切削工（初级、中级、高级、技师和高级技师）
- ◆ 汽车装配工
- ◆ 电梯安装工
- ◆ 电梯维修工

变压器行业特有工种国家职业资格培训教程

丛书介绍： 由相关国家职业标准的制定者——机械工业职业技能鉴定指导中心组织编写，是配套用于国家职业技能鉴定的指定教材，覆盖变压器行业5个特有工种，共10种。

读者对象： 可作为相关企业培训部门、各级职业技能鉴定培训机构的鉴定培训教材，也可作为变压器行业从业人员学习、考证用书，还可作为技工学校、职业高中、各种短训班的教材。

- ◆ 变压器基础知识
- ◆ 绕组制造工（基础知识）
- ◆ 绕组制造工（初级、中级、高级技能）
- ◆ 绕组制造工（技师、高级技师技能）
- ◆ 干式变压器装配工（初级、中级、高级技能）
- ◆ 变压器装配工（初级、中级、高级、技师、高级技师技能）
- ◆ 变压器试验工（初级、中级、高级、技师、高级技师技能）
- ◆ 互感器装配工（初级、中级、高级、技师、高级技师技能）
- ◆ 绝缘制品件装配工（初级、中级、高级、技师、高级技师技能）
- ◆ 铁心叠装工（初级、中级、高级、技师、高级技师技能）

国家职业资格培训教材——理论鉴定培训系列

丛书介绍： 以国家职业技能标准为依据，按机电行业主要职业（工种）的中级、高级理论鉴定考核要求编写，着眼于理论知识的培训。

读者对象： 可作为各级职业技能鉴定培训机构、企业培训部门的培训教材，也可作为职业技术院校、技工院校、各种短训班的专业课教材，还可作为个人的学习用书。

- ◆ 车工（中级）鉴定培训教材
- ◆ 车工（高级）鉴定培训教材
- ◆ 铣工（中级）鉴定培训教材
- ◆ 铣工（高级）鉴定培训教材
- ◆ 磨工（中级）鉴定培训教材
- ◆ 磨工（高级）鉴定培训教材
- ◆ 钳工（中级）鉴定培训教材
- ◆ 钳工（高级）鉴定培训教材
- ◆ 机修钳工（中级）鉴定培训教材
- ◆ 机修钳工（高级）鉴定培训教材
- ◆ 焊工（中级）鉴定培训教材
- ◆ 焊工（高级）鉴定培训教材
- ◆ 热处理工（中级）鉴定培训教材
- ◆ 热处理工（高级）鉴定培训教材

◆ 焊工（高级）操作技能鉴定实战详解
◆ 焊工（技师、高级技师）操作技能鉴定实战详解
◆ 维修电工（中级）操作技能鉴定实战详解
◆ 维修电工（高级）操作技能鉴定实战详解
◆ 维修电工（技师、高级技师）操作技能鉴定实战详解
◆ 汽车修理工（中级）操作技能鉴定实战详解
◆ 汽车修理工（高级）操作技能鉴定实战详解

技能鉴定考核试题库

丛书介绍：根据各职业（工种）鉴定考核要求分级编写，试题针对性、通用性、实用性强。

读者对象：可作为企业培训部门、各级职业技能鉴定机构、再就业培训机构培训考核用书，也可供技工学校、职业高中、各种短训班培训考核使用，还可作为个人读者学习自测用书。

◆ 机械识图与制图鉴定考核试题库
◆ 机械基础技能鉴定考核试题库
◆ 电工基础技能鉴定考核试题库
◆ 车工职业技能鉴定考核试题库
◆ 铣工职业技能鉴定考核试题库
◆ 磨工职业技能鉴定考核试题库
◆ 数控车工职业技能鉴定考核试题库
◆ 数控铣工/加工中心操作工职业技能鉴定考核试题库
◆ 模具工职业技能鉴定考核试题库
◆ 钳工职业技能鉴定考核试题库
◆ 机修钳工职业技能鉴定考核试题库
◆ 汽车修理工职业技能鉴定考核试题库
◆ 制冷设备维修工职业技能鉴定考核试题库
◆ 维修电工职业技能鉴定考核试题库
◆ 铸造工职业技能鉴定考核试题库
◆ 焊工职业技能鉴定考核试题库
◆ 冷作钣金工职业技能鉴定考核试题库
◆ 热处理工职业技能鉴定考核试题库
◆ 涂装工职业技能鉴定考核试题库

机电类技师培训教材

丛书介绍：以国家职业标准中对各工种技师的要求为依据，以便于培训为前提，紧扣职业技能鉴定培训要求编写。加强了高难度生产加工，复杂设备的安装、调试和维修，技术质量难题的分析和解决，复杂工艺的编制，故障诊断与排除以及论文写作和答辩的内容。书中均配有培训目标、复习思考题、培训内容、

试题库、答案、技能鉴定模拟试卷样例。

读者对象：可作为职业技能鉴定培训机械、企业培训部门、技师学院培训鉴定教材，也可供读者自学及考前复习和自测使用。

◆ 公共基础知识
◆ 电工与电子技术
◆ 机械制图与零件测绘
◆ 金属材料与加工工艺
◆ 机械基础与现代制造技术
◆ 技师论文写作、点评、答辩指导
◆ 车工技师鉴定培训教材
◆ 铣工技师鉴定培训教材
◆ 钳工技师鉴定培训教材
◆ 焊工技师鉴定培训教材
◆ 电工技师鉴定培训教材
◆ 铸造工技师鉴定培训教材
◆ 涂装工技师鉴定培训教材
◆ 模具工技师鉴定培训教材
◆ 机修钳工技师鉴定培训教材
◆ 热处理工技师鉴定培训教材
◆ 维修电工技师鉴定培训教材
◆ 数控车工技师鉴定培训教材
◆ 数控铣工技师鉴定培训教材
◆ 冷作钣金工技师鉴定培训教材
◆ 汽车修理工技师鉴定培训教材
◆ 制冷设备维修工技师鉴定培训教材

特种作业人员安全技术培训考核教材

丛书介绍：依据《特种作业人员安全技术培训大纲及考核标准》编写，内容包含法律法规、安全培训、案例分析、考核复习题及答案。

读者对象：可用作各级各类安全生产培训部门、企业培训部门、培训机构安全生产培训和考核的教材，也可作为各种企事业单位安全管理和相关技术人员的参考书。

◆ 起重机司索指挥作业
◆ 企业内机动车辆驾驶员
◆ 起重机司机
◆ 金属焊接与切割作业
◆ 电工作业
◆ 压力容器操作
◆ 锅炉司炉作业
◆ 电梯作业

读者信息反馈表

亲爱的读者：

您好！感谢你购买《测量与机械零件测绘　第2版》（胡家富　主编）一书。为了更好地为您服务，我们希望了解您的需求以及对我社教材的意见和建议，愿这小小的表格为我们之间架起一座沟通的桥梁。另外，如果您在培训中选用了本教材，我们将免费为您提供与本教材配套的电子课件。

姓　名		所在单位名称			
性　别		所从事工作(或专业)			
通信地址				邮　编	
办公电话			移动电话		
E-mail			QQ		
1. 您选择图书时主要考虑的因素(在相应项后面画✓) 出版社(　　)　内容(　　)　价格(　　)　其他：______ 2. 您选择我们图书的途径(在相应项后面画✓) 书目(　　)　书店(　　)　网站(　　)　朋友推介(　　)　其他：______					
希望我们与您经常保持联系的方式： □ 电子邮件信息　□ 定期邮寄书目　□ 通过编辑联络　□ 定期电话咨询					
您关注(或需要)哪些类图书和教材：					
您对本书的意见和建议（欢迎您指出本书的疏漏之处）：					
您近期的著书计划：					

请联系我们——

地　　址　北京市西城区百万庄大街22号　机械工业出版社技能教育分社

邮　　编　100037

社长电话　(010)88379083　88379080

传　　真　(010)68329397

营销编辑　(010)88379534　88379535

免费电子课件索取方式：

网上下载　www. cmpedu. com

邮箱索取　jnfs@ cmpbook. com